中国科学院数学与系统科学研究院资助出版项目

逻辑与发现

——物理学领域经典范例启示录

冯 琦 著

科学出版社

北 京

内 容 简 介

　　本书展示的是从公元前 350 年左右到 1930 年左右期间物理学领域的一系列先贤在物理学发现过程中智慧地使用逻辑这门工具的真实而经典的事迹。这些先贤包括古希腊的亚里士多德、阿基米德；包括伽利略、牛顿、库仑、法拉第、麦克斯韦、爱因斯坦；包括玻尔兹曼、汤姆孙、普朗克、卢瑟福、玻尔、德布罗意、海森伯、薛定谔、狄拉克；等等。所展示的事例包括对时空和引力的认识过程；包括对电磁力的认识过程；包括对光子、电子、原子、原子核、质子和中子的发现过程；包括建立电磁场理论、相对论和量子力学的过程。通过这些典范事例所展示的核心内容是这些先贤不断自己说服自己的说理过程；是他们不断追问自己如此一来的理由到底是什么、为什么可以如此、为什么一定这样、为什么不会那样等一系列问题的逻辑推理的过程；是逻辑这门工具在智慧者驾轻就熟的使用中帮助他们排除一切不具备必然导致关系的迷雾，沿着正确的思维路径前行并最终达到令自己心悦的境地的过程。

　　对自然科学有兴趣的本科生、研究生，尤其是有志于进入物理学领域的本科生和研究生，会发现这是一本非常合适的补充读物。作者相信这本书会为年轻的学人提供一种非常有益的视角和启迪。

图书在版编目(CIP)数据

　　逻辑与发现：物理学领域经典范例启示录/冯琦著. —北京：科学出版社，2022.12
　　ISBN 978-7-03-073935-3

　　Ⅰ.①逻… Ⅱ.①冯… Ⅲ.①物理学 Ⅳ.①O4

　　中国版本图书馆 CIP 数据核字(2022)第 224965 号

责任编辑：李静科　孔晓慧／责任校对：杨聪敏
责任印制：吴兆东／封面设计：无极书装

科　学　出　版　社 出版
北京东黄城根北街 16 号
邮政编码：100717
http://www.sciencep.com
北京中石油彩色印刷有限责任公司 印刷
科学出版社发行　各地新华书店经销
＊

2022 年 12 月第 一 版　开本：720×1000　1/16
2024 年 1 月第二次印刷　印张：22
字数：435 000
定价：158.00 元
(如有印装质量问题，我社负责调换)

序　言

> 往古来今谓之宙，
> 四方上下谓之宇。
> ——《淮南子·齐俗训》(西汉)

浩瀚的宇宙都掩藏着什么样的秘密？古往今来的智者凭什么来逐渐揭开那些神秘的面纱？

1953 年，在致斯威泽 (J. E. Switzer) 的信中[①]，爱因斯坦谈到科学的发展时写道："西方科学的发展一直以来都根植于两项伟大的成就，就是希腊哲学家发明的 (融合于欧几里得几何中的) 形式逻辑体系，以及后来 (文艺复兴时期) 发现的由系统实验找出因果关系的可能性。在我看来，没有必要对中国先贤没有迈出这几步感到惊讶，令人惊讶的事情是这些发现居然被摸索出来了。"

虽然我们在我国古代先贤留下的记录中能看到对于逻辑的摸索仅在墨子和荀子那里起步 (参见本书末尾的附录)，并且很难看到令人信服的对"由系统实验找出因果关系"展开系统性摸索的事例。但是，对日常生活中出现的自然现象的观察和总结，甚至归纳，用于指导生活实践的典型例子还是很丰富的，有些涉及物理过程和化学过程的例子甚至可以令人相信先贤一定经历过一系列的反复实验。比如，在农业领域为了适应农业生产的需要，从长期反复观察中总结出来的二十四节气的变化规律，尽管没有可以见到的记录来回答"何以如此"，但"就是如此"这一事实则广为人知，可以相信我国古代先贤在对天象、气象和地理的长期观察中积累了丰富且合乎现实的经验总结。一个令人惊讶且信服的例子就是在颐和园的十七孔桥的设计和建造中所展现出来的精准，当且仅当每年冬至的那一天，太

---

① Dear Sir,

The development of Western science has been based on two great achievements, the invention of the formal logical system (in Euclidean geometry)by the Greek philosophers, and the discovery of the possibility of finding out causal relationships by systematic experiment (at the Renaissance).In my opinion one need not be astonished that the Chinese sages did not make these steps. The astonishing thing is that these discoveries were made at all.

Sincerely yours,

Albert Einstein

(科学思维的一个基本特点在于"立"字当头，不在于对别人的期望，不在于追问"他们为什么没有这样"，而在于追问"这到底是怎样发生的"。因此，我相信这样翻译爱因斯坦的信与实际情形以及爱因斯坦的思维特点是一致的，是相符的。——作者注。)

阳西下的时候阳光以完整充填的方式穿过十七个桥孔，显现出一幅精美绝伦的景象。又比如，火药和造纸术的发明，无疑都是在经过反复的物理和化学实验之后才能以丰富的经验得到一套制造的"标准化"工艺流程，只是很可惜，似乎没有证据表明曾经有过对那些"标准化"工艺流程背后的原理是什么的问题合乎现实的回答或思考。再比如，指南针的发明也一定是经历过很多次观察实验之后得到的结果，只是同样遗憾似乎没有证据表明曾经有过对吸铁石能够吸铁的原因进行卓有成效的思考。另外一个非常有说服力的例子应当是针灸，一部《黄帝内经》，一整套可以用来指导医疗实践的经验总结以及脉络穴位图谱，必定是经过长期的反复的实验摸索总结出来的结果。即使到了今天，针灸依然适用，甚至在西方开始被用于医疗实践，但是依旧不能从理性、高度系统性的理论上解释为什么当银针刺激相应的穴位时能够缓解甚至治愈那些病痛。与此相关的，李时珍的《本草纲目》也是他自己在经历过无数次反复尝试之后留下的经验总结。似乎可以说，实验总结或者经验总结是我国先贤为我们留下的丰富遗产，但是系统性的理性分析是欠缺的，"由系统实验找出因果关系的可能性"似乎也没有被真正发现。为什么会这样呢？这里的原因可以有很多，但其中的一条似乎比较清楚，因为要想找出因果关系，首先需要意识到或者相信具有因果关系，有其然必有其所以然，以及有必要找到因果关系，不仅知其然还应当知其所以然；其次就是在因果关系的探索过程中，思考者需要有系统性的自觉和使用逻辑工具的自觉，而现有可查的记录显示对于逻辑的摸索仅仅只是刚起步。在没有能够保障正确性或者没有保障足以说服自己和建立自信的规矩与工具的情形下，追求"所以然"，追求因果律，即便充满欲望、饱含动机，仍然有可能是令人困惑与茫然甚至一无所获的事情。

那么，在西方科学的发展中，逻辑是怎样被应用而发挥作用的？在被应用的过程中，逻辑又发挥了什么样的作用？实验又是如何被系统展开的？在寻找因果关系的过程中，系统性实验到底可以解决什么样的问题？

带着这些问题，在完成《基本逻辑学——思维与表达正确性问题探究》那本小册子之后，我们决定从逻辑学的角度来认真回顾一下从古希腊开始的科学探索过程中若干位具有代表性的卓越思考者曾经的思维历程，试图解开"这到底是怎样发生的"的谜底。非常自然的，这里要做的是《基本逻辑学——思维与表达正确性问题探究》那本小册子的第5章第5节内容的延展。在那里，我们梗概地从理论完全化的角度讨论过力学基本理论的发展过程。为了完全起见，我们将重新从古希腊时期开始，因为在这里，我们试图以思考者沉思悟道的经典范例来解释逻辑与发现之间的关系，所以需要从远古的原始的引导问题着手。

在现代自然科学领域中，思考与探索的典型过程可以用一种名为"科学方法"的方式来描述。这种方式并非简单的系列步骤列表，而是变通性很强的创造性思考与检验的过程。这种思考与检验紧盯着客观事物，瞄准各种各样可以验证的发现，以期明白大自然是怎样运作的。粗略地讲，科学方法包括五种要素：**观察、假设、实验、模型**以及**论证**。当某一类自然现象和可测量事件被许多研究人员在诸多场合下观察到没有明显差异的结果时，这种观察结果就会被总结陈述出来；当这种陈述是通盘一致的时候就被当成一种**自然规律**。从逻辑学的角度看，从观察过程中抽象归纳出来的假设必须具有排除自相矛盾的一致性以及可以通过实验进行检测的可检测性；在抽象分析的过程中必须坚持讨论中由此及彼的有效性；经过分析努力建立起来的模型或提炼出来的理论必须具备可靠性。最有说服力的观察结果是那些可以数量化表示的结果，因为这样的结果可以比较，可以从中窥探变化趋势。无论是由实际的观察过程得出的还是从某种思维中爆发出来的直觉火花，科学领域中的一条假设就是一种用来解释一种观察结果的题案；一条靠谱的假设不一定必须正确，但它必须是可以被检验的。科学领域中的一种实验就是为了检验一种假设而清清楚楚设置的可以被他人独立重复的一系列过程步骤。一条靠谱的假设可以被更换，但是一种实验的结果绝不可以被更换，实验的结果是什么就是什么。依据实验结果而形成的概念性模型或者理论，是科学思维的产物。这与随便猜测有着天壤之别。一个模型，比如 20 世纪提出的物理学标准模型，并非对所关注的大自然现象的恰如其分的表示，而是对所关注的大自然现象的一种简化描述，依此描述可以对相关现象提出相应的预言。对预言现象可以展开进一步的探索与检验，并且在检验结果的基础上细化这一模型，甚至根据新的事实修订或者改变它。靠谱的假设和理论模型都是对客观世界的抽象认识，是来源于自然界的心智图案。为了与进一步观察和实验的结果相符合，现有的抽象认识或者心智图案会被改变，但绝不是为了与现有的抽象认识或者心智图案相符合而去改变观察和实验的结果。这就是自然科学领域中的真相原则和事实判断原则：一切结论与断言都必须而且只能与反复观察和实验的结果相符合。当然，由于各种测量仪器都是根据受到特定限制的标准制作出来的，它们的测量精度就决定了它们的系统误差；由于我们的感觉并非完美，我们从测量仪器中读取数据的技巧也并非完善，那些从测量仪器中读取的数据就会出现自然偏差，因此我们永远不会测量出完全符合的量，也就是说，任何一次测量都一定含有**不确定性**，这就意味着在自然科学领域，确定真相与确定事实判断时一定有**误差容忍度**，也就是强调在确定真相与确定事实判断时依赖**有效数据**。这也是自然科学领域与数学领域关于**度量**与**真相**永远存在分歧的地方。自然科学领域与数学领域永远存在差别的另外一个地方就是关于假设和逻辑的应用。在数学领域中，除了数理逻辑之外，逻辑是被植入到具体的数学内容之中的；具体的基本假设是植入到具体的概念定义之中的。正因为如此，从事数学思考的人们可以不自觉地应用逻辑来完成假言推理，甚至都不需要意识到与逻辑有什么关系，因为训练有素，单凭习惯就足够，只有当需要提炼出影响深远的、崭新的、具体的数学概念或者模型的时候，才会要求数学思考者以等价的形式自觉地善用逻辑这门工具,因为只有这样的时候才要求他们必须十分清楚什么样的假设是可靠的,是一致的,以及什么样的论证是有效的。可是,在自然科学领域情形就很不一样,因为自然规律发现的过程中没有系统性的被植入的逻辑。在任何一个复杂的发现的具体过程中,为达到成功的目的,都需要实践者和探索者以某种等价的形式自觉地熟练地应用逻辑这门工具;都需要清楚意识到需要什么样的假设以及如何有效地完成必须完成的假言论证;都需要清楚意识到什么假设是可靠的假设,什么假设是与已有的认知或已有的实验结果相一致的假设;都需要清楚意识到什么样的论证是有效的论证,什么样的预言有可能是可以实现的预言。另外,在数学中,任何具体的假言推理都必须合乎逻辑,因为任何逻辑错误都可以被明确地检测到。但是,在自然科学的发现过程中,假言推理论证可以不必那么严格,因为真正起根本性作用的那些基本假设往往还没有来得及被全面发现,所以当接近合理的近似论证已经具有相当的说服力并且能够被实验事实所支持的时候,这种假言推理论证就可以被暂时接受,直到被更为严格的论证所取代或者被实验事实所否定。在自然科学领域,在任何具体的探索和发现过程中,重要的是每一步都能找到首先说服自己的理由,并且需要尽可能地把理由说得清清楚楚、明明白白。

这里我们以动力学和电动力学的发展过程来说明上面这段文字的内涵。我们也将从中看到动力学和电动力学之所以有着强大作用,其关键就在于它们的那些有着深刻内涵却又可以明确判别的具体基本概念以及由这些具体概念所构成的那些为数不多的基本原理 (非逻辑公理);就在于单凭这些足以支撑起人类对于宏观物理世界认识的知识大厦。

这里将展示的是从公元前 350 年左右到 1930 年左右期间物理学领域的一系列先贤在物理学发现过程中智慧地使用逻辑这门工具的真实而经典的事迹。这些先贤包括古希腊的亚里士多德、阿基米德;包括伽利略、牛顿、库仑、法拉第、麦克斯韦、爱因斯坦;包括玻尔兹曼、汤姆孙、普朗克、卢瑟福、玻尔、德布罗意、海森伯、薛定谔、狄拉克;等等。所展示的事例包括对时空和引力的认识过程;包括对电磁力的认识过程;包括对光子、电子、原子、原子核、质子和中子的发现过程;包括建立电磁场理论、相对论和量子力学的过程。通过这些典范事例所展示的核心内容是这些先贤不断自己说服自己的说理过程;是他们不断追问自己如此一来的理由到底是什么、为什么可以如此、为什么一定这样、为什么不会那样等一系列问题的逻辑推理的过程;是逻辑这门工具在智慧者驾轻就熟的使用中帮助他们排除一切不具备必然导致关系的迷雾,沿着正确的思维路径前行并最终达到令自己心悦的境地的过程。

从这些真实和经典的事迹中,我们可以看到在自然科学的探索中,从事科学探索的人们从具体的科学实验中获得反映客观现实的基本事实真相;从对这些被发现的基本事实真相的实事求是的认真思考中进一步去发现客观事物之间的必然导致关系或者必然联系，从而揭示客观世界的内在的变化规律以及发展趋势。在所有这些科学实验进程、思维活动、理性探索过程中，从事科学探索的人们凭什么来确保归纳、抽象、升华所得到的结论的正确性？科学实验可以证伪，但未必能够为希望建立的科学理论的正确性提供担保。逻辑正是可以为实验过程、归纳、抽象、升华过程乃至科学立论提供正确性保障的系统工具，因为逻辑系统是被严格证实的可以在人类理性思维、思辨、说理、分析过程中为愿意使用的人们提供各种有效思维检测模式以及保持真实性的完备的思维规则系统。借用弗雷格的话说，逻辑不涉及人们怎样思考；对于那些试图寻求真理的人们而言，如果不想失去发现真理的机会，逻辑具有提供和帮助选择正确思路的功能。

本书由四章构成。

在第 1 章中，在动力学方面，我们将展示古希腊时期亚里士多德、阿基米德对于重力的探索和思考；17 世纪早期伽利略关于平衡和自由落体的探索与思考；17 世纪后期牛顿关于动力学和引力的探索与思考。在电动力学方面，我们将展示 18 世纪后期库仑的电磁实验定律，19 世纪初的电磁感应定律的发现过程，以及 19 世纪 60 年代麦克斯韦建立电磁场理论的思维之路。

在第 2 章中，我们从迈克耳孙-莫雷实验着手，进而展示洛伦兹如何求解麦克斯韦方程组与惯性参照系的独立性问题；这一章的重点是展示爱因斯坦狭义相对论的建立过程以及广义相对论的内涵。我们将看到爱因斯坦如何提出时空关联的相对性基本假设，如何从时空关联与相对性基本假设出发获得洛伦兹变换，以及如何修改牛顿动力学理论和建立麦克斯韦理论的共变特性；我们也将扼要地展示爱因斯坦的引力理论，尤其是他将黎曼几何与引力统一起来的思维过程。

在第 3 章中，我们将围绕物质结构的离散性与辐射能的离散性来展开。就揭示物质结构离散性的过程而言，一方面，我们将展示 20 世纪初因为探索空气导电性而引发的一系列重大发现，包括伦琴发现 X 射线、贝可勒尔发现自然核辐射、卢瑟福发现 α 粒子、居里夫人发现镭、汤姆孙发现电子、密立根测量电子质量、卢瑟福发现原子核和质子、查德威克发现中子；另一方面，我们将展示关于热的认识的主要进程，包括麦克斯韦发现气体分子速率分布律、玻尔兹曼发现气体分子能量分布律以及解释熵的基本含义。就揭示辐射能的离散性而言，一方面，我们将展示普朗克如何求解黑体辐射能量分布问题以及发现量子的过程；另一方面，我们将展示爱因斯坦引入光子概念解决光电效应问题的过程、玻尔解释氢原子光谱的过程、爱因斯坦提出辐射的量子理论解决普朗克辐射公式获取过程的有效性问题的过程、康普顿用实验来验证光子的实在性的过程，以及德布罗意提出粒子波动假设的过程。

在第 4 章中，我们将展示量子力学建立的主要过程，包括海森伯发现非交换性原则和矩阵量子力学的过程、玻恩等发现矩阵量子力学量子化原则的过程、狄拉克发现量子微分算子理论和相对论电子波动方程的过程、薛定谔发现量子波动方程的过程，以及狄拉克将量子力学统一到希尔伯特空间理论的过程；最后我们展示以量子力学为基础的原子结构理论。

　　我们将自己局限在对一百年前的典范发现过程的回顾，因为我们相信这些发现过程对于逻辑这门工具在发现过程中的应用已经非常典型和具有很强的说服力，而且并不需要特别高深的数学准备 (爱因斯坦的广义相对论例外)。迄今为止，物理学的思考者将宇宙间的相互作用分为四种基本力作用：物体间的引力作用，电磁力作用，以及涉及物质基本结构的强相互作用和弱相互作用。在这里，我们将注意力锁定在宏观上可以感知的引力作用和电磁力作用。我们试图通过对引力作用和电磁力作用的原本认识过程来展示逻辑与发现之间的密切关系。我们所关注的是在物理学探索中逻辑如何在精通者的应用中发挥作用。我们的目标是尽可能地、原汁原味地复盘那些先贤曾经走过的典型的思维之路和发现过程，既真实地再现那些智慧的亮点，也真实地保留那些美丽的误区，从而在整体上真实地再现智者在发现的路途上如何自觉地、驾轻就熟地应用逻辑这门工具，依据从实验中获得的实在的真相和事实进行判断和展开实事求是的具体事物具体对待的归纳、抽象和分析，逐步去伪存真、逐步确保结论的可靠性和一致性以及分析过程的有效性；我们希望说明对真理的认识过程是长期的、曲折的、复杂的、需要实践者和探索者呕心沥血实实在在认真思考的过程，是一个不断在被提出的新问题的牵引下，依据实验所得到的事实真相，应用逻辑工具修改现有的假设或者提出新的假设、消除现有的误区、不断进步的过程，从而说明一条真理往往并非一开始就是天然地被认定为真理，更不是天然地自动就是真理，而是在自觉地不断应用逻辑这门唯一有效的工具消除认识中的局限和设想中的误区的结果，因为是与非是假设的对立和矛盾，而任何具体的判定和鉴别都并非自动的，都是需要思考者认真琢磨的；我们的目标是希望说服读者善待那些美丽的错误，无论是今后在自己发现过程中出现的，还是别人曾经出现过的或未来偶尔出现的，因为纵观整个科技发展的历史，正是那些美丽的错误在后来的善于思考的人们那里诱发或者激发了认真执着的思考，从而使相应的真理被发现，并自然而然地矫正了先前的错误；我们的目标还是希望引导有心的读者能够以满腔的热情去欣赏和品味那些发现之路上的经典范例，因为那些典型范例中蕴藏着丰富的思想营养和启发要素。我们的目标决定了我们有选择地努力沿着那些有代表性的原本思维历程来陈述事实，既不同于科学史专著那样力求全面和详细分析，又不同于物理学教科书那样强求知识的系统性和连贯性。我们所期望的是这种原本思维路径的陈述和简要说明具有一定的说服力：逻辑在重大发现的过程中是不可缺失的工具；我们也期待通过这些思维历程范例来为爱因斯坦有关西方科学发展的论断提供有力佐证；我们自然也期望这本小小的启示录能够给有心的年轻读者带来些微的启示。

　　写这本启示录的初始激励来自武汉大学哲学系申国桢博士的一份盛情难却的邀请。2021 年春天，申博士邀请我给武汉大学哲学系的学生们做一个学习数理逻辑体会的报告。正好我在思考逻辑曾经在物理学探索中发挥过什么样的作用这一问题。于是，那场三小时的报告也就成为本书的纲要。机缘有时也会展现出难得的连贯性。随后，非常意外也十分荣幸地接受清华大学哲学系刘奋荣教授的邀请，给清华大学–阿姆斯特丹大学逻辑学联合研究中心的研究生讲授一学期的逻辑学专题，我便将在武汉大学的三小时报告演变成了四十五小时的课程。本书就是在那些课程讲义的基础上整理扩充出来的。因此，请允许我借此机会表达对刘奋荣教授和申国桢博士的衷心感谢，也非常感谢清华大学人文学院以及哲学系对我的访问所提供的便利和支持。

　　本书由中国科学院数学与系统科学研究院资助出版，谨此深表谢意。作者也借此机会对科学出版社及李静科编辑表示真诚谢意。

冯　琦

清华大学

中国科学院数学与系统科学研究院

2022 年 3 月 31 日

目　　录

第 1 章　独立时空与经典基本作用力

将生活中得到的许许多多经验事实归纳成一种简单的既可用来解释那些现象，令那些熟悉的事实成为某种特殊情形，又可用来指导未来探索的基本原理是自古以来从事科学探索的人们的根本性动机。在这样观察、归纳、抽象、分析、解释、检验的探索过程中，论证，或者尽可能地说服自己和说明理由就是不会缺少的伴随过程，因为需要依据经验常识或实验事实，以及与已经形成的共识之间的一致性来判定思想中新获得的结论的可靠性，或者对可靠性的一种相信。这就意味着，从古希腊开始，科学探索就离不开逻辑这门工具，因为逻辑学对用来解释物理学现象的理论前提的选择有一项根本性要求：它们必须在所关注的范围内是真实的，这是逻辑可靠性要求。因此在假设观察得到的现象的真实性基础上，由归纳和抽象所得到的现象应当是尽可能真实的，是合乎现实的；逻辑学对论证或分析也有一项根本性要求：论证或分析过程必须是有效的。就是说，从真实的前提出发，必须保证所得到的结论也是真实的。

本章涉及两大领域古典时期几位主要探索者的思维进程。这两大领域就是涉及重力或者引力的动力学领域以及涉及电磁力的电动力学领域。

在动力学方面，我们将展示古希腊时期亚里士多德、阿基米德对于重力或引力的探索和思考；17 世纪早期伽利略关于平衡和自由落体的探索与思考；17 世纪后期牛顿关于动力学和引力的探索与思考。从他们的代表作中，我们将关注他们所使用的公理化方法，即如何将生活中得到的许许多多经验事实归纳成一种简单的既可用来解释那些现象，令那些熟悉的事实成为某种特殊情形，又可用来指导未来探索的基本原理 (公理或假设)，以及如何依据所获得的原理来解决自己面临的现实问题。如果说亚里士多德和阿基米德是古希腊智者善用生活经验的典型代表，那么伽利略则是从生活经验出发首创实验来发现和检验思想结果的开山辟路之人。如果说伽利略是建立自由落体动力学理论的思考者，那么牛顿则是站在伽利略肩膀上的系统性应用逻辑建立动力学理论体系的思考者。在这一部分，我们还会看到古典力学思想中所包含的错误的美丽之处，因为那些错误断言所具有的不合理性激发了后来者寻求真理的动机，以及启发了他们去找到修正错误的着眼点和抓手。美丽的错误不是为指责而生，而是为建设者所立，因为对科学的探索之路本就是复杂的大浪淘沙之路，本就是思考者不断攀登、不断去伪存真之路。

在电动力学方面，我们将展示 18 世纪后期库仑的电磁实验定律，19 世纪初的电磁相互感应的定律发现的过程,以及 19 世纪 60 年代麦克斯韦建立电磁场理论的思维之路。这里,我们的第一个重点是库仑如何从自己的实验设计、实验开展以及实验总结过程中提炼出电磁定律;第二个重点是麦克斯韦如何系统性地从已知的实验结论中提炼出电磁场概念,怎样系统性地综合出描述电磁现象以及表述实验定律的偏微分方程。从麦克斯韦的工作中,我们会看到从观念的改变到概念的产生的思维过程,从实验定律到符号化、形式化表述的跨越;我们会看到逻辑和植入逻辑的数学语言在善于使用者那里的功能;我们会看到可靠的理论将怎样为未来的实验提出高度可靠的预言,以及将会为未来的探索和发展提出引领性的新的问题。

1.1   质 量 引 力

在本节中,我们简单回顾一下古希腊力学的几个典型例子。从中我们可以看到力学从一开始就与对空间几何的认知以及逻辑推理紧密关联。

1.1.1   起源:地心引力与大地球状

亚里士多德 (Aristotle,公元前 384 ~ 公元前 322) 关于地心引力和地球形状的思想对于力学原理的发展有过深远的影响。亚里士多德在《天体论》第二卷第十四章中写道[①]:"由于宇宙的中心与地球的中心重合,扪心自问到底这些天体,甚至地球的各个部分,被哪一个中心所吸引。到底是因为这个点是宇宙的中心它们才被吸引,还是因为这个点是地球的中心而被吸引?它们一定是被宇宙中心所吸引的。因此,天体也就都被地球中心所吸引,但这仅仅只是一种偶然,因为这个中心恰好也是宇宙中心。"接下来问:如果地球是圆的而且处于世界的中心,如果在它的某个半球上添加一个重大物体,将会发生什么?这个问题的答案如下:"地球必然会变动,直到它以一种匀称的方式围绕世界中心,因为相互保持平衡的趋势导致不同部分的变动。"

或许正是在宇宙中心与地球中心重合的假设下,亚里士多德相信承载万物的大地是一个球体。不仅如此,亚里士多德还反复论证地球是一个球体。他区分两种不同的论证方式。一种是后验的,比如月食的时候地球的影子形状,旅行者从南到北所见到的星座的出现与消失现象;一种是先验的,比如,他说,"假设地球不是一个单一质量,假定它的不同的部分相互分离开来,散布在所有的方向,并且都相似地被地球中心所吸引着。那么地球的那些被相互分离且被送到世界末端的部分被容许在中心合并,令地球以不同的过程形成,其结果会完全相同。如果这些部分再被送到世界末端,并且在各个方向都以相似的方式分送到那里,

---

① 见杜加斯 (Dugas)《力学史》第 22 页。

它们将必然形成一个对称质量。因为那会导致各向等同部分的添加，并且那个包络新产生质量的曲面会处处与地球中心等距。因此这样的曲面必定是一个球面。但是，如果那些形成质量的部分并非以在所有方向等量的方式分送，有关地球形状的解释也不会发生丝毫改变。事实上，较大部分一定会将面前的较小部分推开，因为两者都有朝向地球中心的趋势，而具备更大功力的重量有能力令较小的挪位。"

亚里士多德还从水面形状来论证地球是球状。假定水往低处流，也就是水总向离地球中心最近的地方流去。假设 $\overset{\frown}{\beta\epsilon\gamma}$ 是在圆心为 α 的圆弧上的一段 (β 在左，ϵ 在中，γ 在右，为圆弧段上的三个点)，令 δ 为直线段 $\beta\gamma$ 与直线段 $\epsilon\alpha$(半径) 的交点。那么线段 $\alpha\delta$ 是从圆心 α 到线段 $\beta\gamma$ 的最短连线。"水将从各处朝 δ 流去，直到水面到圆心处处等距。由此得到水将在从中心辐射开来的所有射线上占据相同长度的线段。然后它将处于平衡状态。可是平面上所有从中心辐射开来的等距直线线段构成一个圆的圆周。因此，水面 $\beta\epsilon\gamma$ 就会是球面。"

当然，关于地球的球状的论证最具说服力的是经典[①] 的实在性"论证"："在大海上航行中，在甲板上经常难以看到地球远方或者远处有船行驶靠近，但是爬到桅杆顶上的船员就可以看到这些，因为他们处在很高的位置，足以克服由大海的上凸所造成的视觉障碍。"

从今天的角度看，亚里士多德的力学理论中有许多根本性错误,但这些来自日常生活经验和观察的朴素理论影响了亚里士多德之后将近两千年的力学思想。正是亚里士多德想法中的错误被后人所发现，才有新理论的建立，从而导致力学的飞跃发展。同时应当注意的是亚里士多德在解释物理现象时对于欧几里得 (Euclid) 几何以及逻辑推理的依赖。很明显的是从一开始力学探讨就离不开几何理论和逻辑分析。

1.1.2　物体重量度量问题

前面在假定一些常识的前提下我们曾经断言物体之间的等重关系是一个相同关系，或者说是一个等价关系，并且物体间的轻重比较关系是一个与等重关系相关联的准线性序关系。我们所假定的常识就是对物体可以实现重量度量，从而可知它们是否等重以及孰轻孰重。就实际生活而言，应该如何以现实手段来确定两个物体是否等重？在不等重的前提下如何确定一个物体是否比另外一个物体轻或重？秤，或者天平，便是自古以来实现物体间等重或轻重比较的一种实用工具。对重物的度量也就都以**秤**来实现。秤的作用就是建立实物的质料多少与实数数量大小之间的一种保持可加性、保持等量性以及保序性的对应；每一杆秤都具备这种功能；每一类

---

① 据 *A History of Mechanics*，这一验证方法是 Adrastus 的杰作，记录在 A Collection of Mathematical Knowledge Useful for the Reading of Plato, by Theon of Smyrna。

秤都依赖将一种在一定范围内具有时空不变性的基本物体作为物体重量度量的基本单位。这种可以任意选定的实物重量度量基本单位基本上完全确定了一种度量方式。这种基本物体通常被称为**秤砣**。所谓秤，就是一种固定一端 (悬挂重物之挂钩) 与秤杆支撑点 (吊绳) 的距离而在支撑点的另外一边标出不同的明显距离刻度 (称重时移动悬挂秤砣的吊绳到相应的刻度处以至于秤杆处于水平状态)。

对一个社会而言，自然就有一个秤砣选择问题以及秤的制作问题。众所周知，秦始皇统一中国之后大力推行的重要工作之一就是统一全国的度量衡，也就是在全国范围内实施重物度量的规范化度量。秦始皇的重量度量规范化就是以一种统一的标准来选择秤砣以及制作标准的秤。

与此相关的一个理论问题就是物体重量的规范化度量问题：在选定一个**秤砣**作为物体度量的基本单位之后如何标准地度量任意一个物体的重量？或者标准的秤应当如何制作？或者制作标准的秤的理论基础或理论依据是什么？

这一理论问题的解答是杠杆平衡问题解答的一种特殊情形。

1.1.3   杠杆平衡问题

什么是杠杆平衡问题呢？

在我们社会，经常可以听到一种"四两拨千斤"的说法，也就是用很小的力气去拨动超重物体。那么在具体情形下怎样实现"四两拨千斤"？事实上，在实际生活中，一种经常出现的普遍现象就是人们为了挪动一件超出自身体力极限的重物而不得不借助一种名为**杠杆**的简单工具。通常一根用来挪动重物的杠杆就是一根长约两米、粗细均匀、质料坚固的木杠。一个人若不使用杠杆便不能挪动一件超重物体，但一旦使用一根合适的杠杆就能轻而易举地撬动那件重物。这就是一种"四两拨千斤"的具体行为。杠杆是常见的实现"四两拨千斤"的最简单的一种工具，其他实现"四两拨千斤"的工具包括螺丝扳手、螺丝锥、单一或多重滑轮系统、齿轮或皮带轮传动系统、吊车装置等。重量度量装置 (度量衡，包括 20 世纪六七十年代我国还在广泛使用的木杆秤) 也是同一类的事物。为什么这些工具就可以实现"四两拨千斤"？这些工具之所以具有这样的功能的基本原理是什么？这就是杠杆平衡问题。

这些都需要一种一般性的理论来回答。这种理论就是力学上一系列的杠杆原理或力矩 (包括水平力矩或转动力矩) 平衡原理。

1.1.4   《机械力学问题》之解答

根据杜加斯 (René Dugas) 的《力学史》[①]，最早对这一问题展开讨论的是古希腊的一本名为《机械力学问题》的教材，其主要内容是关于简单机械的实用机

---

① René Dugas, A History of Mechanics, Dover Publications, Inc., 1988.

械力学。

这本教材是怎样回答上述杠杆平衡问题的呢?

教材的作者认为,之所以使用一根合适的杠杆就能轻而易举地撬动那件原本难以挪动之重物,究其根源就在于圆。事实上,这本教材还将对所有简单机械问题的研究归结到同一条简单原理:归根到底在于圆具有一种奇特本性。教材的作者认为"平衡之本在于圆的那些性质;杠杆之本又在于平衡的那些性质;最终几乎所有的机械运动都可以归结到杠杆的那些性质"。

为什么最终会被归结到圆那里去呢?这在古希腊的思考者看来非常自然、毫不奇怪,因为神奇之事由更为神奇之事所导致;最神奇的事情就是对立统一;任何一个实物的圆都是这种对立统一的一种具体实现,它们集可滚动之物与保持稳定之物于一体,因而就都是最具体的对立统一之物。

这种归根结底的想法的合理性是什么呢?《机械力学问题》的作者将上述定性分析的逻辑序列进一步落实到力学的定量分析的逻辑序列之上。《机械力学问题》的作者所依赖的最基本的出发点为这样一条原理 (第一力学假设):

假设 1 (第一力学假设) 令物体运动的主导动力 (power) 等于物体的重量 (或质量) 与物体获得的运动速度的乘积。

应用这一原理,便能够"确立"在不同长度的双臂两端挂上不同重物的杠杆处于平衡状态的条件:两端物体的重量与各自臂长的乘积相等。这是因为:

(1) 如果杠杆绕支撑点旋转,那么两端重物的运动速度会与承载它们的臂长成比例;

(2) 若杠杆处于平衡状态,杠杆两端相反的动力 (power) 就必须相互抵消。

综合起来,《机械力学问题》一书将是否会出现杠杆平衡这种现象的根源归结到杠杆上悬挂的重物受到某种导致旋转的主导动力的作用,并且这种主导动力的大小与物体的重量和承载此物的臂长的乘积成比例,以及当且仅当杠杆两端相反的主导动力相互抵消的时候杠杆处于平衡。

可以说,《机械力学问题》的作者在对于杠杆平衡问题的分析中所采用的是古希腊的形式逻辑的思路。《机械力学问题》所给出的杠杆平衡的条件基本上就是现代的力矩平衡原理:两端物体的质量与各自力臂的乘积相等。需要注意到的是,在古希腊时代,人们对于物体的重量与质量是混为一谈的,对两者的明确区分是明白地球对物体具有引力作用之后的事情。

1.1.5 阿基米德之解答

阿基米德 (Archimedes, 公元前 287 ~ 公元前 212) 采用了与前面提到的《机械力学问题》不同的方式来处理杠杆平衡问题。阿基米德完全回避主导动力作用问题,而是直接从各种平衡与失去平衡的现象中抽象归纳出来的结论为出发点来解答杠杆平衡问题。阿基米德将静力学作为专门的科学学科建立起来。他将来自日常生活的经验公理化,然后以严格的数学推理来充实静力学理论。可以说,阿基米德是从来自生活经验与日常观察到的物理现象中抽象出一些静力学基本假设,然后再系统性地应用逻辑推理得出一系列物理学知识的第一人。据杜加斯的《力学史》记载,阿基米德的静力学理论发表在他的论文《论平面平衡或平面引力中心》①之中。这里我们根据《力学史》选择一部分以为示范。

阿基米德对具体重物理想化地设置一个**重心**,并且将重物平衡问题转化成物体重心之间的几何关系问题。"任何物体都有唯一的重心",这在古希腊思想者那里都是一种默认的来自经验的事实。所谓物体的重心,粗略地讲,就是那个唯一能够支撑该物体在悬空时处于平衡状态的位置。看似阿基米德在更早一些的文稿中给出过物体"重心"的定义,但该文稿失传了。

阿基米德宣布八个命题作为公理 (**阿基米德杠杆平衡原理**):

(1) 在与支撑点等距的地方悬挂相等重物的杠杆处于平衡状态;

(2) 在与支撑点不等距的地方悬挂相等重物的杠杆处于不平衡状态,并且杠杆会朝较远的那一端向下倾斜;

(3) 如果在悬挂着重物且处于平衡状态的杠杆的某一端添加一点东西,那么将失去平衡,并且加重后的杠杆会朝加重端向下的方向倾斜;

(4) 同样地,如果从某一端取走一点重物,也会令杠杆失去平衡,并且减重后的杠杆会朝未减重端向下的方向倾斜。

(5) 如果相等且相似平面图形重合,那么它们的重心也会重合;

(6) 不相等但相似的图形的重心会相似地置放;

(7) 如果悬挂在一定距离的某种大小尺寸之物处于平衡状态,那么悬挂在同样地方的等价的大小尺寸之物也会处于平衡状态;

(8) 如果一个图形没有凹陷之处,那么它的重心必定在图形内部。

在这些公理基础上,阿基米德应用逻辑推理序列证明了一系列的结论。这里我们先选择最简单的三条结论来作为逻辑推理在物理学中的实例。

定理 1.1 (阿基米德)　(1) 当重物悬挂在等距之处且杠杆处于平衡状态时,两端重物的重量必定相等;

(2) 重量不相等的重物悬挂在等距之处时杠杆一定失去平衡,并且较重的一定掉下;

(3) 如果重量不相等的重物悬挂在不相等的距离处的杠杆处于平衡状态,那么较重的重物一定悬挂在较短的距离处;

---

① On the Equilibrium of Planes or on the Centers of Gravity of Planes.

注意, 阿基米德在形成杠杆平衡原理时默认了一个基本假设: 杠杆平衡的基准线是水平直线; 杠杆失去平衡的结果一定是杠杆的一端向下倾斜而另外一端向上倾斜, 并且这两种向反方向的倾斜应当被看成在一个垂直平面上杠杆绕支撑点的旋转, 这自然也是一种生活常识。

设杠杆的两端为 A 和 B, 杠杆的支撑点为在点 A 和 B 之间的 C。设杠杆从 A 处到 C 处的长度为 $\overline{AC}$ 以及从 C 处到 B 处的长度为 $\overline{CB}$。设在杠杆 A 处悬挂的物体的重量为 M_a, 在 B 处悬挂的物体的重量为 M_b。第一条公理断言, 如果 $M_a = M_b$ 并且 $\overline{AC} = \overline{CB}$, 那么悬挂重物的杠杆处于平衡状态。第二条公理断言, 如果 $M_a = M_b$ 并且 $\overline{AC} > \overline{CB}$, 那么悬挂重物的杠杆一定会发生 A 端朝下 B 端朝上的倾斜; 反之, 如果 $M_a = M_b$ 并且 $\overline{AC} < \overline{CB}$, 那么悬挂重物的杠杆一定会发生 B 端朝下 A 端朝上的倾斜。第三条公理断言, 如果在处于平衡状态的悬挂着重物的杠杆的 A 端添加一点东西, 那么杠杆一定会发生 A 端朝下 B 端朝上的倾斜; 若添加之处在 B 端, 则一定发生反向倾斜。第四条公理断言, 如果在处于平衡状态的悬挂着重物的杠杆的 A 端减掉一点东西, 那么杠杆一定会发生 B 端朝下 A 端朝上的倾斜; 若减重之处在 B 端, 则一定发生反向倾斜。

阿基米德定理 1.1 中的结论 (1) 的论证用归谬律。假设 $\overline{AC} = \overline{CB}$ 以及在两端悬挂的重物之重量分别为 M_a 和 M_b, 并且杠杆处于平衡状态。

假设 $M_a < M_b$。

应用公理 (3) 和公理 (1) 来得出一个矛盾。考虑在 A 端添加与重量 $(M_b - M_a)$ 相等的重物。根据公理 (3), 添加后的杠杆一定发生 A 端朝下 B 端朝上的倾斜; 可是根据公理 (1), 因为 $M_a + (M_b - M_a) = M_b$ 以及 $\overline{AC} = \overline{CB}$, 所以添加后的杠杆应当处于平衡状态, 这便得到一个矛盾。

还可以应用公理 (4) 和公理 (1) 来得出一个矛盾。考虑在 B 端减去与重量 $(M_b - M_a)$ 相等的重物。根据公理 (4), 减重后的杠杆一定发生 A 端朝下 B 端朝上的倾斜; 可是根据公理 (1), 因为 $M_a = M_b - (M_b - M_a)$ 以及 $\overline{AC} = \overline{CB}$, 所以减重后的杠杆应当处于平衡状态, 这便得到一个矛盾。

假设 $M_a > M_b$, 同样的分析表明这一假设也一定导致矛盾。

于是, 必然有 $M_a = M_b$。

定理 1.1 中的结论 (2) 由公理 (1) 和公理 (3) 得到: 假设 $\overline{AC} = \overline{CB}$ 以及在两端悬挂的重物之重量分别为 M_a 和 M_b。假设 $M_a > M_b$。令 $M = M_b$, 那么 $M_a = M + (M_a - M_b)$。如果在 A 端悬挂的重物之重量为 M, B 端悬挂的重物之重量依旧为 M_b, 那么根据公理 (1), 如此悬挂重物的杠杆一定处于平衡状态; 此时在 A 端添加重量为 $(M_a - M_b)$ 的重物, 那么根据公理 (3), 杠杆会失去平衡, 并且杠杆一定会发生 A 端朝下 B 端朝上的倾斜。这种倾斜下悬挂在 A 端的重物之重量恰好是 M_a, A 端的重物为较重者。

定理 1.1 中的结论 (3) 可以依据公理 (2) 和公理 (4) 获得: 假设 $\overline{AC} < \overline{CB}$ 并且在杠杆处于平衡状态下 A 端悬挂的重物之重量为 M_a 以及 B 端悬挂的重物之重量为 M_b。需要验证 $M_a > M_b$。首先不能有 $M_a = M_b$，因为如果 $M_a = M_b$，根据公理 (2)，杠杆不会处于平衡状态。那么是否可能会有 $M_a < M_b$ 呢? 假设 $M_a < M_b$。考虑从 B 端减去重量为 $(M_b - M_a)$ 的重物。那么减重之后根据公理 (4)，杠杆会失去平衡并且杠杆会发生 A 端朝下 B 端朝上的倾斜。可是减重后杠杆支撑点 C 两边的重量相等，根据公理 (2)，此时失去平衡的杠杆应当发生 A 端朝上 B 端朝下的倾斜，因为 $\overline{AC} < \overline{CB}$ 。由于不可能同时发生两种截然相反的倾斜，$M_a < M_b$ 便是不可能的事情，这就验证了 $M_a > M_b$。

自然，在上面的论证中，阿基米德默认了这样的事实: 重量是可以根据需要任意地相加和相减的算术量; 重量之间的大小比较是一种线性序关系; 直线上的线段长度度量也是如此。

不仅如此，在阿基米德的一系列结论中还有一条事实上并没有得到论证，但可以作为来自经验的结论:

假设 2 (阿基米德假设) 不同重量的重物可以平衡地悬挂在与支撑点距离不相等的杠杆的两端。

下面我们来看看阿基米德是如何基于上面的阿基米德假设以及阿基米德杠杆平衡原理从理论上解决秤的制作问题的。

定理 1.2 (阿基米德) 如果两个重物的重量都是同一个度量单位的正整数倍并且与它们的悬挂力臂的长度成反比，那么悬挂它们的杠杆一定会处于水平平衡状态。

阿基米德论证的逻辑步骤大致是这样的: 首先将两个重物以等高的平面矩形表示出来，并且根据有关重心的几何分析将重物的重心设置在矩形的几何中点; 然后将杠杆 $[E, C, D]$ 以支撑点 C 为中心点适当地在两端实施对称延长得到 $[L, E, C, H, D, K]$; 再根据假设求取两个臂长的共同基本长度单位以至于可以以正整数将各臂长实施等长均分; 继而再次应用假设条件求取相应的可以以正整数将两个重物等量均分的共同基本面积单位; 这样一来，延长直线段被 (长度为共同基本长度单位) 等长地均分成偶数个小区间，每一个小区间上恰好置放一个基本面积单位的重量之物并且小重物的重心都恰好与小区间的几何中心重合; 最后根据等价替换公理 (7) 得到杠杆支撑点就是两端悬挂重物的平衡点。

下面的论证是根据杜加斯《力学史》第 26~27 页的阿基米德详细论证的英文版编译 (为了方便读者阅读理解，对几处行文在保持原意的基础上略作技术处理) 而得:

"假设为同一个度量单位的正整数倍的两个重物的重量分别为 A 和 B，并且以等高的矩形的面积表示它们的重量。根据公理 (8)，它们的重心也分别就是各自矩形的几何中心点 A 和点 B。假设杠杆的支撑点为 C，重量为 A 的重物悬挂在杠杆的 E 处，重量为 B 的重物悬挂在杠杆的 D 处。假设 $\overline{ED}$ 为悬挂两个重物的杠杆的长度，并且假设重量 A 与重量 B 之比恰好就是 $\overline{DC}$ 与 $\overline{CE}$ 之比。需要证明的是由这两个重物组合起来的整体的重心在 C 处。

"由于 $A:B = \overline{DC}:\overline{CE}$ 以及面积 A 与面积 B 具有同一个基本面积单位，长度 $\overline{DC}$ 与 $\overline{CE}$ 也便有同一个基本长度单位 N 以至于它们都是 N 的正整数倍。考虑将表示杠杆的直线段 $[E, D]$ 以下述方式延长为直线段 $[L, K]$：在点 C 与点 D 之间取点 H 使得 $\overline{EC} = \overline{HD}$；然后将线段 $[H, D]$ 向右延长至 K 点以至于点 D 是线段 $[H, K]$ 的中点，从而 $\overline{EC} = \overline{DK}$；再将直线段 $[E, K]$ 向左延长至 L 以至于 $\overline{EL} = \overline{DC}$。由于 $[D, H]$ 的长度等于 $[E, C]$ 的长度，$[C, D]$ 的长度就等于 $[E, H]$ 的长度以及 $[L, E]$ 的长度就等于 $[E, H]$ 的长度。因此 $[L, H]$ 的长度恰好是 $[C, D]$ 的长度的两倍，$[H, K]$ 的长度是 $[E, C]$ 的长度的两倍。于是，基本长度单位 N 就是长度 $\overline{LH}$ 和 $\overline{HK}$ 的共同基本度量单位，因为 N 是它们的一半的共同基本度量单位。因为 $A:B = \overline{DC}:\overline{CE}$，$\overline{LH} = 2\overline{DC}$，以及 $\overline{HK} = 2\overline{EC}$，所以 $A:B = \overline{LH}:\overline{HK}$。令 Z 满足等式

$$\frac{\overline{LH}}{N} = \frac{A}{Z}$$

因为 $\overline{HK}:\overline{LH} = B:A$，所以

$$\frac{\overline{KH}}{N} = \frac{\overline{KH}}{\overline{LH}}\frac{\overline{LH}}{N} = \frac{B}{A}\frac{A}{Z} = \frac{B}{Z}$$

因此 A 和 B 都是 Z 的正整数倍，从而 Z 可以是它们的一个共同的度量单位。由此可知，如果线段 $[L, H]$ 按照长度 N 被等分为 m 个小线段，A 按照基本面积单位 Z 被等分为 n 个小矩形，那么 $m = n$。这样，如果将 m 个重量为 Z 的小重物分别置放在 $[L, H]$ 的每一个等长小区间上以至于每一个小重物的重心与小线段的中心重合，那么这些小重物构成的整体就与重物 A 等同。不仅如此，这个重物整体的重心恰好就在 E 处，因为 $m = n$ 是一个偶数，而 E 是线段 $[L, H]$ 的中点。根据同样的理由，如果将相应的重量为 Z 的小重物分别置放在 $[K, H]$ 的每一个等长小区间上以至于每一个小重物的重心与小线段的中心重合，那么这些小重物构成的整体就与重物 B 等同，而且这个重物整体的重心恰好就在 D 处。于是，一定的等量重物被置放在一条直线段上，它们的重心被偶数个等长区间彼此分隔开来。因此，这些等量小重物构成的整体的重心恰好就在它们分布的直线

段 $[L, K]$ 的中心点。又因为 $[L, E]$ 的长度等于 $[C, D]$ 的长度，$[E, C]$ 的长度等于 $[D, K]$ 的长度，所以这个重心所在的中心点就是点 C。由此可见，如果将重量为 A 的重物的重心置放于 E 处，将重量为 B 的重物的重心置放于 D 处，那么 (根据公理 (7)) 杠杆的支撑点 C 就是它们的平衡点。"

从严格的力学分析的角度看，阿基米德实际上还默认了杠杆支撑点 C 所承载的重物之重量恰好就是杠杆两端悬挂的重物的重量之和。另外，阿基米德的论证实际上还揭示了杠杆所处的平衡状态具有可加性：假如 I_1, I_2 是直线段 $[L, C]$ 中的两个均分小区间，J_1, J_2 是直线段 $[C, K]$ 中的与 I_1, I_2 分别关于 C 点对称的两个均分小区间。那么将重量为 Z 的两个重物分别置放在 I_ℓ 与 J_ℓ 的几何中心处 ($\ell = 1, 2$)，那么，根据公理 (1)，相应的杠杆各自处于平衡状态；如果同时将重量为 Z 的四个重物分别置于四个小区间上以至于重物重心与小区间的几何中心各自分别重合，那么合成起来的杠杆依旧处于平衡状态。实际上阿基米德的论证中也似乎用到了这种可加性。当然这种杠杆平衡状态的可加性也在日常生活中经常被观察到以及经常被应用。比如，各种秤的适用范围都有限，因而秤砣也就根据需要分成不同大小。但有一点可以肯定，大秤砣一定是最小秤砣的正整数倍，也就是说，一个较大的秤砣一定可以均分为若干个最小秤砣。

1.1.6　伽利略倾斜平衡理论

意大利物理学思考者伽利略 (Galileo Galilei, 1564~1642) 对倾斜平衡现象开展过系统的探讨。在一定意义上他以理想实验的方式着重回答这样一个问题：如果要将一个超重物体以仅有的微薄之力运送到一定的高度上去，怎样利用一副平板和支架完成任务？解决这一问题的系统性答案就是倾斜平衡理论。

根据《力学史》记载，1634 年在巴黎出版的《伽利略力学》一书详细地报告了伽利略求解倾斜平衡问题的分析。开篇之中，伽利略强调机器 (或者工具) 的用途在于整体搬运超重物体而不必将它分割。尽管有时候可以用额外的时间来弥补人力的不足，但人们仍旧希望既可以省力气还可以省时间。杠杆或相应的机器便为此而设计。从这个角度看问题，伽利略自己的着眼点放在力与速度的乘积之上。

伽利略的出发点仍然是任何物体都有唯一的重心，并且物体的重量是物体自行迈向地球中心的一种自然倾向。基于这样的假设，伽利略便可以将物体与代表物体的质点等同起来。这是一种理想化而不会失去关键的简化方式。伽利略规定了"力矩"的确切含义。当一个物体悬挂在杠杆一端时，**力矩** (moment) 便是朝向地球中心的那种自然倾向的显现；它由该物体的绝对重量和它的悬挂点到杠杆支点的距离构成[①]。

接着，伽利略以理想实验的方式，应用欧几里得几何定理来分析倾斜平面上

---

① 现代力学中，力矩就是悬挂物体的质量与杠杆力臂长度的乘积。

的力矩平衡问题。伽利略将平板想象成完全平整且表面完全光滑 (简称光滑平板)，将重物想象成一个完全球对称的表面完全光滑的实体球。这样在光滑平板水平置放时从受力的角度看就难以区分置放在平板上的球是处于静止态还是处于运动态 (因为完全没有摩擦产生的阻力)，以至于一股微风或者非常小的力就能够令球滚动起来。想象将光滑平板的一边搁置在水平地面上，且将对立边抬起以令平板与地面形成一种夹角 (在水平与垂直之间变动)；变换一个角度后按照这个角度固定平板，然后在这个倾斜的平板上往上方推球；随着夹角的增加，将球沿着平板往上推所需要的力量就会增加。当平板与地面垂直时，贴着平板往上推球所需要的力量就恰好等于球的重量。那么当夹角介于水平与垂直之间时，所需要的力量与球的重量之间到底会是一种什么样的关系呢？伽利略继续他的理想实验以回答这个问题。想象将两个等重的物体分别搁置在以中间点 B 为支撑点的水平杠杆两端 A 和 C。假设这个水平杠杆向右方延长的延长线与倾斜平板高端部分相交于 H。假设以 B 为圆心、以力臂 BC 为半径所画的圆与平板在 F 处相切，从而由 H 和 F 所成的直线是圆的以 F 为切点的切线，平板的倾斜度为切线的斜率。现在假想力臂 BC 下落至 BF。由切点 F 向上作水平线 ABC 的垂线，得到垂足 K。由于三角形 BKF 与三角形 FKH 相似，根据平面几何 "相似三角形对应边成比例" 定理，对应边之比相等，即 $\dfrac{BK}{BF} = \dfrac{FK}{FH}$。由此得出当重物落在倾斜平板的 F 处时，它对倾斜平板的力矩就比水平力矩小，并且缩小因子恰好就是 $\dfrac{BK}{BF}$[①]。最后，利用这种分析，伽利略再一次以理想实验的方式解答了本小节第一自然段所提出的问题。最终的答案就是微薄之力 F 与需要搬运的重物 E 之比应当是欲达到的高度与倾斜板有效长度之比，或者说比值 $\dfrac{F}{E}$ 就是倾斜板与水平地面夹角的正弦值。

1.1.7 牛顿力学之解答

我们希望指出的是，尽管《机械力学问题》的作者所得出的杠杆平衡的条件基本上是一个真实的命题，但该书对这一结论的论证并非可靠论证。因为从现代物理学理论的角度看，物体的质量与其运动速度的乘积是该物体在当时当地所持有的**动量**，也就是对物体在时空中的运动状态的定义，而动量并不等于 "令物体运动的主导动力"。也就是说，第一力学假设并不是一个真实的命题。

那么第一力学假设应当如何修正呢？第一力学假设的修正工作由牛顿 (Isaac Newton, 1642 ~ 1727) 于 1687 年完成。在《原理》[②](又称《自然哲学的数学原

---

① 这个比值正好就是倾斜板与水平地面夹角的正弦值。这就从理论上解释了为什么随夹角的增加平板对重物的依托责任就越大，因为正弦值在水平与垂直之间是从 0 到 1 单调递增的。

② Isaac Newton, The Principia, (1687), Prometheus Books, 1995.

理》) 一书中，牛顿将第一力学假设修正为两条动力学定律：牛顿第一定律和牛顿第二定律。

在牛顿力学中，物体在时空中的运动被抽象为质点的运动，这是接受了古希腊思考者"任何物体都有唯一的重心"这一假设的结果。设一个物体的质量为 m，该物体的瞬时速度为 $\vec{v}$。那么该物体的瞬时动量被定义为质量与瞬时速度的乘积：

$$\vec{p} = m \cdot \vec{v}$$

其中，质量 m 是**标量**，$\vec{v}$ 和 $\vec{p}$ 都是**向量**。向量是既有方向也有大小的量；两个向量相等当且仅当它们的大小相等并且它们的方向也相同；标量 m 与向量 $\vec{v}$ 的乘积 $m \cdot \vec{v}$ 是一个大小等于 m 与 $\vec{v}$ 的大小的乘积并且方向与 $\vec{v}$ 相同的向量，也就是将速度向量 $\vec{v}$ 沿着其方向将其大小放大 m 倍的结果。

牛顿第一定律为**惯性定律**。惯性定律断言在没有外力作用下物体保持其当前动量不变，即除非有外力强加在物体之上，物体一定或者保持其静止 (速度为零) 状态或者保持其匀速直线运动状态。

牛顿第二定律则断言"物体运动状态改变的程度与强加其上的主导动力成正比，并且其运动方向也一定与作用其上的力的方向一致"，也就是"令物体运动的主导动力 (force) 等于物体的质量与物体运动速度之变化率 (也就是加速度) 的乘积"。换句话说，如果 $\vec{F}$ 是作用在质量为 m 的物体上的合外力，那么

$$\vec{F} = \frac{\mathrm{d}\vec{p}}{\mathrm{d}t} = m \cdot \frac{\mathrm{d}\vec{v}}{\mathrm{d}t}$$

其中，作用力 $\vec{F}$ 也是一个既有大小又有方向的向量；微商 $\frac{\mathrm{d}\vec{v}}{\mathrm{d}t}$ 是速度向量 $\vec{v}$ 发生瞬间变化的结果，既包括大小的瞬间变化，也包括方向的瞬间改变。这一向量被定义为物体运动的瞬间**加速度**。标量乘积 $m \cdot \frac{\mathrm{d}\vec{v}}{\mathrm{d}t}$ 便被定义为物体动量的瞬间变化。

牛顿的这两条定律所揭示的是物体运动状态发生改变的真正原因是有外力作用在该物体之上，即物体运动状态发生改变的充分必要条件是有外力作用其上，并且其改变的程度等于作用其上的外力。

《机械力学问题》一书对与杠杆平衡问题的解答涉及杠杆绕支撑点旋转这种现象，并且将圆作为终极根源，因为实物的圆是对立统一的典范，是最为神奇之物。果真如此吗？如果不是这样，那么到底是什么才导致在支撑着的杠杆一端悬挂上重物便会发生杠杆倾斜或旋转这样的现象呢？

牛顿第四定律，也就是万有引力定律，解答了何以导致杠杆失去平衡。作为万有引力的一种特殊情形，地球对地球之上的质量为 m 的物体产生大小为 mg、方向指向地心的引力，其中 g 为自由落体加速度，大约为 $9.8\mathrm{m/s^2}$。悬挂在杠杆

端点的重物正是受到这种地心引力 (称之为**重力**) 的作用，才会有可能改变杠杆的平衡状态，并产生旋转。

这里自然的问题便是：重力作用与杠杆旋转之间会是一种什么样的关系?《机械力学问题》一书给出的那种关系是否真实呢？

根据牛顿定律，《机械力学问题》所给出的有关刚体旋转的下述两条结论需要适当修改：

(1) 如果发生杠杆绕支撑点旋转，那么两端重物的运动速度会与承载它们的臂长成比例；

(2) 杠杆若处于平衡状态，杠杆两端相反的动力 (power) 就必须相互抵消。

可以怎样修改呢？首先，悬挂在各端的重物各自分别对杠杆产生一个绕支撑点向下旋转的**旋转力矩**，并且各自所产生的旋转力矩的大小恰好与承载它们的臂长成比例 (质量为 m，臂长 (即从悬挂处到支撑点的距离) 为 ℓ 的重物所产生的向下旋转的旋转力矩的大小为 $m \cdot \ell$)。其次，决定杠杆旋转方向的是两个旋转力矩的向量和，也就是两者之间的较大者；从而，杠杆若处于平衡状态 (也就是杠杆不会发生旋转)，杠杆两端相反的旋转力矩就必须相互抵消。

于是，现代物理学教科书对杠杆平衡问题的解答以如下形式表述。

公理 1 (力矩平衡原理) 设杠杆的两端为 A 和 B，杠杆的支撑点为在点 A 和 B 之间的 C。设杠杆从 A 处到 C 处的长度为 $\overline{AC}$，以及从 C 处到 B 处的长度为 $\overline{CB}$。设在杠杆 A 处向下的作用力为 $\vec{F}_a$，在 B 处向下的作用力为 $\vec{F}_b$。那么如此两种作用力合力作用下的杠杆的旋转方向由两个旋转力矩 $\vec{F}_a \cdot \overline{AC}$ 和 $\vec{F}_b \cdot \overline{CB}$ 的向量和所确定，从而杠杆处于平衡状态的充分必要条件是

$$\vec{F}_a \cdot \overline{AC} = \vec{F}_b \cdot \overline{CB}$$

可以看到力矩平衡原理实际上就是阿基米德定理的一般性表述。由此力矩平衡原理立即可以得到上面的四条阿基米德公理。由于重力加速度为 $\vec{g}$，悬挂在 A 处的质量为 M_a 的重物在地心引力作用下产生的向下的作用力为 $\vec{F}_a = M_a \cdot \vec{g}$；悬挂在 B 处的质量为 M_b 的重物在地心引力作用下产生的向下的作用力为 $\vec{F}_b = M_b \cdot \vec{g}$。

阿基米德公理 (1) 如何得证？根据阿基米德公理 (1) 的条件，$M_a = M_b$ 以及 $\overline{AC} = \overline{CB}$。因此，$\vec{F}_a = \vec{F}_b$，即两处的作用力大小相同，方向也相同。于是，

$$\vec{F}_a \cdot \overline{AC} = \vec{F}_b \cdot \overline{CB}$$

应用力矩平衡原理，这一等式蕴含悬挂重物的杠杆处于平衡状态。

公理 (2) 呢？不失一般性，假设此时 $\overline{AC} > \overline{CB}$。由于 $M_a = M_b$，$\vec{F}_a = M_a \cdot \vec{g} = M_b \cdot \vec{g} = \vec{F}_b$，这就意味着悬挂在 A 处的重物所产生的旋转力矩 $\vec{F}_a \cdot \overline{AC}$

严格大于悬挂在 B 处的重物所产生的旋转力矩 $\vec{F_b} \cdot \overline{CB}$。由于这两个力矩所产生的旋转方向正好相反，它们的向量和的方向与悬挂在 A 处的重物所产生的旋转力矩相同，因此杠杆在较大的旋转力矩作用下在 A 端向下倾斜。

公理 (3) 也可以由力矩平衡原理得到：在现有条件下两端悬挂重物的杠杆处于平衡状态就意味着此刻悬挂在杠杆两端的重物所产生的旋转力矩大小相等，方向相反。如果此时在其中的一端添加一点质量大于零的重物，那么悬挂在添加端的重物所产生的旋转力矩就会大于另外一端悬挂的重物所产生的力矩，从而添加重物后的一端的旋转力矩决定着杠杆的旋转方向。

公理 (4) 同样可以由力矩平衡原理得到：对悬挂重物的处于平衡状态的杠杆的一端减量就意味着这一端减量后的重物所产生的旋转力矩会小于另外一端的重物所产生的旋转力矩，因此减量之后另外一端的重物产生较大的旋转力矩，从而悬挂在另外一端的重物也就决定着杠杆旋转的方向。

最后，阿基米德"不同重量的重物可以平衡地悬挂在与支撑点距离不相等的杠杆的两端"的假设也可以得到证实：假设杠杆的长度为 ℓ。假设需要悬挂在杠杆 A 端的重物的质量为 M_a，需要悬挂在杠杆 B 端的重物的质量为 M_b。假设从 A 端到平衡支撑点的距离为未知量 x。那么下面关于 x 的力矩平衡方程：

$$M_a x = M_b(\ell - x)$$

在实数范围内有解：$x = \dfrac{M_b}{M_a + M_b}\ell$。因此，阿基米德的假设得到证实。

1.1.8   自由落体运动

1. 亚里士多德论自然落体运动

亚里士多德认为一个物体的位置是那些将它包围起来的诸多物体所构成的内层曲面。在亚里士多德看来，每一件事物都对应着一个自然之处，那是一个令事物的关键形式至臻完善的地方。地球的自然之处是确定大海底部的凹陷曲面加上大气层的底层曲面；而大气层的底层曲面则是空气的自然之处。如果一件事物被迫离开它的自然之处，那么它定有回归的趋势，因为所有的事物都趋向完美。如果它已经占据自己的自然之处，它会保留在原地不动并且只有强制方可迫使它离开。于是，亚里士多德将运动区分为两类：一类为自然运动，一类为强制运动。重物下落是自然运动，抛物运动为强制运动。

关于自然落体运动，亚里士多德断言[①]："物体间的重量比例关系由下落时间的反比关系展示。如果一个重物从一定高度经过如此这般时间落下，那么一个重

---

① Aristotle, Treatise on the Heavens, Book I; 详见 René Dugas, A History of Mechanics, Dover Publication, Inc., New York, 1988。

达两倍之物从同一高度落下的时间减半。"至于重物落体加速,亚里士多德在他的《物理》一书中指出:一个物体由于它的重量而被它的自然之处所吸引;物体越是接近停靠之处,其感受到的吸引就越强。亚里士多德根据反复观察到的"不同重量的物体在水中下落的速度不相同"的自然现象归纳地得出"自由落体的速度与其重量成正比"这一结论。生活经验(反复观察的结果)表明,在密度比较高(比如高于空气密度)的介质环境(比如水)中,较重的物体比较轻的物体下落得快。亚里士多德认为:物体下落的速度与其重量成正比,与介质的密度成反比。又根据自己对物体在水中下落现象的观察,亚里士多德还得出了水的密度大约是空气密度的十倍。于是,亚里士多德得出"自然下落的物体的速度与其重量成正比"这一结论。亚里士多德关于自然落体运动的假设是在 16 世纪中叶之前的长达 1800年的时间区间上被物理学界普遍接受为真理的假设。

2. 自由落体荷兰实验

前面我们提到过亚里士多德将落体现象归结为一种自然运动,并且提出了如下假设:在相同的介质之中,较重的自然落体[①]比较轻的自然落体下降得快;自然落体的速度与其重量成正比;自然落体的速度与介质密度成反比。

尽管在相当长的时间区间上人们普遍接受亚里士多德自然落体假设为真理,但也有人开始意识到自然落体的运动并非匀速运动,其速度随时间加大。由于时间是一个抽象的量,于是他们提出了另外一个假设:"自然落体的速度与其所经历的路程成正比[②]。"

最先用实验来否定亚里士多德"较重的自然落体比较轻的自然落体下降得快"这一假设的是两位荷兰人。根据记载[③],在 16 世纪,荷兰的数学家斯特文(Simon Stevin)和物理学家德格汝特(Jan Cornets de Groot)联手直接用从高处扔下两个不同重物的实验模型否定了亚里士多德假设。他们的实验在荷兰代尔夫特市的名为 Nieuwe Kerk 的大钟楼顶进行。这个实验由 Simon Stevin 记录在他1586 年出版的《静力学原理》(*Beghinselen der Weeghconst*)一书之中[④]。书中,Stevin 对这次的实验描述如下:

"让我们(就如同受过良好高等教育的 Jan Cornets de Groot,一位勤奋的自然神奇现象的探索者,和我已经做过的那样)抱上两个铅球,其中的一个比另一个大且重量是其十倍,让它们一起从 30yd(此处 yd(码)为长度单位,1yd=0.9144m)的高处掉下去。结果表明:较轻的铅球并没有花较重的铅球 10 倍的时间完成整

---

① 现代物理学将这种现象命名为"自由落体"。

② 现代物理学理论告诉我们正确的结论是"自由落体的速度与所经历的时间成正比"。

③ https://en.wikipedia.org/wiki/Galileo%27s_Leaning_Tower_of_Pisa_experiment.

④ 参见 E. J. Dijksterhuis, ed., The Principal Works of Simon Stevin, Amsterdam, Netherlands: C. V. Swets & Zeitlinger, 1955 vol. 1, pp. 509, 511。

个历程，它们事实上是同时掉落到地面的 ······ 这就证明亚里士多德 (假设) 是错误的。"

在这个实验模型之中，下列为基本事实：

(1) 有两个铅球，x_1, x_2；

(2) 铅球 x_1 的重量是铅球 x_2 的十倍；

(3) 两个铅球 x_1, x_2 的纯度一样，密度相同，质料分布均匀程度相同，即除了大小差别之外，两个铅球没有其他材料和工艺制作上的差别；

(4) 铅球开始自由下落的起点比地面高出 30yd；

(5) 实验环境中只有空气为介质，并且空气分布均匀；

(6) 两个铅球同时从起点自由下落；

(7) 两个铅球在整个下落过程中除了空气阻力之外没有受到任何其他外力干扰作用；

(8) 两个铅球同时落地。

实验模型的建立者 de Groot 和 Stevin 实事求是地验证了这八个基本事实的真实性。在这个基础上，这个实验模型见证 "两个重量差别很大的铅球同时从一个足够高的地方一起在只以空气为均匀介质的环境中自由下落时速度相同"。这就表明在这个实验模型中，亚里士多德假设并不成立。

Stevin 和 de Groot 利用高楼上不同重量的两个铅球的落体实验这样一个实验模型否定了亚里士多德假设的普遍真理性，但他们并没有利用这个实验所给出的启示去建立正确的自然落体动力学。这件工作后来由伽利略完成。

3. 伽利略自由落体理论

无论是亚里士多德的《天体论》、《物理》，还是阿基米德的《论平面平衡或平面引力中心》，都以日常生活经验以及日常观察体会为基础，将它们提炼成基本假设，然后展开对自然机械力学现象的分析。伽利略在这些基础上更进一步。伽利略和他的同期学者一样，学术之路也从对亚里士多德学问的解释开始。但不久他便另辟蹊径，开启自己的探索之路。他将物理实验作为一种发现与检验物理学的基本假设的重要手段或者过程引进到对自然规律的探索中。真正意义上的科学研究由此开始。因为可以展开实验，这就将认识过程从等待发生、被动发现转向积极引导发生、主动发现；因为可以展开实验，这就为主动验证和修正提供了可能，并且极大地缩短了矫正认识的周期。

伽利略同样接受亚里士多德关于落体运动是一种自然运动的想法。为了建立自己的力学理论，伽利略从实验着手。他的实验基于他对倾斜平衡的分析。伽利略利用一边高一边低的光滑斜板面来观测光滑金属球自然下滑运动；将这些斜板面与水平面和垂直支撑面的夹角适当调整，以得到金属球自然下滑的速度被控制在一个可以测量的范围内。伽利略当时用一个"水钟"和他自己的脉搏计数来测量时间区间[①]。用这样的方式，他重复了"整整一百次"，直到"数据的准确度达到任何两次观察的结果的均差都不超过一次脉搏跳动的十分之一"。伽利略将这些实验记录在 1589~1592 年期间写成的并没有发表的关于落体运动的手稿 "De Motu Antiquiora" 之中。

后来，伽利略将他的自由落体动力学理论以对话的形式记录在《关于两门新科学的对话》[②] 一书之中。这本书的手稿于 1636 年完成。由于伽利略当时正处于被软禁状态，并且当时伽利略的所有著作都被禁止在意大利境内出版，伽利略的这本重要的专著只好被偷运到荷兰出版。在这本书中，伽利略设计了三位对话人物：Sagredo (伽利略的一位朋友的名字)，一位力学学者；Salviati (伽利略另外一位朋友的名字)；Simplicio (一位杜撰出来的亚里士多德的信徒)。书里，伽利略以 Salviati 朗读一位匿名作者的手稿，并在朗读过程中穿插 Sagredo，Salviati，Simplicio 之间的对话；伽利略用 Salviati 的发言来表述自己的观点；以 Simplicio 的发言来表述亚里士多德学派的观点。整个对话持续了四天，每一天主要涉及一个论题。有关自由落体的动力学理论主要在第三天的讨论中建立起来[③]。

第一天所讨论的主题为"匀速运动"。我们来看看伽利略关于匀速运动的定义。他认为"一种物体运动被称为匀速运动，当且仅当运动中的物体在任何相等的时间区间上所经历的路程都相等"。这个定义涉及时间，时间区间，路程 (距离)，运动，以及一种状态"物体在运动中"。伽利略默认了前面所展现的有关时间的假设。

需要注意的是现代的时间观已经用关于实数轴的数学理论来解释和表示，但是在伽利略时代还没有现代的实数轴数学理论，更没有建立在集合代数基础上的实数轴理论。因此伽利略需要对时间的度量问题以默认假设的方式来解决。应用建立在集合代数基础上的实数轴理论[④]，我们知道伽利略的这些定义和假设是合理的。

同样地，伽利略还默认了关于欧几里得空间中的直线定义以及欧几里得空间的距离度量假设，从而可以确定沿直线运动的物体在一个确定的时间区间上所经历的路程。在此我们忽略这些默认假设的详细表述，因为这些在当代已经是中学

---

① 将一个盛满水的大水桶置放在高处；水桶的底部装有一个很细的喷水管道；管道的出口处装有一个出水开关；当计时开始时，打开出水开关，让水流入一个小玻璃杯中；当计时结束时，关闭出水开关，然后用一个非常敏感的天平仪称出玻璃杯中水的重量；这一系列重量的差别和比值就给出相应的一系列时间区间的差别和比值。尽管这是一个依赖计时员打开和关闭水管出水口的反应时间的计时方式，当水桶足够大以及实验过程所需要的时间足够长的时候，这样的计时方式所得到的结果还是很准确的。

② Galileo Galilei, Dialoghi delle Nuove Scienze, Elzevirs, Holland, 1638; H. Crew and A. de Salvio (英文翻译), Dialogues concerning Two New Sciences, MaCmillan, 1914, New York.

③ 参见 Morris H. Shamos (ed.), Great Experiments in Physics, Firsthand Accounts from Galileo to Einstein, Dover Publications, Inc., New York, 1987.

④ 有兴趣的读者可参见由科学出版社 2019 年出版的冯琦所写的《集合论导引》第一卷。

课程的内容。换句话说, 伽利略按照普通常识所默认的关于路程度量的假设在现代建立在集合代数基础上的数学理论下可以证明是合理的。

下面我们回到伽利略的自然落体理论分析。以下的内容主要取自《重大物理实验》[①]。

在明确了 "匀速运动" 的含义之后, 伽利略进一步寻求 "速度" 的定义。为此, 伽利略引进了下述伽利略公理:

公理 I: 对于匀速运动中的物体而言, 在较长时间区间上所经历的路程长于在较短时间区间上所经历的路程。

公理 II: 对于匀速运动中的物体而言, 经历较长路程所需要的时间多于经历较短路程所需要的时间。

公理 III: 对于匀速运动中的两个物体而言, 在同一个时间区间上, 速率较大的物体所经历的路程长于速率较小的物体所经历的路程。

公理 IV: 对于匀速运动中的物体而言, 在同一时间区间上, 要完成较长路程所要求的速率大于要完成较短路程所要求的速率。

在这些公理的基础上, 伽利略引进了关于速度的定义。伽利略规定物体运动中所关注时刻的速度就是此刻路程瞬间增量与那个瞬间 (即此刻时间增量) 的比值。

伽利略赋予对话的主题是 "自然落体运动" (现代称之为 "自由落体运动" 而这里的 "自然" 一词沿袭亚里士多德的 "自然运动")。在对话过程中, 伽利略在适当的地方引进了 "匀加速运动" 的概念: "一个物体的直线运动是一个匀加速运动当且仅当从静止状态开始, 在任何时刻随等量时间增加所导致的速度增量总相等。" 依据这一概念, 伽利略明确提出 "自然落体运动是一种垂直向下的匀加速运动"。他以如下方式表述这一假设: "无论光滑平板的倾斜度如何, 只要它们的高度相同, 同一个物体沿着倾斜平板下落的垂直速率一定相等。" 这个命题正是上面提到过的他经过反复实验后得出的结论。

紧接着, 伽利略以一个简单的实验来解释机械能守恒原理。伽利略的实验方案如下:在一道平整的墙上,在一个合适的高度固定一个可以用细绳悬挂钢球的大钉,大钉的顶端与墙面之间留下足够的空间以至于悬挂着的钢球可以在与墙面平行的平面上自由摆动而不受墙面干扰,悬挂钢球的细绳大约 5ft(1ft=3.048×10^{-1}m) 长。记大钉之处为 A 点; 在墙上作过 A 点向下的垂线, 并且记与 A 处悬挂着的钢球的球心相对应的垂线上的位置为 B; 在直线 AB 的大约五分之三的地方作一条水平直线, 并且记这条水平直线与 A 为圆心、半径为 5ft 的圆周相交于 D 和 C 两点, 且 D 在左, C 在右; 现在将悬挂着的钢球从自然垂直状态 (B 处) 沿弧 $\overgroup{BC}$ 移动到 C 处 (严格地讲, 需要保证钢球球心到墙面上的 C 点的距离与垂直状态时钢球球心到墙面上的 B 点的距离相等), 然后轻轻地释放钢球, 令其自然下落。这时, 钢球会沿着圆弧先回到 B 处, 再继续沿着圆弧 $\overset{\frown}{BD}$ 运动, 直到几乎到达 D 点所在的高度 (因为有空气阻力以及细绳的质量影响); 然后钢球会沿着圆弧 $\overset{\frown}{DBC}$ 来回摆动几次 (几乎到达 C 或 D 的高度), 并且每次到达最低点 B 处时, 钢球的水平速率最大, 而这恰好足以将钢球送到开始时的高度①。这是实验的第一阶段。实验的第二阶段是在垂线 AB 的右边, 水平线 DC 的上方, 直线 AC 的左边某处钉上一颗长钉, 记为 E 处, 此钉适当地偏离 AB 直线以至于能够阻挡细绳从直线 AC 回归到直线 AB 上去。然后, 再将钢球移动到 C 处, 并轻轻地释放钢球, 令其自然下落。钢球开始沿弧 $\overset{\frown}{BC}$ 运动, 一旦细绳遇到 E 处的大钉, 钢球的运动轨迹就变成以 E 为圆心, 以长度差 $AC - AE$ 为半径的圆弧, 此时钢球依旧会在几乎到达水平线 CD 的高度之后才回落, 这时与直线 DC 的交点 G 会在 D 的右边, 且在直线 AB 的左边。这种情形下, 钢球会在两段联结起来的圆弧上在 G 与 C 之间摆动几次, 每次也都在 B 点的附近达到水平速率最大。实验的第三阶段是将 E 处的大钉往下移到水平线 CD 下方 F 处, 但 F 只能适当偏离以至于细绳的长度差 $AC - AF$ 不至于直接限制钢球回归到几乎接近指向 DC。重复与刚才类似的实验, 钢球会从 C 处自然落下, 沿弧 $\overset{\frown}{BC}$ 运动, 直到细绳遭遇 F 处的大钉, 然后改变运动轨迹。此时钢球还是会到达几乎接近水平线 DC 的高度, 记为 I 点。这时的 I 点在 G 点的右边, 在直线 AB 的左边。如果将 F 处的大钉移至很靠近 B 的地方, 那么钢球就会沿着这个大钉打转以至于细绳缠绕大钉若干周, 并且钢球的速率会随细绳剩下的长度减少而增加, 直到钢球碰上大钉为止。整个实验表明钢球到达最低点时的动量足以将钢球送到相同的高度。可以说, 伽利略的这个实验是非常经典的机械能 (等于动能与势能之和) 守恒的实验。

在这个实验的基础上, 伽利略想象将上述实验中的那些圆弧分别用光滑倾斜平板替代, 令钢球沿着光滑平板运动。伽利略认为, 在消除那些因为平板间的夹角所导致的动量损失因素后, 钢球在到达最低点时的动量应当足以将钢球推送到同样的高度。于是他明确地将这种守恒现象作为一条 "公理" 进行假设。坚信这一断言的真实性将完全由据此所得到的推论以及这些推论与实验结果的完美吻合来确定。于是, 伽利略的这一说法便成为科学方法的基本: 用实验来判定事实真相。

在这样一条基本守恒假设的基础上, 伽利略用几何证明方法推导 (详情可见《重大物理实验》) 出如下结论:

(1) 一个从静止态开始匀加速运动的物体经过任何一段路程所花掉的时间与在这段路程上由同一物体以路程的起点和终点两处的速率的平均值为速率的匀速运动所花掉的时间相等;

---

① 用现代语言讲就是在 B 处钢球动能最大, 势能最小; 在 C 或 D 处动能为零, 势能最大; 而整个摆动中, 如果忽略阻力等因素导致的能量损失, 那么各个时刻钢球的动能与势能之和总是一样的。

(2) 一个从静止态开始的自然落体匀加速运动的物体所经历的各段路程都与完成它们所花掉的时间区间的长度的平方相对应；

(3) 一个从静止态开始的自然落体匀加速运动的物体所经历的路程 s 与花掉的时间 t 的平方成正比，并且当加速度值为 a 时，路程 s 等于 $\frac{1}{2}at^2$。

这样，伽利略首次用反复实验否定了亚里士多德假设，并且建立起关于空中自由落体的动力学理论：同样质料的物体在相同的介质中的自由下落过程中的速度相等；从高空中自由下落的物体自上而下地做匀加速运动；自由落体下降过程中从开始那一刻起经历过的路程与所花的时间的平方成正比，其速度与所花掉的时间成正比，而与其重量无关，也就是说，尽管两个自由落体的重量不同，它们自相同高度开始的自由落体过程中的加速度是完全相同的，从而下降过程中的速度和所经历的路程也完全相等。

伽利略所建立起来的空中自由落体的动力学理论还可以用来否定下述亚里士多德学派假设："自由落体的速度与其所经历的路程成正比；两倍的高度导致两倍的动量。"

假设在断言"自由落体的速度与其所经历的路程成正比"中的"速度"一词为"平均速度"。假设落体下降高度为 8 个前臂长的高度。它必须先下落第一个 4 个前臂长的高度，再继续下落第二个 4 个前臂长的高度。那么，这个落体在完成第一个 4 个前臂长的高度的路程中的平均速度，记成 v_1，就应当是这个落体完成整个高度 8 个前臂长的速度，记成 v_2，的一半；因此，这个落体完成第一个 4 个前臂长的高度的路程的时间 $t_1 = 4/v_1$ 就应当等于这个落体完成整个 8 个前臂长的高度的路程的时间：

$$t_2 = 8/v_2 = 8/(2v_1) = 4/v_1 = t_1$$

但这是不可能的，因为这个落体完成第二个 4 个前臂长的高度的路程肯定要花时间。除非整个落体下降过程只是极其短暂的一瞬间，断言"自由落体的速度与其所经历的路程成正比"就不能成立。

关于"两倍的高度导致两倍的动量"这个说法，同样可以证伪：考虑单个重物之落体运动。它的动量之差只依赖于速度之差；如果两倍的高度导致两倍的动量，那么落体的速度也就是双倍，而双倍的速度就意味着在相同的时间区间上落体的下落行程是双倍的。但是，所有的实际观察都表明同一重物在落体过程中下落的行程越长，所需要的时间就越长。

1.1.9 时间度量问题

前面我们已经看到伽利略为解决自由落体问题所设计的实验中采用了"水钟"计时和脉搏计时两种方案来解决时间度量问题。那么这样做的理由是什么呢？

一般来说，时间应当怎样规范地度量呢？任何一种时间度量都必须遵守哪些基本规则呢？

在我国古代，人们使用的计时仪器分别为燃香 (以一炷香燃烧完成的时间为标准来计算时刻变化)、漏沙 (以一个装满流沙的漏斗流尽全部沙子为标准来计算时刻变化)、漏壶、日晷等。日晷由 "圭" (晷面，石制的在正南正北方向直线上带有刻度的圆盘) 和 "表" (铜制的与圆盘平面垂直的标杆) 两个部件组成；日晷以随太阳运动而移动的标杆阴影位置与晷面上的刻度的对应来计时。这种计时仪器完全依赖地球、太阳在空间中的运动以及它们彼此的相对运动，所以自然而然地将时间的度量与空间运动关联起来。漏壶，由四只盛水的铜壶从上而下互相叠放组合而成；上三只底下有小孔，最下一只竖放一个箭形浮标；壶身上有固定刻度 ①。箭形浮标随滴水所带来的水面升高而升高；漏壶计时法以箭形浮标高度与壶身固有刻度之对应来实现计时 ②。这种计时仪器对于控制单位时间内水滴的数量有着基本的要求，自然而然地将时间度量与空间运动关联起来。

关于时间的度量，人类经历过一个漫长的探索过程，终于就时刻、时刻单位、时钟原理、时钟以及时间度量误差达成一种共识。有一点需要明确，时间的度量总是和运动相关联的。比如早期的机械时钟，应用的是正则周期性单摆摆动原理。这种计时仪器自然而然地将时间与空间紧密关联起来。因为单摆涉及在空间中的有规则的变化着的运动，而空间中对物体变化着的运动的描述又直接依赖我们关于空间中的长度和距离的度量和度量假设，误差为 10^{-4}(大约 1 天差 9s)。现代的石英时钟则依赖石英石对于电子振荡器 (电子振荡电路) 所产生的电子振荡频率的唯一选择 (计时频率)；石英时钟里的数字逻辑电路通过对石英振荡器所产生的电子振荡频率的计数来确定时间，误差为 10^{-10}(大约 300 年差 1s)。原子时钟则依赖铯 (Cesium-133) 原子在温度为绝对零度条件下电子在两个能级之间跃迁产生微波辐射的次数，误差为 2×10^{-15}(大约 1500 万年差 1s)。国际单位制 (自 1967 年以来) 确定在绝对零度条件下铯 (Cesium-133) 原子在两个能级之间电子跃迁产生 9192631770 次辐射所花的时间为 1s(second)。无论是石英时钟还是原子时钟，也都与空间振动关联。

无论是古代的还是现代的时间度量，实际上都必须依赖一些基本公约或者默

---

① 最早出现于西汉的为百刻计时制：将一昼夜平分为一百个等份；昼夜的比例是 40∶60，冬夏相反。到清代正式定为 96 刻；就这样，一昼夜被分为十二个时辰；一个时辰被分为八刻；一刻被分成三字 (每个字等于现在的五分钟时间)；每个字又用犹如麦芒的线条来分划成若干秒 (秒字由 "禾" 与 "少" 合成，禾指麦禾，少指细小的芒)；秒之下为忽 (因秒以下无法分划，只能以 "细如蜘蛛丝" 来说明，故为 "忽"，指极短时间)("忽然" 一词，忽，指极短时间，然指变；忽然，即在极短时间内发生了变化)。

② 现存于北京故宫博物院的铜壶漏刻是公元 1745 年制造的，最上面漏壶的水从雕刻精致的龙口流出，依次流向下壶，箭壶盖上有个铜人仿佛抱着箭杆，箭杆上刻有 96 格，每格为 15 分钟，人们根据铜人手握箭杆处的标志来报告时间。

认假设。这包括对于时刻的直观观念、对时间区间的直观认识，以及对时间区间长度度量的观念。

首先默认：

假设 3 (时刻与早晚)　观念中的时间轴是一个由不同时刻组成的有先来后到的稠密而连续的定向有序直线结构，即每一个时刻都是唯一的；同一时刻与自身不分先后；不同的时刻之间必可严格地分出先来后到，先来者早，后来者晚，从早到晚，单向有序；任何三个彼此不相同的时刻之间的先后顺序总是传递的，即如果第一个时刻比第二个时刻早，第二个时刻又比第三个时刻早，那么第一个时刻也一定比第三个时刻早；任何两个不同时刻之间必有一个中间时刻，即如果第一个时刻比第二个时刻早，那么一定有一个比第一个时刻晚但比第二个时刻早的第三个时刻；如果任意地将时间轴一分为二，且彼此非空，又毫无共同之处，并且其中的一部分里的每一个时刻都比另外一部分里的任何一个时刻早 (称之为早晚两段，早段里的每一个时刻都比晚段里的任何一个时刻早)，那么或者早段中必有最晚时刻，或者晚段中必有最早时刻。

其次默认凭记忆在观念的时间轴上可以有从某个时刻起到某个时刻止的时间区间：

假设 4 (时间区间)　(1) 任何两个时刻唯一地决定一个时间区间，即如果这两个时刻其实为同一个时刻，那么由此时刻所决定的时间区间就只包含这个时刻自己，并且这个时间区间的两个端点都是这个时刻 (这样的时间区间被称为单一时刻区间，或者平凡时间区间)；如果这两个时刻不相同，那么称较早的那个时刻为左端，较晚的那个时刻为右端，由它们所决定的时间区间就由所有那些既不比左端早又不比右端晚的时刻的全体所组成 (这样的时间区间被称为非平凡时间区间)。如果时刻 a 不比时刻 b 晚，那么由时刻 a 和时刻 b 所确定的时间区间就被记成 $[a,b]$，其中 a 为这个时间区间的左端点，b 为右端点。

(2) 任何一个时间区间都由唯一的两个时刻 (它们或者相同或者一先一后) 所确定。

用类似于集合代数的语言来表示上述假设，我们可以有下述规定和事实：

(1) 一个时间区间 $[a,b]$ 被另一个时间区间 $[c,d]$ 所包括，或者说时间区间 $[c,d]$ 包括时间区间 $[a,b]$，记成 $[a,b] \subseteq [c,d]$，当且仅当左端点 a 不比左端点 c 早，并且右端点 b 不比右端点 d 晚。

(2) 两个时间区间 $[a,b]$ 和 $[c,d]$ 毫无共同之处，或者说不相交，或者说相交为空，记成

$$[a,b] \cap [c,d] = \varnothing$$

当且仅当或者右端点 b 早于左端点 c, 或者左端点 a 晚于右端点 d。

(3) 两个时间区间 $[a, b]$ 和 $[c, d]$ 相邻, 当且仅当或者左端点 a 早于左端点 c, 右端点 b 不早于左端点 c 但早于右端点 d; 或者左端点 c 早于左端点 a, 右端点 d 不早于左端点 a 但早于右端点 b。

(4) 称时间区间 $[a, b]$ 是时间区间 $[c, d]$ 的左邻 ($[c, d]$ 为 $[a, b]$ 的右邻) 当且仅当它们相邻, 并且左端点 a 早于左端点 c。

于是, 如果时间区间 $[a, b]$ 是时间区间 $[c, d]$ 的左邻, 那么:

(1) 它们都被时间区间 $[a, d]$ 所包括, 并且它们都包括时间区间 $[c, b]$;

(2) 如果时间区间 $[e, f]$ 既包括 $[a, b]$ 又包括 $[c, d]$, 那么 $[e, f]$ 也一定包括 $[a, d]$;

(3) 如果时间区间 $[e, f]$ 既被 $[a, b]$ 所包括又被 $[c, d]$ 所包括, 那么 $[e, f]$ 也一定被 $[c, b]$ 所包括。

如果时间区间 $[a, b]$ 是时间区间 $[c, d]$ 的左邻, 那么规定:

(1) 它们的合并为时间区间 $[a, d]$, 并记成

$$[a, d] = [a, b] \cup [c, d]$$

(2) 它们的共同之处为时间区间 $[c, b]$, 并记成

$$[c, b] = [a, b] \cap [c, d]$$

称一个时间度量 τ 是一个对每一个时间区间 $[a, b]$ 都唯一地确定一个非负实数 $\tau([a, b])$ 的函数, 并且 τ 必须满足如下要求:

(1) 对任意的时间区间 $[a, b]$, 如果 a 与 b 为同一时刻, 那么 $\tau([a, b]) = 0$; 如果 a 早于 b, 那么 $\tau([a, b]) > 0$。

(2) 对于任意两个时间区间 $[a, b]$ 和 $[c, d]$, 如果 $[a, b]$ 被 $[c, d]$ 所包含, 但不相同, 那么 $\tau([a, b]) < \tau([c, d])$。

(3) 对于任意的时间区间 $[a, b]$ 以及任意一个时刻 c, 如果时刻 a 早于时刻 c, 时刻 c 又早于时刻 b, 那么:

$$\tau([a, b]) = \tau([a, c]) + \tau([c, b])$$

(4) 对于任意的非平凡时间区间 $[a, b]$, 如果 $0 < r < \tau([a, b])$ 是一个正数, 那么一定有处于 a 和 b 之间的两个时刻 c 和 d 来满足如下要求:

$$r \leqslant \tau([a, c]) \leqslant \tau([a, b]), \quad r \leqslant \tau([d, b]) \leqslant \tau([a, b])$$

非负实数 $\tau([a, b])$ 被称为时间区间 $[a, b]$ 的时间长度。然后在这个基础上伽利略默认时间轴度量假设:

假设 5 (时间可度量性) 存在唯一一个标准时间度量。

1.1.10　动力的作用问题

从古至今，日常生活中，无论是搬动一件重物，还是用杠杆撬动一件重物，都需要足够的力气；无论是拉动还是推动承载重物的车辆，都需要足够的力气；许多承载过重物体的车辆常因为超出个人拉动或推动的能力而需要借助牛或马来拉动；水中承载重物的一条大船常需要许多船工齐心合力才能划动；所有这些生活中的实际现象都表明有一种促使物体运动的被古人称为**动力** (power) 的实在。

动力的作用是什么？动力的大小怎样确定？前面我们已经看到《机械力学问题》一书所提出的第一力学假设：

假设 1 (第一力学假设)　*令物体运动的主导动力* (power) *等于物体的重量* (*或质量*) *与物体获得的运动速度的乘积。*

与第一力学假设直接相关的是亚里士多德的动力定律。亚里士多德将机械力学理论写在《天体论》(*Treatise on the Heavens*) 和《物理》(*Physics*) 两本专著之中。在《物理》一书的第七卷第五章中，亚里士多德提出了他的**动力定律** (law of powers)：① 小动力不能驱动特别重的物体 (否则一个人便能够划动一条大船)；② 持续运动依赖于动力的持续作用 (动力是保持物体运动状态的根本)；③ 大小不变的动力产生匀速运动；④ 当动力足以驱动物体时，动力等于重量乘以 (平均) 速度，"令驱动者的动力 (power) 为 α，令受动物体的重量为 β，令行走的距离为 γ，以及令产生此次位移的时间为 δ。那么等量于 α 的动力会将 β 的一半之物以同等时间沿同样的路径移动双倍于 γ 的距离，或者以 δ 一半的时间移动与 γ 相等的距离。因为这样，比例就会得以保持。"

亚里士多德的这个假设毫无疑问是根据对现实生活中许许多多实际现象的观察提炼出来的结果。比如说，用牛拉车，用马拉车，人力拉车或推车，用杠杆撬动重物，等等，所有这些运动都有一个共同的现象：这些运动之中既无上坡又无下坡，一旦导致运动的动力的来源停止供力，运动就很快停下来。也正因为这一假设合乎人们的实际生活经验，人们便相信它，它便被当成真理接受。

在对亚里士多德动力定律经过认真思考之后，伽利略提出了自己的见解。他认为物体运动是**惯性**与外部强迫作用 (外力) 之间的一种争斗；运动着的事物具有**动量，外力的作用在于改变其动量，并且动量的变化率就等于外力**。这种观念至今依旧是认识物质世界的坚实基础。

1.1.11　牛顿引力定律

亚里士多德在《物理》一书关于动力 (power) 作用的假设与分析并没有就"运动"是什么，"运动状态"是什么，"动力"是什么，为什么说"动力保持物体运动状态" 这些问题给出明确解答。300 多年前，牛顿在《原理》[1] (又称《自然哲学的数学原理》) 一书中对 "运动是什么" 这样的问题提出了自己的理解和解答。现摘译其中的一些基本内容来看看牛顿给出了怎样的解答。在牛顿看来，物体的运动状态由物体的质量和运动速度的乘积来确定；而力，不是别的，恰恰是这种运动状态改变的决定因素。从质量、力、运动、运动状态、参照系、位移、速度、加速度、万有引力作用等一系列的基本概念和具体概念出发，提炼出四大定律，建立起系统的基础性的牛顿经典力学理论。

依据熟知的事实，以数学概念为基础建立起解释这些事实的基本理论，从这些基本理论出发，演绎推理出一系列的导出结论，再用这些导出的结论与经过观察或者实验所得到的事实进行比较。牛顿建立的经典力学理论将对现实客观物理现象的展现、解释与对未来行将发生的客观物理变化的系统性预言统一起来。以关于运动和引力的物理公理为基础，将他之前仅对现象进行解释的科学提升为物理学系统理论。在建立基础性力学理论的过程中，尤其是在凝练万有引力定律的过程中，牛顿坚持哲学分析四原则：第一，不假定那些既真实又足以解释现象的自然原因以外的任何东西 (科学解释中的优化原则)；第二，尽可能完全地将那些自然的相同的效果归结到共同原因；第三，那些可以经过实验来判断的物理性质应当适用于所有的物体；第四，将依据归纳法从对现象的观察中获得的每一个命题视为可靠的结论，除非一种新的现象出现并且与该命题相冲突或者限制了它的可靠性。

牛顿有意识地区分**绝对**量、**催促**量以及**驱动**量。在牛顿看来，绝对量依赖原因产生的效果，比如一块石头的大小或者一块磁铁的磁力强度。催促量由给定时间内所产生的速度来度量。用现代语言讲，就是由力所产生的加速度数值。驱动量就是产生加速度的力的数值。他很自觉地将质量和作用力作为两个不同的基本概念。

牛顿对时间、空间、位置以及运动这几个概念作为人所共知的常识没有加以定义，但都给出了相应的解释。牛顿认为 "时间和空间，过去是，现在也是用来置放包括它们自身的一切事物的节点或者位置。所有的事物都按照先后顺序设置时间位置；所有事物都按照情形序设置空间位置。恰恰是由它们的自然本质决定它们的 (时间和空间) 位置；将它们带离那些位置的只能是绝对运动"。同时，在《原理》一书中，牛顿明确提出需要将时间、空间按照绝对与相对，真实与显然 (显而易见)，数学意义与常识的原则加以区分。在牛顿看来，绝对时间、真实时间以及数学意义上的时间，作为时间自身按照自己的本性均匀流逝，不受任何外界干扰；然而，作为时间的另外一个称呼，期间 (时间区间) 则是相对的、显然的、常识性的，是具有一定敏感性的外在的借助运动来度量的结果。这种相对的显然的常识

---

[1] Isaac Newton , The Principia, (1687), Prometheus Books, 1995.

中的时间正是常用的时间，但不是真实的时间，比如，一天，一个月，一年。牛顿
将空间分为绝对空间和相对空间。绝对空间以其自在的本性完全独立于一切外在
事物永恒不动与不变。相对空间则是可动可变的，是对绝对空间的一种测量，是
可以在绝对空间中观察的，是可依据我们的感官来确定位置的。两者在几何结构
上完全一样，但并非在数值上总相同。牛顿将位置作为物体占据空间 (无论绝对
或相对) 的部分来看待，并且将各种各样的物体都抽象为一个质点，从而与它们
各自占据的位置吻合。牛顿将物体的运动同样分成绝对运动和相对运动两种。绝
对运动是在绝对空间中从一个位置到另一个位置的位移；相对运动是从一个相对
位置到另一个相对位置的位移。比如，一条顺河而下的船以及船上的一切相对于
静止的地球而言都以相同的速度在运动之中，但是船上的物体则相对于船而言是
静止的。牛顿区分绝对运动和相对运动的准则是导致它们的根源以及它们带来的
效果。"能够将真实运动与相对运动彼此区分开来的根源是作用在物体之上导致
其运动的力。真实运动既不是被生成的也不会被更改，但有一种施加其上的令其
挪位的外力；可是相对运动既可以被生成也可以被更改并且没有任何外力作用其
上。""区分绝对运动与相对运动的作用效果是圆周运动时逐渐远离中轴的力。在
纯粹相对的圆周运动时根本没有这样的力，但在真实绝对圆周运动时，逐渐远离
中轴的力或强或弱，视动量而定。"牛顿还详细地用一种实验现象[①]说明这一点。
在牛顿看来，力是以一种真实或绝对的元素出现的，而运动则具有与适当选择的
参照系关联的相对特点。也就是说，"运动"这一概念与参照系具有相关性，而
"力"这一概念与参照系具有独立性。

现在让我们来看看牛顿是怎样在上述公认的时间和空间等基础上以引进定义
和非逻辑公理 (力学定律) 的方式建立起牛顿力学的。

在《原理》一书中，牛顿首先用一系列定义来引进牛顿力学所需要的具体复
合概念。牛顿引进的第一个复合概念是物体的质量，并且将物体与它的质量等同
起来。

牛顿之第一定义：质量 (物质的量)(mass)。物质的量，即质量，是对具有相
同密度和相同体积的相同性的一种度量，并且这种度量结果就是它的密度与它的
体积的乘积：

$$m(x) = \rho(x) \times V(x)$$

其中，x 是一个物体，$\rho(x)$ 是 x 的密度，$V(x)$ 是 x 的体积。比如，具有两倍密
度和两倍空间大小的空气就意味着四倍的质量。

---

① 用一个粗缆绳悬挂一个装满水的水桶，将缆绳朝一个方向扭转足够多转以形成自动反转之力，然后令水桶
和桶中之水处于静止状态，之后突然松开双手令水桶开始旋转，刚开始时，水桶中的水与桶处于相对运动状态并
保持水面平静，但随着水桶将自己的旋转逐渐传递给桶中的水，水面开始与水桶逐步同步旋转起来，此时桶中的
水与桶处于同步旋转的彼此相对静止状态，水面形成中心低桶边高的凹形曲面。

质量，作为一个复合概念。它的定义依赖四个基本概念：密度，体积，密度相同关系，以及体积相同关系。密度函数是从密度相同这个等价关系的商空间到实数的映射，体积函数是从体积相同这个等价关系的商空间到实数的映射。在这个基础上牛顿还指出物体的重量是一个与它的质量成正比的量。依据几何空间上体积的可加性，在密度均匀分布的前提下，质量也具有可加性。

牛顿将物体的重量与质量区分开来。他通过一系列摆动实验得出"重量与质量成比例"的结论，但是物体的重量与质量并非同一种物质属性的显现。牛顿用不同的材料制成直径相等的小球并通过挖小孔的方式保证小球的重量相等，然后制成同样长度的单摆，在同一个地方进行实验，发现它们的加速度并不依赖材料的属性。事实上，物体的重量与地球引力相关，而物体的质量与地球引力无关。牛顿试图赋给"质量"的含义为：每一个物体都有其经运动所确定的独到的特征，这个特征就是物体的质量。正如马赫 (Mach) 所批评的那样，牛顿的"质量"定义其实是一个循环定义，因为按照定义，"密度"就是单位体积的物体质量。

牛顿引进的第二个复合概念是动量。

牛顿之第二定义：动量 (运动之量)。运动之量，即动量，是对具有相同速度和相同质量的相同性的一种度量，并且这种度量的结果就是它的质量与它的速度的乘积：

$$p(x) = m(x) \times v(x)$$

由于质量具有可加性，动量具有可加性：整体的动量是它的各部分的动量之和，因为运动中的物体各部分速度相同。同一速度下，两倍的质量就意味着两倍的动量；但是如果具有两倍的质量与两倍的速度，那么就意味着四倍的动量。

牛顿引进的第三个复合概念是惯性。

牛顿之第三定义：惯性 (物质之天然惰性)。物体之惯性是保持物体当前所持有的静止状态或者匀速直线运动状态的蛮劲。在牛顿看来，惯性又被称为惰性 (inactivity)。一个物体的惯性与它的质量成正比；事实上，一个物体的惯性与它的质量的惰性并无差别，只是在我们的印象之中它们不一样罢了。惯性只是在遭遇试图改变该物体的当前运动状态 (静止或者匀速直线运动) 的外力作用时才会显现出来；惯性抗拒外来改变之力，以保持自己的当前运动状态。

随着惯性概念的引入，牛顿很自然地引进第四个复合概念：外力。

牛顿之第四定义：外力 (外加之力)。一股外力是强加在物体之上的试图改变物体当前运动状态 (静止或匀速直线运动) 的一种作用。于是，只有当作用存在期间外力才存在；一旦作用结束，外力也就不复存在。一旦运动状态被改变，物体就又在其惯性之下保持新的运动状态。

为了满足对天体运动规律描述的需要，牛顿还定义了向心力。

　　牛顿对力的合成或者加法从动力学的角度进行了系统的探讨。也就是现在所熟知的"向量"以及"力"这种向量在合成或者加法过程中所遵守的平行四边形法则。

　　在这些默认的具体基本概念和依据定义给出的复合基本概念的基础上，牛顿在《原理》一书中明确地罗列出四条力学的非逻辑公理(书中明确使用了"公理，或者运动定律")：

　　牛顿第一定律：惯性定律。每一个物体都一定保持自身当前静止状态或者匀速直线运动状态，除非它遭遇到强迫它改变当前运动状态的外力作用。

　　牛顿第二定律：动量变化律。一个物体动量改变之大小与强迫其改变的外力成正比，并且其改变的方向与作用其上的外力的方向相同。

　　惯性定律表明，若无外力作用，物体当前的运动状态不会自动发生任何改变；而动量变化律则表明，一旦有足够的外力作用，物体的运动状态就会发生相应的改变。

　　牛顿第三定律：对抗平衡律。物体之间有作用必有等量反作用。

　　牛顿第四定律：万有引力律。两个有一定距离的物体之间存在着相互间的引力，并且引力的大小与两者质量的乘积成正比，与两者间的距离的平方成反比，两者之间的距离为两者的引力中心位置(未必是它们的几何中心位置)之间的距离。

　　万有引力律不仅对产生物体自由落体的原因给出解释，也对引力存在的原因给出解释。由于地球与远离地球重心的高空物体之间存在引力，处于没有依托形态下质量较小的高空物体在引力作用下朝地球运动；由于足够的物质质料在各自的一定的局限空间内的适度集中，物体之间存在引力。

　　这些具体的力学基本概念以及非逻辑公理就构成牛顿力学体系。这个力学体系的合理性已经在它在人类日常生活的广泛应用中得到充分验证，不仅仅是实验的验证。

　　作为第二定律的一个应用，牛顿证明了相对于新的没有任何旋转的匀速直线运动的参照系而言，所有的运动规律具有不变性。

　　也作为第二定律的一个应用，牛顿对伽利略的自由落体定律在《原理》中给出了如下论证：一个物体下落过程中，作用在该物体上的外力是那种与物体质量相关联的不随时间变化的均匀的重力，根据第二定律，物体下落的加速度是一个常量，因此在下落过程中任何时刻的速度与到此刻所花掉的时间成正比，相应的经历过的路程则是此刻的速率与所经历的时间之乘积，从而与所经历的时间的平方成正比。不仅如此，在《原理》中牛顿也将伽利略的抛物运动的分析理论完全纳入这个新的力学体系，并且还对惠更斯等的弹性碰撞理论进行了新的论证，从而将牛顿之前的被证实过的力学结论都综合在这个新的力学体系之中。

　　同时应当指出的是，为了满足力学计算的需要，在《原理》中，牛顿不仅应用力学三定律揭示了作为向量的力的代数运算规律，还引入他的 (实变函数的初等的) 极限、微分和积分理论。这就意味着从牛顿《原理》开始，对自然规律揭示所使用的形式符号语言以及对形式语言中的等式规则的物理解释发生了根本性的变化。

1.1.12 独立时空参照系与牛顿力学

1. 直角坐标系

将实数轴的笛卡儿三维乘积空间 $\mathbb{R}^3 = \mathbb{R} \times \mathbb{R} \times \mathbb{R}$ 作为立体坐标空间；三条垂直交叉的实数轴相交的点的坐标为 $(0,0,0)$，称之为**直角坐标系的原点**；X 轴由所有形如 $(x,0,0)$ 的实数三元有序组构成，并且根据需要可以将 $(x,0,0)$ 与实数 x 等同起来；Y 轴由所有形如 $(0,y,0)$ 的实数三元有序组构成，并且根据需要可以将 $(0,y,0)$ 与实数 y 等同起来；Z 轴由所有形如 $(0,0,z)$ 的实数三元有序组构成，并且根据需要可以将 $(0,0,z)$ 与实数 z 等同起来；点 (a_1, a_2, a_3) 在 X 轴上的投影为 $(a_1, 0, 0)$，在 Y 轴上的投影为 $(0, a_2, 0)$，在 Z 轴上的投影为 $(0, 0, a_3)$。

令 $\mathbb{E}$ 为欧几里得立体几何空间。设 $\langle p_0, p_1, p_2, p_3 \rangle$ 为 $\mathbb{E}$ 上的一个单位立方体的三条相互垂直相交的邻边的四个顶点，并且点 p_0 是三条直角边的交点。令 $\overline{X}$ 为与直角边 $\overline{p_0 p_1}$ 重合的双向无穷的直线；令 $\overline{Y}$ 为与直角边 $\overline{p_0 p_2}$ 重合的双向无穷的直线；令 $\overline{Z}$ 为与直角边 $\overline{p_0 p_3}$ 重合的双向无穷的直线。将直线 $\overline{X}$，$\overline{Y}$ 和 $\overline{Z}$ 分别与 $\mathbb{R}^3$ 的 X 轴、Y 轴和 Z 轴按照如下方式对应起来：以 p_0 对应 0，以从 p_0 到 p_1 (或 p_2 或 p_3) 的直线段对应从 0 到 1 的直线段；对于 $\mathbb{E}$ 上的任意一个点 A，分别作该点到直线 $\overline{X}$、$\overline{Y}$ 和 $\overline{Z}$ 的垂线，并将三个垂足 p_x、p_y 和 p_z 所对应的实数三元组 (a, b, c) 作为点 A 的坐标。称四点有序组 $\langle p_0, p_1, p_2, p_3 \rangle$ 为 $\mathbb{E}$ 的一个**参照系**；称 $\mathbb{R}^3$ 为 $\mathbb{E}$ 的由参照系 $\langle p_0, p_1, p_2, p_3 \rangle$ 所确定的坐标空间。

令 $\mathbb{E}$ 为欧几里得立体几何空间。设 $\langle p_0, p_1, p_2, p_3 \rangle$ 为 $\mathbb{E}$ 上的一个直角参照系。

距离规定：如果 A 的坐标是 (a_1, a_2, a_3)，B 的坐标是 (b_1, b_2, b_3)，那么规定从点 A 到点 B 的距离，记成 $d(A, B)$，就是直线线段 $[A, B]$ 的长度 $\|[A, B]\|$，即

$$\|[A, B]\| = d(A, B) = \sqrt{(a_1 - b_1)^2 + (a_2 - b_2)^2 + (a_3 - b_3)^2}$$

称此距离或长度度量为由参照系 $\langle p_0, p_1, p_2, p_3 \rangle$ 所确定的 $\mathbb{E}$ 上的长度度量。

用实数轴 $\mathbb{R}$ 来表述时间轴，并且以 0 来表示所关注的某个事件发生时期的现在时刻，$t > 0$ 为未来时刻，$t < 0$ 为过去时刻。所谓独立时空参照系就是指只用统一的时钟来观察欧几里得立体空间中所发生的任何事件，就是说，用来计时的时钟与事件处于完全独立的状态。我们用记号 $(\mathbb{R} : \mathbb{R}^3)$ 来标记独立时空参照系。

2. 速度和加速度

现在我们可以用实变微分理论来描述力学中的几个基本概念。我们会立刻发现应用这些形式 (符号) 语言来表达有关物理学的认识是如此准确, 如此清晰, 如此简便, 如此优美。

固定独立时空坐标参照系 $(\mathbb{R} : \mathbb{R}^3)$。假设所讨论的运动发生在时间区间 $[t_0, t_1] \subset \mathbb{R}\,(t_0 < t_1)$ 之上。假设一个物体在此期间在空间中运动的轨迹便是一个从 $[t_0, t_1]$ 到 $\mathbb{R}^3$ 上的函数并且是开区间 (t_0, t_1) 上的连续微变函数 f。这里自然的默认事实是每一个物体都有唯一的重心或者引力中心, 从而物体的运动可以理想化地归结为质点的运动。这在力学分析中不失一般性。由函数 f 所表示的运动在时刻 $t \in (t_0, t_1)$ 的**速度**则由等式 $\vec{v} = f'(t) = \dfrac{\mathrm{d}f}{\mathrm{d}t}(t)$ 确定。于是, 在这个参照系中, 一个物体在此期间处于**静止**状态当且仅当它在此期间的每一时刻的速度都为零向量。由函数 f 所表示的运动在时刻 $t \in (t_0, t_1)$ 的**加速度**则由等式 $\vec{a} = f''(t) = \dfrac{\mathrm{d}^2 f}{\mathrm{d}t^2}(t)$ 确定。

利用加速度概念以及外力作用的概念就可以区分惯性参照系与非惯性参照系。这种区分对于力学而言总是重要的。

称一个独立时空参照系为一个**惯性参照系**, 当且仅当在这个参照系下, 在所有的物体运动中, 置放在这个物体之上的所有外力之合力为零的充分必要条件是它的加速度总为零向量。也就是说, 这样的参照系总是惯性定律的一个模型。

称由函数 f 所表示的运动是一个**直线运动**, 当且仅当存在一个从时间区间 $[t_0, t_1]$ 到单位区间 $[0, 1]$ 的序同构映射 $\lambda : [t_0, t_1] \to [0, 1]$ 来实现下述等式:

$$\forall t \in [t_0, t_1]\ \{f(t) = \lambda(t)\,(f(t_1) - f(t_0)) + f(t_0)\}$$

也就是说, f 的像集 $\{f(t) \mid t_0 \leqslant t \leqslant t_1\}$ 是 $\mathbb{R}^3$ 中的一条直线上的一个线段, 并且随着时间从时刻 t_0 变化到时刻 t_1, f 的像便由 $f(t_0)$ 的端点所确定的位置沿着这条线段顺序地直达另外一个端点 $f(t_1)$ 所确定的位置。一个直线运动 f 是一个**匀速直线运动**当且仅当 f' 为开区间 (t_0, t_1) 上的一个常值函数; 一个直线运动 f 是一个**匀加速直线运动**, 当且仅当 f'' 为开区间 (t_0, t_1) 上的一个常值函数。

对于直线运动 $f : [t_0, t_1] \to \mathbb{R}^3$, 物体运动从 t_0 时刻到 $t \leqslant t_1$ 时刻期间的**路程** $s(t)$ 则很容易由下述等式确定:

$$s(t) = \|f(t) - f(t_0)\|$$

但是对于一般的非直线运动的物体运动而言, 确定路程的问题就是一个复杂的问题。现代物理学求解这一问题的方案是求**曲线积分**。这就需要建立有关积分的形式理论以及它们的物理解释。

事实上,自由落体的路程问题也可以用积分方法轻而易举地解决:假设自由落体是匀加速运动,且从地面往上看,自由落体之物从高空从静止态开始下落。假设地面为平面 XY,物体从 Z 轴的 $h\vec{\mathbf{e}}_3$ 处从时刻 0 开始自由下落 $(h > 0)$,到时刻 t_1 到达地面。可以用如下方式计算物体下落的路程 $s(x)\,(0 \leqslant x \leqslant t_1)$:设自由落体匀加速度为 $-g\vec{\mathbf{e}}_3\,(g > 0)$(负号表示加速度的方向向下)。对于时刻 $0 \leqslant x \leqslant t_1$ 而言,物体在时刻 x 的速度 (负号表示速度的方向向下) 为

$$\vec{v} = -\int_0^x g\vec{\mathbf{e}}_3 \mathrm{d}t = -gx\vec{\mathbf{e}}_3$$

即瞬间速度是从开始到所论时刻的加速度函数的定积分 (后面我们将在积分理论部分专门解释形式符号 $\displaystyle\int_a^b$ (**定积分号**) 的含义)。再利用积分,到达时刻 x 时物体下落所经历的路程为

$$s(x) = \int_0^x gt\mathrm{d}t = \frac{1}{2}gx^2$$

即到此刻的总路程是从开始到此刻的运动速度函数的定积分。这正是伽利略所给出的路程表达式。由此,依据等式 $2h = gt_1^2$ 即可求得从开始到落地所需要的时间为 $\sqrt{\dfrac{2h}{g}}$。

3. 独立时空参照系下的牛顿力学假设

现在我们将牛顿力学定律在独立时空参照系下用标准形式语言及其规则表述出来。

首先,独立时空参照系下,一个三维直角坐标系 K 为一个**惯性参照系**当且仅当如果 $\vec{s}(t)$ 是该参照系下的一个物体随时间变化的运动过程,运动期间 $\vec{F}(t)$ 是在时刻 t 置放在该物体上的合外力,那么在整个运动过程中 $\vec{F}(t) = \vec{0}$ 的充分必要条件是

$$\frac{\mathrm{d}^2\vec{s}}{\mathrm{d}t^2} = \vec{0}$$

即若 $\vec{s}(t) = (x(t), y(t), z(t))$,那么

$$\frac{\mathrm{d}^2x}{\mathrm{d}t^2} = 0;\ \ \frac{\mathrm{d}^2y}{\mathrm{d}t^2} = 0;\ \ \frac{\mathrm{d}^2z}{\mathrm{d}t^2} = 0$$

牛顿第一定律断言任何不受外力作用的物体总是或者处于静止状态或者以不变的速度沿直线运动。

一个独立时空参照系是一个惯性参照系的充分必要条件就是它恰好是牛顿第一定律的一个模型。生活在一个惯性参照系中的观察者可以以物理的方式确定或者测量时间，因为任何无外力作用的物体总是沿着欧几里得空间中的某一条直线以某种不变的速度运动。

现在设 K 是一个惯性参照系。

牛顿第二定律具有下述形式：如果 $\vec{s}$ 是参照系 K 下的一个质量为 m 的物体的运动过程，$\vec{F}$ 是该物体运动期间置放其上的合外力，那么

$$\vec{F} = m\frac{\mathrm{d}^2\vec{s}}{\mathrm{d}t^2}$$

牛顿万有引力定律具有下述形式：在参照系 K 下，设一个质量为 M 的物体的质心在空间的 A 处，另外一个质量为 m 的物体的质心在空间的 B 处，两点间的欧几里得距离为 r，联结两点的直线由 A 指向 B 的单位向量为 $\vec{e}_{AB}$。那么在 A 处的物体向在 B 处的物体施加的吸引力为

$$\vec{F}_{AB} = -\frac{GmM}{r^2}\vec{e}_{AB}$$

其中，$G = 6.67 \times 10^{-8}\,\mathrm{dyn}\cdot\mathrm{cm}^2/\mathrm{g}^2$ 是牛顿引力常数 ($1\mathrm{dyn}=10^{-5}\mathrm{N}$)。

牛顿引力定律还可以具有下述引力场的表述形式：令 $\vec{x}_A$ 和 $\vec{x}_B$ 分别为 A 和 B 的笛卡儿坐标。由于在 A 处的物体在空间点 $\vec{x}$ 所产生的势能为

$$\Phi(\vec{x}) = -\frac{GM}{\|\vec{x} - \vec{x}_A\|}$$

那么

$$\vec{F}_{AB} = -m\nabla\Phi(\vec{x}_B)$$

其中，∇ 是三维梯度算子：

$$\nabla = \left(\frac{\partial}{\partial x_1}, \frac{\partial}{\partial x_2}, \frac{\partial}{\partial x_3}\right)$$

4. 独立时空伽利略变换与牛顿力学不变性

设 K 为一个三维参照系。将 K 的复制品 K' 以常速度 $\vec{v}$ 移动。那么从 K 到 K' 的伽利略变换为

$$K' \ni \vec{y} = \vec{x} - \vec{v}t \quad (\vec{x} \in K)$$

而两个独立参照系共用同一时间。

因此，K 是一个惯性参照系当且仅当 K' 是一个惯性参照系。

如果 $\vec{s}$ 是在 K 中描述的一个运动，那么 $\vec{s}^*(t) = \vec{s}(t) + \vec{v}t$ 便是 K' 中所描述的同一个运动，并且

$$m\frac{\mathrm{d}^2\vec{s}}{\mathrm{d}t^2} = m\frac{\mathrm{d}^2\vec{s}^*}{\mathrm{d}t^2}$$

因此，牛顿定律在伽利略变换下具有不变的形式。

1.1.1.13 通向万有引力定律之路

广泛流传的有关牛顿发现万有引力定律的"生动感人"故事或多或少反映出故事编造者的某种对天才膜拜的心理。说是某一天牛顿躺在一棵苹果树下，看见一个苹果突然从树上掉下来，于是牛顿灵光一现，万有引力定律跃然纸上。但这离真实事件相距十万八千里。事情远非如此自发，如此简单，如此"幸运"，如此"得来全不费工夫"。人类对复杂事物的本质性认识从来都是一个循序渐进、去伪存真、逐步深化的经过不少人接力探索的相当长的过程。为正本清源，容我将杜加斯《力学史》一书[①] 所记载的有关万有引力定律发现的历史进程以及有关惯性定律、动量守恒定律以及运动相对性认识的几个主要历史事件扼要地摘译出来以正视听。

下文第 3 部分是有关万有引力定律合理性的实验检验工作摘要。

1. 万有引力定律

在《力学史》第二部分"经典力学之形成"第六章第七节里，杜加斯用五页的篇幅为我们描述了从 13 世纪开始到牛顿宣布万有引力定律的 1682 年的四百多年的发展之路。

14 世纪几位代表性人物 Jean de Jandun, William of Ockham, Albert of Saxony 就认真讨论过远距离作用问题。哥白尼 (Copernicus) 坚持重力 (gravity) 是将地球的各个组成部分整合归一的唯一的"自然欲望"。开普勒 (Johannes Kepler, 1571~1630) 正是受到 Frascator (1555 年) 以及 Gilbert (1600 年) 等关于磁性认识的影响，只不过他用另外一种属于所有星球的单一性质来取代磁性质。开普勒认为重力是"母体之间趋向重新整合的一种相互姿态"。开普勒按照这种认识对月亮导致潮汐进行解释，并认为月亮对海洋的影响力是一种与距离成反比的力量，并认为"如果不是地球本身对海水具有吸引力，海浪早就全部升起直奔月亮了"。

自欧几里得以来人们就知道光在传播中的强度与离开光源的距离的平方成反比。Boulliau 在 1645 年发表的文章中将吸引力与光传播规律的相似性推向极致，认为吸引力的大小也是与相间距离的平方成反比。在光传播相似性的影响下，

[①] René Dugas, A History of Mechanics, Dover Publication, Inc., New York, 1988.

Hooke 在 1674 年发表的论文中清楚地形成自己的万有引力原理:"没有例外, 所有天空中的物体都具有一种指向其中心的吸引力; 凭借这种能力, 诚如地球, 这些星球不仅将自己内部的部件整合在一起免得它们逃逸, 而且还对在它们自己的活动范围内的所有其他星体产生吸引作用。因此, 比如, 不仅太阳和月亮对地球有如地球对它们一样的影响作用, 而且金星、木星、水星、火星、土星也是如此, 因为它们的吸引力, 它们对地球运动的影响就像地球对它们运动的影响一样。"Hooke 还假定这种吸引力随间距增大而减弱, 并且满足平方反比律。欲得到平方反比律的牢固支持, 需要用到向心力作用的基本原理。

Halley 则在惠更斯 (Huyghens, 1629~1697) 工作的基础上, 假定开普勒第三定律, 获得了平方反比律的支持。

牛顿自己在 1666 年掌握了有关匀速圆周运动的规律。牛顿顺着 Halley 的思路, 从开普勒第三定律开始, 形成了自己的引力大小与间距平方成反比的定律。与他的先行者们不同, 牛顿寻求实验结果来支持这一定律。他试图弄清楚地球对月亮的吸引力是否满足这一定律, 以及地球上的物体之间的吸引力是否也同样满足这一定律。根据当时有关地球轨道、月球轨道以及地球质量、月球质量的认知, 牛顿知道, 如果月亮相对于地球做自由落体运动, 那么在第一秒的时间区间上它会下落 $\frac{1}{20}$ 距离单位。可是依据当时在英国所接纳的数据, 牛顿计算出的结果是在第一秒的时间区间上月亮会朝地球下落 $\frac{1}{23}$ 距离单位。面对这样的差距, 牛顿放弃了自己的想法。直到 16 年后的 1682 年, 牛顿在一次英国皇家协会的会议上得知 Picard 的最新测量结果, 然后根据这些最新测量数据重新计算, 终于得到的确在第一秒的时间区间上月亮会朝地球下落 $\frac{1}{20}$ 距离单位。只是在这个时候, 他才宣布 "Lunam gravitare in Terram et vi gravitatis retrahi semper a motu rectilineo et in orbe suo retineri"; 然后依照自己的基本哲学原理, 应用归纳法, 他坚信万有引力定律有着坚实的实验基础。

2. 惯性、相对性以及动量守恒律

伽利略之后, 17 世纪中叶欧洲的物理学家们不仅对自由落体运动有进一步的认识, 而且对运动的惯性和相对性也有很深刻的认识。比如, 笛卡儿早在 1629 年写给朋友的信中就明确提出运动惯性思想:"我假定一个物体一旦因为外力作用运动起来就会永无终止, 除非它的运动被别的什么因素所破坏。换句话说, 如果某种物体在真空里已经在运动中, 那么它会一直以同一种速度运动下去。"再比如, 惠更斯则在 1668 年年初的一次有关碰撞问题的专门讨论会上报告他关于弹性碰撞研究的结果时将他的惯性原理作为第一条假设 (惯性原理) 呈现出来:"只要没有遇到什么障碍物, 处于运动中的物体总趋向匀速直线运动。"在他的报告中，惠更斯还列举了另外两条基本假设：第二条假设 (守恒律)，如果两个重量相同的物体以大小相同但方向相反的速度直接碰撞，那么它们各自都会以大小相同但方向相反的速度反弹回去；第三条假设 (相对性原理)，处在匀速直线运动中的观察者不可能发现自己的位移。

关于运动的相对性，惠更斯在他的报告中给出如下解释："对'运动中的物体'以及'相同速度或不相同速度'这样的表达式的理解为相对于其他被认定为处于静止状态的物体而言的，尽管有可能这被认定为处于静止状态的物体与在相对运动中的物体都同时处在一种共同的运动系统之中。即使它们同处于一种匀速运动系统之中，对于也在这个共同运动系统中的观察者而言，当两个物体发生碰撞时，它们还是会那样反弹，就如同这个承载它们的运动本身并不存在一样。这样，想象一位实验者在一条匀速运动的船上，他让两个完全相同的球以相对于他和船而言大小相同但方向相反的速度直接碰撞。我们的第二条假设断言这两个球会相对于船而言以大小相同但反向的速度反弹，完全好像这船处于静止状态中所发生的碰撞那样。"

基于这些假设，惠更斯在他的报告中给出如下命题的论证："如果一个物体处于静止状态，另外一个相同的物体与它发生弹性碰撞，那么在碰撞之后，后者会处于静止状态，而前者会获得碰撞之前后者的速度。"

惠更斯以如下理想实验的方式应用他的后两条假设以及默认的速度向量可加性论证这个命题。想象一个实验员在一条匀速直线顺水向东航行的大船上，实验员面朝正北 (船在朝他的右方行驶)，平伸双臂，左右手各持一根同样长度的细绳，细绳的下端都吊着一个同样大小的以同样质料制成的钢球；同时在河北岸上站着一排面朝南的观察者；假定均匀流淌的河水速度不大，船离河岸很近，观察者平伸的手臂能与实验员平伸的手臂相遇；在实验准备就绪之后，实验员令双手中吊着的钢球以流水速度大小的速度在钢球重心连线的中间点发生碰撞。碰撞发生后，实验员观察到的结果就是上面的假设二和假设三所断言的那样，两个钢球各自以同样大小的速度反弹回去；而河岸上的观察员则看到的是不同的情形：从实验开始到发生碰撞的那一瞬间，实验员右手所持的钢球处于静止状态，实验员左手所持的钢球以两倍河水流动的速度碰向实验员右手所持的钢球；碰撞发生后，实验员左手所持的钢球处于静止状态，而他右手所持的钢球则以两倍水流速度向东运动。

3. 万有引力检验实验

牛顿的万有引力定律所依赖的实验基础是当时天文学家们对许多天体观察所得到的数据。在《原理》一书中，牛顿依据当时所知道的天文数据对万有引力定律的合理性进行了成功的验证。但缺少对于地球上的物体之间的引力的实验检验。这种实验检验工作在 1798 年，也就是《原理》出版 111 年之后，由英国物理学

家卡文迪什 (Henry Cavendish, 1731~1810) 所完成。根据《重大物理实验》一书的记载，卡文迪什实际上成功地完成了米歇尔 (John Michell) 想做但没有来得及开展的实验。卡文迪什于 1798 年发表了他的实验过程以及对地球密度测量的报告[1]。《重大物理实验》一书从中摘录了卡文迪什报告的主要内容。卡文迪什改进了米歇尔独立于库仑所发明的扭秤 (他们之间有过关于此事的面对面的交流)，验证了牛顿的万有引力定律的合理性，并测出了引力常量。卡文迪什的实验结果跟现代测量结果是很接近的。经过卡文迪什的工作，万有引力定律有了广泛的实用价值。不仅如此，卡文迪什也被人们称为第一个"能称出地球质量的人"，因为他通过实验和计算得出了地球的质量。粗略地讲，卡文迪什将小金属球系在长为 6ft 木棒的两边并用金属线悬吊起来，这个木棒就像哑铃一样。再将两个 350lb(1lb=0.4536kg) 的铜球放在相当近的地方，以产生足够的引力让哑铃转动，并扭转金属线。然后用自制的仪器测量出微小的转动。测量结果惊人地准确，他测出了引力常数为 $G = 6.67259 \times 10^{-11} \text{N·m}^2/\text{kg}^2$。在此基础上，通过与水密度的比较以及矫正气温变化等诸多因素所带来的影响，卡文迪什计算出地球的密度和质量。卡文迪什得出地球的质量为 $6.0 \times 10^{24}\text{kg}$。

1.2　电　磁　力

在干燥的环境中，比如北方的冬天，人们会经常遭遇静电的刺激；日常生活中也常见磁铁吸住铁钉。长期积累起来的生活经验表明带电体之间或者带磁体之间都存在着相吸或者相斥的力作用。

据记载，先秦时代在我国已经积累了对磁现象的认识，因为在探寻铁矿的时候，常常遇到磁石矿。《管子》的数篇中早已记载了这些发现："山上有磁石者，其下有金铜。"《山海经》中也有类似的记载。《明史地理志》称："磁州武安县[2]西南有磁山，产磁石。"磁石，又名吸铁石[3]。据说，西方的磁石大约在 2500 年前在土耳其西部的一个名为 Magnesia(现为 Manisa) 的城市被发现。这大约是磁石在西文中名称单词的来历。

我国对于磁石的最早利用就是将天然磁石磨制成指南针 (早期称之为司南)。据说，在我国发现磁石的指向性可以转移到被它吸过的铁块之上大约是在 1 世纪到 6 世纪。在 11 世纪以前的某个时期还发现，不仅可以用铁块在磁石上摩擦产生磁化现象；而且还可以用烧红的铁片，经过某个临界点之后冷却或淬火而得到

---

[1] Philosophical Transaction, vol. 17(1798),p 469.

[2] 今河北省邯郸市武安。

[3] 磁石的吸铁特性很早被人发现，《吕氏春秋》九卷精通篇就有："慈招铁，或引之也。"古人以"慈"称"磁"，把磁石吸引铁看作慈母对子女的吸引，并认为："石是铁的母亲，但石有慈爱和慈两种，慈爱的石头能吸引他的子女，慈的石头就不能吸引了。""慈石"就是慈爱的石头。

磁化，操作时，铁片保持南北方向。但似乎没有发现我国古代有关于磁现象的理性认识 (即指南针之所以指南的基本原理) 的记载。

对于电的认识，我国古代主要集中在雷电方面。远在四千多年前的殷代甲骨文字中就已有了"雷"字。"電"则由"雷"演化而来，因为闪电现象。反映闪电现象的"電"字在西周的青铜器上也出现了。我国古代对于雷电 (电) 现象的观察和记载十分重视。对雷电成因的探讨，则从周代开始。那时主要是以物质元气说为基础的阴阳学说。先秦以至汉以后的许多古书上都有这方面的记载。大致上都认为雷电是阴阳两种元气相互作用而产生的。如汉初的《淮南子》上说，"阴阳相薄为雷，激扬为電"。东汉思想家王充，对雷电作了探讨，举出证据说明雷电在本质上就是一团火，所谓"雷，火也"，也就是"太阳之激气"。王充认为夏天阳气占支配地位，阴气同它相争，结果便发生碰撞、摩擦、爆炸和激射，因此就形成雷电。就如同在冶炼用的熊熊炉火之中，突然浇进一斗水，就会发生爆炸和轰鸣；天地可以看成是一个大熔炉，阳气就是火，云和雨是大量的水，水火相互作用引起了轰鸣，就是雷。后来人们开始将雷电分为声与光，认为"声为雷""光为电"。比较有代表性的人物是明代的刘基。他说："雷者，天气之郁而激而发也，阳气困于阴，必迫，迫极而进，进而声为雷，光为電。"除此之外，似乎没有发现我国古代关于电现象的理性认识的记载。

西方对于电的认识比较早。大约在公元前 600 年古希腊人就发现了静电现象。他们发现将琥珀与羊毛摩擦之后琥珀可以吸引其他东西，因为在与羊毛摩擦之后，琥珀带上了电荷[①]。后来人们还发现电荷分为正负两极以及带电体之间同性相斥异性相吸。比如，用塑料棒与毛皮摩擦后塑料棒会带上负电荷而毛皮则带上正电荷；用玻璃棒与丝绸摩擦后玻璃棒会带上正电荷而丝绸会带上负电荷。

早在 1269 年，Pierre de Maricourt 就曾对磁铁的极性进行过仔细分析，并且指出磁铁具有将部分吸引整合成一体保持整体磁性的特点。Frascator 在 1555 年发表的文献中认为，当同一种物质整体被分割成两部分时，它们各自会辐射某种在媒介空间传播的东西。西方第一本系统收集有关电现象与磁现象的认识并加进一些作者自己关于电与磁的实验的书是英国的吉尔伯特 (William Gilbert,1540~1603) 花了 17 年完成的著作 *De Magnete* (《磁学》)。这本在 1600 年出版的书对当时已知的电现象与磁现象进行了大量的来自观察和实验的定性分析。吉尔伯特认为超重物体的直线运动就是一种被分割的部分回归整体的运动。"朝向本源是唯一的倾向，这种运动不仅地球的各部分如此，太阳各部分、月亮各部分也都如此 ⋯⋯ 这些构成我们称之为原始能量的真实磁形式。"

真正对电与磁的理性认识在这本书出版 185 年之后的 1785 年才开始。迈开

---

① 英文中的"电"单词便是源自希腊文的"琥珀"一词。

这第一步的人是法国的库仑 (Charles-Augustin Coulomb, 1736~1806)。

1.2.1　电磁实验定律及光干涉实验

这里我们按照发现的先后顺序将人们从实验中归纳出来的有关电磁现象的实验定律展示出来。

1. 库仑实验定律

在 1785 年呈现给法国科学院的两份研究报告[①]中，库仑详细记录了用自己设计的实验装置测量静电作用力和静磁作用力以及由这些实验所归纳出来的库仑定律。库仑的实验报告被摘要收录到 Shamos 所编辑的英文版《重大物理实验》[②]。尽管网络上有直观示意实验例证视频[③]，我们还是希望扼要地从原始报告中摘录一些内容以再现库仑是怎样从具体的实验中归纳出一个合理的基本假设的。

库仑用来测量静电引力的实验装置是他自己设计的静电天平仪。这个装置的设计原理类似于他前一年在法国科学院赢得头等奖的航海指南针的设计原理。在 1784 年的得奖实验报告[④]中，库仑报告了他发明的金属丝扭转力测量装置，也称之为扭力天平仪或扭秤[⑤]。库仑所发明的金属丝扭转力测量装置的原理和结构如下：根据杠杆原理，一点微小的力通过较长的力臂可以产生较大的力矩，使金属悬丝产生一定角度的扭转；在悬丝上固定一平面镜，它可以把入射光线反射到距离平面镜较远的刻度尺上，从反射光线射到刻度尺上的光点的移动，就可以把悬丝扭转的角度显现出来。利用这种测量装置，库仑揭示了金属丝扭转力定律。他发现这种扭转力与扭转角度成正比，与金属丝的直径的四次方成正比，以及与金属丝的长度成反比，并且所涉及的比例常数是一个与金属丝的材料相关联的可以用实验来测定的量。利用这种金属丝扭转力测量装置，库仑发现可以精确地测量微薄之力，比如可以微弱到四百三十七万分之一盎司 (1 盎司 =28.349523 克)。正是基于这些原理和精度控制方法，库仑设计出一种静电天平仪对静电引力和静电斥力进行了有效测量。

概略地说，库仑的静电天平仪由如下几个部分组成：一个直径为 12in (1in=

---

① Mémoires de l'Académie des Sciences(1785), Institut de France.

② Morris H. Shamos, Great Experiments in Physics, Firsthand Accounts from Galileo to Einstein, Dover, 1987.

③ 库仑实验: https://v.youku.com/v_show/id_XMzkxNDQwODg4.html 。

④ Théorie des Machines Simples.

⑤ 秤，就是古时候依据杠杆平衡原理制作成的度量重量的装置或仪器，又名度量衡，通常由一根经过精加工的结实的具有一定长度的木杆、木杆的比较粗的一端设置一个可以悬挂被称之物的挂钩、离挂钩比较近的地方设置一个固定的吊绳支撑点、一个可以移动的具有一定重量标准的用石头做成的秤砣，以及按照确定标准 (即力矩平衡原理) 制作在木杆上的重量刻度所构成。秤度量的精确度一般精确到 $\frac{1}{16}$ 斤；只有中药铺的药称可以精确到 $\frac{1}{16^2}$ 斤。在精确度意义上讲，天平仪是一种精确度更高一些的度量衡装置。

2.54cm)、高也是 12in 的玻璃缸，玻璃缸上覆盖着一个直径为 13in 的平板玻璃盖，玻璃盖上有两个直径为 $\frac{5}{3}$in 的圆孔，其中一个圆孔位于玻璃盖的正中，在这个圆孔上方置放一根高为 24in 的玻璃管，这根玻璃管用现行 (1784 年) 静电仪器通用的胶合剂粘连在玻璃盖上。在玻璃管的顶端置放一个扭转力测量仪。这个扭转力测量仪由三部分组成，其底部是一个带有顶边的恰好可以插入玻璃管内的中空圆管，其中部是一个带有顶边的下边部分可以套进底座中孔的铜管，铜管的顶部外边刻有 360° 的标格，铜管的中空部分恰好可以插进扭转力测量仪的顶部，而这个顶部由一个旋转柄帽、一根 (可以读出铜管边缘的刻度数值的) 水平标尺和一根中垂悬挂夹；这个悬挂夹的下端有一个可以调节端尖松紧度的螺旋以至于悬挂夹顶端可以将一根非常精致的银丝紧紧夹住；这根银丝的下端联结一个十字形结构的物件，其垂直部分是一根直径接近 $\frac{1}{12}$in 的铜杆，铜杆的顶端也是一个可以调节松紧度的仅仅能够夹住银丝的夹子，其水平部分是穿过铜杆的一根胶上蜡的丝线蜡针，大约 1.5in 长，蜡针的一端用虫漆联结一个用木髓做成的直径为 $\frac{1}{6}$in 的小球，另一端用虫漆联结一片用松脂浸泡过的纸以平衡另一端的小球以及减缓晃动；整个这个十字结构物件的重量要恰到好处，既能够拉直那根银丝又不会扯断它；这根带一个小球和纸片的丝线蜡针需要水平悬挂在玻璃缸的中层。具体而言，悬挂蜡针的银丝长度为 28in。在与丝线蜡针等同高度的玻璃缸的外面用贴在上面的纸带标记出 360° 的标格。上面讲过玻璃盖上还有一个孔。通过这个小孔，可以插入一根小杆，小杆的下端用虫漆联结一个用木髓做成的直径为 $\frac{1}{6}$in 的小球 (第二个但完全一样的小球)。这个带球的小杆将通过这个小孔被悬挂在玻璃缸内，保证这两个小球在同一个高度并且可以不发生碰撞地相切于一点。经过适当的初始对位调整归零之后，这个静电天平便可以开始工作。

用上面的静电天平所要展开的实验的目的是试图确定两个带有同样极性的电荷的小球在发生相斥作用时的力的大小从而试图确定这个力的大小与两个小球的质心的距离的平方成反比。实验开始时，库仑将带电荷的大头针插入那个垂直悬挂小球的小孔将电荷传递给两个相切的小球。在取出大头针后，两个小球便带上同极性的静电。此时它们便会在斥力作用下离开原来的位置。于是可以依据测量的数据再根据计算就得出排斥力的大小。

库仑分三次通过旋转扭转力测量仪顶部的螺旋盖来测试两个小球之间距离的变化。第一次，在设置好的初始位置上，在两个小球带上电荷后，蜡针上的小球离开垂直悬挂的小球 36°；第二次，将扭转力测量仪顶部的螺旋盖旋转 126°，此时两个小球在恢复静止状态后相距 18°；第三次，将扭转力测量仪顶部的螺旋盖旋转 567°，此时两个小球相距 8.5°。

注意到悬挂蜡针的银丝长度为 28in，由于非常细且均匀，一英尺长的银丝重量不超过 $\dfrac{1}{16 \times 437.5}$ 盎司。根据库仑在 1784 年得到的扭转力公式，与第一次的 36° 相应的扭转力为 $\dfrac{1}{3400 \times 437.5}$ 盎司。第二次的螺旋盖被转动 126°，而两球的间距本来为 18°，因此相当于银丝被扭转了 144°。这正好是 36° 的 4 倍，也就是说将两个小球分开的力恰好是前一次的 4 倍。第三次的螺旋盖被转动 567°，而两球相距 8.5°，因此相当于银丝被扭转了将近 576°，这是 144° 的 4 倍。这些数据表明带等量同性电荷的小球间的相斥力的大小与间距的大小的平方成反比。

在经过适当的技术处理调整平衡仪 (静电天平) 之后，库仑也准确测出静电异性相吸引力定律所需要的数据。库仑还就不等电荷量的情形进行了实验。从而以实验手段证实静电作用的库仑定律的合理性 (为了节省篇幅，我们在此省略许多相关实验的详细过程)：$F = k\dfrac{|q_0 q_1|}{r^2}$，其中 q_0, q_1 为电荷量，r 为点电荷之间的直线距离，k 为静电常数，F 为作用力的大小；当 $q_0 q_1 > 0$ 时，作用力为排斥力；当 $q_0 q_1 < 0$ 时，作用力为吸引力。

随后库仑还在他的第二份报告中详细地解释了他怎样通过用悬挂不同长度的磁针或者细小磁杆以及改变一根纤细活动磁棒的置放方式与位置的四种实验归纳出磁力作用与磁极间的距离的平方成反比的结论。就是说，他用具体的实验不仅十分清楚地表明磁化金属物体都具有南北两极，不同的磁化金属物体的不同磁极之间存在着相吸或者相斥的作用力，并且这种作用力的大小与磁化强度[①]成正比，与间距的平方成反比。

尽管磁化物体有磁极之分，这类似于静电分为正电与负电，但不像带电物体要么显正性要么显负性那样，任何一个迄今为止被发现的磁化物体都同时具有南北双极。自然界是否存在磁单极物质，依旧是一个悬而未决的问题。

无论如何，当历史进入 19 世纪，被关注的电现象不再仅仅是静电现象，而是电流现象[②]；电与磁也就不再是彼此独立的物理现象，它们是彼此紧密关联的物理实在。打开这扇统一起来的新科学领域大门的人是丹麦物理学家奥斯特 (Hans Christian Oersted, 1777~1851)。

2. 电流磁感应实验

根据《重大物理实验》记载，奥斯特，1820 年春季在为哥本哈根大学开设的物理课讲堂上发现，当将一个直流电路闭合起来时置放在邻近的指南针就会发生偏转，而将直流电路断开时置放在同一位置的指南针不会发生任何变动。在经过

---

① 在库仑探索磁力作用的 1785 年，磁场的概念以及磁场强度的概念还没有被提炼出来。

② "电流"概念由美国的富兰克林 (Benjamin Franklin, 1706~1790) 在 1752 年左右提出。

反复多次实验后，奥斯特确信他发现了一种崭新的现象：有电流经过的导体会对磁化物体产生磁力作用，就如同一个磁化物体会对另外一个磁化物体所产生的磁力作用一样[1]。奥斯特将他的发现于 1820 年 7 月 21 日用在部分科学家以及一些科学团体中间散发单行本 (小册子) 的方式公布于世 (该发现正式发表则是 56 年之后由后人完成的事情)。

奥斯特的这一发现激活了欧洲一批物理学家探索电磁现象的极大热情。比如，毕奥 (Jean Baptiste Biot, 1774~1862) 和萨伐尔 (Félix Savart, 1791~1841) 于 1820 年经过更为精细、更为透彻的实验建立起通电电流强度与感应磁场强度之间的基本实验定律；毕奥-萨伐尔定律表明感应磁场的强度与通电电流的强度成正比，与相间位置距离的平方成反比，并且作用力方向同时垂直于电流方向与磁极方向，也就是说，作用力是一个横向作用力。随后安培 (André-Marie Ampère, 1775~1836) 在 1820~1825 年间也通过实验得出同样的感应定律以及两根通电电流环路之间的作用力基本实验定律[2]。安培的作用力定律最简单情形可以如下表述：将两根很长的通电导线平行地置放，假设它们的间距为 d，各自电流强度分别为 $\vec{I_1}$ 和 $\vec{I_2}$，那么这两个通电导线都受到大小与乘积 $\vec{I_1}\vec{I_2}$ 成正比，与 d 成反比的与导线垂直的力，并且当两者电流同向时作用力为吸引力，当两者电流反向时作用力为排斥力，换句话说，因电流激发的磁力的方向与电流的方向可以按照右手定则来确定：用右手握住电线，右手大拇指方向为电流方向，右手的其他四指弯曲的指向就是电流激发的磁力方向。

3. 变磁感应电流实验

既然流动着的电能够滋生磁力，那么令磁力发生变动是否也可以滋生电流？这是奥斯特电流磁感应以及毕奥-萨伐尔定律和安培定律被发现之后的一个非常自然的问题。英国物理学家法拉第 (Michael Faraday, 1791~1867) 在这些发现之后便着手对这个极具吸引力的问题展开探索。在经历过十年曲折的探索过程之后，法拉第终于在 1831 年成功地完成了磁力变化滋生电流的实验[3]。法拉第的一系列实验发现分别在 1832 年、1834 年和 1843 年发表，最后被收录编辑成两卷本专著[4]。法拉第的变磁感应电实验过程以及主要报告内容也都收录在《重大物理实验》之中。

经过实验法拉第发现以下几种情形都足以在一个电线回路中滋生感应电流：

(1) 当一条邻近但不相交的直流电线回路断开或者闭合的时候；

(2) 当一条邻近但不相交的通电直流电线回路发生相对运动时；

---

[1] 奥斯特实验示意视频可参见 https://v.youku.com/v_show/id_XNjY4NjE0NTA0.html。

[2] 安培实验直观示意视频可参见 https://v.youku.com/v_show/id_XNDIxOTI1Mjc3Ng==.html。

[3] 法拉第实验直观示意视频可参见 https://v.youku.com/v_show/id_XNzU3ODYzMDg=.html。

[4] M. Faraday, Experimental Researches in Electricity, R. and J. E. Taylor, London, 1839-1855.

(3) 当一根永久磁铁棒插入该电线回路之中或者从中抽出的时候。

4. 光干涉实验与光衍射实验

很多时候, 雨过天晴, 彩虹高悬, 令人浮想联翩, "赤橙黄绿青蓝紫, 谁持彩练当空舞?" 每个人自从降生就开始与光和空气打交道。据说, 人体从外部接收到的信息总量中有九成以上是通过眼睛接收的光信息。正是因为光与人类日常生活的紧密联系, 人类对于光的探究也就与人类关于天体运行、引力作用、电现象、磁现象等诸多方向的探究平行而独立地展开。

光的本性是什么? 这是一个长久以来一直带给人诸多困惑的关于光的中心问题。

直到 17 世纪中叶, 人类对于光的认识仅限于对一些现象或简单规律的描述。对于光的本性的认真探讨从 17 世纪中叶开始。一方面, 以牛顿为代表的物理学家认为光束是以合乎惯性定律的方式沿直线运动的微粒流, 从而光的传播是直线传播, 并显现出反射与折射特点。但是光的微粒假设在解释光在不同介质中发生折射现象时遇到困难。另一方面, 以惠更斯为代表的物理学家认为光是一种在特殊介质[①]"以太"(ether) 中波动的纵波[②], 就如同在空气中波动的声波。

光, 到底是微粒流, 还是在以太中波动的纵波, 还是完全另外的存在形式?

在经历了一百多年"微粒假设"与"波动假设"共存的困惑时期之后, 人类终于在 19 世纪用实验解除了这些认识中的困惑。分别于 1803 年由托马斯·杨 (Thomas Young, 1773~1892) 的一系列光干涉实验 (包括著名的杨氏双缝光干涉实验)[③] 和在 1816 年由菲涅耳 (Augustine Fresnel, 1788~1827) 完成的光干涉和衍射实验基本上否定光微粒假设并且矫正地肯定光波为横波。

到 1865 年, 麦克斯韦将光和电磁现象统一起来, 光最终被理论和实验证实只是一种具有一定频率范围的横向传播的电磁波。

1.2.2　麦克斯韦电磁场理论

麦克斯韦 (James Clerk Maxwell, 1831~1879) 电磁场理论[④]将电、磁、光现象统一在同一种理论框架之中。下面我们简明扼要地阐明麦克斯韦建立电磁场理论的主要过程和内容 (资料来源为网络版麦克斯韦论文全文[⑤] 以及《重大物理实验》一书中麦克斯韦论文摘要)。

---

① "以太"(ether) 最早由亚里士多德提出, 他认为宇宙中充满以太。

② 波动方向与前进方向垂直的波被称为横波, 波动方向与前进方向同向的则称为纵波。

③ 通过实验, 杨发现光干涉定律: 彩虹般的光色彩条纹是由光的两部分相互干涉所产生的。

④ J. C. Maxwell, A Dynamical Theory of the Electromagnetic Field, Philosophical Transactions, vol. 155(1865), p459-511.

⑤ Wikisource, the free library, https://en.wikisource.org/wiki/Main_Page.

1. 麦克斯韦建立电磁场理论的思路历程梗概

问题 1.1 麦克斯韦电磁场理论是在一个有关电磁现象探究的什么背景下建立起来的?

麦克斯韦思考并建立电磁场理论时期的背景是大量有关电和磁现象的实验以及有关光的实验已经完成,并且以韦伯 (Wilhelm Weber, 1804~1891) 为代表已经形成有关静电作用、磁性作用、带电导体之间的作用以及电磁感应现象的数学理论。这些综合性很强的理论已经很成功地对静电、电磁吸引、电流感应现象以及消磁现象给出令人满意的解释。这些理论基于电、磁实验中最为明显的力学现象,即位于相隔一定距离的不同之处且各自处于某种状态的物体间的相对运动会在这些物体间产生相互作用这样的力学现象。在明确作用在彼此之上的力的大小与方向以及发现这种作用力以某种方式既依赖物体之间的相对位置也依赖它们所具备的电或磁条件之后,人们很自然地假设涉及的物体中都有构成其电磁状态的或静或动的某种东西,并且正是这些东西足以按照一些数学定律在一定的间距上彼此作用。也就是说,这些理论或多或少明显假设具有可以在一定距离上彼此相互吸引或排斥特性的质料颗粒存在。一方面,在这些理论中,处理作用在两个物体之间的力的时候都仅仅关注物体本身的条件和它们之间的相对位置,而丝毫不考虑它们周围的媒介;另一方面,韦伯在建立这些理论的过程中也发现有必要假设两个带电粒子之间的作用力依赖它们之间的相对速度以及它们之间的距离。

在这样的背景下,麦克斯韦意识到尽管远距作用力在引导协调各种现象的过程中很有用,但是这种物体间的完全没有周围媒介影响的远距作用力还要依赖于速度的假设所带来的力学困难很难令人相信这会是一个终极理论。于是,麦克斯韦致力于"去寻找解释同样事实的另一方向。这就是假设它们是由一种既对周围介质也对兴奋个体持续作用的产物。这样就可以既不假定存在足以在可感受距离上直接作用的力又能够解释物体间的远距作用"。麦克斯韦称自己提出的理论为**电磁场理论**,"因为它与带电物体或带磁物体的邻近空间有关";他又称自己的理论为一种**动态**理论,"因为它假设在那个空间里有一种物质在运动,而所观察到的电磁现象就是这种运动的产物"。

似乎可以肯定,麦克斯韦着手建立他的电磁场理论的另外一个重要激励来自法拉第[①]1846 年关于光的电磁理论的建议,诚如麦克斯韦自己在论文中所说:"The electromagnetic theory of light, as proposed by him, is the same in substances as that I have begun to develop in this paper, except that in 1846 there were no data to calculate the velocity of propagation."

---

① Michael Faraday, Thoughts on Ray Vibrations, Philosophical Magazine, May 1846.

问题 1.2　在抽象凝练出一个改变对"物理现实"认知的概念过程中，麦克斯韦心中的"电磁场"到底是一种什么样的观念图案？

按照麦克斯韦的说法，"电磁场就是包围所论带电物体或者带磁物体的那部分空间。它可以被任何物质所填充，或者我们可以令其不包含任何显而易见的物质，就如同盖斯勒 (Heinrich Geissler, 1814~1879) 的真空管，或者常言的真空。但是总有足够的剩余物质来接收和传递光与热的波动，因为当具有可测量密度的透明物体被真空替代之后，光与热的辐射程度并没有太大改变。因此我们有必要承认这些波动是以太物质的波动，而不是那些可见物质的波动，它们只是以某种方式调整着以太的运动。因而，从光和热现象中，我们有理由相信空间中充满一种以太介质。这种介质能够令其运动，能够将其运动从空间的一处传递到另外一处，能够将其运动传给实在物质以至于给它们加热以及以各种方式影响实在物质。"

在麦克斯韦看来，"以热形式交换给物体的能量在交换之前肯定已经在运动介质中存在着，因为在到达该物体之前波动早已离开热源有一段时间了，并且在这段时间里传给物体的能量一定是一半以介质运动的形式存在，另一半以弹性势能形式存在。"根据汤姆孙 (W. Thomson)[①] 所得出的结论，这种介质必须具有一种足以与关联物质相比较的密度。在麦克斯韦那里，W. Thomson 所给出的这种介质的密度上限是来自与麦克斯韦所探讨的事物相独立的一门学科中的数据。由此，麦克斯韦认为，"必须接受一种弥漫在空间中的介质的存在，它的密度虽小但实在，足以被启动，足以高速 (但非无穷) 从一处移动到另一处。因此，这种介质的各个部分必定以一种特殊的方式相互关联以至于一部分的运动以某种方式依赖着其他部分的运动，并且同时这些关联必须有某种弹性屈服的本领，因为这种运动的交互并非瞬间，而是需要时间的。这种介质能够接受并存储两种能量，即与运动部分关联的'动能'以及与由介质的弹性所决定的位移后的复原之功相关联的'势能'。波动的传递过程就是这两种能量连续相互转换的过程，并且在过程中的任何时刻介质所携带的能量都均分为一半为动能一半为弹性势能。"麦克斯韦相信"具备如此构成的介质或许具有某种以不同于光、热现象所表现的那种形式的运动和位移的能力，并且其中的某些甚至有可能被我们的感觉器官从它们所产生的现象中感知"。

麦克斯韦从已知的实验中寻求自己的这种"电磁场"观念的支持。当时已知在一定情形下传光介质被磁作用；首先，当时法拉第已经发现当一束平面极化射线沿着由磁铁或邻近电流所产生的磁力线方向穿过一种绝磁透明介质时，该极化

---

① On the Possible Density of the Luminiferous Medium, and on the Mechanical Value of a Cubic mile of Sunlight, Transactions of the Royal Society of Edinburgh (1854), p.57.

平面会发生旋转；后来，Verdet 还发现，如果用一个顺磁体取代那个绝磁体，那种旋转会反向；W. Thomson 也指出没有作用在介质上仅仅导致光振动的力足以产生这种现象。因此必须承认在光振动之外介质中还有一种依赖磁化的运动。

根据这些，麦克斯韦认为尽管极化面因为磁性作用而旋转的现象仅仅在密度很高的媒介中被观察到，但是磁场的性质不会因为以一种介质替代另外一种介质，或者替代真空，而发生很大的改变。基于这样的理由，麦克斯韦认为可以假设稠密介质不会有超出仅仅修正以太运动的作用，并且认为由此得到一种去探索在那些观测到磁效应的地方是否没有以太媒介运动介入的牢靠基础，从而获得某种理由去假设这种运动是一种以磁力线方向为轴的旋转。

这些构成麦克斯韦对"电磁场"的初始观念。

问题 1.3 麦克斯韦是如何从初始的"电磁场"观念出发去思考他的"电动力学理论"的？

在这种初始观念基础上，麦克斯韦进一步考虑在电磁场中观测到的另外一种现象：当一个物体横穿磁力线运动时，它会感受到一种被称为**电动力**的作用；物体的两端展现反向充电，从而一股电流会流过该物体；当这种电动力足够强大，并被控制来作用在一定的化合成分上时，这种力会分解它们，并且导致其中的一种成分朝物体的一端移动，而另外一种成分则朝相反方向移动。在这种实验现象中，麦克斯韦看到了一种力的证据：克服电阻产生电流；以截然相反的方式令一个物体的两端带电，这是一种由电动力作用才能支撑的条件，并且，一旦这种电动力被终止，物体中就会有一种大小相等但方向相反的力产生一种反向电流来恢复物体原有的电性状态；最后，如果足够强，会撕裂化合物并将各种成分推向相反的方向，尽管它们自然的趋势是化合，以一种能够在相反的方向上生成一种电动力的力来化合。这种力就是一种因为物体在电磁场中运动，或者因为电磁场本身的变化，而产生出来的作用在物体上的力；这种力作用的效果或者是在物体中产生电流和热，或者是去分解该物体，或者不然，就将该物体置于一种电极化状态，这是一种对立的两端被正反充电的强制状态，并且一旦这种带来扰动的力被终止，物体就会由此强制状态趋向自我放松。

通过这种仔细而深入的考察，麦克斯韦将自己的"电磁场"初始观念升华为"电磁场理论"。他用这种理论来解释上面提到的"电动力"。在电磁场理论框架中，这种"电动力"是在这种介质的一部分与另外一部分发生交流运动的过程中发挥作用的力；正是借助于这种力，介质的一部分运动才促使介质的另一部分运动。一方面，当电动力作用在导体回路上的时候就会在回路中产生电流；当这种电流遇到电阻时，就会持续将电能转换成热；而这种热不可能经过已经发生的过程的逆过程再度还原成电能。另一方面，当电动力作用在绝缘物体上的时候，它会在物体中的各部分产生一种磁化状态，就如同铁块受磁铁影响而出现磁极化那样；也和磁铁极化那样，这种因电动力作用所产生的磁化状态也可以被描述为物体内部各粒子会在相反条件下具备相反的极性。

麦克斯韦在应用他试图建立的电磁场理论对电动力在电介质上的作用进行解释的过程中还发现了完善安培定律所需要的"位移电流"这一概念。麦克斯韦认为电介质在受到电动力作用时，其中的每一个分子所持的电性都被移动成一边为正电另一边为负电，但是这种被移动的电性完全保持着与分子的关联，不是从一个分子过渡到另外一个分子。这种电动力对整个电介质作用的效果就是产生一种定向位移电流。这种位移电流并非通常意义下的电流，因为在它达到一定量值的时候就保持为一种常量，但它是通常意义下的电流的开端，依据位移电流的增大或减小，它的变动就构成正向或负向电流。在电介质内部，不会有电气化的显示，因为任何一个分子的表面的电气化都会被所接触到的其他分子表面所带相反电气化中和。可是，因为外表面的电气化不会被中和，在电介质的外层表面就会出现正电气化或负电气化的现象。麦克斯韦认为这种电动力与它所产生的位移电流的量之间的关系依赖于电介质的物理特性，同样的电动力在固体电介质中，比如在玻璃或硫黄中，所产生的位移电流一般会比在空气中产生的位移电流要大。麦克斯韦认为电位移是电动力的另外一种效应。按照麦克斯韦的想法，电位移是对电动力作用的一种弹性柔性 (麦克斯韦甚至将这种弹性柔性很形象很具体地与为了完好地将机器部件密切联结固定在一起而使用的橡胶垫圈相比)。

麦克斯韦意识到这种弹性柔性与电介质的感应本领相关，而对电介质的感应本领的实际探究又因为两种令人困惑的现象而面临困难。第一是电介质的导电能力，尽管许多情形下非常小，但并非完全不能感知。第二是电吸收现象。因为这种电吸收，当电介质被暴露在电动力作用下时，位移电流逐渐增加；而当作用的电动力被移走时，电介质并不立即恢复原状，而是仅释放它的电气化中的一部分；如果把它放在一边，它的表面会随着其内部逐渐失去极性而逐渐获得电气化。

由此，麦克斯韦注意到三种柔性，第一种就是那种完美电介质的弹性柔性 (类似于一个完美的弹性物体所表现出来的那种弹性柔性)，第二种是传导性导致的柔性 (类似于一种黏稠液体或橡皮泥所表现出来的那种柔性)，第三种则是电吸收导致的柔性 (类似于一个空腔中装满液体的细胞弹性体所表现出来的那种柔性)。通过对这些弹性柔性现象的分析，尤其是注意到有些质料，如果介电就会具有相似的电性质，如果磁化就会具有相应的与获得、保持以及失去磁极相关的性质。麦克斯韦认为：电与磁的一些现象导致与光学所得出的结论相同的结论，即有一种渗透所有物体的以太介质，仅在出现的时候会有某种程度的修正；这种介质的各部分都能够被电流和磁铁启发而运动；这种运动会因为来自那些部分的联结的力的作用从一部分转移到另一部分；在这些力的作用下，有一定的与这些联结的弹性有关的柔性；从而两种不同形式的能量会在这种介质中存在，一种是它的部分的运动的实际能量，另外一种则是因为弹性而储存在那些联结中的势能。

按照麦克斯韦自己的说法，这些弹性柔性现象引导他去构思一种复杂力学机制以涵盖一类外延广泛而又同时密切关联的运动，这些密切关联的运动不仅一部分按照一些确定关系依赖另一部分，而且因为弹性由相联结部分的相对位移所产生的作用力又随运动而交换。这种复杂的力学机制必定有其内在的一般性的动力学规律。因此迫切需要一种足以描述这种复杂力学机制的概念。麦克斯韦相信只要知道各部分运动之间相关联的关系形式，就应当能够获得这种运动的全部推论。

基于这样的自信，麦克斯韦着手建立他的电动力学理论。

问题 1.4 麦克斯韦是怎样建立起他的"电动力学理论"的？

首先，麦克斯韦用电磁场的观念去分析电磁感应现象。当时已经知道在一个导电环路中一旦通电，它的邻近场就会显现出一定的磁性质，并且如果有两条这样的环路处在这样的场中，由两股电流所诱导的磁性质会结合起来。这样，场中的每一部分都与两股电流相关联，并且这两股电流又被它们与场的磁化之关系联结起来。麦克斯韦考察这种联系的第一个结果是有关一股电流对另一股电流的感应以及这两个导体环路在场中的运动。由此导出的第二个结果是带电导体之间的力作用。亥姆霍兹 (Hermann von Helmholtz, 1821~1894)[①] 和汤姆孙 (William Thomson, Lord Kelvin, 1824~1907)[②] 由它们的力作用导出带电导体感应现象。麦克斯韦则将这个顺序颠倒，由感应定律导出力作用。麦克斯韦还给出了确定与这些现象关联的三个依赖于导体的几何关系的感应系数的实验方法。

然后麦克斯韦将感应与带电导体的吸引现象应用到电磁场的探究之中，并且奠定展示磁性质的磁力线体系的基础。通过将磁铁置放于同一个电磁场，麦克斯韦证实磁等势曲面上的分布与磁力线直角相割。

为了将这些结果带到符号计算的威力范围，麦克斯韦将它们表述成**一般电磁场方程**[③]的形式。这些方程表述如下内容：

(1) 电位移、真感应以及由它们合成的总电流这三者间的关系；

(2) (一如已经由感应定律所导出的) 磁力线与回路的感应系数之间的关系；

(3) (依据电磁测量系统所确定的) 电流强度与其磁效应的关系；

(4) (当一个物体在一个电磁场中运动时，当电磁场本身发生变动时，当电势

---

① Hermann von Helmholtz, Conservation of Force, Physical Society of Berlin, 1847; Taylor's Scientific Memoirs, 1853, p. 114.

② William Thomson, Reports of the British Association, 1848; Philosophical Magazine, Dec. 1851.

③ the General Equations of the Electromagnetic Field.

能从电磁场的一处到另一处发生变化时) 作用在一个物体上的电动力的数值;

(5) 电位移与令其发生的电动力之间的关系;

(6) 一股电流与令其发生的电动力之间的关系;

(7) 任意一点处自由电的量与邻近电位移的关系;

(8) 自由电增加或减少与邻近电流的关系。

问题 1.5　麦克斯韦是如何应用这些一般电磁场方程来解释已知的有关电与磁的实验现象的?

首先, 麦克斯韦将每一点处部分依赖磁极部分依赖电极的电磁场的内在能量用这些量表示出来。由此可以确定下述三种作用方式下的作用力: 第一种, 作用在可移动的带电导体之上; 第二种, 作用在一个磁极之上; 第三种, 作用在一个带电物体之上。第三个结果还给出一种静电效应中电量测定的独立方法。这两种不同的测量方法中所使用的电量单位之间的关系被证实与麦克斯韦称之为介质的"电弹性"相关, 并且就是被韦伯等用实验所测定的光速①。随后, 麦克斯韦明确如何计算一个电容器的静电容量以及一个电介质的介电常数。

其次, 麦克斯韦将这些方程应用到非导电场中的磁场扰动 (波动) 情形, 证明此种情形下唯一能够如此传播的是横波并且这种波传播的速度就是韦伯在实验中测量出来的那种速度。这里, 麦克斯韦第一次明确他的惊世断言:"这一速度与光速是如此接近以至于我们似乎有很强的理由得出这样的结论: 光自己就是在电磁场中按照电磁场定律所描述的方式传播的一种电磁波。"从而完全落实了法拉第在 1846 年所建议的光的电磁理论。

最后, 麦克斯韦应用这些方程去计算两个电流回路之间相互感应的感应系数以及一个螺旋线圈的自感应系数, 并且将计算出来的自感应系数与已有的自感应实验数据进行比较。

问题 1.6　麦克斯韦电动力学理论当时曾经有过何种后来被证实的预言?

这就是众所周知的后来 (23 年后) 被赫兹用实验证实的电磁波实在性的预言。

综上所述, 麦克斯韦第一次明确提出了电磁场这一概念并以此将已经在实验中发现的电与磁的所有现象, 包括库仑静电力定律、静磁力定律、奥斯特现象、毕奥-萨伐尔定律、安培定律、法拉第定律等电与磁的基本关系, 系统地总结出来 (后面我们会看到麦克斯韦以精练的符号语言等式形式将电磁场规律描述出来的偏微分方程), 进而预言电磁波的存在, 并且断言光就是电磁波。麦克斯韦电磁波存在预言在 23 年后 (1888 年) 由赫兹用实验证实。时至今日, 各种频率 (从各种长波到波长极端的 γ 射线) 的电磁波都已经通过实验方式检测到, 并且无论波长长短,

---

① 后面我们会看到这里提到的光速与介电常数 ϵ_0 以及磁导率 μ_0 之间的确切关系。

它们在真空中的传播速率都相同, 都是光速。尽管麦克斯韦在当时依旧相信作为电磁波传播介质的以太存在, 尽管后来的实验证实以太存在假设的不合理性, 但是从电磁场出发将电磁波当成电磁场的波动这样的认识本身, 并不需要电磁波传播介质存在的假设, 所以麦克斯韦电磁场理论的可靠性不会因为以太假设而受到影响。

麦克斯韦所提出的电磁场概念从根本上改变了认识物理世界的方式, 诚如爱因斯坦 (Albert Einstein, 1879~1955) 在纪念麦克斯韦诞辰时所说的[①]:

"我们可以说从表示自然过程的角度看, 在麦克斯韦之前**物理现实**被认为由物质材料颗粒构成, 它们的多样变化仅仅由偏微分方程所描述的运动来刻画。自从麦克斯韦开始, **物理现实**就被认为由连续场来表示, 同样由偏微分方程来刻画, 但已经不再能够具备机械性解释。这一有关**现实**的概念性变化是自从牛顿以来物理学所感受到的最令人骄傲和最富成果的变化。"

2. 麦克斯韦电动力学论文的主体思路

麦克斯韦的电动力学论文主要由六部分构成: 第一部分探讨电磁感应; 第二部分探讨描述电磁场的一般微分方程组; 第三部分分析电磁场中的力作用; 第四部分讨论电容理论; 第五部分探讨光的电磁场理论; 第六部分讨论电磁感应中的三个参数的计算问题。这里我们将对第一部分、第二部分的主要内容和第五部分展开讨论。

在第一部分对电磁感应的探讨中, 麦克斯韦所提出的核心概念是导体中电流的电磁动量 (electromagnetic momentum) 以及改变这一电磁动量的电动力; 麦克斯韦采用与机械力学类比的方式看待电磁感应中的这种电磁动量[②]和电动力。

麦克斯韦从简单的单根导线电流的电磁动量入手, 也就是对单根导线电流的领域中的电磁场状态的分析入手。对于这种电磁感应现象, 当时已经知道在电磁场中, 磁力被激发出来, 依照已知规律, 它们的方向和强度与携带电流的导体的形式相关; 当电流增强时, 所有的磁效应会按同样的比例增强。在麦克斯韦看来, 如果电磁场的磁态依赖介质的运动, 那么为了增强或减弱这些运动, 就必然有一定的力来作用; 这些运动一旦被启动, 它们就会持续下去以至于导线中的电流与围绕它的电磁场之间的关联效应就对电流赋予依照动量。麦克斯韦将这种电磁动量与机械力学中的机器的驱动点和飞轮间的连杆赋予驱动点一种额外的动量 (等效矩, reduced momentum) 相类比。由于带有驱动点的飞轮是一种非平衡的旋转轮, 这种作用在驱动点的失衡力增加这种等效矩, 并且会以其增加率来度量。在

---

① A. Einstein, in James Clerk Maxwell, A Commemoration Volume, The Macmillan Company, New York, 1931, p. 71.

② 就历史渊源而言, 麦克斯韦明确指出他这里的电磁动量相应于早先法拉第所说的 "电紧张状态" (electrotonic state)。

电磁感应中的电流情形，对突然增强或减弱的力量的阻力产生与等效矩完全相同的效果，只不过这种电磁动量的量值依赖导体的形状以及它的相对位置。

麦克斯韦的重点自然是两根导线电流的情形。按照力的合成原理，麦克斯韦认为，如果在电磁场中有两根导线电流，那么任意一点的磁力都是分别来自两股电流的磁力的合成。由于此时这两根导线上的电流都与电磁场的每一点相关联，所以它们彼此就会以一种作用力此消彼长反向作用的方式发生关联。

基于这样的观念，麦克斯韦先以下述说明性的力学微分方程的形式来描述等效矩。假设有一个质量为 C 的物体与两个独立的驱动点 A 和 B 相连；假设该物体的速度 w 是 A 的速度 u 与 B 的速度 v 的线性组合，且线性组合系数分别为 p 和 q；令 $\mathrm{d}x, \mathrm{d}y, \mathrm{d}z$ 分别为它们的同时位移。那么根据力学原理：

$$C\frac{\mathrm{d}w}{\mathrm{d}t}\delta z = F_A\delta x + F_B\delta y$$

其中，F_A 和 F_B 分别是作用在 A 点和 B 点的外力。依据关于速度的假设，下面的加速度等式：

$$\frac{\mathrm{d}w}{\mathrm{d}t} = p\frac{\mathrm{d}u}{\mathrm{d}t} + q\frac{\mathrm{d}v}{\mathrm{d}t}$$

以及位移增量等式 $\delta z = p\delta x + q\delta y$ 都成立。应用瞬间位移间的独立性，麦克斯韦获得如下方程：

$$\begin{cases} F_A = \dfrac{\mathrm{d}}{\mathrm{d}t}\left(Cp^2u + Cpqv\right) \\ F_B = \dfrac{\mathrm{d}}{\mathrm{d}t}\left(Cpqu + Cq^2v\right) \end{cases}$$

麦克斯韦将项 $Cp^2u + Cpqv$ 规定为给定物体涉及驱动点 A 的动量；将项 $Cpqu + Cq^2v$ 规定为给定物体涉及驱动点 B 的动量。借此规定，上面的等式就意味着作用力 F_A 在 A 点作用的效果就是改变物体涉及驱动点 A 的动量；作用力 F_B 在 B 点作用的效果就是改变物体涉及驱动点 A 的动量。

如果与 A 点和 B 点相关联的有若干个物体，并且速度的线性组合的系数可能不同，那么将那些线性组合的系数合并同类项之后，麦克斯韦就得到了他所关注的三个参数：

$$L = \sum_i\left(C_ip_i^2\right),\ M = \sum_i\left(C_ip_iq_i\right),\ N = \sum_i\left(C_iq_i^2\right)$$

这样，涉及驱动点 A 的动量就是 $Lu + Mv$；涉及驱动点 B 的动量就是 $Mu + Nv$。

从而相应的微分方程也就如下:

$$\begin{cases} F_A = \dfrac{\mathrm{d}}{\mathrm{d}t}(Lu + Mv) \\[2ex] F_B = \dfrac{\mathrm{d}}{\mathrm{d}t}(Mu + Nv) \end{cases}$$

其中, F_A 和 F_B 分别是作用在 A 点和 B 点的外力。

如果假设 A 的运动遭遇到与它的速度成比例的阻力 Ru 作用, B 的运动也同样遭遇到与它的速度成比例的阻力 Sv 作用, R 与 S 分别为阻力系数。如果 ξ 和 η 是分别作用在 A 点和 B 点的合外力, 那么

$$\begin{cases} \xi = Ru + F_A = Ru + \dfrac{\mathrm{d}}{\mathrm{d}t}(Lu + Mv) \\[2ex] \eta = Sv + F_B = Sv + \dfrac{\mathrm{d}}{\mathrm{d}t}(Mu + Nv) \end{cases}$$

从这一组微分方程可以看出, 如果 A 的运动速度以加速度 $\dfrac{\mathrm{d}u}{\mathrm{d}t}$ 增加, 那么欲阻止 B 运动, 就必须有一股合外力 $\eta = \dfrac{\mathrm{d}}{\mathrm{d}t}(Mu)$ 作用其上。由于 A 的速度增加, 如此作用在 B 上的效果就对应着由领域中的一个回路的力量增加所导致的电动力作用在另外一个回路之上。

在完成了上述关于等效矩的力学方程说明之后, 麦克斯韦转入双回路感应磁场问题。麦克斯韦将上面具体规定的三个参变量 L, M, N 直接借鉴过来, 但赋予它们此情此景下的电动力学含义。麦克斯韦假设在电磁场中, L, M, N 的数值依赖于两根导线回路的磁效应分布, 而这种分布本身仅仅依赖于两条回路的形式以及它们之间的相对位置。因此, L, M, N 这三个参变量依赖于两条回路的形式以及它们之间的相对位置, 而且会随导体的运动而发生变化。更为具体一点, 如果称一根导线的回路为 A, 另外一个为 B, 那么这三个量都线性地依赖这两根导体: L 依赖于 A, N 依赖于 B, M 则依赖 A 与 B 的相对位置。

设 ξ 为作用在 A 上的电动力; 设 x 为电流强度, R 为电阻, 那么 Rx 就是环路的阻力。在稳定电流情形下, 电动力恰好与电阻力相平衡, 但是在交变电流情形下, 电动力与电阻力的合力就会被增大来增加 "电磁动量"。

对于双导线回路 A, B 而言, 麦克斯韦假设属于 A 的电磁动量为 $Lx + My$, 属于 B 的电磁动量为 $Mx + Ny$。其中 y 是导线回路 B 的电流强度。类似地就有

$$\xi = Rx + \frac{\mathrm{d}}{\mathrm{d}t}(Lx + My)$$

以及

$$\eta = Sy + \frac{\mathrm{d}}{\mathrm{d}t}(Mx + Ny)$$

其中，η 是作用在 B 上的电动力，S 是 B 的电阻。

问题 1.7　一个环路是如何感应另外一个环路的？

对于这一问题，麦克斯韦假设 B 上没有自主的电动力，即 $\eta = 0$；假设 A 回路中的电流从 0 增加到 x。然后利用上述微分方程来计算 B 中这段时间内在 A 回路感应磁场作用下的总感应电流 Y，得出 $Y = -\frac{M}{S}x$，这意味着当 M 为正时，则因为 A 中的电流增加在 B 中产生的感应电流为负值；再假设 A 回路电流强度 x 保持不变，而令 M 变化到 M'，如此得到

$$Y = -\frac{M' - M}{S}x$$

可见，M 值增加就意味着两个导体环路彼此靠近，且在 B 导体环路中产生的感应电流也是负值。

由此，麦克斯韦得出主导体环路 A 与次导体环路 B 之间的相对运动所产生的感应电流的数量关系。

在这个基础上，麦克斯韦导出这种由导体环路电流产生感应磁场，再由此感应磁场对邻近导体回路产生感应电流这一过程中所发生的功与热的计算等式。根据功的定义，A 导体回路上电动力 ξ 作用在电流 x 上单位时间内所做的功为 ξx 以及 B 导体回路上电动力 η 作用在电流 y 上单位时间内所做的功为 ηy。于是，麦克斯韦应用上述电动力作用关系式得出

$$\xi x + \eta y = Rx^2 + Sy^2 + x\frac{\mathrm{d}}{\mathrm{d}t}(Lx + My) + y\frac{\mathrm{d}}{\mathrm{d}t}(Mx + Ny)$$

上面等式的左边就表示两股电动力在单位时间内所做的功。那么，右边的量该怎样解释呢？麦克斯韦将项 $Rx^2 + Sy^2$ 解释为电动力在单位时间内克服导体回路中的电阻所做的功，从而转换成热 H，即

$$H = Rx^2 + Sy^2$$

等式右边剩下的项则是没有转换成热的功。应用微分求导法则，麦克斯韦得到

$$x\frac{\mathrm{d}}{\mathrm{d}t}(Lx + My) + y\frac{\mathrm{d}}{\mathrm{d}t}(Mx + Ny)$$
$$= \frac{1}{2}\frac{\mathrm{d}}{\mathrm{d}t}\left(Lx^2 + 2Mxy + Ny^2\right) + \frac{1}{2}\frac{\mathrm{d}L}{\mathrm{d}t}x^2 + \frac{\mathrm{d}M}{\mathrm{d}t}xy + \frac{1}{2}\frac{\mathrm{d}N}{\mathrm{d}t}y^2$$

麦克斯韦认为，当 L, M, N 为常量的时候，后面的三项为零，这就表示整个电动力所做的功，减掉转换成热的部分后，剩下的全部用来增强电路中的电流；于是，麦克斯韦将这一能量：

$$E = \frac{1}{2}Lx^2 + Mxy + \frac{1}{2}Ny^2$$

解释为导体回路中感应电流的内在能量。麦克斯韦认为这种内在能量以一种我们的感官系统无法直接感知的形式存在，或许是以一种实在的运动来实现，并且这种运动不仅涉及导体回路，还涉及围绕这些导体回路的空间。正是在这里，麦克斯韦认为电磁场携带能量。

如果 L, M, N 并非常量，后面三项便有可能不为零。麦克斯韦将剩余的三项之和：

$$W = \frac{1}{2}\frac{\mathrm{d}L}{\mathrm{d}t}x^2 + \frac{\mathrm{d}M}{\mathrm{d}t}xy + \frac{1}{2}\frac{\mathrm{d}N}{\mathrm{d}t}y^2$$

解释为单位时间内随这些参数的变化所做的功，也就是改变两个导体回路的形式和相对距离所做的功。

通过分析，麦克斯韦得出这样一个结论：两个带电导体回路之间的电动力就是各电流独立与共同的对电磁场作用的结果；并且减掉克服电阻的部分后的电动力的作用就是生成电流的自持续状态，也就是法拉第所称的电紧张状态，麦克斯韦所称的电磁动量。

为了有助于通过实验来确定三个参数 L, M, N 是数值，麦克斯韦分别仔细地讨论了三种具体的带电导体回路感应电流的情形。

随后，麦克斯韦假设主带电导体回路 A 具有不变的形式，进而利用既可改变形式又可移动位置的次导体回路 B 来分析 A 中的电流所产生的感应磁场。

麦克斯韦电动力学论文主要内容的第二部分就是将前面涉及的一些基本概念用相应的符号和它们之间的连续微分变化关系用微分方程表示出来。可以说，这一部分是麦克斯韦将涉及的概念或观念以及它们间的数量与变化关系形式化的过程。这一部分也是麦克斯韦建立电磁场理论的主体。

麦克斯韦采用笛卡儿直角坐标系 $(x, y, z) \in X \times Y \times Z$ 来表示空间位置和空间方向，以及所有涉及的量的大小和方向；麦克斯韦假设一股电流就是电从导体中的一个地方传递到另一个地方，从而麦克斯韦令单位时间内从与 X 轴垂直的平面上的单位面积内穿过的电量为 p，并称 p 为所论位置处的电流在 X 方向上的分量；完全类似的有 Y 方向上的分量 q 和 Z 方向上的分量 r。于是，三元数组 (p, q, r) 就表示电流；麦克斯韦也用三元数组 (f, g, h) 来表示电位移，其中，f 是电位移平行于 X 方向的分量，并且在一个体积元 $(\mathrm{d}x, \mathrm{d}y, \mathrm{d}z)$ 的截面 $\mathrm{d}y\mathrm{d}z$ 上展现出来的电位移量为 $f\mathrm{d}y\mathrm{d}z$，g, h 具有分别相对于 Y 方向和 Z 方向的同样的含义。麦克斯韦假设位移电流的瞬间变化 $\left(\dfrac{\mathrm{d}f}{\mathrm{d}t}, \dfrac{\mathrm{d}g}{\mathrm{d}t}, \dfrac{\mathrm{d}h}{\mathrm{d}t}\right)$ 必须加到电流 (p, q, r) 之上以获得电的总运动量。麦克斯韦以 (p', q', r') 来表示这种添加后的结果：

$$
\begin{cases}
p' = p + \dfrac{\mathrm{d}f}{\mathrm{d}t} \\[2mm]
q' = q + \dfrac{\mathrm{d}g}{\mathrm{d}t} \\[2mm]
r' = r + \dfrac{\mathrm{d}h}{\mathrm{d}t}
\end{cases}
$$

这一组微分方程为麦克斯韦的 (A) 方程组。

麦克斯韦又用三元数组 (P, Q, R) 来表示任意一点处的电动力。其中，P 表示给定点处施加到导体上的 X 方向上的单位长度上的电势差。如何测量 P 的值？麦克斯韦假设在给定点处与 X 方向平行地置放一根无穷短的导线，在电动力 P 作用的期间，用两个小导体接触这一无穷短的导线，然后将这两个导体进行绝缘处理后将它移到电动力影响的范围之外。通过测量这两个小导体上的电荷量就可能通过后述方式来获得 P 的值。如果 ℓ 是那段导线的长度，它的两端的电势差就是 $P\ell$；如果 C 是每个小导体的电容率，那么每一个导体上的电荷量就是 $\dfrac{1}{2}CP\ell$。

麦克斯韦再用三元数组 (F, G, H) 来表示因为电流或磁铁感应产生的电磁场中任意点处的电磁动量。其中，F 表示电动力在 X 方向上所产生的冲动，如同那种当把磁铁或者电流从电磁场中移除时所产生的冲动。也就是，如果 P 是在将该系统移除的任一时刻的电动力，那么

$$
F = \int P \mathrm{d}t
$$

G, H 的含义类似。因此，电动力中依赖磁铁或电流在电磁场中运动的那一部分，或者它们的强度变化，就是下述关系式：

$$
P = -\frac{\mathrm{d}F}{\mathrm{d}t}, \quad Q = -\frac{\mathrm{d}G}{\mathrm{d}t}, \quad R = -\frac{\mathrm{d}H}{\mathrm{d}t}
$$

在这个基础上，麦克斯韦规定一根导线回路的总电磁动量为

$$
\oint \left(F\frac{\mathrm{d}x}{\mathrm{d}s} + G\frac{\mathrm{d}y}{\mathrm{d}s} + H\frac{\mathrm{d}z}{\mathrm{d}s} \right) \mathrm{d}s
$$

其中，s 是回路导线的长度，线积分沿着整个环路计算。从而一根导线环路的总电磁动量也就是通过这个闭环内的磁力线的总数，它的变化量就是该环路的总电

动力的度量。如果这一回路是单元面积 $dydz$ 的边界, 那么它的电磁动量就是

$$\left(\frac{\partial H}{\partial y} - \frac{\partial G}{\partial z}\right)dydz$$

并且这一量值就是通过面积元 $dydz$ 范围内的磁力线的数量。

麦克斯韦用三元数组 (α, β, γ) 来表示作用于置放在给定点处的单位磁极上的磁力。令 μ 为给定介质的磁感应与等量磁化力作用于空气所产生的磁感应的比值 (即介质的磁导率)。那么通过垂直于 X 方向的单位面积内的磁力线的总数就是 $\mu\alpha$。这里, 磁导率 μ 是一个依赖于介质的物理特性、所处的温度、已经产生了的磁化量以及晶体形态的量。应用这些规定, 麦克斯韦给出磁力与垂直于三个坐标轴的小回路的电磁动量之间的关系式 (麦克斯韦的磁力方程, (B) 微分方程组):

$$\begin{cases} \mu\alpha = \dfrac{\partial H}{\partial y} - \dfrac{\partial G}{\partial z} \\[2mm] \mu\beta = \dfrac{\partial F}{\partial z} - \dfrac{\partial H}{\partial x} \\[2mm] \mu\gamma = \dfrac{\partial G}{\partial x} - \dfrac{\partial F}{\partial y} \end{cases}$$

麦克斯韦又根据实验事实获得电流方程组 (麦克斯韦的 (C) 方程组):

$$\begin{cases} 4\pi p' = \dfrac{\partial \gamma}{\partial y} - \dfrac{\partial \beta}{\partial z} \\[2mm] 4\pi q' = \dfrac{\partial \alpha}{\partial z} - \dfrac{\partial \gamma}{\partial x} \\[2mm] 4\pi r' = \dfrac{\partial \beta}{\partial x} - \dfrac{\partial \alpha}{\partial y} \end{cases}$$

在经过一系列分析和演算后, 麦克斯韦得到描述作用在一个运动导体上的电动力的微分方程组 (他的 (D) 微分方程组):

$$\begin{cases} P = \mu\left(\gamma\dfrac{dy}{dt} - \beta\dfrac{dz}{dt}\right) - \dfrac{\partial F}{\partial t} - \dfrac{\partial \psi}{\partial x} \\[2mm] Q = \mu\left(\alpha\dfrac{dz}{dt} - \gamma\dfrac{dx}{vt}\right) - \dfrac{\partial G}{\partial t} - \dfrac{\partial \psi}{\partial y} \\[2mm] R = \mu\left(\beta\dfrac{dx}{dt} - \alpha\dfrac{dy}{vt}\right) - \dfrac{\partial H}{\partial t} - \dfrac{\partial \psi}{\partial z} \end{cases}$$

其中, ψ 是 (x, y, z, t) 的函数, 它表示空间中一点 (x, y, z) 在时刻 t 的电势能。

　　在第二部分的最后，麦克斯韦讨论了电磁场的内在能量问题。麦克斯韦强调这里所谈的能量与包括机械能在内的其他形式的能量是完全一样的，也就是说，电磁现象中的能量就是力学中的能量。唯一的问题是：它驻留在哪里？按照经典理论的说法，它以一种品性未知的被称为势能的形式驻留在带电体、导电回路、磁铁中，或者它是一种可以产生远距作用效果的本领。按照新的电磁场理论，它驻留在电磁场中，驻留在围绕带电体和带磁体的空间，以及驻留在那些物体自身；它有两种不同的形式：一种形式可以不需要假设而直接用磁极化和电极化来描述，或者另外一种形式借助一种似乎很实在的假设被描述成同一种介质的应力与运动。尽管麦克斯韦实际上以几何光学中光的传播理论为背景模型，但他只是为了得到一种可信的依靠以便能够寻找电磁现象在同样的弹性介质中的根源所在。通过对电磁现象的具体分析，麦克斯韦得出他的微分方程组。麦克斯韦强调他在这篇论文中所获得结论与理论假设无关，而是依据已知的被实验所证实的事实提炼出来的。

　　根据上面的讨论，麦克斯韦将电磁场中的内在能量分为两部分，一部分为磁场分量，一部分为电场分量，即产生位移电流的电动力作用的效果；两者相加就得到电磁场的能量：

$$E = \int \left(\frac{1}{8\pi}(\alpha \cdot \mu\alpha + \beta \cdot \mu\beta + \gamma \cdot \mu\gamma) + \frac{1}{2}(Pf + Qg + Rh) \right) \mathrm{d}V$$

其中，和式的第一项即磁场分量，一个依赖电磁场中的磁化作用的量；第二项是电场分量，一个依赖电磁场中的电极化作用的量。

　　麦克斯韦在论文主要内容的第五部分讨论光的电磁场本质问题。在这一部分，麦克斯韦探讨前面完全单纯由电磁现象所获得的有关电磁场的那些性质是否足以被用来解释光在同样质料中的传播现象，也就是试图回答光是否就是一种电磁波这一问题。

　　麦克斯韦考虑这样一种情形：假设方向余弦值分别为 ℓ, m, n 的一种平面波在电磁场中以速度 V 传播。那样，所有的电磁函数都会是

$$w = \ell x + my + nz - Vt$$

的函数。相应的磁力方程组 ((B) 方程组) 就是下述方程组：

$$\mu\alpha = m\frac{\mathrm{d}H}{\mathrm{d}w} - n\frac{\mathrm{d}G}{\mathrm{d}w}$$

$$\mu\beta = n\frac{\mathrm{d}F}{\mathrm{d}w} - \ell\frac{\mathrm{d}H}{\mathrm{d}w}$$

$$\mu\gamma = \ell\frac{\mathrm{d}G}{\mathrm{d}w} - m\frac{\mathrm{d}F}{\mathrm{d}w}$$

由此得到

$$\ell\mu\alpha + m\mu\beta + n\mu\gamma = 0$$

这就表明磁化的方向必定在波的平面上。

麦克斯韦将磁力方程组 (B) 与电流方程组 (C) 相结合，就得到下述简明扼要的方程组：

$$\begin{cases} 4\pi\mu p' = \dfrac{\partial J}{\partial x} - \nabla^2 F \\[2mm] 4\pi\mu q' = \dfrac{\partial J}{\partial y} - \nabla^2 G \\[2mm] 4\pi\mu r' = \dfrac{\partial J}{\partial z} - \nabla^2 H \end{cases}$$

其中，

$$\nabla^2 = \frac{\mathrm{d}^2}{\mathrm{d}x^2} + \frac{\mathrm{d}^2}{\mathrm{d}y^2} + \frac{\mathrm{d}^2}{vz^2}, \quad J = \frac{\partial F}{\partial x} + \frac{\partial G}{\partial y} + \frac{\partial H}{\partial z}$$

如果电磁场中的介质是完美电介质，那么就不会有事实上的感应，从而电流 (p', q', r') 就只是位移电流相对于时间的变化率，也就是由 (A) 方程组确定。而此种情形下，位移电流由电动力导致，因此位移电流与电动力必须满足电弹性方程组 (麦克斯韦的 (E) 方程组)：

$$P = kf, \quad Q = kg, \quad R = kh$$

其中，k 是介质的电力弹性系数。而这些电动力完全由静态 (导体没有在电磁场中的运动) 电动力方程组 (麦克斯韦的 (D) 方程组) 所确定：

$$\begin{cases} P = -\dfrac{\partial F}{\partial t} - \dfrac{\partial \psi}{\partial x} \\[2mm] Q = -\dfrac{\partial G}{\partial t} - \dfrac{\partial \psi}{\partial y} \\[2mm] R = -\dfrac{\partial H}{\partial t} - \dfrac{\partial \psi}{\partial z} \end{cases}$$

将所有涉及的方程组综合起来，得到 (J, ψ)-方程组：

$$\begin{cases} k\left(\dfrac{\partial J}{\partial x} - \nabla^2 F\right) + 4\pi\mu\left(\dfrac{\partial^2 F}{\partial t^2} + \dfrac{\partial^2 \psi}{\partial x \partial t}\right) = 0 \\[2mm] k\left(\dfrac{\partial J}{\partial y} - \nabla^2 G\right) + 4\pi\mu\left(\dfrac{\partial^2 G}{\partial t^2} + \dfrac{\partial^2 \psi}{\partial y \partial t}\right) = 0 \\[2mm] k\left(\dfrac{\partial J}{\partial z} - \nabla^2 H\right) + 4\pi\mu\left(\dfrac{\partial^2 H}{\partial t^2} + \dfrac{\partial^2 \psi}{\partial z \partial t}\right) = 0 \end{cases}$$

然后将这个 (J, ψ)-方程组化简，消除 J 和 ψ 后就得到 (齐次方程组)

$$
\begin{cases}
k\nabla^2\mu\alpha = 4\pi\mu\dfrac{\mathrm{d}^2}{\mathrm{d}t^2}\mu\alpha \\[2mm]
k\nabla^2\mu\beta = 4\pi\mu\dfrac{\mathrm{d}^2}{\mathrm{d}t^2}\mu\beta \\[2mm]
k\nabla^2\mu\gamma = 4\pi\mu\dfrac{\mathrm{d}^2}{\mathrm{d}t^2}\mu\gamma
\end{cases}
$$

如果假设 α, β, γ 都是 $w = \ell x + my + nz - Vt$ 的函数，那么上述方程组中的第一个方程就变成如下形式：

$$
k\mu\frac{\mathrm{d}^2\alpha}{\mathrm{d}w^2} = 4\pi\mu^2 V^2 \frac{\mathrm{d}^2\alpha}{\mathrm{d}w^2}
$$

因此，$V = \pm\sqrt{\dfrac{k}{4\pi\mu}}$。其他两个方程也都给出同样的 V。这就表明所谈论的波在各个方向上都以同样的速度传播。而这里的波完全是磁扰动，因为磁化方向就在波平面上。完全没有磁化方向不在波平面上的磁扰动能够以平面波的方式传播。因此，在电磁场中传播的磁扰动与光在电磁场中的传播吻合，并且这种磁扰动在任何一点都与传播方向横向。这就意味着这种波有可能具有极化光的所有特性。由于唯一经实验所确定的 k 值是空气的，此时

$$
k = 4\pi v^2
$$

其中，v 是一个电磁单位中的静电单位数，而在空气中，$\mu = 1$，于是，$V = v$。根据不同实验所确定的 v 的数值和真空中的光速，麦克斯韦相信电磁波在真空中的传播速度就是光在真空中的传播速度。

由此，麦克斯韦相信这些结果的吻合性似乎表明"光和电磁性是同一事物的感情；光是一种按照电磁定律在电磁场中传播的电磁波"。这便是麦克斯韦根据自己统一起来的电磁场理论对光的本性问题的解答。

麦克斯韦再考虑不采用代数手段消除 J 和 ψ 的非齐次情形，以弄清楚当 J 和 ψ 发挥作用时，是否还有其他种类的扰动能够在依赖这两个量的介质中传播。为此，麦克斯韦引入一个新的函数 χ 并且假设它满足下述方程：

$$
\nabla^2\chi = \frac{\mathrm{d}^2\chi}{\mathrm{d}x^2} + \frac{\mathrm{d}^2\chi}{\mathrm{d}y^2} + \frac{\mathrm{d}^2\chi}{\mathrm{d}z^2} = J
$$

再令

$$
F' = F - \frac{\partial\chi}{\partial x}, \quad G' = G - \frac{\partial\chi}{\partial y}, \quad H' = H - \frac{\partial\chi}{\partial z}
$$

这样,

$$\frac{\partial F'}{\partial x} + \frac{\partial G'}{\partial y} + \frac{\partial H'}{\partial z} = 0$$

应用上面的 (J, ψ)-方程组,可得

$$\begin{cases} k\nabla^2 F' = 4\pi\mu \left[\dfrac{\partial^2 F'}{\partial t^2} + \dfrac{\partial^2}{\partial x\partial t}\left(\psi + \dfrac{\partial\chi}{\partial t} \right) \right] \\[3mm] k\nabla^2 G' = 4\pi\mu \left[\dfrac{\partial^2 G'}{\partial t^2} + \dfrac{\partial^2}{\partial y\partial t}\left(\psi + \dfrac{\partial\chi}{\partial t} \right) \right] \\[3mm] k\nabla^2 H' = 4\pi\mu \left[\dfrac{\partial^2 H'}{\partial t^2} + \dfrac{\partial^2}{\partial z\partial t}\left(\psi + \dfrac{\partial\chi}{\partial t} \right) \right] \end{cases}$$

再将它们分别对 x, y, z 求微分,之后再相加,就得到

$$\psi = -\frac{\partial\chi}{\partial t} + \varphi(x, y, z)$$

以及

$$\begin{cases} k\nabla^2 F' = 4\pi\mu\dfrac{\partial^2 F'}{\partial t^2} \\[3mm] k\nabla^2 G' = 4\pi\mu\dfrac{\partial^2 G'}{\partial t^2} \\[3mm] k\nabla^2 H' = 4\pi\mu\dfrac{\partial^2 H'}{\partial t^2} \end{cases}$$

因此,由 (F', G', H') 所确定的扰动以速度 $V = \sqrt{\dfrac{k}{4\pi\mu}}$ 在电磁场中传播。又因为

$$\frac{\partial F'}{\partial x} + \frac{\partial G'}{\partial y} + \frac{\partial H'}{\partial z} = 0$$

这些扰动的结果就在波平面之上。

回到 (F, G, H) 扰动情形。这种扰动依赖 χ,并且只需要满足下述方程:

$$\frac{\partial\psi}{\partial t} + \frac{\partial^2\chi}{\partial t^2} = 0$$

对这一方程实施拉普拉斯算子 ∇^2,就得到

$$ke = \frac{\partial J}{\partial t} - k\nabla^2\varphi(x, y, z)$$

其中，e 为自由电量 (即包含在电磁场中任意部分的单位体积内的自由正电荷量)。这个自由电量由下述微分方程 (麦克斯韦的 (G) 方程) 确定：

$$e + \frac{\mathrm{d}f}{\mathrm{d}x} + \frac{\mathrm{d}g}{\mathrm{d}y} + \frac{\mathrm{d}h}{\mathrm{d}z} = 0$$

并且当介质导电时，它还满足下述连续性方程 (麦克斯韦的 (H) 方程)：

$$\frac{\mathrm{d}e}{\mathrm{d}t} + \frac{\mathrm{d}p}{\mathrm{d}x} + \frac{\mathrm{d}q}{\mathrm{d}y} + \frac{\mathrm{d}r}{\mathrm{d}z} = 0$$

由于现在所考虑的情形为介质完全绝缘，e 不随时间变化，因此 $\frac{\partial J}{\partial t}$ 是空间位置 (x, y, z) 的函数，从而随时间的变化，J 的取值要么为一个常数，要么为 0，要么均匀递增，要么均匀递减。于是，没有依赖 J 的扰动能够以波的形式传播。

从这些分析中，麦克斯韦得出这样的结论：这些从纯实验事实证据中归纳出来的电磁场方程表明只有横向抖动能够传播。如果试图超越现有的实验认识硬要给一种不妨称之为电液体的质料赋予某种确切的密度，并选出或者玻璃质的电或者树脂质的电来表示那种液体，那么有可能见到传播速度依赖这一密度的纵波。可是并没有任何有关那样的电液体的真凭实据，甚至都无法知道是否考虑玻璃质的电到底是一种质料，还是一种质料的缺失。因此，电磁场理论得出与几何光学理论所得出的完全相同的结论。这就是有关能够通过场传播的波动方向的结论；两者都断定为横向波动的传播，并且两者都给出相同的传播速度。另一方面，当需要它们来肯定或者否定纵波的实在性的时候，彼此都表现出无能为力。

1.2.3   独立时空参照系下的麦克斯韦电磁场假设

在本小节中，我们用现代物理学教科书中的标准语言将麦克斯韦电动力学微分方程组规范表述出来。

固定一个三维惯性参照系 K (通常所说的实验室参照系) 以及一个独立时间轴。在麦克斯韦的统一电磁场理论中，他以 "以太" 为静止惯性参照系，也即是参照系 K，或者实验室参照系。

1. 库仑定律

(1) 库仑定律静电场形式：设 q_1 为一个置放在点 $\vec{x}_1$ 处的电荷。令 $\vec{x}$ 是空间中离开 $\vec{x}_1$ 的任意一点。电荷 q_1 在点 $\vec{x}$ 处产生的静电场为向量：

$$\mathbf{E}(\vec{x}) = \frac{q_1}{4\pi\epsilon_0} \frac{\vec{x} - \vec{x}_1}{\|\vec{x} - \vec{x}_1\|^3}$$

(2) 库仑定律作用力形式：设 q_2 为置放在点 $\vec{x}_2 \neq \vec{x}_1$ 处的电荷。令 $\vec{F}(q_2, q_1)$ 为电荷 q_2 所感受到的来自 q_1 的作用力。那么

$$\vec{F}(q_2, q_1) = \frac{q_2 q_1}{4\pi\epsilon_0} \frac{\vec{x}_2 - \vec{x}_1}{\|\vec{x}_2 - \vec{x}_1\|^3} = q_2 \mathbf{E}(\vec{x}_2)$$

(3) 库仑定律的连续分布静电场形式：设 $\rho(\vec{x})$ 为空间中连续分布的电荷密度函数。那么相应的电场为

$$\mathbf{E}(\vec{x}) = \frac{1}{4\pi\epsilon_0} \int \rho(\vec{y}) \frac{\vec{x} - \vec{y}}{\|\vec{x} - \vec{y}\|^3} \mathrm{d}y_1 \wedge \mathrm{d}y_2 \wedge \mathrm{d}y_3$$

其中，$\vec{y} = (y_1, y_2, y_3)$ 为空间中任意的不同于 $\vec{x}$ 的点。

令

$$\Phi(\vec{x}) = \frac{1}{4\pi\epsilon_0} \int \rho(\vec{y}) \frac{\vec{x} - \vec{y}}{\|\vec{x} - \vec{y}\|} \mathrm{d}y_1 \wedge \mathrm{d}y_2 \wedge \mathrm{d}y_3$$

其中，$\vec{y} = (y_1, y_2, y_3)$ 为空间中任意的不同于 $\vec{x}$ 的点。那么库仑定律为：$\mathbf{E}(\vec{x}) = -\nabla\Phi(\vec{x})$，等价地，$\nabla \times \mathbf{E} = \vec{0}$。

应用三维向量的叉乘和内积形式运算，库仑定律还可以有下述高斯表述形式，即描述电场的微分方程：

$\nabla \times \mathbf{E} = \vec{0}$；

$\nabla \cdot \mathbf{E}(\vec{x}) = \rho(\vec{x})/\epsilon_0$。

而方程组 $\mathbf{E}(\vec{x}) = -\nabla\Phi(\vec{x})$ 与 $\nabla \cdot \mathbf{E}(\vec{x}) = \rho(\vec{x})/\epsilon_0$ 又等价于下述泊松 (Poisson) 方程：

$$\nabla^2 \Phi(\vec{x}) = -\rho(\vec{x})/\epsilon_0$$

其中，$\nabla^2 = \dfrac{\partial^2}{\partial x_1^2} + \dfrac{\partial^2}{\partial x_2^2} + \dfrac{\partial^2}{\partial x_3^2}$ 为拉普拉斯算子。

2. 电流磁感应定律

(1) 毕奥-萨伐尔电流感应磁场定律。

设空间中的电流密度向量函数为 $\mathbf{J}(\vec{x})$。那么其感应磁场由下述方程确定：

$$\mathbf{B}(\vec{x}) = \frac{\mu_0}{4\pi} \int \left(\mathbf{J}(\vec{y}) \times \frac{\vec{x} - \vec{y}}{\|\vec{x} - \vec{y}\|^3} \right) \mathrm{d}y_1 \wedge \mathrm{d}y_2 \wedge \mathrm{d}y_3$$

令

$$\mathbf{A}(\vec{x}) = \frac{\mu_0}{4\pi} \int \left(\frac{\mathbf{J}(\vec{y})}{\|\vec{x} - \vec{y}\|} \right) \mathrm{d}y_1 \wedge \mathrm{d}y_2 \wedge \mathrm{d}y_3 + \nabla\Psi(\vec{x})$$

那么 $\mathbf{B}(\vec{x}) = \nabla \times \mathbf{A}(\vec{x})$。

(2) 安培稳定电流静磁场定律:

$\nabla \times \mathbf{B}(\vec{x}) = \mu_0 \mathbf{J}(\vec{x})$(稳定电流情形下的安培定律, 此时 $\nabla \cdot \mathbf{J} = 0$);

$\nabla \cdot \mathbf{B}(\vec{x}) = 0$。

安培定律是上面的第一个方程的积分形式:

$$\oint_C \mathbf{B} \cdot \mathrm{d}\mathbf{I} = \mu_0 I$$

其中, C 是导体闭环路, I 是通过 C 的总电流。

由于安培定律只适用稳定电流情形, 不适用交变电流情形, 麦克斯韦大胆提出交变电场滋生磁场假设, 并称交变电场随时间变化的结果 (向量函数) 为**位移电流**, 从而将安培定律修改为添加位移电流项的等式。交变电场滋生变化磁场的假设后来被实验证实。

(3) 安培-麦克斯韦定律:

$$\nabla \times \left(\frac{1}{\mu_0} \mathbf{B} \right) = \mathbf{J} + \frac{\epsilon_0 \partial \mathbf{E}}{\partial t}$$

其中, $\epsilon_0 \sim 8.854 \times 10^{-12}\,\mathrm{F/m}$(法/米) 是真空电容率 (或真空介电常数); $\mu_0 = 4\pi \times 10^{-7}\,\mathrm{N/A}^2$(牛/安^2) 为真空磁导率; $\mathbf{c} = (\epsilon_0 \mu_0)^{-\frac{1}{2}} = 299792485\mathrm{m/s}$(米/秒) 为光在真空中传播的速率。

3. 变磁感应电流法拉第定律

$$\oint_C (\mathbf{E} + (\vec{v} \times \mathbf{B})) \cdot \mathrm{d}\mathbf{I} = -\frac{\mathrm{d}}{\mathrm{d}t} \int_S \mathbf{B} \cdot \mathbf{n}\, \mathrm{d}a$$

其中, $\mathbf{E} + (\vec{v} \times \mathbf{B})$ 是在相对于 $\mathrm{d}\mathbf{I}$ 处于静止状态时的参照系中该处的电场, $\vec{v}$ 为相对于实验室参照系 K 的匀速直线运动参照系的运动速度。

法拉第定律的微分形式为

$$\nabla \times \mathbf{B}(\vec{x}) + \frac{\partial \mathbf{B}(\vec{x})}{\partial t} = \vec{0}$$

将上述微分方程综合起来就得到麦克斯韦方程组:

$$\nabla \cdot \mathbf{D} = \rho, \quad \nabla \times \mathbf{H} - \frac{\partial \mathbf{D}}{\partial t} = \mathbf{J}$$

$$\nabla \cdot \mathbf{B} = 0, \quad \nabla \times \mathbf{E} + \frac{\partial \mathbf{B}}{\partial t} = \vec{0}$$

其中，$\mathbf{D} = \epsilon_0 \mathbf{E}$ 以及 $\mathbf{H} = \dfrac{1}{\mu_0} \mathbf{B}$。

考虑到上面出现的标量势函数 Φ 以及向量势函数 $\mathbf{A}$ 分别与电场 $\mathbf{E}$ 以及磁场 $\mathbf{B}$ 之间的关系，综合起来就有它们的洛伦兹关联方程 (洛伦兹条件)：

$$\nabla \cdot \mathbf{A} + \frac{1}{\mathbf{c}^2} \frac{\partial \Phi}{\partial t} = 0,$$

以及有关这两个势函数的波动方程

$$\nabla^2 \Phi - \frac{1}{\mathbf{c}^2} \frac{\partial^2 \Phi}{\partial t^2} = -\rho / \epsilon_0$$

$$\nabla^2 \mathbf{A} - \frac{1}{\mathbf{c}^2} \frac{\partial^2 \mathbf{A}}{\partial t^2} = -\mu_0 \mathbf{J}$$

这三个联立偏微分方程组被证明与真空条件下的麦克斯韦方程组完全等价。正是基于电磁场的这种波动特性，麦克斯韦预言电磁场的变化其实是电磁波以光速传播的显现。

1.2.4 赫兹电磁波实验

赫兹 (Heinrich Hertz, 1857~1894) 根据麦克斯韦绝缘媒介中可以存在电磁波传播的预言于 1885 年左右开始展开实验。麦克斯韦预言电磁辐射由电磁振荡产生并以光速在空间传播。赫兹则根据麦克斯韦理论设计振荡电路来产生电磁波。他用自己发明的全新设备和技术来激发、接收以及探测电磁波。通过在 1888 年完成的实验，赫兹发现了电磁辐射以及电磁波在空间的传播从而验证了麦克斯韦预言以及麦克斯韦电磁场理论。他测量了电磁波在空间传播的速度以及波长；他还通过对电磁波的反射、折射以及极化来验证电磁波的横波特性；他完全验证了麦克斯韦关于光是电磁波的断言。[①] 赫兹的详细实验报告于 1889 年正式发表在《物理学年鉴》上[②]。1893 年赫兹将自己的实验研究工作收集成一本德文专著 (1900 年被翻译成英文[③])。

正是基于麦克斯韦电磁场理论以及赫兹电磁波实验才诞生了整个无线电通信工业，包括无线电报、广播、电视、计算机无线网络通信以及手机。可以说，基于这样的基础性发现以及技术性突破，人类的日常生活在 21 世纪发生了不同于以前的实质性的全新的变化。

---

① 电磁波实验示意视频可参见 https://v.youku.com/v_show/id_XNTEwMDcwNjQ4.html；其实如果一个人手中有一部手机，那么这个人手中的手机就是一部小型电磁波发射与接收仪器。

② Annalen der Physik, vol.36(1889).

③ D. E. Jones (translator), Electric Waves by Heinrich Hertz, Macmillan, London, 1900.

第 2 章 关联时空与经典基本作用力

在本章中，我们从围绕麦克斯韦方程组引发出来的新问题以及迈克耳孙-莫雷实验着手，进而展示洛伦兹如何求解麦克斯韦方程组与惯性参照系的独立性问题；本章的重点自然是展示爱因斯坦狭义相对论的建立过程以及广义相对论的内涵。我们将看到爱因斯坦如何提出时空关联的相对性基本假设，如何从时空关联与相对性基本假设出发获得洛伦兹变换，以及如何修改牛顿动力学理论和建立麦克斯韦理论的共变特性；我们也将扼要地展示爱因斯坦的引力理论，尤其是他将黎曼几何与引力统一起来的思维历程；我们还会看到富有启示意义的爱因斯坦自己对相对论建立过程中思维之路的梗概性总结。我们相信在本章中读者可以体会到在爱因斯坦有关相对论的整个思考中逻辑曾经发挥了怎样的被应用时应有的作用；可以体会到问题，恰当的问题，是如何被善于思考者提出以及如何引领着思维之路的发展。

2.1 关联时空问题

2.1.1 光速参照系问题

在 1905 年之前的 40 年里，以麦克斯韦方程组为标准框架的电磁理论与光学关联且都按照波动理论来解释。由于所熟悉的波动现象都是物质波通过介质来传播，所以很自然地人们假设光波也是通过一种介质来传播的。这种介质就是很早以前就被亚里士多德所提出的以太 (ether)。这是一种被认为布满在整个宇宙空间、密度低到可以忽略不计的程度、与物质有着可以忽略不计的相互作用的介质。以太存在的唯一作用就是为满足电磁波传播的需要。这一假设将对电磁现象的分析与物理学的其他分支完全分割开来。因为电磁波理论之前的牛顿力学理论具有独立于惯性参照系选择的特点，即在惯性参照系的伽利略变换下牛顿力学基本定律的表达式形式不会发生变化 (称之为**伽利略不变性**)。但是波动方程不具备在伽利略变换下的形式不变性。也就是说，波动方程在某种特殊惯性参照系下具有非常简洁的形式，但在别的惯性参照系下只能具有复杂的表达形式。这样，波动会自动选择"自己喜好"的惯性参照系。比如声波自然而然地选择处于静止态的空气为参照系，因为声波本就是在空气中传播的，况且对于空气有足够的物理学意义上的认识。麦克斯韦等人认为电磁波在以太中传播，故用以太作为静止参照物就是描述电磁波波动规律最好的惯性参照系；麦克斯韦方程组的形式便是在静止以太参照系中的表达形式。但是，自亚里士多德以降，对于以太的物理学意义下的认识极其有限，且似乎满足不了一些相互冲突的要求。

2.1.2 迈克耳孙-莫雷实验

由迈克耳孙 (Albert A. Michelson, 1852~1931) 和莫雷 (Edward W. Morley, 1838~1923) 在 1887 年完成的光干涉条纹移动比较实验[①] 可以说是爱因斯坦狭义相对论建立的起点实验，从而也是一个以太假说的终结实验，因为爱因斯坦的狭义相对论坚持既无"绝对静止"也无"绝对运动"，以太之说也就变得毫无意义。

由于没有实验直接到探测以太的存在，人们退而求其次，假设以太存在并且光是在以太介质中传播，然后试图探测地球相对于以太的运动。

首先，为了准确测量光速，迈克耳孙早在 1878 年之前就设计并制作了精度极高的光干涉仪 (后来被称为迈克耳孙干涉仪) 并在 1878 年用来准确地测量出光速。在此之前，人们利用光反射原理以及旋转齿轮装置以"去而复返"的方式测量光速，但精确度很低。因为可以认为这种测量是在一个匀速运动的惯性参照系中展开的"线性"度量，因而地球运动对于这种"去而复返"的光速测量结果的影响就很难直接测量出来，为了提高精度，迈克耳孙意识到应当利用光的干涉性质，将光的干涉性质当成一种很敏感的"时钟"，以一种不同的测量方式来测量 v^2/c^2，其中 v 是参照系的匀速运动速率，$\mathbf{c}$ 是光 (在以太中) 的传播速率。为此，他设计并制作了光干涉仪，并于 1878 年高精度地测量出光速。其次，迈克耳孙于 1881 年在波茨坦曾应用他的光干涉仪进行过一次光相对于光干涉仪的速度的测量以期测定地球相对于以太的运动。但没有得到任何结论。在这个基础上，1887 年迈克耳孙与莫雷合作，以改进的光干涉仪 (将光的传播路径 L 延长到 11m)[②] 再度展开探测地球相对于以太运动的实验。如果以太存在于整个空间中，那么地球一定在以太中运动。由于相对于以太而言光速是一个常数，那么，根据速度合成原理，在与地球运动方向平行的方向上测量到光速，和在与地球运动方向垂直的方向上测量到的光速，应当不相等 (垂直方向的光往返平均速率会大于平行方向的等距离的光往返平均速率)，尽管差别会很小，但一定应当能够测量出这种差别，因为相对于以太的光速是地球相对于太阳的轨道速率的一万倍。他们的基本想法是光干涉仪能够制造出一定宽度的黑白相间的条纹 (正是杨氏双缝实验的那种光干涉条纹)，而地球相对于以太的运动应当能够引进一定的时差，若将干涉仪旋转 90° 就

---

① Albert A. Michelson and Edward W. Morley, American Journal of Science, XXXIV, no. 203 (November 1887).

② 光传播路径长达 4km 的迈克耳孙干涉仪曾经是探测引力波的装置。

会将这种时差翻倍以及改变光波的相位, 进而导致干涉条纹出现一定的平移。以波长为 590nm 的光源为例, 以地球的轨道速率为 30km/s 计算, 这种干涉条纹的平移应当为条纹宽度的百分之四十, 也就是干涉仪能够测量出来的百分之一平移程度的四十倍。可是, 反复实验表明, 无论如何这样的干涉条纹的平移没有发生, 所观察到的始终都只是那个条纹宽度的百分之一, 也就是近似于干涉仪的设计误差。

迈克耳孙和莫雷 1887 年的实验表明, 要么以太假说不成立, 要么当一个物体的运动速率 v 远小于光的速率 c 时, 它们两者之间的速率合成法则, 即牛顿力学中的速度加法规则, 并不成立。

如果假设以太假说不成立, 那么迈克耳孙-莫雷实验事实上揭示出光速独立于惯性参照系的选择: 在相对匀速直线运动速率小于光速的不同的惯性参照系中测量出来的光速相等。这显然与这样的惯性参照系之间的伽利略变换相冲突: 假设 K 是一个实验室惯性参照系, K' 是相对于 K 以匀速 $\vec{v} \neq \vec{0}$ 做直线运动的惯性参照系。假设在 K 中测量到一个物体的运动速度为 $\vec{u}$, 在 K' 中测量到的同一个物体的运动速度为 $\vec{u}'$, 那么必有

$$\vec{u}' = \vec{u} - \vec{v}$$

在迈克耳孙-莫雷实验中, 实验室惯性参照系 K 相当于以太阳为原点的惯性参照系 (垂直于地球运动方向的光速往返测量参照系), 运动参照系 K' 相当于以地球为原点的惯性参照系 (平行于地球运动方向的光速往返测量参照系)。由于地球的运行速率为 $2.98 \times 10^4 \text{m/s}$, 光的速率为 c $= 299792458 \text{m/s}$, 根据伽利略变换的速度相加原理, 平行方向测量出来的光往返平均速率应当是

$$\frac{(\text{c} + 2.98 \times 10^4)(\text{c} - 2.98 \times 10^4)}{\text{c}} = \text{c}\left(1 - \frac{(2.98)^2 \times 10^8}{\text{c}^2}\right)$$

而垂直方向测量出来的光往返平均速率应当是

$$\sqrt{(\text{c} + 2.98 \times 10^4)(\text{c} - 2.98 \times 10^4)} = \text{c}\sqrt{1 - \frac{(2.98)^2 \times 10^8}{\text{c}^2}}$$

可是迈克耳孙-莫雷实验并没有测量出这样的差别, 尽管实验系统的误差保证这样的差别能够被测量出来。之所以没有观察到这样的差别, 就是因为光速事实上独立于在惯性参照系的相对匀速速率小于光速的前提下的惯性参照系的选择。

2.1.3 电流磁效应存在性问题

奥斯特最先观察到的电流磁感应表明, 当直流电路处于闭合状态时导线中的电流会在邻近空间产生磁场; 而当直流电路处于断开状态时, 导线中没有电流, 故

不在邻近空间中产生磁场。是时候挑明之所以奥斯特得以观察到电流磁感应现象是因为这次观察过程具备一个不容忽视的前提：奥斯特身居他的教室，一个近乎理想的实验室，或者一个近乎理想的惯性参照系，他在这个惯性参照系中观察到带电导体的电流运动在其周围空间中滋生磁场，而没有电流的导体不会滋生这样的磁场。所以这里涉及的是导线中是否有电流，也就是导线中是否有电荷在连续运动。我们知道物体匀速直线运动的速度是一个直接依赖参照系的概念：在一个惯性参照系中一个物体正沿着这个参照系的 X 轴方向以速率 v 匀速运动，而以这个物体的质心为原点，以平行于原参照系的三个轴的直线为轴得到一个相对于原参照系以速率 v 匀速直线运动的惯性参照系，相对于这个新参照系而言，该物体则处于静止状态，即其运动速度为 $\vec{0}$。所以，"导线中是否有电流"是一个与所处惯性参照系紧密关联的问题。

这就意味着存在如下局面：设想在空间某处悬挂着一根携带均匀分布的同一种电荷的超长均匀直线导体，在这根带电导线的邻近，在时刻 0，有两个重合的惯性直角参照系 K 和 K'，并且它们的 X 轴都与这根带电导线平行，此刻令惯性参照系 K' 以非零速率 v 沿它们共同的 X 轴正方向相对于惯性参照系 K 匀速直线运动；然后开始分别在两个参照系中观察那根带电导线；处在参照系 K 中的观察者与处在参照系 K' 中的观察者各自观察到两种不同的现象；对于处在 K 中的观察者而言，带电导线以及其中均匀分布的电荷都处于静止状态，因此不会在导线周围滋生磁场，但是对于处在 K' 中的观察者来说，带电导线以及其中均匀分布的电荷正以速率 v 沿 X 轴的负向匀速直线运动，因此在带电导线的邻近空间滋生合乎安培右手定则磁力方向的磁场。简而言之，K 中的观察者没有观察到这根超长带电导线滋生任何磁场，但是 K' 中的观察者确实观察到这根超长带电导线滋生着一个磁场。

再比如说，设想以一个庞大的 U 形磁铁以及一个巨大的导体闭环线路作为实验设备。将导体闭环线路置于 U 形磁铁中间，令它们做相对运动。这种相对运动有两种可能的方式：① 一种是固定导体闭环线路不动，令磁铁运动；② 另外一种是固定磁铁不动，令导体闭环线路运动。当相对运动以方式①实现时，从处于静止状态的导体闭环线路的立场上看，磁铁运动显示一个磁场运动，从而产生一个具有一定能量的电场，进而在该电场作用下导体闭环线路中滋生出一股电流，此时不仅看到一个运动着的磁场，还看到一个电场；但是从运动磁铁的立场上看 (此时观察者处于静止状态)，只能看到一个磁场，看不到导体闭环线路周围的电场。当相对运动以方式②实现时，从处于静止状态的磁铁的立场上看，并没有任何电场会产生，但导体闭环线路中会产生一种电动力从而在导体闭环线路产生电流；从运动导体闭环线路的立场上看 (此时观察者处于静止状态)，就能看到一个在相对运动中的磁场，进而看到由运动磁场产生的电场，并且由该电场在导体闭环线路中滋生电流。这就表明对同一种相对运动，处在不同的惯性参照系中的观察者所观察到的电磁现象不相同。这便是由参照系不同所带来的电磁不对称现象。

那么这就出现了一个问题：面对同一个客观存在之物，它的周围到底是否存在它所滋生的磁场？这本是一种应当有着确定答案的客观实在，为何会因观察者自身所处的状态而出现如此大的差异？应当如何解释这种差异？如果我们相信物理学理论是一种揭示客观真理的理论，那么这样的差异就应当有合理的解释。这正是麦克斯韦方程组以及相应的时空关联变换能够揭示的电与磁所表现出来的对偶性与不变性。

2.1.4　麦克斯韦方程组形式变化问题

不仅是否能够观察到因电流所产生的磁效应现象是一个依赖所选择的惯性参照系的问题，独立时空条件下揭示电磁场性质的麦克斯韦方程组的形式也有一个在伽利略变换下发生变化的问题。

设 K 为一个三维惯性参照系。将 K 的复制品 K' 以常速度 $\vec{v}$ 移动。那么从 K 到 K' 的伽利略变换为

$$K' \ni \vec{y} = \vec{x} - \vec{v}t \quad (\vec{x} \in K)$$

而两个独立参照系共用同一时间。

假设波函数 $\Phi(\vec{y}, t)$ 在惯性参照系 K' 中是下述齐次波动方程的一个解：

$$\left(\sum_{i=1}^{3} \frac{\partial^2 \Phi(\vec{y}, t)}{\partial y_i^2} \right) - \frac{1}{\mathbf{c}^2} \frac{\partial^2 \Phi(\vec{y}, t)}{\partial t^2} = 0$$

那么在惯性参照系 K 中，波函数为 $\Psi(\vec{x}, t) = \Phi(\vec{y} + \vec{v}t, t)$，应用复合函数求导法则，计算表明这样一个波函数所满足的微分方程再也不具有上述形式。也就是说，在独立时空参照系环境下，伽利略变换已经无法保证揭示电磁现象客观规律的麦克斯韦方程组的形式不变。

2.2　洛伦兹变换与麦克斯韦方程组形式不变性

洛伦兹 (Hendrik A. Lorentz, 1853~1928) 首先注意到麦克斯韦方程组不具备伽利略变换的形式不变性，从而提出惯性参照系之间的洛伦兹变换，并且验证了麦克斯韦方程组在惯性参照系的洛伦兹变换下具有形式不变性[1]。

---

[1] H. A. Lorentz, Electromagnetic phenomena in a system moving with any velocity less than that of light, Proceedings of Academical Society, Amsterdam, vol. 6 (1904), page 809.

　　麦克斯韦方程组揭示出"运动中的带电粒子不仅产生一种电场,还产生一种·伴随磁场"。如果将带电粒子的运动限定为"匀速直线运动"。也就是说,在当前的观察者所在的惯性参照系中,被观察的带电粒子在做匀速直线运动,并且运动速度为 $\vec{v} \neq \vec{0}$。那么在以带电粒子为原点、以 $\vec{v}$ 为平行运动速度的惯性参照系中,带电粒子处于静止状态。若麦克斯韦方程组在这个惯性参照系中依然正确 (形式不变),则在这个惯性参照系中,处于静止态的带电粒子只产生一种静电场,不产生任何伴随磁场。或者说,在这个参照系中,观察者观测不到这个带电粒子所产生的伴随磁场 (事实上存在,但在这个令带电粒子处于静止态的参照系中观测不到)。洛伦兹自 1890 年起思考这一问题,并开始从事解决关于电磁学在相对匀速直线运动的惯性参照系之间转换问题的奠基性工作。这些奠基性工作就是洛伦兹变换。

　　现在假设 K 为坐标为 $(\mathbf{c}t, x, y, z)$ 的惯性参照系;$\bar{K}$ 为坐标为 $(\mathbf{c}\bar{t}, \bar{x}, \bar{y}, \bar{z})$ 的惯性参照系,并且原点重合,即当 $t = \bar{t} = 0$ 时 $x = y = z = \bar{x} = \bar{y} = \bar{z} = 0$,直角坐标系的三条轴始终平行,在 K 中观察到参照系 $\bar{K}$ 以小于光速 $\mathbf{c}$ 的速度 $\vec{v} = (v_1, v_2, v_3) \neq \vec{0}$ 匀速运动。

　　令 $v = \sqrt{v_1^2 + v_2^2 + v_3^2}$ 为 $\vec{v}$ 在 $\mathbb{R}^3$ 中的欧几里得长度。再令

$$\gamma(v) = \frac{\mathbf{c}}{\sqrt{\mathbf{c}^2 - v^2}}$$

令 $x^0 = \mathbf{c}t, x^1 = x, x^2 = y, x^3 = z$。称此坐标 (x^0, x^1, x^2, x^3) 为惯性参照系 K 的**关联时空坐标**。令 $\vec{x} = (x^1, x^2, x^3)$ 为此关联时空中的欧几里得空间部分。那么从 K 的关联时空坐标到 $\bar{K}$ 的关联时空坐标的洛伦兹变换为

$$\bar{x}^0 = \gamma(v) \left(x^0 - \frac{1}{\mathbf{c}} \langle \vec{v} \,|\, \vec{x} \rangle \right)$$

$$(\bar{x}^1, \bar{x}^2, \bar{x}^3) = \vec{x} + \left(\frac{(\mathbf{c} - \sqrt{\mathbf{c}^2 - v^2}) \langle \vec{v} \,|\, \vec{x} \rangle - v^2 x^0}{v^2 \sqrt{\mathbf{c}^2 - v^2}} \right) \vec{v}$$

　　如果 $\vec{v} = v\mathbf{e}_1$ (即 K' 沿着 K 的 X 轴正向匀速运动),那么相应的洛伦兹变换则简化为

$$\bar{x}^0 = \frac{\mathbf{c}x^0 - vx^1}{\sqrt{\mathbf{c}^2 - v^2}}$$

$$\bar{x}^1 = \frac{\mathbf{c}x^1 - vx^0}{\mathbf{c}^2 - v^2}$$

$$\bar{x}^2 = x^2$$

$$\bar{x}^3 = x^3$$

　　为了寻找麦克斯韦方程组在相对平移运动中的形式不变性，洛伦兹在他的论文中以如下方式发现了**洛伦兹变换**。从静止参照系 (x_1, y_1, z_1, t) 中的下述麦克斯韦方程组出发：

$$\begin{cases} \text{div} \quad \mathbf{E} = \rho \\ \text{div} \quad \mathbf{H} = 0 \\ \text{curl} \quad \mathbf{E} = -\dfrac{1}{\mathbf{c}}\dfrac{\partial \mathbf{H}}{\partial t} \\ \text{curl} \quad \mathbf{H} = \dfrac{1}{\mathbf{c}}\left(\dfrac{\partial \mathbf{E}}{\partial t} + \rho\, \vec{u}\right) \end{cases}$$

其中 $\vec{u}$ 是带电粒子在静止参照系中的运动速度，$\mathbf{H} = \dfrac{1}{\mu_0}\mathbf{B}$。

　　考虑另一个参照系 (x, y, z, t) 沿着 X 轴正方向以速率 v 平移运动。利用速度合成法则，$\vec{u} \mapsto \vec{u} + \vec{v}$；利用伽利略坐标变换：

$$x_1 \mapsto x_1 - vt, \quad y_1 \mapsto y, \quad z_1 \mapsto z$$

微分算子 $\dfrac{\partial}{\partial t} \mapsto \left(\dfrac{\partial}{\partial t} - v\dfrac{\partial}{\partial x}\right)$。这样，$K$ 中的麦克斯韦方程组就被变换成下述形式：

$$\begin{cases} \text{div } \mathbf{E} = \rho \\ \text{div } \mathbf{H} = 0 \\ \text{curl } \mathbf{E} = -\dfrac{1}{\mathbf{c}}\left(\dfrac{\partial}{\partial t} - v\dfrac{\partial}{\partial x}\right)\mathbf{H} \\ \dfrac{\partial H_z}{\partial y} - \dfrac{\partial H_y}{\partial z} = \dfrac{1}{\mathbf{c}}\left(\dfrac{\partial}{\partial t} - v\dfrac{\partial}{\partial x}\right)E_x + \dfrac{\rho}{\mathbf{c}}\left(v + u_x\right) \\ \dfrac{\partial H_x}{\partial z} - \dfrac{\partial H_z}{\partial x} = \dfrac{1}{\mathbf{c}}\left(\dfrac{\partial}{\partial t} - v\dfrac{\partial}{\partial x}\right)E_y + \dfrac{\rho}{\mathbf{c}}u_y \\ \dfrac{\partial H_y}{\partial x} - \dfrac{\partial H_x}{\partial y} = \dfrac{1}{\mathbf{c}}\left(\dfrac{\partial}{\partial t} - v\dfrac{\partial}{\partial x}\right)E_z + \dfrac{\rho}{\mathbf{c}}u_z \end{cases}$$

　　欲将麦克斯韦方程组变换到同样形式，比较目标方程组和上述部分变换结果，洛伦兹意识到需要将坐标 (x, y, z, t) 按照下述方式进一步变换到 (x', y', z', t')：令 $\beta = \dfrac{1}{\sqrt{1 - \dfrac{v^2}{\mathbf{c}^2}}}$,

$$
\begin{cases}
x' = \beta\ell x & = \beta\ell\,(x_1 - vt) \\
y' = \ell y & = \ell y_1 \\
z' = \ell z & = \ell z_1 \\
t' = \dfrac{\ell}{\beta}t - \beta\ell\dfrac{vx}{\mathbf{c}^2} = \beta\ell\left(t - \dfrac{v}{\mathbf{c}^2}x_1\right)
\end{cases}
$$

其中, ℓ 是满足初始条件 $\ell(0) = 1$ 的速度变量 v 的待定函数, 并且它与单位 1 的差别应当是与 $\dfrac{v^2}{\mathbf{c}^2}$ 同一个量级。

经过计算, 洛伦兹意识到在运动坐标系 (x', y', z', t') 中的电场 $\mathbf{E}'$ 应当由下述分量组成:

$$
\left(\frac{1}{\ell^2}E_x, \frac{\beta}{\ell^2}\left(E_y - \frac{v}{\mathbf{c}}H_z\right), \frac{\beta}{\ell^2}\left(E_z + \frac{v}{c}H_y\right)\right)
$$

磁场 $\mathbf{H}'$ 应当由下述分量组成:

$$
\left(\frac{1}{\ell^2}H_x, \frac{\beta}{\ell^2}\left(H_y + \frac{v}{\mathbf{c}}E_z\right), \frac{\beta}{\ell^2}\left(H_z - \frac{v}{c}E_y\right)\right)
$$

运动速度 $\vec{u}'$ 则为 $(\beta^2 u_x, \beta u_y, \beta u_z)$; 新的密度函数 $\rho' = \dfrac{1}{\beta\ell^3}\rho$。进一步的分析和计算最终确定 ℓ 可以选定为取常值 1 的函数。

经过这样的坐标变换, 在参照系坐标 (x', y', z', t') 下, 以相应的微分算子作用, 麦克斯韦方程组变成如下形式:

$$
\begin{cases}
\operatorname{div}' \mathbf{E}' = \left(1 - \dfrac{vu'_x}{\mathbf{c}^2}\right)\rho' \\
\operatorname{div}' \mathbf{H}' = 0 \\
\operatorname{curl}' \mathbf{E}' = -\dfrac{1}{\mathbf{c}}\dfrac{\partial \mathbf{H}'}{\partial t'} \\
\operatorname{curl}' \mathbf{H}' = \dfrac{1}{\mathbf{c}}\left(\dfrac{\partial \mathbf{E}'}{\partial t'} + \rho'\,\vec{u}'\right)
\end{cases}
$$

除了多出一项 $\dfrac{vu'_x}{\mathbf{c}^2}$ 外, 其余的都合乎麦克斯韦方程组的原来形式。

由于洛伦兹变换具有 Fitz Gerald 和洛伦兹本人在 1892 年所独立发现的长度压缩现象, 即在以太中运动的物体的长度会在运动方向上发生缩短现象 (在运动惯性参照系中测量出来的长度会比在静止以太参照系中测量出来的长度短), 所以他们认为这就表明 "以太飘移" 现象不可能被实验观察到。迈克耳孙和莫雷的实验并不能否定以太假说。尽管洛伦兹建立了麦克斯韦方程组在洛伦兹变换下的形式不变性, 但是在长度压缩现象的影响下洛伦兹并没有放弃以太假设。

2.3   爱因斯坦狭义相对论

从上述问题中，可以看到独立时空假设以及在惯性参照系之间的伽利略变换关联对于揭示物理现象的客观真理有很大的局限性，因为在牛顿力学与麦克斯韦电磁学之间存在一种表述形式上的不协调或者不一致。面对这样的问题，洛伦兹采取了绕过去的路径。可以说洛伦兹所发现的麦克斯韦方程组在洛伦兹变换下具有不变性以及迈克耳孙和莫雷 1887 年的实验为爱因斯坦建立狭义相对论铺平了道路。在这样的基础上，爱因斯坦则直面问题并解决基本概念不足的问题。爱因斯坦提出了关联时空概念、光速上限假设、光速不变假设以及惯性参照系之间的洛伦兹变换关联，建立起麦克斯韦方程组在惯性参照系时间的洛伦兹变换下的形式不变性以及狭义相对论。

爱因斯坦将洛伦兹所发现的麦克斯韦方程组在洛伦兹变换下具有不变性推广成一条新的 (爱因斯坦) **相对性原理**：物理学定律不会因为惯性参照系选择的不同而发生变化。

爱因斯坦将迈克耳孙和莫雷 1887 年实验的结果解释为一条**光速不变性原理**：在所有惯性参照系中，所有光的真空速度，既与惯性参照系的选择无关，也与光源的运动状态无关，都是同一个常值 c。爱因斯坦正是在这两条基本假设之下建立起狭义相对论。

爱因斯坦于 1905 年在德国《物理学年鉴》上发表了他的狭义相对论[①]。从文章的题目和引言部分可以看出，爱因斯坦引进狭义相对论的初衷是解决麦克斯韦电磁理论囿于固定独立时空 (或者仅对静止参照物有效) 的局限性问题，以至于麦克斯韦电磁理论能够对匀速直线运动的参照物同样有效。也就是电与磁在不同的惯性参照系中的时空关联问题。也可以说，狭义相对论要解决的基本问题是一个哲学问题：物理学的理论对参照系的依赖到底有多强？物理学所揭示的自然规律是否必然独立于参照系的选择？如果一定对参照系的选择有关，那么不同的参照系之间应当如何转换而所表示出来的规律具有 "最大程度不变性"？

爱因斯坦狭义相对论论文从时空关联与同时性定义开始。

爱因斯坦将位置与时钟关联起来，然后用光的传播将时钟的计时过程统一起来。爱因斯坦的关联时空概念认为，每一个惯性参照系中处在任何位置上的观察者必须有自己的时间度量仪器 (时钟) 和自己的距离度量标尺 (标杆)；每一种运动都是相对于某种物质材料个体的运动，从而每一个运动物体也都随带有自己的时间度量仪器 (时钟)；不同位置上的观察者所使用的时钟具有完全相同的物理结

---

① 爱因斯坦以 "Zur Elekrodynamik bewegter Körper" 为题在 Annalen der Physik 17(1905)(page 891) 上发表的论文的英文翻译 "On the Electrodynamics of Moving Bodies" 的主要内容摘录可见 Shamos 编辑的 *Great Experiments in Physics* (第 318 页)。

构、计时功能和准确度；每一个观察者只能用自己的时钟来确定与自己相邻的**事件** (所关注的运动发生的时刻以及空间位置的确定表示) 的时刻，从而自己所使用的时钟的读数与事件发生的时刻自动**同时**。这与独立时空中的时间计时方式不同。在独立时空参照系中，只有一个时钟，各处时间由同一个时钟自动确定，并且在各个惯性参照系之间也使用同一条时间轴 (所谓的绝对时间)。

2.3.1 空间位置与距离度量

爱因斯坦首先强调几何命题的物理学解释将纯粹数学意义上的几何与物理学的实在统一起来的重要性。在爱因斯坦看来，刚性物体所占据的空间就是空间自身的具体几何含义，它们同一。基于这一想法，爱因斯坦对距离这一概念添加了物理学含义。这就是**距离假设**：刚性物体上的两点间的 (直线线段) 距离不会因为物体所在的位置不同而发生变化。爱因斯坦确信在对欧几里得几何添加这一命题之后，几何就成了物理学的一个分支。因为他相信在这样的解释之下，几何命题便有了实质性内涵，从而可以对几何命题分辨真假。可以认为爱因斯坦实质上建议用欧氏空间上平移不变的距离来给几何命题赋予物理学含义从而确定几何命题的真相。

爱因斯坦应用这个距离假设来实现空间的距离度量的物理实现：用刚性标杆来度量长度。就是说在依据距离假设对距离实现物理学解释的基础上，爱因斯坦考虑对刚性物体上的两点间的距离如何进行度量的问题。爱因斯坦首先固定一个基本 "距离" (标杆) S；然后用此距离标杆来度量刚体上两点 A 和 B 之间的距离：依据几何规则构造联结刚性物体上的点 A 和 B 的一条连线，从 A 点开始，在这条连线上一次接一次地标记出标杆距离 S，直到到达 B 处 (假设标杆距离 S 的长短正好合适以至于这种度量的结果恰好就是一个正整数)。以此标杆距离作为长度度量的基本单位。

为了描述物理运动，爱因斯坦强调有必要设置刚性物体参照点。这自然与纯数学的笛卡儿参照系的纯粹数学的抽象不相同。在有了刚性物体参照点之后就可以谈论一个参照系相对于另一个参照系的运动，并且这种运动是物理意义上的可以实现的运动。比如，可以将北京南站的某个站台上的某一处当成一个参照点，还可以将准备从北京开往上海的某趟复兴号列车的某个车厢当成一个参照点。当这趟列车开动时，相应的参照点就真正运动起来。在爱因斯坦看来，对空间中的事件或者某一个刚性物体的位置的描述都直接依赖对于在刚性物体上所设置的参照点的表述；这种刚体上的参照点表述将视为与该事件或刚体同一。比如，地球是一个刚性物体，"北京天安门广场"① 就是这个刚性物体上的一个参照点的描述，

---

① 爱因斯坦的德文原版中写的是 "Potsdamer Platz, Berlin"；英文翻译本中写的是 "Trafalgar Square, London"。

这个描述就与在那里发生的事件在空间上等同起来。这是一种初等的位置确定方法。这种初等方法仅仅处理刚性物体表面上的位置，并且依赖这个表面上存在彼此可以区分开来的点。

为了克服这种初等方法的局限，爱因斯坦启用笛卡儿坐标系统。这个系统由三个彼此相互垂直的平面构成，并且刚性地贴在所论刚性物体之上。参照这样的一个直角坐标系统，任何一个事件的场景就由三个相应长度的表述 (坐标 (x, y, z) 为场景在各平面上的投影) 来确定；这些长度分别在各自平面上应用刚性标杆以及遵循欧几里得几何的规则和方法进行一系列的度量来取得。这便是一种抽象的、统一的、标准的位置确定方法。

归纳起来：对于空间中事件的描述涉及使用一个刚性物体，这个刚性物体是那些事件必须参照的对象；揭示这种关系的基本假设是欧几里得几何定律在"距离"意义下成立，而"距离"又是借助于刚性物体上的两个标记来现实地表示的。

2.3.2　经典力学之空间与时间

爱因斯坦断言："力学，旨在描述物体怎样随'时间'在空间中改变它们的位置。"现在的问题是："位置"和"空间"该怎样理解？

比如说：我站在一列均匀 (速度的大小与方向都不变) 平移 (没有转动发生)(行进) 中的列车车厢的窗口边，平静地向下松开手，让手中的鹅卵石落向地面。忽略空气阻力作用，我看见鹅卵石垂直落向地面。然而，注意到我的错误行为的铁路边人行道上的一位行人则看到鹅卵石沿着一条抛物线轨道落向地面。

试问："现实中"，鹅卵石所经过的"位置"到底形成一条直线，还是一条抛物线？"在空间中"运动这个短语到底什么意思？

应用前面关于空间位置确定的理解，我们有两个刚性物体参照系：均匀行进中的列车车厢，以及地面站台。以刚性地贴在车厢上的直角坐标系来描述鹅卵石的运动轨迹，那么我们得到一条直线；以刚性地贴在站台上的直角坐标系来描述运动轨迹，那么我们得到一条抛物线。

由此可见，对物体在空间中运动的轨迹描述依赖所使用的具体参照系，没有独立存在的空间运动轨迹这么一回事。

不仅如此，物体运动轨迹是时刻的函数。也就是说，轨迹上的每一个点都必须表明在什么时刻物体恰好在那个位置。于是，这些数据就涉及时刻的定义，而由时刻的定义给出来的时刻值可以实质上当成观察 (测量) 所得到的结果。按照经典力学的思路，以按照下述方式得来的记录作为时刻函数的轨迹。设想有两个构造完全相同的时钟。站在列车车厢窗口边的人手拿其中一个时钟，而站在站台上的人手拿另外一个时钟。各自在自己所处的参照系中依照时钟的时刻显示来记录鹅卵石所在的位置 (在这里，先不考虑由光传播速度的有限性所带来的不准确性)。

2.3.3 惯性参照系

牛顿力学第一定律为**惯性定律**。惯性定律断言，当作用在一个物体上的所有外力之和为零的时候，该物体要么处于静止态，要么保持匀速直线运动状态。比如说，当一个物体离其他物体足够远的时候，该物体要么处于静止态，要么保持匀速直线运动状态。

由于我们用刚性物体来承载参照系，这条惯性定律不仅对物体的运动下结论，还对刚体参照系下结论。那些可见到的固定下来的星星可以算作高度适合惯性定律的刚体。如果我们使用刚性地贴在地球上的参照系来描述那些固定的星星的运动轨迹，那么每一个固定的星星的轨迹都是一个半径超大的圆。这一结论自然与惯性定律的结论相反。因此，如果我们希望坚持惯性定律对这些星星运动的有效性，我们就必须对这些星星使用那些合适的参照系以至于它们的运动不再是圆，而是直线。

对于一个运动中的物体而言，如果在一个参照系中对它的运动轨迹描述满足惯性定律，则称这个参照系为一个伽利略直角坐标系，又称惯性参照系。伽利略-牛顿力学的定律可以被认为仅仅在伽利略直角坐标系中才有效。

相对性原理

继续前面的均匀平移列车场景。此时在站台上的观察者眼里一只渡鸦 (大乌鸦) 正均匀平移地飞过来。如果站在列车车厢窗口边的观察者也看到这只均匀平移地飞来的渡鸦，那么渡鸦的飞行速度和方向会不同于站台上的观察者所观察到的飞行速度和方向，但依旧还是匀速直线运动。这是因为列车车厢作为一个参照系相对于站台这个参照系也在做均匀平移运动。这两个参照系都被认为是惯性参照系，并且一个相对另外一个在做匀速直线平移运动。

定义 2.1 (相对性原理)　面对一种自然现象，在两个惯性参照系 K 和 K' 中分别进行观察。如果相对于惯性参照系 K 而言惯性参照系 K' 在做均匀平移运动，那么在 K' 中所观察到的自然规律与在 K 中所观察到的自然规律完全相同。

在所有惯性系中，不存在某一个惯性系会比另外一个惯性系在描述自然规律方面更为优越。

2.3.4 狭义相对论基本假设

狭义相对论的基石是爱因斯坦在他 1905 年有关电动力学的文章中提出的两条基本假设：相对性原理和光速不变性原理。

公理 1：物理学定律不会因为惯性参照系选择的不同而发生变化；

公理 2：所有光的真空速率都是常值 c，与光源的运动状态无关；

公理 3(**光速上限假设**)：任何 (正质量) 物体的运动速率都会严格小于真空中光的速率。

公理 2 与下述两条假设等价：

光速整齐性假设：在任何一个时空惯性参照系中，真空中光的速率是一个独立于光源物体的位置和运动状态的常数 c。

光速不变性假设：任何两个时空惯性参照系中的光在真空中的速率都相等。

众所周知，牛顿力学定律在所有经伽利略变换关联起来的参照系中具有不变性。爱因斯坦所假设的公理 1 正是牛顿力学不变性的一种推广，不仅力学测量的结果不变，任何一种物理测量的结果都不变。从而没有任何一个惯性参照系会比其他的惯性参照系具有某种优先之处；因此，不可能探测到绝对运动。

将这两条公理联合起来用就能够得出牛顿力学中的速度相加法则不再适用。考虑在惯性参照系 K 中有一个不断发光的光源 S 以及一个相对于 S 处于静止状态的观察者 A。在这个参照系中，A 测量出来的光的真空速率为 c。再考虑一个相对于 K 以速率 v 沿着 K 的 X 轴负方向做匀速直线运动的参照系 H 以及在这个参照系中处于静止状态的观察者 B。在 A 的眼里，自己和 S 是静止的，而 B 在以速率 v 运动；在 B 的眼中，自己是静止的，A 和 S 之间没有相对运动，但两者都在以速率 v 运动。现在问：观察者 B 测量出来的由光源 S 所发出来的光的真空速率是多少？答案一定不是牛顿力学中的速度加法规则所给出的 $c+v$。根据公理 1，这两个参照系等价。也就是说，难以确定到底谁动，谁静，因为绝对运动不能够被探测到。根据公理 2，B 测量出来的由 S 发出的光的真空速率也是 c，尽管在 B 的参照系 H 中 S 在运动中。

关于参照系的基本假设

Painlevé 曾经对经典力学假设和狭义相对论假设之间的关系有过如下中肯评价[①]：相对论的基石其实是经典力学和菲涅耳光学的基本公设，其中经典力学的基本公设 (开普勒·菲涅耳公设，Kepler-Fresnel postulate) 为，总是能够对整个宇宙一劳永逸地定义对于时间的一种度量、对于线长的一种度量以及一个参照系来实现下述两个目标：

(1) 任何一个与所有其他事物相距遥远的物体的运动都是匀速直线运动 (**惯性原理**)；

(2) 远离所有物质的光的传播都是直线和匀速的，并且在所有方向上的速度都相同 (**菲涅耳原理**)。

经典力学认为，如果一颗遥远的大范围内完全孤立的并且相对于那些恒星没有任何转动的星球 A 的绝对速度为零，那么在该星球上的一组观察者就会共同采

---

① Painlevé, Les Axiomes de la Mécanique, Gauthier-Villars, 1922.

纳这颗星作为参照物。

爱因斯坦狭义相对论则对此添加下述实质性补充：

相对性原理：如果开普勒-菲涅耳公设对于星球 A 上的选定 A 为参照物的观察者而言是真实有效的，如果 B 也是一颗遥远的大范围内完全孤立的并且相对于那些恒星没有任何转动的星球，就算 B 相对于 A 在匀速直线运动中，那么对于星球 B 上的选定 B 为参照物的观察者而言，开普勒-菲涅耳公设也是真实有效的。

2.3.5 时空关联

在一个惯性参照系中，如何实现时空关联？时空关联分为下几个步骤来实现：空间中各位置处事件发生时刻的确定；惯性参照系内实现统一报时。

先明确由前述公理所给出的实现时空关联的出发点。这包括：**光速整齐性**，在同一个时空关联惯性参照系中，光速与光源点位置以及光的传播方向无关；**光程对称性**，设 A 和 B 是空间中的两个位置，那么无论何时，从 A 处朝向 B 处出发的光从 A 到 B 的光程与从 B 处朝向 A 处出发的光从 B 到 A 的光程总是相等的 (这是光速整齐性以及几何空间距离度量的对称性的推论)；**规范时钟假设**，如果两个时钟具有完全相同的构造，那么无论将它们置于同一个惯性参照系的何处，只要它们都处在相对于参照系而言的静止状态，它们都会以同等的变化率显示下一个时刻。这就意味着时刻是由时钟来显示的，也是离散的，时钟能够也一定由此时刻显示均匀地演变到紧接着的下一时刻的显示。

(1) 如何解决空间中各位置处事件发生时刻的确定问题？

可以采用如下方式：所有的事件都在空间中的某个具体位置和时间上的某个具体时刻发生；物理意义下的时间由时钟按照一种简单规范的方式所显示的时刻来确定；假设在空间的每一个位置处都在一个适当小的空间邻域内置放着一个时钟以至于当所在位置处有一个事件发生时，在这个邻域中的观察者能够不消耗任何时间地从该时钟上读出事件发生的时刻，也就是假设事件发生与事件邻域内的时钟报时同步或者同时；于是，三维空间被划分成一个个紧密相连的边界可以重合的适当小的邻域，每个邻域中置放着一台时钟，每一个位置处的任何事件所发生的时刻都有该位置所在的邻域中的时钟来确定。这样，空间中的任何位置都有一个与位置关联的时刻显示仪——时钟，从而在任何位置在任何时刻都有与该位置处所发生的任何事件同步的时刻读数 (简单而言，显示事件发生的时刻与事件发生同步，或者时钟显示与事件发生同时)。

由于不同位置上的观察者只知道自己的时钟读数，并不会知道远离自己的其他位置上的时钟读数，一个自然的问题便是：

(2) 如何解决惯性参照系内各位置处的时钟实现统一报时问题？

首先解决不同位置处的时钟同步问题。在同一个惯性参照系中，处在不同位置的处于静止状态的观察者 (A 与 B) 的时钟需要通过光在他们之间的往返传播来确定时钟是否同步。什么是时钟同步?

定义 2.2 (时钟同步)　称置于空间点 A 处的时钟与置于空间点 B 处的时钟**同步**当且仅当如果从 A 处在时刻 t_A 朝 B 发出的光在 B 的时刻 t_B 到达 B 处后立刻反射回 A 并在 A 的时刻 s_A 到达 A 处, 那么必有下述等式:

$$t_B - t_A = s_A - t_B$$

结论: 在同一个惯性参照系中都处于静止状态的各处的时钟之间的同步关系是这些时钟之间的一种等价关系。

第一, 无论何处的时钟都与本身同步。

第二, 如果 A 时钟与 B 时钟同步, 那么 B 时钟与 A 时钟同步。令 (t_A, t_B, s_A) 见证 A 时钟与 B 时钟同步。设从 B 处在时刻 f_B 朝 A 发出的光在 A 的时刻 f_A 到达 A 处后立刻反射回 B 并在 B 的时刻 g_B 到达 B 处。因为从 B 到 A 的距离等于从 A 到 B 的距离, 光速是一个常值, 所以

$$f_A - f_B = t_B - t_A, \quad g_B - f_A = s_A - t_B$$

于是, $f_A - f_B = g_B - f_A$。即 B 时钟与 A 时钟同步。

第三, 如果 A 时钟与 B 时钟同步, B 时钟与 C 时钟同步, 那么 A 时钟也与 C 时钟同步。设从 A 处在时刻 h_A 朝 C 发出的光在 C 的时刻 h_C 到达 C 处后立刻反射回 A 并在 A 的时刻 k_A 到达 A 处。不失一般性, 假设 A, B, C 三点不在同一条光射线上。设 A 与 B 之间的光程距离为 z; A 与 C 之间的光程距离为 x; B 与 C 之间的光程距离为 y。设在 h_A 时刻由 A 发出的朝向 B 的光在 B 的时刻 h_B 到达 B 处并立刻反射回 A 且在 A 的时刻 ℓ_A 到达 A 处; 又设在 B 的时刻 h_B 由 B 朝 C 发出的光在 C 的时刻 t_C 到达 C 处再立刻反射回 B 且在 B 的时刻 s_B 到达 B 处。根据时钟同步假设, 我们就有

$$h_B - h_A = \ell_A - h_B, \quad t_C - h_B = s_B - t_C$$

根据光程路径三角不等式, $x/\mathbf{c} < (z+y)/\mathbf{c}$。所以在 C 处的时钟记录中, 时刻 h_C 会早于 t_C, 并且

$$t_C - h_C = \frac{z + y}{\mathbf{c}} - \frac{x}{\mathbf{c}}$$

由于

$$\frac{z}{\mathbf{c}} = \frac{\ell_A - h_A}{2}, \quad \frac{x}{\mathbf{c}} = \frac{k_A - h_A}{2}, \quad \frac{y}{\mathbf{c}} = \frac{s_B - h_B}{2}$$

所以

$$2t_C - 2h_C = \ell_A - h_A + s_B - h_B - k_A + h_A$$

而 $2t_C = s_B + h_B$, $2h_B = \ell_A + h_A$, 故 $2h_C = k_A + h_A$, 也就是 $h_C - h_A = k_A - h_C$, 即 A 处的时钟与 C 处的时钟同步。

这就论证了上面的结论: 同步关系是本参照系中各处处于静态的时钟间的一种等价关系。

其次, 如何实现不同位置处的时钟同步?

定义 2.3 (异地时间差) 设 A 与 B 是空间中的两个位置, A 与 B 的**时间差**为从 A 到 B 的光程与光速之比值。

根据前面的假设, A 与 B 的时间差等于 B 与 A 的时间差。

时钟同步步骤: 同一惯性参照系中的所有时钟都具有完全相同的构造并且都处于静止状态; 无论 A 在参照系的何处, A 处的时钟总以下述方式与参照系原点处的时钟保持同步: 当接收到来自参照系原点在零点发出的光信号时即刻将时钟指针置于从 A 点到原点的时间差所确定的时刻; 位于原点的观察者按照一定的周期确定零点向整个空间激发光波实现时钟校准。

根据规范时钟假设以及时钟同步步骤可知, 同一参照系中的任何两处的时钟都与原点处的时钟同步, 从而它们也彼此同步。

1. 同时性

定义 2.4 (同时) 在同一个惯性参照系下, 两个空间点 A 和 B 相距 (欧几里得空间) 直线距离 $2n$ 个标杆长度; 两个点直线连线的中点为 M。因此点 A 与点 M 之间的直线距离和点 B 到点 M 的直线距离都是 n 个标杆长度。如果在 A 处和在 B 处分别发生的事件中所发出的光能够在 M 处在**同一时刻被观察到**, 那么就称在 A 处和在 B 处所发生的两个事件**同时**。

因此, 在 A 处发出的光由 A 到 M 所花费的时间长度与在 B 处发出的光由 B 到 M 所花费的时间长度相等。当然, 在 M 处的观察者具备**区分此时刻与彼时刻**的能力, 从而能够正确判断是否**同一时刻**。

在 A 和 B 处所发生的两个事件是同时的当且仅当如果在 A 处事件发生的时刻为 h_A, 在 B 处事件发生的时刻为 h_B, A 与 B 的时间差为 t, 那么

$$h_B = h_A + t \text{ 或 } h_A = h_B + t$$

2. 同时性之相对性

场景设想: 一列长长的列车沿着笔直的轨道经过站台均匀地驶向前方。这时, 我们有两个惯性参照系: 参照点分别置于站台上以及列车的某一个固定车厢处。

轨道上有相距甚远的两点 A 和 B。假设在站台上的观察者观察到一闪电同时击中 A 和 B。试问，在列车那个固定的车厢处的观察者是否也观察到这一闪电同时击中 A 和 B？

现在假设在闪电击中 A 和 B 的那一瞬间，站在站台上的观察者恰好处于 A 和 B 直线的垂直平分线上的 M 处 (从而他所在位置到 A 和 B 的距离相等)，并且站在列车上的观察者恰好站在 A 和 B 直线的中点 M' 上。相对于 A 与 M' 的距离而言，忽略 M 与 M' 之间的微小距离，从而可以将它们视为同一处。假设从 A 到 B 的方向与列车前进的方向相同。

根据公理 2 得到光速不变性：由同一光源点发出的光的传播速度在不同的惯性参照系中是相等的。

在站台这个参照系中，列车以均匀速度 v 前行；闪电击中 A 后光传到 M 处的时间为 t，那么此时列车上的 M' 向前平移了 tv 个标杆距离，从而站在列车上的观察者实际上远离了刚才的位置 M，也就是与 A 的距离增加了 tv，与 B 的距离缩短了 tv。于是，从 B 处发出的光会在

$$t - \frac{tv}{c}$$

时刻到达列车上的观察者所在的位置。由于从 B 处发出的光与列车上的观察者相遇的位置以及相遇的时刻是独立于参照系的，两者在此刻此处相遇这个事实无论是站台上的观察者还是列车上的观察者都得出相同的结论。因此，在列车上的观察者会先看到从 B 处传过来的光。也就是说，在列车上的观察者眼里，闪电并没有同时击中 A 和 B。

这就是 "同时性的相对性"。就是说，在一个惯性参照系的观察者眼中同时发生的两个事件在相对匀速运动中的另外一个惯性参照系的观察者眼中不再是同时发生的事情。

【注意】(1) 在任何时刻任何位置上任何可观察事件的发生这样的事实与用来描述这个事件的参照系无关。也就是说，可观察事件的发生是完全对立于用来描述事件的参照系，或者说，"发生" 是绝对的，描述是相对的。在上面的例子中，"在某一时刻闪电击中在 A 处和 B 处的列车车厢" 这个命题中的 "闪电击中" 是独立于参照系的 "发生"；"从击中 B 处的闪电中发出的光在某一处与列车上的观察者相遇" 这个命题中的 "在某处相遇" 是独立于参照系的 "发生"。

(2) "观察" 是人类取得某种信息的一种过程；这种信息的空间传播的一种重要方式就是通过光波，人类获取由光子承载的图像从而取得相关信息，也有靠声波，靠触觉，靠气味，靠味觉，即靠眼、耳、手、鼻、舌来实现 "观察"。眼睛接收可见光，耳朵接收听力范围内的声波，身体感受所在处周围环境中的气温，等等。

(3) 简单原始的"存在"独立于观察者,独立于参照系,或者任何由观察者确定的用来描述或者表达所取得的信息的方式。也就是客观的存在,独立于主观表达方式。总之,客观存在一定是独立于观察者以及观察者所采用的表达方式的。观察者按照自己选择的表达方式对某个客观事件的表达是观察者认识的结果的表述,属于主观认识部分。

(4) 对于用来表达原始存在的概念就应当寻求某种尽可能独立于所选择的表达方式的谓词以及用来限定所选谓词的性质 (非逻辑公理)。

3. 长度度量之相对性

由于"同时"之相对性,相对于匀速运动的参照系而言,空间长度也是相对的。在度量运动参照系中的物体长度时得到的结果会比相对静止的物体长度长。换句话说,运动参照系中的单位长度会因为运动而事实上变短。

理由如下:以匀速运动的火车参照系以及站台铁轨参照系为例,站在站台上度量运动火车车厢的长度。命车厢的左端点为 A',右端点为 B';火车自 A' 向 B' 方向行驶。假设在某一个时刻,站台上的观察者同时记录下 A' 和 B' 这两个端点在铁轨上的位置,分别为 A 和 B。依照光传播方式,可以假设站台上的观察者在记录这两个端点时恰好就在 A 和 B 连线的中点 M。根据同时的定义,此时刻居于运动中的 A' 和 B' 连线的中点 M' 事实上位于 M 的左侧,因为站台上的同时并非火车上的同时,欲令火车上处于 A' 和 B' 连线中点的观察者也在此刻同时观察到 A' 和 B',M' 就必须还没有到达 M 处。这就表明在站台上度量出来的从 A' 到 B' 的长度,也就是从 A 到 B 的长度,会比在火车上度量出来的从 A' 到 B' 的长度要长。

这就意味着在处于站台参照系的观察者眼里,处于匀速运动的参照系中的长度度量单位要长于他自己的长度度量单位。由此,在处于站台参照系的观察者眼里,处于匀速运动参照系中的时钟要比站台参照系的时钟快,或者说,运动中 (火车上) 的时钟比 (站台上) 静止的时钟**慢**,因为光速在两个参照系中是相同的,当长度变长时,光走完全程所花的时间就会多。当处于匀速运动参照系里的时钟在系统内走完一小时,在站台观察者眼里那个时钟已经早走完超过一小时了。

2.3.6 从基本假设到洛伦兹变换

或许与洛伦兹本人发现洛伦兹变换的过程不同,爱因斯坦从相对性原理和光速不变性原理这两条基本假设出发直接导出洛伦兹变换。下面我们按照爱因斯坦原文展示爱因斯坦洛伦兹变换的导出过程。

设 K 为一个惯性参照系。在这个参照系中,给定两个三维笛卡儿直角坐标系,并且它们的 X 轴彼此重合,Y 轴和 Z 轴分别彼此平行。对这两个直角坐标系各自给定一个刚性长度测量标杆以及一系列时钟,并且这些刚性标杆和时钟彼此完全没有差异。为了简便起见，其中的一个用来表示 K 的空间坐标，从而在 K 中是静止坐标系，还用 K 来记，而另外一个直角坐标系记成 (k)。设 (k) 的原点以及它的测量标杆和它所有的时钟都沿着 X 轴的正方向以一个匀速运动。静止惯性系 K 的每一个时刻 t 都对应着 (处于运动中的) 参照系 (k) 的坐标轴的一个确定位置，并且它的坐标轴都与 K 的相应的坐标轴保持平行。以下时间变量 t 将总用来表示静止参照系 K 的时间。

我们假设空间既被静止参照系中的静态标杆度量，也被置放在运动参照系中的动态标杆度量。这样我们得到关于空间的两种坐标。我们用坐标 (x, y, z) 来表示静止参照系中度量的结果，用坐标 (ξ, η, ζ) 来表示运动参照系中度量的结果。对与坐标 (x, y, z) 相关联的时钟时间 t 由 K 中的时钟借助光信号按照时钟同步的方式所确定，即 K 的关联时空四维坐标系为 (K 中的以原点为顶点的光锥统一时钟的结果)

$$\mathscr{X} = \left\{ (\mathbf{c}t, x, y, z) \mid (x, y, z) \in \mathbb{R}^3 \wedge t \in \mathbb{R} \wedge \mathbf{c}^2 t^2 = x^2 + y^2 + z^2 \right\}$$

对与坐标 (ξ, η, ζ) 相关联的时钟时间 s 由 (k) 中的时钟借助光信号按照时钟同步的方式所确定，即 (k) 的关联时空四维坐标系为 ((k) 中的以原点为顶点的光锥)

$$\mathscr{Y} = \left\{ (\mathbf{c}s, \xi, \eta, \zeta) \mid (\xi, \eta, \zeta) \in \mathbb{R}^3 \wedge s \in \mathbb{R} \wedge \mathbf{c}^2 s^2 = \xi^2 + \eta^2 + \zeta^2 \right\}$$

对确定静止系统 K 的一个事件的空间位置和发生时间的坐标 $(\mathbf{c}t, x, y, z) \in \mathscr{X}$ 而言，都有 $\mathscr{Y}$ 中的一个坐标 $(\mathbf{c}s, \xi, \eta, \zeta)$ 与之对应。现在的问题是找到一组等式来表示这种对应关系，也就是找到从 $\mathscr{X}$ 到 $\mathscr{Y}$ 的可以用等式描述的变换。

由于光在空间中传播的整齐性 (光源位置以及方向都在光传播中无差别)，应当清楚欲得到的可以用等式描述的变换会是线性变换。

现在设运动参照系的速度 v 为常值，$0 < v < \mathbf{c}$。

固定 (t, x, y, z) 以至于 $(\mathbf{c}t, x, y, z) \in \mathscr{X}$。令 $x' = x - vt$。

在参照系 (k) 中，在时刻 s_0 在 K 的坐标为 (x, y, z) 那一点处朝 K 的坐标为 (x', y, z) 的点发射一束光，令该光束到达该处的时刻为 s_1；到达后光束即刻向 K 的坐标为 (x, y, z) 的发射点反射回去，令反射光到达该点的时刻为 s_2。那么在参照系 (k) 中，必然有

$$\frac{s_0 + s_2}{2} = s_1$$

现在我们需要寻找作为坐标 (t, x, y, z) 的函数 $s(t, x, y, z)$ 的定义表达式。函数 s 的计算将依赖观察者所在的位置。

在处于 K 的坐标 (x, y, z) 处的观察者看来，当运动参照系 (k) 的光束离开这一点的时刻为 t。这样

$$s_0 = s(t, x, y, z)$$

当光到达由坐标 (x', y, z) 所表示的那一点的 K 时刻是 $t + \dfrac{vt}{\mathbf{c} - v}$。因此

$$s_1 = s\left(t + \frac{vt}{\mathbf{c} - v}, x', y, z\right)$$

当光从坐标为 (x', y, z) 的点反射回到坐标为 (x, y, z) 的发射点时，K 的时刻为 $t + \dfrac{vt}{\mathbf{c} - v} + \dfrac{vt}{\mathbf{c} + v}$。于是

$$s_2 = s\left(t + \frac{vt}{\mathbf{c} - v} + \frac{vt}{\mathbf{c} + v}, x, y, z\right)$$

根据光速独立于光源的运动状态以及惯性参照系相对运动的公理 2，就得到

$$\frac{1}{2}\left[s(t, x, y, z) + s\left(t + \frac{vt}{\mathbf{c} - v} + \frac{vt}{\mathbf{c} + v}, x, y, z\right)\right] = s\left(t + \frac{vt}{\mathbf{c} - v}, x', y, z\right)$$

注意：由于光源参照系是沿着 X 轴平行匀速运动的，在 Y 轴或者 Z 轴上光的速度分量总是 $\sqrt{\mathbf{c}^2 - v^2}$，因而是一个不随时间变化的常数。这就意味着

$$\frac{\partial s}{\partial y} = 0, \quad \frac{\partial s}{\partial z} = 0$$

因此，s 仅仅是 x 和 t 的线性函数。

将 (x, y, z) 置于 K 的坐标原点，上面的等式就成为下述等式：

$$\frac{1}{2}\left[s(t, 0, 0, 0) + s\left(t + \frac{x'}{\mathbf{c} - v} + \frac{x'}{\mathbf{c} + v}, 0, 0, 0\right)\right] = s\left(t + \frac{x'}{\mathbf{c} - v}, x', 0, 0\right)$$

在此基础上，引进一个单变量 v 未知函数 a，就可以将函数 s 写成乘积的形式：

$$s = a \cdot \left(t - \frac{vx'}{\mathbf{c}^2 - v^2}\right)$$

根据公理 1 和公理 2，在匀速运动的参照系 (k) 中测量出来的光速也是 $\mathbf{c}$。将这个事实用等式表示出来，从 $s = 0$ 开始，如果令光沿着 ξ 增加的方向传播，那么就有

$$\xi = \mathbf{c} s = a \cdot \mathbf{c} \cdot \left(t - \frac{vx'}{\mathbf{c}^2 - v^2}\right)$$

在静止参照系中观察到此光以速度 $(\mathbf{c} - v)$ 离开原点远去，从而必有

$$t = \frac{x'}{\mathbf{c} - v}$$

将 t 的这个表达式代入上面 ξ 的计算表达式，得到

$$\xi = a \cdot \frac{\mathbf{c}^2}{\mathbf{c}^2 - v^2} \cdot x'$$

类似地，注视沿着 Y 轴传播的光，得到

$$\eta = \mathbf{c}s = a \cdot \mathbf{c} \cdot \left(t - \frac{vx'}{\mathbf{c}^2 - v^2}\right)$$

这种情形下，在静止参照系中观察到此光以速度 $\sqrt{\mathbf{c}^2 - v^2}$ 离开原点沿着 Y 轴远去，于是，$t = \frac{y}{\sqrt{\mathbf{c}^2 - v^2}}$，$x' = 0$。这样，

$$\eta = a \cdot \frac{\mathbf{c}}{\sqrt{\mathbf{c}^2 - v^2}} \cdot y$$

完全同样地有

$$\zeta = a \cdot \frac{\mathbf{c}}{\sqrt{\mathbf{c}^2 - v^2}} \cdot z$$

令

$$\beta = \frac{1}{\sqrt{1 - \frac{v^2}{\mathbf{c}^2}}}, \quad \varphi(v) = \frac{a \cdot \mathbf{c}}{\sqrt{\mathbf{c}^2 - v^2}} = a \cdot \beta$$

那么

$$s = \varphi(v) \cdot \beta \cdot \left(t - \frac{vx}{\mathbf{c}^2}\right)$$
$$\xi = \varphi(v) \cdot \beta \cdot (x - vt)$$
$$\eta = \varphi(v) \cdot y$$
$$\zeta = \varphi(v) \cdot z$$

在确定未知函数 a 之前，我们先来看看这样的坐标变换能否确保这两个参照系中的光速相同。

假设在 $s = t = 0$ 时，在两个参照系重合的坐标原点的一个点光源发射球面光波。光在静止参照系 K 中的传播速率为常值 $\mathbf{c}$。令在 $t > 0$ 时刻光到达的空间位置的点坐标为 (x, y, z)，那么

$$x^2 + y^2 + z^2 = \mathbf{c}^2 t^2$$

我们需要在参照系 (k) 中有等式 $\xi^2 + \eta^2 + \zeta^2 = \mathbf{c}^2 s^2$。为此将上面的变换等式两边平方：

$$s^2 = \varphi(v)^2 \cdot \beta^2 \cdot \left(t - \frac{vx}{\mathbf{c}^2}\right)^2$$
$$\xi^2 = \varphi(v)^2 \cdot \beta^2 \cdot (x - vt)^2$$
$$\eta^2 = \varphi(v)^2 \cdot y^2$$
$$\zeta^2 = \varphi(v)^2 \cdot z^2$$

注意到 $\beta^2 = \dfrac{\mathbf{c}^2}{\mathbf{c}^2 - v^2}$ 以及由此而来的等式 $1 + \dfrac{\beta^2 v^2}{\mathbf{c}^2} = \beta^2$，我们便有

$$
\begin{aligned}
\xi^2 + \eta^2 + \zeta^2 &= \varphi(v)^2 \left[\beta^2 (x - vt)^2 + y^2 + z^2\right] \\
&= \varphi(v)^2 \left[(\beta^2 x^2 - 2\beta^2 vtx) + (\beta^2 v^2 t^2 + y^2 + z^2)\right] \\
&= \varphi(v)^2 \left[(\beta^2 x^2 - 2\beta^2 vtx) + \left(\beta^2 \frac{v^2}{\mathbf{c}^2}(x^2 + y^2 + z^2) + y^2 + z^2\right)\right] \\
&= \varphi(v)^2 \left[(\beta^2 x^2 - 2\beta^2 vtx) + \left(\beta^2 \frac{v^2}{\mathbf{c}^2} x^2 + \beta^2 y^2 + \beta^2 z^2\right)\right] \\
&= \varphi(v)^2 \beta^2 \left(x^2 + y^2 + z^2 - 2vxt + \frac{v^2}{\mathbf{c}^2} x^2\right) \\
&= \varphi(v)^2 \frac{\beta^2}{\mathbf{c}^2} (\mathbf{c}^2 t - vx)^2 \\
&= \varphi(v)^2 \mathbf{c}^2 \beta^2 \left(t - \frac{vx}{\mathbf{c}^2}\right)^2 \\
&= \mathbf{c}^2 s^2
\end{aligned}
$$

于是，上述变换的确保证光速在两个参照系之间是相等的常值 $\mathbf{c}$。

现在需要的是确定这个未知函数 a，从而确定 φ。为此，爱因斯坦引进第三个惯性参照系 (k') 并且令它沿着 (k) 的 ξ 轴以速率 $(-v)$ 平行运动。进一步假设当 K 的时间 $t = 0$ 时，所有的坐标初始值都相等，并且对 $t = x = y = z = 0$，参照系 (k') 的时间 $t' = 0$。用 (t', x', y', z') 来记 (k') 的时空坐标。两次迭代应用上面确定的参照系之间的线性变换，得到

$$
\begin{aligned}
t' &= \varphi(-v) \cdot \beta(-v) \cdot \left(\tau + \frac{v}{c^2}\xi\right) = \varphi(v)\varphi(-v)t \\
x' &= \varphi(-v) \cdot \beta(-v) \cdot (\xi + v\tau) = \varphi(v)\varphi(-v)x \\
y' &= \varphi(-v)\eta = \varphi(v)\varphi(-v)y \\
z' &= \varphi(-v)\zeta = \varphi(v)\varphi(-v)z
\end{aligned}
$$

可见参照系 (k') 与参照系 K 是相对静止的两个参照系。事实上它们本就是同一

个参照系。因此，必有

$$\varphi(v)\varphi(-v) = 1$$

现在将注意力放到 Y 轴上。考虑将 (k) 上的长度度量标杆置放在 $(0,0,0)$ 以及 $(0,\ell,0)$ 的连线上，其中 ℓ 为标杆的长度。此标杆垂直于 ξ 轴且沿着 X 轴以速率 v 相对于 K 运动。此时根据等式 $\eta = \varphi(v) \cdot y$，在 K 中测量出来的这个运动中的标杆的长度为 $\dfrac{\ell}{\varphi(v)}$。如果令 (k) 以 $(-v)$ 相对于 K 运动，在 K 中测量出来的标杆的长度为 $\dfrac{\ell}{\varphi(-v)}$。根据对称性 (向左或向右等速率运动对 Y 轴上的长度的度量就不会有任何差别)，就有

$$\frac{\ell}{\varphi(v)} = \frac{\ell}{\varphi(-v)}$$

因此 $\varphi(v) = \varphi(-v)$。于是，$\varphi(v) = 1$。由此得到 $a(v) = \dfrac{1}{\beta(v)}$。

综合起来下述线性变换就是由公理 1 和公理 2 所导出的与公理 1 和公理 2 相融洽的线性变换：

$$s = \frac{1}{\sqrt{1 - \dfrac{v^2}{\mathbf{c}^2}}}\left(t - \frac{vx}{\mathbf{c}^2}\right)$$

$$\xi = \frac{1}{\sqrt{1 - \dfrac{v^2}{\mathbf{c}^2}}}(x - vt)$$

$$\eta = y$$

$$\zeta = z$$

这就是最简单的洛伦兹变换。这一变换的逆变换为

$$t = \frac{1}{\sqrt{1 - \dfrac{v^2}{\mathbf{c}^2}}}\left(s + \frac{v\xi}{\mathbf{c}^2}\right)$$

$$x = \frac{1}{\sqrt{1 - \dfrac{v^2}{\mathbf{c}^2}}}(\xi + vs)$$

$$y = \eta$$

$$z = \zeta$$

令

$$L(v) = \begin{pmatrix} \ell(v) & -\dfrac{v}{\mathbf{c}^2}\ell(v) & 0 & 0 \\ -v\ell(v) & \ell(v) & 0 & 0 \\ 0 & 0 & 1 & 0 \\ 0 & 0 & 0 & 1 \end{pmatrix}$$

其中，$\ell(v) = \dfrac{1}{\sqrt{1 - \dfrac{v^2}{\mathbf{c}^2}}}$ 是**洛伦兹因子**。那么洛伦兹变换

$$s = \frac{1}{\sqrt{1 - \dfrac{v^2}{\mathbf{c}^2}}}\left(t - \frac{vx}{\mathbf{c}^2}\right)$$

$$\xi = \frac{1}{\sqrt{1 - \dfrac{v^2}{\mathbf{c}^2}}}(x - vt)$$

$$\eta = y$$

$$\zeta = z$$

可以写成如下矩阵乘积的形式：

$$\begin{pmatrix} s \\ \xi \\ \eta \\ \zeta \end{pmatrix} = \begin{pmatrix} \ell(v) & -\dfrac{v}{\mathbf{c}^2}\ell(v) & 0 & 0 \\ -v\ell(v) & \ell(v) & 0 & 0 \\ 0 & 0 & 1 & 0 \\ 0 & 0 & 0 & 1 \end{pmatrix} \begin{pmatrix} t \\ x \\ y \\ z \end{pmatrix}$$

注意到参照系 (k) 上的单位长度在参照系 K 中看来为

$$\sqrt{1 - \frac{v^2}{\mathbf{c}^2}}$$

所以，在静止参照系中测量运动参照系中运动方向上的长度的结果事实上比静止长度**短**。

依据同样的分析，参照系 (k) 中的时钟单位在参照系 K 中的观察者眼里变长了：

$$\frac{1}{\sqrt{1 - \frac{v^2}{\mathbf{c}^2}}}$$

所以，在静止参照系的观察者看来，以速度 v 运动的时钟比静止参照系中的时钟**变慢了**。

再者，当光速相对于参照系运动速度为"无穷大"时，洛伦兹变换退化成**伽利略变换**：

$$x' = x - v \cdot t, \quad y' = y, \quad z' = z, \quad t' = t$$

2.3.7　闵可夫斯基关联时空 $\mathcal{M}$

在规范地给出了笛卡儿参照系这样一种空间位置参照系之后，自然的问题就是时间的规范表示的问题。根据时间的定向特性和线性特性，我们自然可以用实数轴这一定向直线来表示时刻直线，以及把每一个实数看成一个具体时刻，将实数之间由小到大的顺序看成时刻之间的先后顺序，并且将任何一个有限的实数区间的两个端点的差的绝对值当成两个相应时刻之间的时间长度的计算结果。也就是说，如果 a 是比 b 小的实数，那么由时刻 a 到时刻 b 的时间长度就是 $b - a$，这便是经典的时间计算体系。

我们将这样的时间轴与笛卡儿三维欧几里得空间统一地称为**独立时空**，并用记号 $(\mathbb{R} : \mathbb{R}^3)$ 来表示这个独立时空，因为在这一系统中时间度量与空间位置间距度量是彼此独立的。

与独立时空 $(\mathbb{R} : \mathbb{R}^3)$ 形成对照的是**关联时空** $\mathcal{M}$。这是一个令时间与空间发生密切联系的四维实向量空间。事实上在所有已知的时间度量方式中，时间的物理意义上的度量都离不开空间距离的物理意义上的度量。这就自然而然地决定着时间与空间有着难以分割的物理意义上的密切关联。为了有效表示这种密切关联，关联时空被引进物质分析。

令 $c\mathbb{R} = \{ ct \mid t \in \mathbb{R} \}$，其中 c 为真空状态下的光速。如果说实数轴 $\mathbb{R}$ 可以被用来表示时间轴的话，那么 $c\mathbb{R}$ 就是将时间用光随时间在欧几里得真空中传播的距离线性表示出来的理想化。令

$$\mathcal{M} = c\mathbb{R} \times \mathbb{R}^3$$

称 $\mathcal{M}$ 中的点为**时空向量**，或者**事件**，因为 $\mathcal{M}$ 中的任意一点的第一个分量明确相对于原点的事件所处时间，以及后面的三个分量则明确相对于原点的事件所在的空间位置。将时空向量用形如 (x^0, x^1, x^2, x^3) 的方式表示。分量 $x^0 \in c\mathbb{R}$ 表示时间位置，分量 $(x^1, x^2, x^3) \in \mathbb{R}^3$ 则表示空间位置。

两个时空向量的加法依旧为笛卡儿向量空间中的向量加法：

$$\left(x^0, x^1, x^2, x^3 \right) + \left(y^0, y^1, y^2, y^3 \right) = \left(x^0 + y^0, x^1 + y^1, x^2 + y^2, x^3 + y^3 \right)$$

实数纯量乘法也如笛卡儿向量的纯量乘法：

$$a \left(x^0, x^1, x^2, x^3 \right) = \left(ax^0, ax^1, ax^2, ax^3 \right)$$

注意到 $ct_0 + cs_0 = \mathbf{c}(t_0 + s_0) \in \mathbf{c}\mathbb{R}$ 以及 $act_0 = \mathbf{c}(at_0) \in \mathbf{c}\mathbb{R}$，上面的等式的右端就都是时空向量。因此，$\mathcal{M}$ 的确是一个实向量空间。

在关联时空 $\mathcal{M}$ 上按照如下方式引进**关联时空内积** $\prec \mid \succ : \mathcal{M} \times \mathcal{M} \to \mathbb{R}$：

$$\prec \left(x^0, x^1, x^2, x^3\right) \mid \left(y^0, y^1, y^2, y^3\right) \succ = x^0 y^0 - \left(x^1 y^1 + x^2 y^2 + x^3 y^3\right)$$

注意关联时空内积与欧几里得内积有如下等式关系：

$$\prec \left(x^0, x^1, x^2, x^3\right) \mid \left(y^0, y^1, y^2, y^3\right) \succ = \langle \left(x^0, -x^1, -x^2, -x^3\right) \mid \left(y^0, y^1, y^2, y^3\right)\rangle$$

关联时空 $\mathcal{M}$ 上关联时空内积具有下列性质：

(1) (对称性) 内积函数是一个对称函数，即总有 $\prec \vec{u} \mid \vec{v} \succ = \prec \vec{v} \mid \vec{u} \succ$；

(2) (双线性) 内积函数在任意固定其中的一个输入变元的时候必定彰显出一种线性特性：设 r, s 为任意两个实数，$\vec{x}$，$\vec{y}$ 和 $\vec{a}$ 是任意时空向量，那么

$$\prec r\vec{x} + s\vec{y} \mid \vec{a} \succ = r \prec \vec{x} \mid \vec{a} \succ + s \prec \vec{y} \mid \vec{a} \succ$$
$$\prec \vec{a} \mid r\vec{x} + s\vec{y} \succ = r \prec \vec{a} \mid \vec{x} \succ + s \prec \vec{a} \mid \vec{y} \succ$$

称配置了这个内积的关联时空 $(\mathcal{M}, \prec \mid \succ)$ 为**闵可夫斯基空间**。在闵可夫斯基空间上，一个时空向量 $\vec{u}$ 的长度的平方为

$$\|\vec{u}\|^2 = \left(u^0\right)^2 - \left(\sum_{i=1}^{3} \left(u^i\right)^2\right)$$

与 $\mathbb{R}^4$ 上的欧几里得向量长度不同的是，$\mathcal{M}$ 上的关联时空向量长度将 $\mathcal{M}$ 分为三大彼此不相交的非空区域：

$$\mathcal{M}_t = \left\{\vec{u} \in \mathcal{M} \mid \|\vec{u}\|^2 = \prec \vec{u} \mid \vec{u} \succ > 0\right\}$$

$$\mathcal{M}_0 = \left\{\vec{u} \in \mathcal{M} \mid \|\vec{u}\|^2 = \prec \vec{u} \mid \vec{u} \succ = 0\right\}$$

$$\mathcal{M}_s = \left\{\vec{u} \in \mathcal{M} \mid \|\vec{u}\|^2 = \prec \vec{u} \mid \vec{u} \succ < 0\right\}$$

其中，区域 $\mathcal{M}_t$ 为**时间主导区域**；$\mathcal{M}_s$ 为**空间主导区域**；$\mathcal{M}_0$ 为**时空等同线**。

类似地，两点间的距离的平方由下述等式确定：

$$\|\vec{u} - \vec{v}\|^2 = \prec (\vec{u} - \vec{v}) \mid (\vec{u} - \vec{v}) \succ$$

$$= (u^0 - v^0)^2 - \left(\sum_{i=1}^{3} (u^i - v^i)^2\right)$$

分离两个点的因素为时间主导 (**时间隔离**) 当且仅当它们间的距离的平方为正；分离两个点的因素为空间主导 (**空间隔离**) 当且仅当它们间的距离的平方为负；当两个点的距离为 0 时称它们**非时空隔离**。

关联时空 $\mathcal{M}$ 中事件 $(\mathbf{c}t, x_1, x_2, x_3)$ 的**长度**平方为

$$\left\| (\mathbf{c}t, x_1, x_2, x_3) \right\|^2 = \mathbf{c}^2 t^2 - \left(x_1^2 + x_2^2 + x_3^2 \right)$$

关联时空 $\mathcal{M}$ 中事件 $(\mathbf{c}t, x_1, x_2, x_3)$ 与事件 $(\mathbf{c}s, y_1, y_2, y_3)$ 的闵可夫斯基**事件间隔**平方则为

$$\mathbf{c}^2 (t - s)^2 - \left((x_1 - y_1)^2 + (x_2 - y_2)^2 + (x_3 - y_3)^2 \right)$$

其中，$\mathbf{c}(t - s)$ 为这两个事件的**时间间隔**；$\sqrt{(x_1 - y_1)^2 + (x_2 - y_2)^2 + (x_3 - y_3)^2}$ 为这两个事件的**空间间隔**。于是对关联空间 $\mathcal{M}$ 而言，两个事件之间的事件间隔由下述等式给出：

$$[\text{事件间隔}]^2 = [\text{时间间隔}]^2 - [\text{空间间隔}]^2$$

令

$$\mathbf{g} = \begin{pmatrix} 1 & 0 & 0 & 0 \\ 0 & -1 & 0 & 0 \\ 0 & 0 & -1 & 0 \\ 0 & 0 & 0 & -1 \end{pmatrix}$$

那么，闵可夫斯基内积由下述矩阵乘积等式给出：

$$\rho \left((\mathbf{c}s, y^1, y^2, y^3), [\mathbf{c}t, x_1, x_2, x_3] \right) = (\mathbf{c}s, y^1, y^2, y^3) \, \mathbf{g} \, [\mathbf{c}t, x_1, x_2, x_3]$$

其中，矩阵 $\mathbf{g}$ 为关联时空**闵可夫斯基度量** (矩阵)。闵可夫斯基度量也用下述微分等式 (**基本线段**) 给出：

$$\mathrm{d}S^2 = \mathbf{c}^2 (\mathrm{d}t)^2 - \left[(\mathrm{d}x_1)^2 + (\mathrm{d}x_2)^2 + (\mathrm{d}x_3)^2 \right]$$

这也就是事件 $(\mathbf{c}t, x_1, x_2, x_3)$ 与事件 $(\mathbf{c}(t + \mathrm{d}t), x_1 + \mathrm{d}x_1, x_2 + \mathrm{d}x_2, x_3 + \mathrm{d}x_3)$ 之间的事件间隔的平方。

设 $[x_0, x_1, x_2, x_3] \in \mathcal{M}$ 和 $[y_0, y_1, y_2, y_3] \in \mathcal{M}$ 为闵可夫斯基空间中的两个事件。称它们是**按时间区分**的两个事件 (或者是两个**时间隔离**事件) 当且仅当

$$(x_0 - y_0)^2 - \sum_{i=1}^{3} (x_i - y_i)^2 > 0$$

称它们是**按空间区分**的两个事件 (或者是两个**空间隔离**事件) 当且仅当

$$(x_0 - y_0)^2 - \sum_{i=1}^{3} (x_i - y_i)^2 < 0$$

称它们是**不加区分**的两个事件 (或者是两个**非时空隔离**事件) 当且仅当

$$(x_0 - y_0)^2 - \sum_{i=1}^{3} (x_i - y_i)^2 = 0$$

设 $\mathbf{x} = [x_0, x_1, x_2, x_3] \in \mathcal{M}$ 是一个事件。令

$$\text{Cone}(\mathbf{x}) = \left\{ [y_0, y_1, y_2, y_3] \in \mathcal{M} \mid (x_0 - y_0)^2 = \sum_{i=1}^{3} (x_i - y_i)^2 \right\}$$

这是 $\mathcal{M}$ 中所有那些与 $\mathbf{x}$ 不加区分的事件的全体之集合。称 $\text{Cone}(\mathbf{x})$ 为以 $\mathbf{x}$ 为顶点的**光锥**。这是四维时空中的一个三维曲面。

给定 $y_0 > x_0$，那么

$$\text{Cone}(\mathbf{x})_{y_0} = \left\{ [y_1, y_2, y_3] \mid [y_0, y_1, y_2, y_3] \in \text{Cone}(\mathbf{x}) \right\}$$

是欧氏空间中的一个以 $\mathbf{c}(y_0 - x_0)$ 为半径，以 $[x_1, x_2, x_3]$ 为球心的二维球面。将这个球面粘连到时间轴的 y_0 处，即

$$\text{Cone}(\mathbf{x})_{y_0}^* = \{y_0\} \times \text{Cone}(\mathbf{x})_{y_0} = \left\{ [y_0, y_1, y_2, y_3] \mid [y_1, y_2, y_3] \in \text{Cone}(\mathbf{x})_{y_0} \right\}$$

并且将球心提升到 $[y_0, x_1, x_2, x_3]$，这样，将球面 $\text{Cone}(\mathbf{x})_{y_0}$ 拓扑同坯地嵌入闵可夫斯基空间中去，我们就得到在一个与 $\text{Cone}(\mathbf{x})_{y_0}$ 同坯的以 $[y_0, x_1, x_2, x_3]$ 为球心的二维球面 $\text{Cone}(\mathbf{x})_{y_0}^*$。

如果 $x_0 < y_0 < y_0'$，那么 $\text{Cone}(\mathbf{x})_{y_0'}^*$ 恰好就是由刚才的 $\text{Cone}(\mathbf{x})_{y_0}^*$ 膨胀上升而得 ($\text{Cone}(\mathbf{x})_{y_0'}^*$ 是当前现实的，$\text{Cone}(\mathbf{x})_{y_0}^*$ 是曾经的，是记忆中的；现实的由记忆中的膨胀且上升而来)。

将这些球面沿 $y_0 > x_0$ 并起来，就得到 $\text{Cone}(\mathbf{x})$ 的上半部分 (未来部分)：

$$\text{Cone}(\mathbf{x})^> = \bigcup_{x_0 < y_0} \text{Cone}(\mathbf{x})_{y_0}^*$$

完全类似地得到 $\text{Cone}(\mathbf{x})$ 的下半部分 $\text{Cone}(\mathbf{x})_<$ (过去部分)。这样

$$\text{Cone}(\mathbf{x}) = \text{Cone}(\mathbf{x})_< \cup \{\mathbf{x}\} \cup \text{Cone}(\mathbf{x})^>$$

这便是闵可夫斯基空间中的一个三维曲面。

借助于上面的分解,光锥 Cone(x) 在几何上可以这样想象。在点 x 的空间位置处置放一个爆发性光源,以 x 的时刻为时间起点在三维欧氏空间中爆发出一个光波球面,这个光波球面的半径随时间以光速均匀膨胀,并且同时以光速沿着直线

$$\{\,[y_0, x_1, x_2, x_3]\mid y_0 > x_0\,\}$$

上升;在任意未来时刻 t,与该时刻相对应的光波球面上 (三维空间中) 的任何一点到 $[x_0 + \mathbf{c}t, x_1, x_2, x_3]$ 的空间位置的距离恰好就是光波球面半径的欧几里得长度,从而与这一时刻 t 相对应的光波球面上的三维空间中的点就都在这个光锥 (曲面) 上。反之,这个光锥上的未来 (即其时刻在 x 的时刻之后的) 事件都可以由此得到。这一部分构成该顶点的光锥的未来部分。与之对称的是该顶点的光锥的过去部分,这一部分可以是未来光锥形成过程的逆过程:光波球面随时间以光速均匀收缩至爆发时刻。

更为富有视觉效果的是将光锥 Cone(x) 投影到三维空间 $\mathbf{c}\mathbb{R} \times \mathbb{R} \times \mathbb{R}$ 上所得到的漏斗形圆锥曲面。令

$$\text{Proj}_{txy}\big(\text{Cone}(\mathbf{x})\big) = \big\{\,[y_0, y_1, y_2]\mid [y_0, y_1, y_2, y_3] \in \text{Cone}(\mathbf{x})\,\big\}$$

以直线 $\xi = \{(y_0, x_1, x_2)\mid y_0 \in \mathbb{R}\}$ 为轴,将直线 $\eta = \{(y_0, x_1, y_2)\mid y_0 = y_2 \in \mathbb{R}\}$ 绕 ξ 顺时针旋转一周所得到的漏斗形圆锥曲面就是 $\text{Proj}_{txy}(\text{Cone}(\mathbf{x}))$。这个曲面与所有平行于 XY 平面的平面相截的结果就是一系列的由低向高逐渐变大的同心圆环,而且圆环半径变大的速率与升高的速率都是光速。可以想象这个曲面在将 XY 平面平移到点 (x_0, x_1, x_2) 处的平面的上半部就相当于一个以点 (y_0, x_1, x_2) $(y_0 \geqslant x_0)$ 为圆心,以 $y_0 - x_0$ 为半径的光环随时间以光速延伸半径且同时以光速上升的痕迹。

利用光锥这个几何结构,我们可以定义闵可夫斯基空间上的**运动轨迹** (运动轨道或者运动途径或者运动路径) 以及**轨道时间**。

所有在某个球面 $\text{Cone}(\mathbf{x})^*_{y_0}$ 内部的点都被称为光锥的内部点,不同于 x 也不在任何一个球面 $\text{Cone}(\mathbf{x})^*_{y_0}$ 之上或之内的点都被称为光锥的外部点。光锥 Cone(x) 将 $\mathcal{M}$ 分成互不相交的三部分:光锥 Cone(x);所有与 x 时间间隔起来的事件都在这个光锥的内部;所有与 x 空间间隔起来的事件都在这个光锥的外部。

称关联时空中的一条曲线是一条**运动轨迹**当且仅当这条曲线是从某个时间区间到空间的一个函数的图形 (即在任何相关时刻有一个且只有一个空间位置与之对应),并且在曲线上的任何一点处该曲线都完全落在以该点为顶点的光锥的内部。重要的是任何一个正质量物体在空间中的运动总是确定了关联时空中的一条运动轨迹,因为无论何时何地,它们的运动速度都严格小于真空中的光速。

关联时空中的光锥事实上确定了时空中前因后果之间的顺序关系。在任何一处的一个事件可以影响它的光锥内部的事件，而不是外部事件；可以影响它的未来光锥中的事件但不是过去事件。在任何一点处，可以接收来自内部事件所发出的信息或它过去遗留下来的信息，而不能收到发自光锥外部的任何事件的信息。

对于按时间区分的事件之间的闵可夫斯基距离的度量，物理上用时钟来实现；对于按空间区分的事件之间的闵可夫斯基距离度量则用度量标杆来实现。对于一条运动轨迹而言，它上面的任何两个邻近的事件都可以按照时间区分。因此，欲度量一个物体运动轨迹上两个事件之间的距离，既为了方便也为了需要，如下引进**轨道时间度量**:

$$\mathrm{d}\tau = \sqrt{\mathrm{d}t^2 - \frac{1}{\mathbf{c}^2}\left(\mathrm{d}x^2 + \mathrm{d}y^2 + \mathrm{d}z^2\right)}$$
$$= \mathrm{d}t\sqrt{1 - \frac{1}{\mathbf{c}^2}\left[\left(\frac{\mathrm{d}x}{\mathrm{d}t}\right)^2 + \left(\frac{\mathrm{d}y}{\mathrm{d}t}\right)^2 + \left(\frac{\mathrm{d}z}{\mathrm{d}t}\right)^2\right]}$$

其中，$(\mathbf{c}t, x, y, z)$ 是相关轨迹上的一个事件。如果 A 和 B 分别是这条运动轨迹上的两个事件，那么从 A 到 B 的轨迹时间 τ_{AB} 由下述积分计算:

$$\tau_{AB} = \int_A^B \mathrm{d}\tau = \int_{t_A}^{t_B} \sqrt{1 - \frac{1}{\mathbf{c}^2}\left[\left(\frac{\mathrm{d}x}{\mathrm{d}t}\right)^2 + \left(\frac{\mathrm{d}y}{\mathrm{d}t}\right)^2 + \left(\frac{\mathrm{d}z}{\mathrm{d}t}\right)^2\right]}\ \mathrm{d}t$$

注意，如果两个事件 A 和 B 是按时间区分的，那么在所有连接这两点的运动轨迹中，直线是闵可夫斯基距离度量下最长的轨迹线段。这一事实与欧几里得空间中连接两点的直线线段最短形成鲜明对照。

2.3.8 关联时空动力学理论

1. 速度合成规则

注意到洛伦兹所给出的运动参照系下的麦克斯韦方程组中有一个余项 $\frac{vu_x}{\mathbf{c}^2}$。爱因斯坦在他的论文中讨论了在洛伦兹变换下的速度合成规则问题，也就是经典力学中的速度加法规则必须用新的速度加法规则所取代的问题。爱因斯坦分析的结果表明在运动参照系 (k) 中的速度分量应当是

$$u_\xi = \frac{v - u_x}{1 - \frac{vu_x}{\mathbf{c}^2}}; \quad u_\eta = \frac{u_y}{\beta\left(1 - \frac{vu_x}{\mathbf{c}^2}\right)}; \quad u_\zeta = \frac{u_z}{\beta\left(1 - \frac{vu_x}{\mathbf{c}^2}\right)}$$

(详细分析会在后面给出。)

2. 麦克斯韦方程组的爱因斯坦不变形式

爱因斯坦从静止参照系中的下述真空麦克斯韦方程组出发：

$$
\begin{cases}
\operatorname{curl}\mathbf{H} = \dfrac{1}{\mathbf{c}}\dfrac{\partial \mathbf{E}}{\partial t} \\[2ex]
\operatorname{curl}\mathbf{E} = -\dfrac{1}{\mathbf{c}}\dfrac{\partial \mathbf{H}}{\partial t}
\end{cases}
$$

将洛伦兹变换用到 (x, y, z, t) 坐标系上。相应的微分算子变成

$$
\begin{cases}
\dfrac{\partial}{\partial t} = \beta\dfrac{\partial}{\partial s} - v\beta\dfrac{\partial}{\partial \xi} \\[2ex]
\dfrac{\partial}{\partial x} = -\dfrac{v\beta}{\mathbf{c}^2}\dfrac{\partial}{\partial s} + \beta\dfrac{\partial}{\partial \xi}
\end{cases}
$$

这样，在运动参照系 (k) 中的真空麦克斯韦方程组就是

$$
\begin{cases}
\operatorname{curl}\mathbf{H}' = \dfrac{1}{\mathbf{c}}\dfrac{\partial \mathbf{E}'}{\partial t'} \\[2ex]
\operatorname{curl}\mathbf{E}' = -\dfrac{1}{\mathbf{c}}\dfrac{\partial \mathbf{H}'}{\partial t'}
\end{cases}
$$

其中，电磁场分量分别由下述等式给出：

$$
\begin{cases}
E'_\xi = E_x & , \quad H'_\xi = H_x \\[1ex]
E'_\eta = \beta\left(E_y - \dfrac{v}{\mathbf{c}}H_z\right) & , \quad H'_\eta = \beta\left(H_y + \dfrac{v}{\mathbf{c}}E_z\right) \\[1ex]
E'_\zeta = \beta\left(E_z + \dfrac{v}{\mathbf{c}}H_y\right) & , \quad H'_\zeta = \beta\left(H_z - \dfrac{v}{\mathbf{c}}E_y\right)
\end{cases}
$$

上述方程揭示出两个参照系之间的完美对称性。至于电磁现象的可观察性则完全依赖参照系的选择：K 中的纯电场在 (k) 中则变成了电磁场。

对于非齐次麦克斯韦方程组，爱因斯坦从下述出发：

$$
\begin{cases}
\operatorname{curl}\mathbf{H} = \dfrac{1}{\mathbf{c}}\left(\dfrac{\partial \mathbf{E}}{\partial t} + \rho\,\vec{u}\right) \\[2ex]
\operatorname{curl}\mathbf{E} = -\dfrac{1}{\mathbf{c}}\dfrac{\partial \mathbf{H}}{\partial t}
\end{cases}
$$

将洛伦兹变换用到 (x, y, z, t) 坐标系上，应用上面的电磁场分量等式变换，得到

$$
\rho' = \operatorname{div}\mathbf{E}' = \beta\left(1 - \dfrac{vu_x}{\mathbf{c}^2}\right)\rho
$$

并且应用前面的速度合成规则，在 (k) 中的麦克斯韦方程组就是

$$\begin{cases} \operatorname{curl} \mathbf{H}' = \dfrac{1}{\mathbf{c}} \left(\dfrac{\partial \mathbf{E}'}{\partial s} + \rho' \, \vec{u}' \right) \\[3mm] \operatorname{curl} \mathbf{E}' = -\dfrac{1}{\mathbf{c}} \dfrac{\partial \mathbf{H}'}{\partial s} \end{cases}$$

于是，爱因斯坦得到了完美的不变性。后面我们将仔细地导出这些速度合成规则以及麦克斯韦方程组不变性的详细验证。

3. 基本线段不变性

尽管在相对匀速直线运动中的两个惯性参照系之间在长度度量和时间度量过程中都会因为度量者所在的坐标系与被度量的对象所在的坐标系之间的相对运动而分别产生不同的结果，但是将时空关联起来的几何量则不发生任何变化: 空间长度的压缩与时间长度的膨胀具有相互抵消的特点。这种非欧几何的几何量的不变性便构成爱因斯坦相对论的理论基础。关联时空的距离度量由基本线段确定，或者由闵可夫斯基空间中的内积确定。闵可夫斯基空间的距离度量不变性恰好就是洛伦兹变换保持闵可夫斯基内积这一事实。

惯性参照系 K 坐标系下的**基本线段向量**定义为 $(\mathbf{c}\mathrm{d}t, \mathrm{d}x, \mathrm{d}y, \mathrm{d}z)$，其闵可夫斯基长度平方 (**基本线段元**) 为

$$\mathrm{d}S^2 = (\mathbf{c}\mathrm{d}t)^2 - \left(\mathrm{d}x^2 + \mathrm{d}y^2 + \mathrm{d}z^2 \right)$$

相对运动参照系 (k) 坐标系下的基本线段向量定义为 $(\mathbf{c}\mathrm{d}\tau, \mathrm{d}\xi, \mathrm{d}\eta, \mathrm{d}\zeta)$，其闵可夫斯基长度平方为

$$\mathrm{d}\theta^2 = (\mathbf{c}\mathrm{d}\tau)^2 - \left(\mathrm{d}\xi^2 + \mathrm{d}\eta^2 + \mathrm{d}\zeta^2 \right)$$

在洛伦兹变换下这两个坐标系下的基本线段元是一个不变量: $\mathrm{d}S^2 = \mathrm{d}\theta^2$。论证如下:

首先，由洛伦兹变换我们有下述等式:

$$\mathbf{c}\mathrm{d}s = \frac{1}{\sqrt{1 - \dfrac{v^2}{\mathbf{c}^2}}} \left(\mathbf{c}\mathrm{d}t - \frac{v}{\mathbf{c}}\mathrm{d}x \right)$$

$$\mathrm{d}\xi = \frac{1}{\sqrt{1 - \dfrac{v^2}{\mathbf{c}^2}}} \left(\mathrm{d}x - \frac{v}{\mathbf{c}} \left(\mathbf{c}\mathrm{d}t \right) \right)$$

$$\mathrm{d}\eta = \mathrm{d}y$$

$$\mathrm{d}\zeta = \mathrm{d}z$$

其次,

$$(\mathbf{c}\mathrm{d}s)^2 - \mathrm{d}\xi^2$$

$$= \frac{\mathbf{c}^2}{\mathbf{c}^2 - v^2}\left[\left(\mathbf{c}\mathrm{d}t - \frac{v}{\mathbf{c}}\mathrm{d}x\right)^2 - \left(\mathrm{d}x - \frac{v}{\mathbf{c}}\left(\mathbf{c}\mathrm{d}t\right)\right)^2\right]$$

$$= \frac{\mathbf{c}^2}{\mathbf{c}^2 - v^2}\left[\left(\mathbf{c}\mathrm{d}t - \frac{v}{\mathbf{c}}\mathrm{d}x + \mathrm{d}x - \frac{v}{c}(\mathbf{c}\mathrm{d}t)\right)\left(\mathbf{c}\mathrm{d}t - \frac{v}{\mathbf{c}}\mathrm{d}x - \mathrm{d}x + \frac{v}{\mathbf{c}}(\mathbf{c}\mathrm{d}t)\right)\right]$$

$$= \frac{\mathbf{c}^2}{\mathbf{c}^2 - v^2}\left[\left(1 - \frac{v}{\mathbf{c}}\right)(\mathrm{d}x + (\mathbf{c}\mathrm{d}t))\left(1 + \frac{v}{\mathbf{c}}\right)((\mathbf{c}\mathrm{d}t) - \mathrm{d}x)\right]$$

$$= \frac{\mathbf{c}^2}{\mathbf{c}^2 - v^2}\left[\left(1 - \left(\frac{v}{\mathbf{c}}\right)^2\right)((\mathbf{c}\mathrm{d}t)^2 - \mathrm{d}x^2)\right]$$

$$= \frac{\mathbf{c}^2}{\mathbf{c}^2 - v^2}\left[\frac{\mathbf{c}^2 - v^2}{\mathbf{c}^2}\left((\mathbf{c}\mathrm{d}t)^2 - \mathrm{d}x^2\right)\right]$$

$$= (\mathbf{c}\mathrm{d}t)^2 - \mathrm{d}x^2$$

所以,

$$(\mathbf{c}\mathrm{d}s)^2 - \left(\mathrm{d}\xi^2 + \mathrm{d}\eta^2 + \mathrm{d}\zeta^2\right) = (\mathbf{c}\mathrm{d}t)^2 - \left(\mathrm{d}x^2 + \mathrm{d}y^2 + \mathrm{d}z^2\right)$$

4. 关联时空速度

设 K 为一个惯性时空参照系。假设有一个物体在静止参照系 K 中在某个时刻在某个地方以速度 $\vec{u} = (u_x, u_y, u_z)$ 运动。假设物体运动的空间轨迹为 $\vec{x}(t) = (x(t), y(t), z(t))$。根据经典力学的定义,有

$$u_x = \frac{\mathrm{d}x}{\mathrm{d}t}, \ u_y = \frac{\mathrm{d}y}{\mathrm{d}t}, \ u_z = \frac{\mathrm{d}z}{\mathrm{d}t}$$

自然的问题是这一物体在关联时空中的运动轨迹应当怎样描述?相应的关联时空中的速度应当怎样定义?

一个物体在关联时空中的运动轨迹自然地由该物体随参照系内的时间变化所经历的事件序列唯一确定。对应于时刻 t 的事件自然就是 $(\mathbf{c}t, x(t), y(t), z(t))$。假定我们在静止参照系 K 中,对从时刻 t_0 到 t_1 这样一个时间区间上该物体的运动过程感兴趣。那么它在这个时间区间上的运动轨迹就是下述事件的集合:

$$\left\{\left(\mathbf{c}t, x(t), y(t), z(t)\right) \mid t_0 \leqslant t \leqslant t_1\right\}$$

称这个集合为该物体的**时空轨迹**。

由于运动中的时钟会比静止参照系中的时钟慢,我们就必须用物体位置的变化与相对静止的时钟的变化之比来定义速度。对于一个在静止参照系中运动的物

体而言, 静止参照系中的时钟总是在相对运动之中, 相对静止的时钟便是运动物体自身随身携带的时钟。我们称这样一个随运动物体沿着其时空轨迹同时运动的时钟为物体的**本体时钟**; 称由这个本体时钟所记录的时间为该物体运动的**轨迹时间**或者**本地时间**或者**当地时间**。从现在起, 如果没有特别说明, 我们将用希腊字母 τ 来表示物体的本体时钟所记录的轨迹时间。根据参照系之间的时间放大关系式, 我们总有下述等式:

$$\mathrm{d}\tau = \mathrm{d}t\sqrt{1 - \frac{u^2}{\mathbf{c}^2}}$$

其中

$$u^2 = u_x^2 + u_y^2 + u_z^2, \quad u_x = \frac{\mathrm{d}x}{\mathrm{d}t}, \quad u_y = \frac{\mathrm{d}y}{\mathrm{d}t}, \quad u_z = \frac{\mathrm{d}z}{\mathrm{d}t}$$

根据这些等式, 我们定义该物体在参照系 K 中的**关联时空速度**为

$$\left(\mathbf{c}\frac{\mathrm{d}t}{\mathrm{d}\tau}, \frac{\mathrm{d}x}{\mathrm{d}\tau}, \frac{\mathrm{d}y}{\mathrm{d}\tau}, \frac{\mathrm{d}z}{\mathrm{d}\tau}\right)$$

这样,

$$\frac{\mathrm{d}t}{\mathrm{d}\tau} = \frac{1}{\sqrt{1 - \dfrac{u^2}{\mathbf{c}^2}}}, \quad \frac{\mathrm{d}x}{\mathrm{d}\tau} = \frac{\mathrm{d}x}{\mathrm{d}t}\frac{\mathrm{d}t}{\mathrm{d}\tau}, \quad \frac{\mathrm{d}y}{\mathrm{d}\tau} = \frac{\mathrm{d}y}{\mathrm{d}t}\frac{\mathrm{d}t}{\mathrm{d}\tau}, \quad \frac{\mathrm{d}z}{\mathrm{d}\tau} = \frac{\mathrm{d}z}{\mathrm{d}t}\frac{\mathrm{d}t}{\mathrm{d}\tau}$$

从而, 在静止参照系 K 中该运动物体的关联时空速度为

$$\frac{1}{\sqrt{1 - \dfrac{u^2}{\mathbf{c}^2}}}\left(\mathbf{c}, \frac{\mathrm{d}x}{\mathrm{d}t}, \frac{\mathrm{d}y}{\mathrm{d}t}, \frac{\mathrm{d}z}{\mathrm{d}t}\right) = \ell(u)\left(\mathbf{c}, u_x, u_y, u_z\right)$$

需要注意的是这样的关联时空速度的闵可夫斯长度平方总是 $\mathbf{c}^2$。

5. 三维速度变换

假设惯性参照系 (k) 相对于惯性参照系 K 以速率 v 沿着它们共同的 X 轴平行 (即另外两个坐标轴分别平行) 运动。从现在起, 参照系 (k) 的时间变量为 s。又假设有一个物体在静止参照系 K 中以速度 $\vec{u} = (u_x, u_y, u_z)$ 运动。同一个物体在运动参照系 (k) 中的速度为 (u_ξ, u_η, u_ζ)。根据速度的定义,

$$u_x = \frac{\mathrm{d}x}{\mathrm{d}t}, \quad u_y = \frac{\mathrm{d}y}{\mathrm{d}t}, \quad u_z = \frac{\mathrm{d}z}{\mathrm{d}t}$$

$$u_\xi = \frac{\mathrm{d}\xi}{\mathrm{d}s}, \quad u_\eta = \frac{\mathrm{d}\eta}{\mathrm{d}s}, \quad u_\zeta = \frac{\mathrm{d}\zeta}{\mathrm{d}s}$$

根据洛伦兹变换,

$$ds = \frac{1}{\sqrt{1 - \dfrac{v^2}{\mathbf{c}^2}}} \left(dt - \frac{v\,dx}{\mathbf{c}^2} \right)$$

$$d\xi = \frac{1}{\sqrt{1 - \dfrac{v^2}{\mathbf{c}^2}}} (dx - v\,dt)$$

$$d\eta = dy$$
$$d\zeta = dz$$

由此, 从 K 的速度到 (k) 的速度的变换为下述等式:

$$u_\xi = \frac{d\xi}{ds} = \frac{dx - v\,dt}{dt - \dfrac{v\,dx}{\mathbf{c}^2}} = \frac{\dfrac{dx}{dt} - v}{1 - \dfrac{v}{\mathbf{c}^2}\dfrac{dx}{dt}}$$

$$u_\eta = \frac{d\eta}{ds} = \frac{dy}{\dfrac{1}{\sqrt{1 - \dfrac{v^2}{\mathbf{c}^2}}} \left(dt - \dfrac{v\,dx}{\mathbf{c}^2} \right)} = \frac{\dfrac{dy}{dt}\sqrt{1 - \dfrac{v^2}{\mathbf{c}^2}}}{1 - \dfrac{v}{\mathbf{c}^2}\dfrac{dx}{dt}}$$

$$u_\zeta = \frac{d\zeta}{ds} = \frac{dz}{\dfrac{1}{\sqrt{1 - \dfrac{v^2}{\mathbf{c}^2}}} \left(dt - \dfrac{v\,dx}{\mathbf{c}^2} \right)} = \frac{\dfrac{dz}{dt}\sqrt{1 - \dfrac{v^2}{\mathbf{c}^2}}}{1 - \dfrac{v}{\mathbf{c}^2}\dfrac{dx}{dt}}$$

也就是

$$u_\xi = \frac{u_x - v}{1 - \dfrac{vu_x}{\mathbf{c}^2}}, \quad u_\eta = \frac{u_y\sqrt{1 - \dfrac{v^2}{\mathbf{c}^2}}}{1 - \dfrac{vu_x}{\mathbf{c}^2}}, \quad u_\zeta = \frac{u_z\sqrt{1 - \dfrac{v^2}{\mathbf{c}^2}}}{1 - \dfrac{vu_x}{\mathbf{c}^2}}$$

基于同样的理由, 从 (k) 的速度到 K 的速度的变换为下述等式:

$$u_x = \frac{u_\xi + v}{1 + \dfrac{vu_\xi}{\mathbf{c}^2}}, \quad u_y = \frac{u_\eta\sqrt{1 - \dfrac{v^2}{\mathbf{c}^2}}}{1 + \dfrac{vu_\xi}{\mathbf{c}^2}}, \quad u_z = \frac{u_\zeta\sqrt{1 - \dfrac{v^2}{\mathbf{c}^2}}}{1 + \dfrac{vu_\xi}{\mathbf{c}^2}}$$

注意, 如果在 K 中运动的速度为 $\vec{u} = (\mathbf{c}, 0, 0)$, 那么 $u_\xi = \mathbf{c}\dfrac{\mathbf{c} - v}{\mathbf{c} - v} = \mathbf{c}$, $u_\eta = 0$,

$u_\zeta = 0$；如果在 (k) 中运动的速度为 $(u_\xi, u_\eta, u_\zeta) = (\mathbf{c}, 0, 0)$，那么 $u_x = \mathbf{c}\dfrac{\mathbf{c} + v}{\mathbf{c} + v} = \mathbf{c}$，$u_y = 0$，$u_z = 0$。

不仅如此，如果 $-\mathbf{c} < u, v < \mathbf{c}$，$w = \dfrac{u + v}{1 + \dfrac{uv}{\mathbf{c}^2}}$，那么 $-\mathbf{c} < w < \mathbf{c}$，并且

(1) $\ell(u)\ell(v)\left(1 + \dfrac{uv}{\mathbf{c}^2}\right) = \ell(w)$；

(2) $(u + v)\ell(u)\ell(v) = w\ell(w)$。

验证如下：首先 $|w| < \mathbf{c} \iff \mathbf{c}|u + v| < \mathbf{c}^2 + uv$。令

$$f(u, v) = \mathbf{c}^2 + uv - \mathbf{c}(u + v), \quad g(u, v) = \mathbf{c}(u + v) + \mathbf{c}^2 + uv$$

对于 $-\mathbf{c} \leqslant u, v \leqslant \mathbf{c}$，总有 $f(\mathbf{c}, v) = 0 = f(u, \mathbf{c})$；对应任意的 $-\mathbf{c} \leqslant a < \mathbf{c}$，$f(a, v)$ 是 v 的严格单调递减函数；对应任意的 $-\mathbf{c} \leqslant a < \mathbf{c}$，$f(u, a)$ 是 u 的严格单调递减函数；$f(-\mathbf{c}, -\mathbf{c}) = 4\mathbf{c}^2$。所以对于 $-\mathbf{c} < u, v < \mathbf{c}$，总有 $f(u, v) > 0$。

对于 $-\mathbf{c} \leqslant u, v \leqslant \mathbf{c}$，总有 $g(-\mathbf{c}, v) = 0 = g(u, -\mathbf{c})$；对应任意的 $-\mathbf{c} \leqslant a < \mathbf{c}$，$g(a, v)$ 是 v 的严格单调递增函数；对应任意的 $-\mathbf{c} \leqslant a < \mathbf{c}$，$g(u, a)$ 是 u 的严格单调递增函数；$g(\mathbf{c}, \mathbf{c}) = 4\mathbf{c}^2$。所以对于 $-\mathbf{c} < u, v < \mathbf{c}$，总有 $g(u, v) > 0$。

综合上面的分析就得到 $-(\mathbf{c}^2 + uv) < \mathbf{c}(u + v) < (\mathbf{c}^2 + uv)$，即 $\mathbf{c}|u + v| < \mathbf{c}^2 + uv$。

其次，

$$
\begin{aligned}
\ell(u)\ell(v) &= \dfrac{1}{\sqrt{\left(1 - \dfrac{u^2}{\mathbf{c}^2}\right)\left(1 - \dfrac{v^2}{\mathbf{c}^2}\right)}} \\
&= \dfrac{1}{\sqrt{\left(1 + \dfrac{uv}{\mathbf{c}^2}\right)^2 - \dfrac{(u + v)^2}{\mathbf{c}^2}}}
\end{aligned}
$$

以及

$$
\begin{aligned}
\ell(w) &= \dfrac{1}{\sqrt{1 - \dfrac{\mathbf{c}^2(u + v)^2}{(\mathbf{c}^2 + uv)^2}}} \\
&= \dfrac{1 + \dfrac{uv}{\mathbf{c}^2}}{\sqrt{\left(1 + \dfrac{uv}{\mathbf{c}^2}\right)^2 - \dfrac{(u + v)^2}{\mathbf{c}^2}}}
\end{aligned}
$$

所以，$\ell(u)\ell(v)\left(1 + \dfrac{uv}{\mathbf{c}^2}\right) = \ell(w)$。

·100·

第 2 章 关联时空与经典基本作用力

最后，

$$w\ell(w) = \frac{\mathbf{c}^2(u+v)}{\mathbf{c}^2+uv} \frac{\mathbf{c}^2+uv}{\mathbf{c}^2\sqrt{\left(1+\dfrac{uv}{\mathbf{c}^2}\right)^2 - \dfrac{(u+v)^2}{\mathbf{c}^2}}}$$

$$= \frac{u+v}{\sqrt{\left(1+\dfrac{uv}{\mathbf{c}^2}\right)^2 - \dfrac{(u+v)^2}{\mathbf{c}^2}}}$$

$$= (u+v)\ell(u)\ell(v)$$

对于 $-\mathbf{c} < u < \mathbf{c}$，定义

$$A(u) = \begin{pmatrix} \ell(u) & 0 & 0 & -u\ell(u) \\ 0 & 1 & 0 & 0 \\ 0 & 0 & 1 & 0 \\ \dfrac{-u\ell(u)}{\mathbf{c}^2} & 0 & 0 & \ell(u) \end{pmatrix}$$

那么 $\mathfrak{det}(A(u)) = 1$，并且 $A(u)^{-1} = A(-u)$。

对于 $-\mathbf{c} < u, v < \mathbf{c}$，定义

$$u \oplus v = \frac{u+v}{1+\dfrac{uv}{\mathbf{c}^2}}$$

那么 $\oplus : (-\mathbf{c}, \mathbf{c}) \times (-\mathbf{c}, \mathbf{c}) \to (-\mathbf{c}, \mathbf{c})$，并且

(1) $u \oplus v = v \oplus u$；

(2) 若 $-\mathbf{c} < w < \mathbf{c}$，则 $(u \oplus v) \oplus w = u \oplus (v \oplus w)$。

验证结合律：令 $b = u \oplus v = \dfrac{\mathbf{c}^2 u + \mathbf{c}^2 v}{\mathbf{c}^2 + uv}$ 以及 $a = v \oplus w = \dfrac{\mathbf{c}^2 v + \mathbf{c}^2 w}{\mathbf{c}^2 + vw}$，那么

$$b \oplus w = \frac{\mathbf{c}^2 b + \mathbf{c}^2 w}{\mathbf{c}^2 + bw}$$

$$= \frac{\mathbf{c}^2 \left(\dfrac{\mathbf{c}^2 u + \mathbf{c}^2 v}{\mathbf{c}^2 + uv}\right) + \mathbf{c}^2 w}{\mathbf{c}^2 + \left(\dfrac{\mathbf{c}^2 u + \mathbf{c}^2 v}{\mathbf{c}^2 + uv}\right) w}$$

$$= \frac{\mathbf{c}^4 u + \mathbf{c}^4 + v + \mathbf{c}^4 w + \mathbf{c}^2 uvw}{\mathbf{c}^4 + \mathbf{c}^2 uv + \mathbf{c}^2 uw + \mathbf{c}^2 vw}$$

以及

$$u \oplus a = \frac{\mathbf{c}^2 u + \mathbf{c}^2 a}{\mathbf{c}^2 + ua}$$

$$= \frac{\mathbf{c}^2 \left(\dfrac{\mathbf{c}^2 v + \mathbf{c}^2 w}{\mathbf{c}^2 + vw} \right) + \mathbf{c}^2 u}{\mathbf{c}^2 + \left(\dfrac{\mathbf{c}^2 v + \mathbf{c}^2 w}{\mathbf{c}^2 + vw} \right) u}$$

$$= \frac{\mathbf{c}^4 u + \mathbf{c}^4 v + \mathbf{c}^4 w + \mathbf{c}^2 uvw}{\mathbf{c}^4 + \mathbf{c}^2 uv + \mathbf{c}^2 uw + \mathbf{c}^2 vw}$$

所以，$u \oplus (v \oplus w) = (u \oplus v) \oplus w$。

直接计算表明：如果 $-\mathbf{c} < u, v, w < \mathbf{c}$，那么

(1) $A(u)A(v) = A(u \oplus v)$；

(2) $A(u)A(v) = A(v)A(u)$；

(3) $(A(u)A(v))A(w) = A(u)(A(v)A(w))$。

即这些矩阵对乘法是封闭的，并且是可交换的、可结合的，因而构成一个交换子群。

问题 2.1 (应用问题)　定义在 $(-\mathbf{c}, \mathbf{c})$ 上的二元运算 $\oplus$ 可以有什么其他用途吗？它的运算表示群 $A(u)$ 又可以有什么用途吗？

6. 洛伦兹变换保持时空速度定义

设运动物体在参照系 (k) 下的三维空间速度为

$$\left(\frac{\mathrm{d}\xi}{\mathrm{d}s}, \frac{\mathrm{d}\eta}{\mathrm{d}s}, \frac{\mathrm{d}\zeta}{\mathrm{d}s} \right) = (u_\xi, u_\eta, u_\zeta)$$

令 $w^2 = u_\xi^2 + u_\eta^2 + u_\zeta^2$。直接计算表明：

$$\frac{1}{\sqrt{1 - \dfrac{w^2}{\mathbf{c}^2}}} = \frac{1}{\sqrt{1 - \dfrac{u^2}{\mathbf{c}^2}}} \frac{1}{\sqrt{1 - \dfrac{v^2}{\mathbf{c}^2}}} \left(1 - \frac{vu_x}{\mathbf{c}^2} \right), \ \text{即}\ \ell(w) = \ell(v)\ell(u) \left(1 - \frac{vu_x}{\mathbf{c}^2} \right)$$

我们首先来证明本地时钟的时刻无穷小变化 $\mathrm{d}\tau$ 在参照系 K 和参照系 (k) 之间是一个不变量，即

$$\mathrm{d}t \sqrt{1 - \frac{u^2}{\mathbf{c}^2}} = \mathrm{d}s \sqrt{1 - \frac{w^2}{\mathbf{c}^2}}$$

这由下列等式直接给出：

$$\mathrm{d}s\sqrt{1-\frac{w^2}{\mathbf{c}^2}} = \frac{\ell(v)}{\ell(w)}\left(\mathrm{d}t - \frac{v}{\mathbf{c}^2}\mathrm{d}x\right)$$

$$= \frac{\ell(v)}{\ell(w)}\left(\mathrm{d}t - \frac{vu_x}{\mathbf{c}^2}\mathrm{d}t\right)$$

$$= \frac{\ell(v)}{\ell(w)}\left(1 - \frac{vu_x}{\mathbf{c}^2}\right)\mathrm{d}t$$

$$= \left[\frac{\ell(u)\ell(v)}{\ell(w)}\left(1 - \frac{vu_x}{\mathbf{c}^2}\right)\right]\left(\frac{1}{\ell(u)}\mathrm{d}t\right)$$

$$= \mathrm{d}t\sqrt{1-\frac{u^2}{\mathbf{c}^2}}$$

这就表明在参照系 (k) 中，

$$\mathrm{d}\tau = \mathrm{d}s\sqrt{1-\frac{w^2}{\mathbf{c}^2}}$$

于是，运动物体在参照系 (k) 下的关联时空速度就是

$$\frac{1}{\sqrt{1-\dfrac{w^2}{\mathbf{c}^2}}}\,(\mathbf{c}, u_\xi, u_\eta, u_\zeta)$$

回顾以下表示洛伦兹变换的洛伦兹矩阵 $L(v)$：

$$L(v) = \begin{pmatrix} \ell(v) & -\dfrac{v}{\mathbf{c}^2}\ell(v) & 0 & 0 \\ -v\ell(v) & \ell(v) & 0 & 0 \\ 0 & 0 & 1 & 0 \\ 0 & 0 & 0 & 1 \end{pmatrix}$$

利用这个洛伦兹矩阵，我们就有

$$\begin{pmatrix} \ell(w)\mathbf{c} \\ \ell(w)u_\xi \\ \ell(w)u_\eta \\ \ell(w)u_\zeta \end{pmatrix} = \begin{pmatrix} \ell(v) & -\dfrac{v}{\mathbf{c}^2}\ell(v) & 0 & 0 \\ -v\ell(v) & \ell(v) & 0 & 0 \\ 0 & 0 & 1 & 0 \\ 0 & 0 & 0 & 1 \end{pmatrix}\begin{pmatrix} \ell(u)\mathbf{c} \\ \ell(u)u_x \\ \ell(u)u_y \\ \ell(u)u_z \end{pmatrix}$$

其中，$\ell(a) = \dfrac{1}{\sqrt{1-\dfrac{a^2}{\mathbf{c}^2}}}$。因此，对于同一个运动物体而言，洛伦兹变换将运动过

程在 K 中的关联时空速度变换成在 (k) 中的关联时空速度。也就是说，洛伦兹变换保持运动过程的关联时空速度定义不变。

7. 速度可加性问题

依旧如前假设参照系 K 与 (k)。现在假设有一个物体在 (k) 中以速度 w 沿着 (k) 的运动方向同向运动。那么:

(1) 按照 K 中速度相加的经典物理学原理，或者按照伽利略变换，在 K 中该物体的运动速度为 $v + w$;

(2) 按照洛伦兹变换，在 K 中观察到的该物体的运动速度则是 $\dfrac{v + w}{1 + \dfrac{v \cdot w}{\mathbf{c}^2}}$。

著名的菲佐 (Fizeau) 实验支持相对论速度相加定理之结论，不支持经典物理学速度相加定理之结论。菲佐实验如下:

已知在处于静止状态下的一种液体中光的传播速度为 w。实验过程是令这种液体在一条水平笔直的处于静止状态的管道中以速度 v 沿管道匀速运动，再测定光在该液体中的传播速度 W。菲佐测量出的结果为

$$W = w + v \left(1 - \frac{w^2}{\mathbf{c}^2} \right)$$

根据爱因斯坦狭义相对论的速度转换公式，以管道为静止参照系的观察者测量到的光在运动液体中的传播速度 W_1 可以由下述等式计算出来:

$$W_1 = \frac{w + v}{1 + \dfrac{vw}{\mathbf{c}^2}}$$

可见如果 $\dfrac{vw}{\mathbf{c}^2}$ 非常小，那么 $|W - W_1|$ 是一个非常小的值。

基本结论: **在相对论同时性以及光速不变前提之下，对一切自然律的正确表达方式一定在满足洛伦兹变换的两个参照系中是不变的。**

8. 关联时空动量与动能

设 K 为一个惯性参照系。在该参照系中，一个在 K 中处于静止状态下的物体的质量为 m，称之为该物体的**静止质量**。设

$$\vec{u} = \left(\frac{\mathrm{d}x}{\mathrm{d}t}, \frac{\mathrm{d}y}{\mathrm{d}t}, \frac{\mathrm{d}z}{\mathrm{d}t} \right) = (u_x, u_y, u_z)$$

为静止质量为 m 的物体在参照系 K 中的运动速度。令 $u^2 = u_x^2 + u_y^2 + u_z^2$，那么在 K 中的关联时空速度向量为

$$\mathbf{u} = \ell(u) \left(\mathbf{c}, u_x, u_y, u_z \right)$$

依此定义该物体在参照系 K 中的**关联时空动量**为

$$\mathbf{p} = m\mathbf{u} = m\ell(u)\,(\mathbf{c}, u_x, u_y, u_z) = \ell(u)\,(m\mathbf{c}, mu_x, mu_y, mu_z)$$

注意 $m\,(u_x, u_y, u_z)$ 恰好就是经典力学中的动量；还应当注意这样的关联时空动量的闵可夫斯基长度平方为 $m^2\mathbf{c}^2$。由此可见，物体的静止质量不会随惯性参照系的选择发生变化，即在所有的惯性参照系中，物体的静止质量都是相同的。

基于此，我们定义关联时空动量中的空间部分为

$$\vec{p} = m\ell(u)\,(u_x, u_y, u_z)$$

而将关联时空动量中的时间部分解释为物体的动能与光速的比值：

$$m\ell(u)\mathbf{c} = \frac{E}{\mathbf{c}}$$

定义物体的**静止能量**为 $m\mathbf{c}^2$ 以及它在参照系 K 中的动能为

$$E = \frac{mc^2}{\sqrt{1 - \dfrac{u^2}{\mathbf{c}^2}}}$$

这样，关联时空动量就有如下表示：

$$\mathbf{p} = \left(\frac{E}{\mathbf{c}}, \vec{p}\right) = \left(\frac{E}{\mathbf{c}}, \ell(u)mu_x, \ell(u)mu_y, \ell(u)mu_z\right)$$

动能 E 与关联时空动量的空间部分经光速放大之后的三维空间向量 $\mathbf{c}\vec{p}$ 就构成一个时空向量：

$$(E, \mathbf{c}\vec{p}) = (E, \ell(u)m\mathbf{c}u_x, \ell(u)m\mathbf{c}u_y, \ell(u)m\mathbf{c}u_z)$$

这个动能-动量时空向量的闵可夫斯基长度的平方正好就是该物体的静止能量的平方：

$$E^2 - (\vec{p}\mathbf{c})^2 = \frac{(m\mathbf{c}^2)^2 - u^2(m\mathbf{c})^2}{1 - \dfrac{u^2}{\mathbf{c}^2}}$$

$$= (m\mathbf{c}^2)^2 \left[\frac{1 - \dfrac{u^2}{\mathbf{c}^2}}{1 - \dfrac{u^2}{\mathbf{c}^2}}\right]$$

$$= (m\mathbf{c}^2)^2$$

这便给出爱因斯坦的质能公式:

$$E^2 = (\mathbf{c}\vec{p})^2 + (m\mathbf{c}^2)^2$$

由前面已知的洛伦兹变换保持运动过程的关联时空速度定义不变, 物体的动能-动量时空向量在洛伦兹变换下依旧是同一物体的动能-动量时空向量, 并且物体的静止能量是一个不变量。

具体而言, 洛伦兹变换是怎样实现运动物体的动量和动能在两个相对匀速平动中的惯性参照系之间的对应?

设一个静止质量为 m 的物体在惯性参照系 K 中以速度

$$\vec{u} = \left(\frac{\mathrm{d}x}{\mathrm{d}t}, \frac{\mathrm{d}y}{\mathrm{d}t}, \frac{\mathrm{d}z}{\mathrm{d}t} \right) = (u_x, u_y, u_z)$$

运动。那么在 K 中, 它的动能与动量的空间分量分别如下:

$$E = \ell(u)m\mathbf{c}^2; \; p_x = \ell(u)mu_x, \; p_y = \ell(u)mu_y, \; p_z = \ell(u)mu_z$$

设 (k) 为一个沿着 K 的 X 轴正向以速度 v 匀速平动的惯性参照系。又设在该参照系中观测到运动物体的速度为

$$\vec{w} = \left(\frac{\mathrm{d}\xi}{\mathrm{d}s}, \frac{\mathrm{d}\eta}{\mathrm{d}s}, \frac{\mathrm{d}\zeta}{\mathrm{d}s} \right) = (w_\xi, w_\eta, w_\zeta)$$

由于物体的静止质量 m 和光速 $\mathbf{c}$ 在 K 中和在 (k) 中是不变的, 所以在 (k) 中运动物体的动能与动量的空间分量分别如下:

$$E' = \ell(w)m\mathbf{c}^2; \; p_\xi = \ell(w)mw_\xi, \; p_\eta = \ell(w)mw_\eta, \; p_\zeta = \ell(w)mw_\zeta$$

根据洛伦兹变换保持速度定义的等式:

$$
\begin{pmatrix} \ell(w)\mathbf{c} \\ \ell(w)w_\xi \\ \ell(w)w_\eta \\ \ell(w)w_\zeta \end{pmatrix} = \begin{pmatrix} \ell(v) & -\dfrac{v}{\mathbf{c}^2}\ell(v) & 0 & 0 \\ -v\ell(v) & \ell(v) & 0 & 0 \\ 0 & 0 & 1 & 0 \\ 0 & 0 & 0 & 1 \end{pmatrix} \begin{pmatrix} \ell(u)\mathbf{c} \\ \ell(u)u_x \\ \ell(u)u_y \\ \ell(u)u_z \end{pmatrix}
$$

我们立刻得到

$$
\begin{pmatrix} \ell(w)m\mathbf{c} \\ \ell(w)mw_\xi \\ \ell(w)mw_\eta \\ \ell(w)mw_\zeta \end{pmatrix} = \begin{pmatrix} \ell(v) & -\dfrac{v}{\mathbf{c}^2}\ell(v) & 0 & 0 \\ -v\ell(v) & \ell(v) & 0 & 0 \\ 0 & 0 & 1 & 0 \\ 0 & 0 & 0 & 1 \end{pmatrix} \begin{pmatrix} \ell(u)m\mathbf{c} \\ \ell(u)mu_x \\ \ell(u)mu_y \\ \ell(u)mu_z \end{pmatrix}
$$

也就是说,

$$
\begin{pmatrix} \dfrac{E'}{\mathbf{c}} \\ p_\xi \\ p_\eta \\ p_\zeta \end{pmatrix} = \begin{pmatrix} \ell(v) & -\dfrac{v}{\mathbf{c}^2}\ell(v) & 0 & 0 \\ -v\ell(v) & \ell(v) & 0 & 0 \\ 0 & 0 & 1 & 0 \\ 0 & 0 & 0 & 1 \end{pmatrix} \begin{pmatrix} \dfrac{E}{\mathbf{c}} \\ p_x \\ p_y \\ p_z \end{pmatrix}
$$

因此, 洛伦兹变换也保持运动物体的动量和动能的定义。

　9. 洛伦兹变换保持牛顿定律形式不变

　在惯性参照系 K 中, 关联时空中的牛顿第二定律为

$$
\frac{\mathbf{p}}{\mathrm{d}\tau} = m\frac{\mathbf{u}}{\mathrm{d}\tau} = \mathbf{f}
$$

其中, τ 是物体运动的轨迹时间, 以及

$$
\mathbf{f} = \ell(u)\left(u_x\frac{\mathrm{d}u_x}{\mathrm{d}t} + u_y\frac{\mathrm{d}u_y}{\mathrm{d}t} + u_z\frac{\mathrm{d}u_z}{\mathrm{d}t}, \frac{\mathrm{d}u_x}{\mathrm{d}t}, \frac{\mathrm{d}u_y}{\mathrm{d}t}, \frac{\mathrm{d}u_z}{\mathrm{d}t}\right)
$$

　在惯性参照系 (k) 中, 关联时空中的牛顿第二定律为

$$
\frac{\mathbf{p}'}{\mathrm{d}\tau} = m\frac{\mathbf{w}}{\mathrm{d}\tau} = \mathbf{f}'
$$

其中, τ 是物体运动的轨迹时间, 以及

$$
\mathbf{f}' = \ell(w)\left(w_\xi\frac{\mathrm{d}w_\xi}{\mathrm{d}s} + w_\eta\frac{\mathrm{d}w_\eta}{\mathrm{d}s} + w_\zeta\frac{\mathrm{d}w_\zeta}{\mathrm{d}s}, \frac{\mathrm{d}w_\xi}{\mathrm{d}s}, \frac{\mathrm{d}w_\eta}{\mathrm{d}s}, \frac{\mathrm{d}w_\zeta}{\mathrm{d}s}\right)
$$

　　根据前面所知道的洛伦兹变换保持关联时空速度定义、动量定义、动能定义的结论, 我们立刻得到洛伦兹变换保持牛顿定律的形式不变。

2.3.9　关联时空电动力学理论

　1. 麦克斯韦方程组之共变

　　早在爱因斯坦狭义相对论建立之前,洛伦兹就已经验证麦克斯韦电磁场方程组在洛伦兹变换下具有不变形式。麦克斯韦方程组和洛伦兹力等式所持有的洛伦兹变换的形式不变性蕴涵着这些方程或等式中所涉及的函数,比如电荷密度函数 ρ,电荷密度向量函数 $\mathbf{J}$,电场 $\mathbf{E}$ 和磁场 $\mathbf{B}$ 都在洛伦兹变换下保持相应的定义共变形式。

　　设 K 为惯性参照系。设一静止质量为 m 的运动粒子 a 携带电荷量 q。设 E 为其动能, $\vec{p}$ 为其能量-动量关联时空向量的空间部分。洛伦兹作用等式为

$$
\frac{\mathrm{d}\vec{p}}{\mathrm{d}t} = q\left(\mathbf{E} + \frac{\vec{u}}{\mathbf{c}} \times \mathbf{B}\right)
$$

令 $p_0 = \dfrac{E}{\mathbf{c}}$, $U_0 = \ell(u)\mathbf{c}$, $\vec{U} = \ell(u)\,(u_x, u_y, u_z)$, 那么该粒子的关联时空动量为

$$\left(p^0, p^1, p^2, p^3\right) = (p_0, \vec{p}) = m\left(U_0, \vec{U}\right)$$

应用本地时间 $\mathrm{d}\tau = \mathrm{d}t\sqrt{1 - \dfrac{u^2}{\mathbf{c}^2}}$, 洛伦兹作用等式得以写成如下形式:

$$\frac{\mathrm{d}\vec{p}}{\mathrm{d}\tau} = \frac{q}{\mathbf{c}}\left(U_0\mathbf{E} + \vec{U} \times \mathbf{B}\right)$$

另一方面,

$$\frac{\mathrm{d}p_0}{\mathrm{d}\tau} = \frac{q}{\mathbf{c}}\vec{U} \cdot \mathbf{E}$$

由于

$$\frac{\mathrm{d}}{\mathrm{d}\tau}(p_0, \vec{p}) = \left(\frac{\mathrm{d}p_0}{\mathrm{d}\tau}, \frac{\mathrm{d}\vec{p}}{\mathrm{d}\tau}\right)$$

是关联时空动量的切向量, 如果洛伦兹作用等式以及能量变化等式随洛伦兹变换共变, 上述两个等式的右边就必须能够融合成一个关联时空四维向量。它们涉及电荷量、关联时空速度以及电磁场。需要知道它们中间的两个在洛伦兹变换下的性质, 然后再利用共变性来确定第三者的性质。

首先, 实验支持"携带电荷"以及"电荷量一定是质子所携带的电荷量的整数倍"在洛伦兹变换下的不变性。

其次, 假设电荷密度函数 $\rho(t, x, y, z)$ 以及电流密度函数

$$\mathbf{J}(t, x, y, z) = \left(J^1(t, x, y, z), J^2(t, x, y, z), J^3(t, x, y, z)\right)$$

融合成关联时空向量函数:

$$\left(J^0(t, x, y, z), J^1(t, x, y, z), J^2(t, x, y, z), J^3(t, x, y, z)\right)$$

$$= \left(\mathbf{c}\rho(t, x, y, z), J^1(t, x, y, z), J^2(t, x, y, z), J^3(t, x, y, z)\right)$$

之所以可以这样假设, 是因为如下理由成立: 在参照系 K 中, $\delta q = \rho\,\mathrm{d}x^1 \wedge \mathrm{d}x^2 \wedge \mathrm{d}x^3$ 经实验确定在洛伦兹变换下不变, 从而

$$\rho'\xi^1 \wedge \mathrm{d}\xi^2 \wedge \mathrm{d}\xi^3 = \rho\,\mathrm{d}x^1 \wedge \mathrm{d}x^2 \wedge \mathrm{d}x^3$$

另外, 四维体积张量具有洛伦兹变换不变性:

$$\mathrm{d}\xi^0 \wedge \mathrm{d}\xi^1 \wedge \mathrm{d}\xi^2 \wedge \mathrm{d}\xi^3 = \frac{\partial\left(\xi^0, \xi^1, \xi^2, \xi^3\right)}{\partial\left(x^0, x^1, x^2, x^3\right)}\mathrm{d}x^0 \wedge \mathrm{d}x^1 \wedge \mathrm{d}x^2 \wedge \mathrm{d}x^3 = \mathrm{d}x^0 \wedge \mathrm{d}x^1 \wedge \mathrm{d}x^2 \wedge \mathrm{d}x^3$$

这样，δq 的不变性就意味着分量 $\mathbf{c}\rho$ 如同 x^0 那样被洛伦兹变换变换。于是，连续性等式

$$\frac{\partial \rho}{\partial t} + \nabla \cdot \mathbf{J} = 0$$

就可以写成如下共变形式：

$$\sum_{i=0}^{3} \partial_i J^i = 0$$

最后，假设如果标量势能函数 $\Phi(t, x, y, z)$ 以及向量势能函数

$$\mathbf{A}(t, x, y, z) = \big(A^1(t, x, y, z), A^2(t, x, y, z), A^3(t, x, y, z)\big)$$

满足洛伦兹条件

$$\nabla \mathbf{A} + \frac{1}{\mathbf{c}} \frac{\partial \Phi}{\partial t} = 0$$

那么它们融合成关联时空向量函数：

$$\big(A^0(t, x, y, z), A^1(t, x, y, z), A^2(t, x, y, z), A^3(t, x, y, z)\big)$$
$$= \big(\Phi(t, x, y, z), A^1(t, x, y, z), A^2(t, x, y, z), A^3(t, x, y, z)\big)$$

电磁场分别由这两个配对势能函数表示如下：

$$\mathbf{E} = -\frac{1}{\mathbf{c}} \frac{\partial \mathbf{A}}{\partial t} - \nabla \Phi$$
$$\mathbf{B} = \nabla \times \mathbf{A}$$

注意，如果定义 $\mathbf{E} = -\dfrac{\partial \mathbf{A}}{\partial t} - \nabla \Phi$，那么 $(\Phi, \mathbf{A})$ 所需要满足的洛伦兹条件应当是

$$\nabla \mathbf{A} + \frac{1}{\mathbf{c}^2} \frac{\partial \Phi}{\partial t} = 0$$

将相应的分量显示出来就有

$$E_x = -\frac{1}{\mathbf{c}} \frac{\partial A_x}{\partial t} - \frac{\partial \Phi}{\partial x} = -(\partial^0 A^1 - \partial^1 A^0)$$
$$E_y = -\frac{1}{\mathbf{c}} \frac{\partial A_y}{\partial t} - \frac{\partial \Phi}{\partial y} = -(\partial^0 A^2 - \partial^2 A^0)$$

$$E_z = -\frac{1}{\mathbf{c}}\frac{\partial A_z}{\partial t} - \frac{\partial \Phi}{\partial z} = -(\partial^0 A^3 - \partial^3 A^0)$$

$$B_x = \frac{\partial A_z}{\partial y} - \frac{\partial A_y}{\partial z} = -(\partial^2 A^3 - \partial^3 A^2)$$

$$B_y = -\frac{\partial A_z}{\partial x} - \frac{\partial A_x}{\partial z} = -(\partial^2 A^3 - \partial^3 A^2)$$

$$B_z = \frac{\partial A_y}{\partial x} - \frac{\partial A_x}{\partial y} = -(\partial^2 A^1 - \partial^1 A^2)$$

这些分量构成电磁场二阶**反变场力度张量**

$$\begin{aligned}
(F^{ij})_{0\leqslant i,j\leqslant 3} &= (\partial^i A^j - \partial^j A^i)_{0\leqslant i,j\leqslant 3} \\
&= \begin{pmatrix}
0 & -E_x & -E_y & -E_z \\
E_x & 0 & -B_z & B_y \\
E_y & B_z & 0 & -B_x \\
E_z & -B_y & B_x & 0
\end{pmatrix}
\end{aligned}$$

以及电磁场二阶**共变场力度张量**

$$\begin{aligned}
(F_{ij})_{0\leqslant i,j\leqslant 3} &= \mathbf{g}\left(F^{ij}\right)\mathbf{g} \\
&= \begin{pmatrix}
0 & E_x & E_y & E_z \\
-E_x & 0 & -B_z & B_y \\
-E_y & B_z & 0 & -B_x \\
-E_z & -B_y & B_x & 0
\end{pmatrix}
\end{aligned}$$

其中

$$\mathbf{g} = \left(g^{ij}\right) = (g_{ij}) = \mathrm{diag}(1,-1,-1,-1)$$

是闵可夫斯基距离张量。因此，对于 $0 \leqslant i, j \leqslant 3$，有

$$F_{ij} = \sum_{\ell=0}^{3}\sum_{k=0}^{3} g_{i\ell}F^{\ell k}g_{kj}$$

这样，洛伦兹作用力等式就翻译成如下不变形式：

$$\frac{\mathrm{d}p^i}{\mathrm{d}\tau} = m\frac{U^i}{\mathrm{d}\tau} = \frac{q}{\mathbf{c}}\sum_{j=0}^{3} F^{ij}U_j \quad (0 \leqslant i \leqslant 3)$$

电磁波波动方程

$$\frac{1}{\mathbf{c}^2}\frac{\partial^2 \mathbf{A}}{\partial t^2} - \nabla^2 \mathbf{A} = \frac{4\pi}{\mathbf{c}}\mathbf{J}$$

$$\frac{1}{\mathbf{c}^2}\frac{\partial^2 \mathbf{\Phi}}{\partial t^2} - \nabla^2 \mathbf{\Phi} = 4\pi\rho$$

以及洛伦兹条件等式

$$\frac{1}{\mathbf{c}}\frac{\partial \mathbf{\Phi}}{\partial t} + \nabla \cdot \mathbf{A} = 0$$

就翻译成下述不变形式:

$$\Box A^i = \frac{4\pi}{\mathbf{c}}J^i \quad (0 \leqslant i \leqslant 3)$$

以及

$$\sum_{j=0}^{3} \partial_j A^j = 0$$

麦克斯韦非齐次方程

$$\nabla \cdot \mathbf{E} = 4\pi\rho$$

$$\nabla \times \mathbf{B} - \frac{1}{\mathbf{c}}\frac{\partial \mathbf{E}}{\partial t} = \frac{4\pi}{\mathbf{c}}\mathbf{J}$$

就翻译成下述不变形式:

$$\sum_{i=1}^{3} \partial_i F^{ij} = \frac{4\pi}{\mathbf{c}}J^j \quad (0 \leqslant j \leqslant 3)$$

麦克斯韦齐次方程

$$\nabla \cdot \mathbf{B} = 0$$

$$\nabla \times \mathbf{E} + \frac{1}{\mathbf{c}}\frac{\partial \mathbf{B}}{\partial t} = 0$$

就翻译成下述四个具有不变形式的等式:

$$\partial_i F_{jk} + \partial_j F_{ki} + \partial_k F_{ij} = 0, \ \{i,j,k\} \in [\{0,1,2,3\}]^3$$

其中, $[\{0,1,2,3\}]^3 = \{a \subset \{0,1,2,3\} \mid |a| = 3\}$。

与由 K 到 (k) 的基本洛伦兹变换相应的电磁场分量的变换如下：

$$E_\xi = E_x, \qquad\qquad B_\xi = B_x$$
$$E_\eta = \ell(v)\left(E_y - \frac{v}{\mathbf{c}}B_z\right), \quad B_\eta = \ell(v)\left(B_y + \frac{v}{\mathbf{c}}E_z\right)$$
$$E_\zeta = \ell(v)\left(E_z + \frac{v}{\mathbf{c}}B_y\right), \quad B_\zeta = \ell(v)\left(B_z - \frac{v}{\mathbf{c}}E_y\right)$$

2. 带电粒子在外加电磁场中运动

这样的运动由两部分合成：粒子的自由运动以及与电磁场相互作用下的运动。与第一种运动相适应的拉格朗日函数为

$$\mathcal{L}_0 = -m\mathbf{c}^2\sqrt{1 - \frac{u^2}{\mathbf{c}^2}}$$

设与第二种运动相适应的拉格朗日函数为 $\mathcal{L}_1$。

关联时空中的电磁场势能由满足洛伦兹条件的标量势能 $A^0 = \Psi$ 以及向量势能 $\mathbf{A}$ 融合而成 (A^0, A^1, A^2, A^3)。与该带电粒子运动关联的是它的关联时空动量以及表示它的事件向量。由于要求 $\ell(u)\mathcal{L}_1$ 是平移不变和洛伦兹不变的，所有 $\ell(u)\mathcal{L}_1$ 不能涉及带电粒子所关联的事件分量。另外，$\ell(u)\mathcal{L}_1$ 应当是电荷量的线性函数，也应当是电磁场势能的线性函数，并且该函数的自变量中不能含有坐标分量关于时间的高阶导数 (次数大于 1)。在这样的限制条件下可以得到

$$\mathcal{L}_1 = -\frac{q}{\mathbf{c}\ell(u)}\sum_{i=0}^{3}U_i A^i$$

其中，q 是粒子所带的电荷量。这样，

$$\mathcal{L} = \mathcal{L}_0 + \mathcal{L}_1 = -\left(m\mathbf{c}^2\sqrt{1 - \frac{u^2}{\mathbf{c}^2}} + \frac{q}{\mathbf{c}\ell(u)}\sum_{i=0}^{3}U_i A^i\right)$$

3. 外在电源对电磁场的影响

为了描述连续对象，比如电磁场，我们的格局空间中的广义坐标需要用连续场函数 $\varphi_k\,(1 \leqslant k \leqslant n)$ 以及连续指标 $x = (x^0, x^1, x^2, x^3)$。因此，坐标的时间导数就变成了对连续指标的偏导数 $\partial^i\varphi(x)$，其中

$$x^0 = x_0 = \mathbf{c}t,\ x^1 = x = -x_1,\ x^2 = y = -x_2,\ x^3 = z = -x_3$$

$$\partial^0 = \partial_0 = \frac{1}{\mathbf{c}}\frac{\partial}{\partial t},\ \partial^j = \frac{\partial}{\partial x_j} = -\partial_j = -\frac{\partial}{\partial x^j} \quad (1 \leqslant j \leqslant 3)$$

描述连续对象的拉格朗日函数由**拉格朗日密度** (记成 $\mathscr{L}$) 对空间体积元的积分得到：

$$\mathscr{L} = \int \mathscr{L}\left(\varphi_1, \cdots, \partial^0\varphi_1, \cdots, \partial^3\varphi_1, \cdots\right) \mathrm{d}x^1 \wedge \mathrm{d}x^2 \wedge \mathrm{d}x^3$$

于是动作积分就定义为

$$I = \int \left(\int \mathscr{L}\mathrm{d}x^1 \wedge \mathrm{d}x^2 \wedge \mathrm{d}x^3\right) \mathrm{d}t = -\frac{1}{\mathbf{c}}\int \mathscr{L}\mathrm{d}x^0 \wedge \mathrm{d}x^1 \wedge \mathrm{d}x^2 \wedge \mathrm{d}x^3$$

动作积分的变分算子作用为 $\delta\varphi_k$ 以及 $\delta\left(\partial^i\varphi_k\right)$；根据假设的哈密顿极小化原理 (或者最小动作原理)，相应的拉格朗日方程组为

$$\partial^i\left(\frac{\partial\mathscr{L}}{\partial\left(\partial^i\varphi_k\right)}\right) = \frac{\partial\mathscr{L}}{\partial\varphi_k} \quad (0 \leqslant i \leqslant 3; \ 1 \leqslant k \leqslant n)$$

为保证动作是一个洛伦兹不变量，拉格朗日密度就必须是一个洛伦兹不变量 (洛伦兹标量)，因为闵可夫斯基空间的体积元 $\mathrm{d}x^0 \wedge \mathrm{d}x^1 \wedge \mathrm{d}x^2 \wedge \mathrm{d}x^3$ 是洛伦兹不变量。为此，自由电磁场运动的拉格朗日密度就会与二次型

$$\sum_{i=0}^{3}\sum_{j=0}^{3} F_{ij}F^{ij} = \mathrm{Tr}\left(F\left(\mathbf{g}F^T\mathbf{g}\right)\right)$$

成比例。其中，$\mathrm{Tr}(B)$ 为矩阵 B 的迹；$\mathbf{g} = \mathrm{diag}(1, -1, -1, -1) = (g_{ij}) = (g^{ij})$；$F^{ij} = \partial^i A^j - \partial^j A^i$ $(0 \leqslant i, j \leqslant 3)$, $F = \left(F^{ij}\right)_{0 \leqslant i, j \leqslant 3}$ 为电磁场力度矩阵和：

$$F_{\alpha\beta} = \sum_{k=0}^{3}\sum_{\ell=0}^{3} g_{\alpha k}\left(\partial^k A^\ell - \partial^\ell A^k\right)g_{\ell\beta} \quad (0 \leqslant \alpha, \beta \leqslant 3)$$

与电磁场发生相互作用的拉格朗日密度部分涉及的是电流源密度时空向量：

$$\mathbf{J} = \left(J^0(x), J^1(x), J^2(x), J^3(x)\right)$$

因此，这会与 $\mathbf{J}$ 和 $\mathbf{A}$ 的闵可夫斯基内积 $\sum\limits_{i=0}^{3} J_i A^i$ 成比例，其中 $\mathbf{A} = (A^0, A^1, A^2, A^3)$ 是产生电磁场的势能时空向量。综合起来，

$$\mathscr{L} = -\frac{1}{16\pi}\left(\sum_{i=0}^{3}\sum_{j=0}^{3} F_{ij}F^{ij}\right) - \frac{1}{\mathbf{c}}\left(\sum_{i=0}^{3} J_i A^i\right)$$

其中，自由电场运动的拉格朗日密度部分的负号和系数由电磁场力度张量的定义以及麦克斯韦方程组所决定；相互作用部分的负号和系数则是为了与带电粒子运动的相互作用部分保持一致。

利用 **g** 的对称性和电磁场力度矩阵的反对称性，直接计算得到

$$\frac{\partial \mathscr{L}}{\partial \left(\partial^i A^j \right)} = \frac{1}{4\pi} F_{ij} = \frac{1}{4\pi F_{ji}} \quad (0 \leqslant i, j \leqslant 3)$$

以及

$$\frac{\partial \mathscr{L}}{\partial A^i} = -\frac{1}{\mathbf{c}} J_i \quad (0 \leqslant i \leqslant 3)$$

这样，电磁场的运动方程组为

$$\frac{1}{4\pi} \sum_{i=0}^{3} \partial^i F_{ij} = \frac{1}{\mathbf{c}} J_j \quad (0 \leqslant j \leqslant 3)$$

2.4 爱因斯坦引力理论

2.4.1 广义相对论之基本思想

狭义相对论公理解决了两个相对匀速平移运动的惯性参照系之间的物理定律的表述方式的独立性问题，或形式不变性问题。自然的问题是如果一个惯性参照系相对于另外一个匀加速平移运动，同一个物理定律在两个参照系中的表述形式会有什么样的差别？或者表达的内容与参照系的选择会有多大差别？

与狭义相对论相关的另外一个问题就是牛顿引力定律与狭义相对论存在冲突：根据牛顿引力定律，质量分别为 m_1 和 m_2 的在空间中相距 r 的两个物体之间存在着一种与连线方向一致的相互吸引力，其大小为

$$F = G \frac{m_1 m_2}{r^2}$$

其中，$C = 6.67 \times 10^{-8} \, \mathrm{dyn \cdot cm^2/g^2}$ 为牛顿引力常数。牛顿引力是一种瞬间作用，并且作用在一个物体上的力同时依赖于另外一个物体所在的位置。可是狭义相对论不允许任何比真空光速更快的信号传递。这就不允许远距条件下的瞬间作用。因此，牛顿引力理论应当只是某种更为基础的理论的一种近似。那么，这种更为基础的引力理论可以是什么呢？

爱因斯坦求解这两个问题的探索过程以揭开匀加速运动参照系与在引力场作用下自由落体运动 (已知的唯一的自然的匀加速运动) 之间的关联为切入点。这是一个相对而言比较简单的测试问题。考虑一个伽利略参照系 K(作为静止参照系)

以及一个相对于 K 做匀加速运动 $\dfrac{\mathrm{d}\vec{v}}{\mathrm{d}t}$ 的惯性参照系 (k)。在参照系 (k) 中，所有的物体都在以加速度 $-\dfrac{\mathrm{d}\vec{v}}{\mathrm{d}t}$ 做匀减速运动。现在的问题是：在 (k) 中的一个观察者是否能够知道自己的确身处一个加速运动的系统之中？爱因斯坦发现这个问题的答案是否定的，因为这位观察者完全能够相信自己正受到产生同样加速度的一个引力场的作用，而不是所在的参照系在加速运动中。或者换一个角度讲，"引力场仅仅是一种相对存在 …… **因为当一个观察者从屋顶自由下落时——至少在**他的贴身周围——**不存在引力场**。的确，如果这位观察者同时掉落随身的某种物品，不论它们的物质构成 (忽略空气阻力作用)，这些物品都会相对于他处在一种静止或者匀速运动状态。这位观察者有权利将自己所处的状态解释为'静止'"。所以，在爱因斯坦看来，没有实验可以区分匀加速运动和在均匀引力场中的自由运动。这是爱因斯坦等价原理的基本思想。

　　基于这样的考量，爱因斯坦在他 1916 年的论文 [①] 中提出了**广义相对论原理**："自然规律必然在任意一种参照系中都同样有效。"

　　爱因斯坦在他的论文中首先指出在狭义相对论以及经典力学中无论是空间坐标还是时间坐标都有着直接的物理含义，但在一般情形下各坐标分量的直接物理含义将会消失。比如，相对于一个惯性参照系 $S(x,y,z,t)$ 而言，另外一个原点和 Z 轴永久相重合的参照系 $S'(x',y',z',t')$ 绕 S 的 Z 轴匀速旋转。那么在参照系 S' 中，它的空间坐标和时间坐标就不能具备直接的物理含义。在静止参照系 S 中以坐标原点为圆心置放在 XY 平面上的圆在匀速旋转参照系 S' 看来依旧还是圆。假设这个圆足够大以至于用来度量长度的标杆比起圆的直径来要小得多，然后用以标杆为长度单位做好的韧性足够的软带来度量圆的周长以及用标杆来度量圆的直径，依照这两种度量的结果来计算周长与直径的比值。在 S 中得到的结果自然是 π，可是在旋转参照系 S' 中以处在相对 S' 静止的标杆度量出来的结果会表明这个比值严格大于 π。因为在 S 中测量出来的圆周周长发生了洛伦兹压缩，但圆的直径并没有发生洛伦兹压缩，所有在 S 中度量出来的圆周周长比在 S' 中度量出来的圆周周长小，而在 S 和在 S' 中度量出来的圆的直径是相同的，所以，在 S' 中计算出来的圆周的周长与直径的比值严格大于 π。这就意味着欧几里得几何理论在匀速旋转参照系 S' 中失效。于是，以欧几里得几何有效为前提的空间坐标的直接物理含义就失效了。同样也不能够用在 S' 中处于静止状态的标准时钟来直接测量物理含义中应有的时间。想象在那个大圆的圆心和圆周上置放两个时钟，在 S 中观看时钟的计时。处在圆心的时钟是静止的，处在圆周上的时钟随 S' 一起匀速旋转着。根据狭义相对论的结论，处在圆周上的时钟比处在圆心的时钟

① A. Einstein, Die Grundlage der allgemeinen Relativitätstheorie, Annalen der Physik, vol. 49 (1916).

慢, 身处圆心的观察者无论是在哪个参照系中都处在静止状态, 所以在 S' 中应用光传播来考察这两个时钟的过程同样发现处在圆周上的时钟比处在圆心处的时钟慢。这就意味着 S' 中的标准时钟时刻进步的速率与时钟所在的位置有关。于是, 时间坐标的直接物理含义消失了。

在认真考量了坐标系中坐标的作用后, 爱因斯坦将广义相对论原理以自然规律应有的对坐标系选择的独立性 (或者应有的随坐标系变换而共变) 的方式表述出来: "自然规律的表达方式必须保证其在所有参照系中的等价特性, 就是说, 它们必须随坐标替换共变。"

尽管广义相对论原理强调表达自然规律的方式不应当因为坐标参照系选择的不同而发生实质性的改变, 爱因斯坦依然需要坚持无论如何在四维时空的微小局部应当确保狭义相对论原理有效。这就对坐标参照系的选择做出了必要的限制, 正如同狭义相对论原理将对参照系的选择限制在确保牛顿惯性定律有效这一范围那样。这样的假设就对描述四维时空的坐标参照系以及它们之间的变换的合适性给出了基本规定。可是, 这种与欲建立的更为基础的引力理论相适应的四维时空应当具有什么样的几何结构呢? 这种几何空间自然不能是闵可夫斯基平坦时空, 尽管局部必须如此。在相对意义上讲, 这种几何空间在全局上应当是 "弯曲" 的。

再回到自由落体现象。一类实验事实表明, 在一个均匀引力场中, 无论物体的物质组成如何千差万别, 所有的物体都以相同的加速度自由下落。这种实验事实表明一个重要等式: 无论何种物体, 它所持有的惯性质量 m_I 一定等于它的引力质量 m_G。物体的惯性质量事实上决定着任何外在力量在试图改变其运动状态时必然遭遇的难度, 恰如牛顿第二定律所表明的:

$$\vec{F} = m_I \frac{\mathrm{d}\vec{v}}{\mathrm{d}t}$$

物体的引力质量则决定着它在一个引力场中所受到的影响程度, 仅仅与某种特殊的力——引力——发生关联, 恰如牛顿引力定律所表明的那样。一旦将这两个定律结合起来, 这一实验事实就表明在均匀引力场中 $m_I = m_G$。这就极大地简化了对质量必要的认识。

另类实验现象也表明所有在同一位置以同样初速度垂直往上抛出的物体总会随时间变换沿着同一条时空曲线先匀减速上升至最高点后匀加速下落, 直至回到地球表面。这种所有具备同样初始条件的物体都按照同一条时空轨迹运动恰好是引力场的独有特征。爱因斯坦相信这种时空路径的唯一性应当可以通过四维时空的几何结构来解释, 就是说, 宇宙中的星球在其周边的时空中的影响可以通过 "弯曲" 时空几何来揭示, 并且在没有任何其他作用的情况下, 在这个星球周边的时空中, 所有受到影响的物体都会在这个弯曲的时空中沿着 "笔直路径" (或者 "最省事路径") 运动。

最终, 这些想法通过对黎曼度量空间或者黎曼几何结构的选择以及坐标系变换的微变特性得以实现。这些纯数学的几何结构和微变同构映射的 "绝对微分演算" 理论在爱因斯坦建立广义相对论的大约十年前刚刚由 G. Ricci 和 T. Levi-Civita 系统建立起来[①]。黎曼几何理论则是 B. Riemann 于 1854 年提出[②]。借助数学语言来表达, 这就是假设在广义相对论理论中用来表述引力场的黎曼几何空间的任何微小局部都能够找到一个实现闵可夫斯基度量张量 **g** 的坐标系。在这个基础上, 爱因斯坦进一步假设自由物体在引力场中的运动轨迹恰好可以用一条测地线来描述。这一假设的经典范例就是哈密顿的极小化原理。

爱因斯坦广义相对论的实质内核是建立起黎曼几何曲率与物理学物质和能量之间的对应。简要地说, 这种对应由下述梗概方案给出:

$$(一种局部时空曲率度量) = (一种质量\text{-}能量密度度量)$$

这种对应导致爱因斯坦描述引力作用的爱因斯坦方程。爱因斯坦方程将局部时空曲率与所在时空中的物质的质量-能量密切关联起来, 甚至认为所在时空中的物质的质量- 能量恰好就是导致相应的局部时空曲率的 "根源"。爱因斯坦方程与麦克斯韦方程组有很大的相似之处。麦克斯韦方程组将电磁场与产生电磁场的根源——带电粒子与带电粒子的运动——密切关联起来。爱因斯坦方程则将引力场与物质质量-能量作为 "根源与影响" 关联起来。

最后, 爱因斯坦真空方程为: $R_{ij} = 0 (1 \leqslant i, j \leqslant 4)$, 其中二阶共变张量 $(R_{ij})_{4 \times 4}$ 是四维时空上的 Ricci 张量。

对于时空中有物质存在的地方, 物质的质量-能量密度的一种测量由压力-能量二阶对称共变张量 $(T_{ij})_{4 \times 4}$ 给出, 具体而言, 考虑它的逆矩阵, 二阶反变张量 (T^{ij}): T^{11} 为能量密度; T^{i1} 为在三个空间坐标分量的 i 方向上的动量密度; T^{1j} 为在三个空间坐标分量的 j 方向上的能量流量; 三阶方阵 $(T^{\ell k})_{2 \leqslant \ell, k \leqslant 4}$ 则是二阶反变压力张量, 具体的物理含义为: $T^{\ell k}$ 为作用在法方向为 k 轴正向的曲面的单位面积上的力的 ℓ 轴上的分量; 相应的局部时空曲率的度量由四维时空的 Ricci 张量以及时空的黎曼度量 $(g_{\mu\nu})_{4 \times 4}$ 按照下述方式给出

$$R_{ij} - \frac{1}{2} g_{ij} \left(\sum_{\ell, k=1}^{4} g^{\ell k} R_{\ell k} \right) \quad (1 \leqslant i, j \leqslant 4)$$

---

① G. Ricci and T. Levi-Civita, Méthods de calcul différentiel absolu et leurs applications, Mathematische Annalen, vol. 54, page 125-201.

② B. Riemann, Über die Hypothesen, welche der Geometrie zu Grunde liegen. Gesammelte Werke, 1876, page 254-269.

于是, 在物质存在的局部四维时空中的爱因斯坦方程为

$$R_{ij} - \frac{1}{2} g_{ij} \left(\sum_{\ell,k=1}^{4} g^{\ell k} R_{\ell k} \right) = \frac{8\pi G}{\mathbf{c}^4} T_{ij} \quad (1 \leqslant i, j \leqslant 4)$$

其中, G 是引力场比例常数。

2.4.2 爱因斯坦初步近似解

由于爱因斯坦方程是一组非线性方程, 不像麦克斯韦方程组那样是线性的, 求解起来异常困难。爱因斯坦给出了一个初步近似解。

在假设物质质料高度集中起来的物体是一个大质量 M 的球体的前提下, 爱因斯坦给出了真空方程解的初步近似解。这个近似解的黎曼度量如下:

$$\mathbf{g}_e = \begin{pmatrix} 1 - \dfrac{2GM}{\mathbf{c}^2 r} & 0 & 0 & 0 \\ 0 & -1 - \dfrac{2GMx_1^2}{\mathbf{c}^2 r^3} & -\dfrac{2GMx_1 x_2}{\mathbf{c}^2 r^3} & -\dfrac{2GMx_1 x_3}{\mathbf{c}^2 r^3} \\ 0 & -\dfrac{2GMx_1 x_2}{\mathbf{c}^2 r^3} & -1 - \dfrac{2GMx_2^2}{\mathbf{c}^2 r^3} & -\dfrac{2GMx_2 x_3}{\mathbf{c}^2 r^3} \\ 0 & -\dfrac{2GMx_1 x_3}{\mathbf{c}^2 r^3} & -\dfrac{2GMx_2 x_3}{\mathbf{c}^2 r^3} & -1 - \dfrac{2GMx_3^2}{\mathbf{c}^2 r^3} \end{pmatrix}$$

坐标选择为 $(x^0, x^1, x^2, x^3) = (\mathbf{c}t, x_1, x_2, x_3)$, $r = \sqrt{x_1^2 + x_2^2 + x_3^2}$; 相应的基本线段长度为

$$\mathrm{d}S^2 = \left(\mathbf{c}\mathrm{d}t, \mathrm{d}x^1, \mathrm{d}x^2, \mathrm{d}x^3 \right) \mathbf{g}_e \begin{pmatrix} \mathbf{c}\mathrm{d}t \\ \mathrm{d}x^1 \\ \mathrm{d}x^2 \\ \mathrm{d}x^3 \end{pmatrix}$$

依据这个初步近似解可以导出这样的结论: 处在引力场中的时钟变慢, 因而由遥远的星球朝地球辐射来的光会出现频谱红移现象; 另外, 路径太阳周边的光线会出现轨迹弯曲。

2.4.3 施瓦西几何

为了估算太阳系行星近日点出现的岁差, 爱因斯坦的初步近似解难以胜任这种估算的任务, 需要求出爱因斯坦方程的高阶近似。于是, 卡尔·施瓦西 (Karl Schwarzschild, 1873~1916) 采用了一种合适的坐标系来求解爱因斯坦真空方程[①]。

[①] K. Schwarzschild, Sitzungsberichte de Preussichen Academie der Wissenshcaften, 1916, page 189.

施瓦西解的黎曼距离为

$$
\mathbf{g}_s = \begin{pmatrix}
\left(1 - \dfrac{2GM}{\mathbf{c}^2 r}\right) & 0 & 0 & 0 \\[2mm]
0 & -\left(1 - \dfrac{2GM}{\mathbf{c}^2 r}\right)^{-1} & 0 & 0 \\[2mm]
0 & 0 & -r^2 & 0 \\[2mm]
0 & 0 & 0 & -r^2 \sin^2(\theta)
\end{pmatrix}
$$

其中，施瓦西的坐标选择为 $(x^0, x^1, x^2, x^3) = (\mathbf{c}t, r, \theta, \phi)$；与之相应的基本线段长度为

$$
\mathrm{d}S^2 = \left(1 - \frac{2GM}{\mathbf{c}^2 r}\right)(\mathbf{c}\mathrm{d}t)^2 - \left(1 - \frac{2GM}{\mathbf{c}^2 r}\right)^{-1}(\mathrm{d}r)^2
$$
$$
- r^2(\mathrm{d}\theta)^2 - r^2 \sin^2(\theta)(\mathrm{d}\phi)^2
$$

对太阳系的预言

施瓦西弯曲时空几何可以被用来非常近似地描述太阳对周边时空所产生的引力场。

经施瓦西弯曲时空几何描述的引力场中会出现四种现象：

(1) **红移现象**：引力场中光线会出现红移；

(2) **岁差现象**：行星近日点会出现岁差；

(3) **光线弯曲现象**：引力场中光线会发生弯曲；

(4) **光延迟现象**：引力场中会出现光传播中的时间延迟。

红移是指下述现象：在距离太阳 $r = R$ 的一个固定的地方有一位观察者 A；在距离太阳遥远的地方 $(r \gg R)$ 有一位观察者 B；A 发出光信号，假设所发出的光信号的频率为 ν_*；此光信号向那遥远之处传播过去；观察者 B 在接收到这一光信号时测出光信号的频率为 ν_∞。结果是 $\nu_\infty < \nu_*$。这是因为光子为了摆脱太阳的引力限制，从太阳设置的引力陷阱中逃跑出来，必然会损失能量。在失去一些能量后，$E_\infty < E_*$。根据光子能量与频率的关系等式 $E = h\nu$，自然就有 $\nu_\infty < \nu_*$。事实上，理论计算表明：

$$
\nu_\infty = \nu_* \left(1 - \frac{2GM}{\mathbf{c}^2 R}\right)^{1/2} < \nu_*
$$

岁差现象是指太阳系的行星的近日点在太阳引力作用下会因为轨道旋动而出现岁差。根据牛顿引力定律，太阳系的行星都在一个稳定的椭圆轨道上运行，正如开普勒椭圆轨道所描述的那样，不会出现岁差。但是应用爱因斯坦广义相对论

(应用施瓦西弯曲时空) 计算出来的结果断言离太阳最近的水星 (岁差会最为明显的太阳系行星) 每一百年会出现弧长为 $43''$ 的岁差。

光线弯曲现象是指因为引力场的作用, 当一束光在通过一个引力场的过程中光束所经过的路径会发生弯曲。比如, 从一个遥远的星球朝地球发出的光在经过太阳附近的时候会出现 (远离太阳中心的) 偏离或者折射, 从而导致光束路径的弯曲, 并且弯曲度为 $\dfrac{4GM}{\mathbf{c}^2 b}$, 其中 b 为影响参数, M 为太阳质量, G 为引力常数。

光延迟现象是指当光束在经过太阳周边时路过的时间会变长, 并且增加量大约为

$$\frac{4GM}{\mathbf{c}^3} \left[\log \left(\frac{4 r_o r_e}{r_1^2} \right) + 1 \right]$$

其中, M 为太阳质量, G 为引力常数, r_o 是太阳到反射处的距离, r_e 是太阳到地球的距离, r_1 是光从地球到反射处的路径到太阳的垂直距离。所有这些广义相对论理论预言都被实验观察数据所证实。

2.4.4 牛顿引力理论与爱因斯坦引力理论比较

现在可以将牛顿引力理论与爱因斯坦引力理论做一个大致比较。

在牛顿理论中, 物质质料集中起来后产生一个满足下述方程的引力势能 $\Phi(\vec{x})$:

$$\nabla^2 \Phi(\vec{x}) = 4\pi G \mu(\vec{x})$$

其中, $\vec{x} = (x^1, x^2, x^3)$, $\mu(\vec{x})$ 是在一个有限空间范围内连续分布的质量密度函数。这个引力场对另外一个物质质料集中起来的质量为 m 的物体产生一种满足下述方程的作用力 $\vec{F}$:

$$\vec{F} = -m \nabla \Phi$$

在这个引力作用下, 质量为 m 的物体以下述方程所描述的方式运动:

$$\frac{\mathrm{d}^2 x^i}{\mathrm{d}t^2} = -\frac{\partial \Phi}{\partial x^i} \quad (1 \leqslant i \leqslant 3)$$

在爱因斯坦理论中, 物质质料集中起来的状态及其对局部周围的影响由其存在处周边局部空间的几何形态所揭示。这种全局弯曲局部平坦的几何空间形态包括黎曼度量应当遵守的爱因斯坦方程

$$R_{ij} - \frac{1}{2} g_{ij} \left(\sum_{\ell, k=1}^{4} g^{\ell k} R_{\ell k} \right) = \frac{8\pi G}{\mathbf{c}^4} T_{ij} \quad (1 \leqslant i, j \leqslant 4)$$

以及确定几何的基本线段长度

$$dS^2 = \sum_{i,j=1}^{4} g_{ij}\left(x^1, x^2, x^3, x^4\right) dx^i \wedge dx^j$$

在明确了这种局部时空的几何形态之后,在这个局部时空范围内,受影响的物体的运动则由一条满足下述方程的测地线来描述:

$$\frac{d^2 x^i}{d\sigma^2} = -\sum_{j,k=1}^{4} \left\{ \begin{matrix} i \\ jk \end{matrix} \right\} \frac{dx^j}{d\sigma} \frac{dx^k}{d\sigma}$$

事实上牛顿引力定律也可以用弯曲时空的几何形式来表述。考虑下述基本线段长度度量:

$$dS^2 = -\left(1 + \frac{2\Phi(\vec{x})}{\mathbf{c}^2}\right)(\mathbf{c}\, dt)^2$$
$$+ \left(1 - \frac{2\Phi(\vec{x})}{\mathbf{c}^2}\right)\left[(dx^1)^2 + (dx^2)^2 + (dx^3)^2\right]$$

考虑下述拉格朗日函数:

$$\mathcal{L}\left(x^1, x^2, x^3, \frac{dx^1}{dt}, \frac{dx^2}{dt}, \frac{dx^3}{dt}\right) = \frac{1}{2} m \left(\frac{d\vec{x}}{dt}\right)^2 - \Phi(\vec{x})$$

在由基本线段长度所确定的时空中根据最节省轨迹时间原理直接计算所得到的拉格朗日方程为

$$\frac{d}{dt}\left(\frac{\partial \mathcal{L}}{\partial \dot{x}^i}\right) - \frac{\partial \mathcal{L}}{\partial x^i} = 0 \quad (1 \leqslant i \leqslant 3)$$

于是就得到物体在由引力势能 Φ 所确定的引力场中的运动方程:

$$\frac{d^2 \vec{x}}{dt^2} = -m\nabla\Phi$$

简单地说,牛顿引力定律可以由基本线段长度 dS^2 所确定的弯曲时空的几何方式表述出来。

引力波

在验证广义相对论预言的所有实验中,引力波在地球上的首次验证是尤其花费精力也因此尤其令人鼓舞的事件。

以施瓦西对爱因斯坦真空方程的解的弯曲时空几何特例来确定太阳对周边的引力作用有一个重要假设,这就是太阳被认定为静态球状有大质量的物体。对于那些并非球状也并非均匀运动的大质量物体而言,广义相对论断言它们的运动会在弯曲时空中产生时空涟漪——引力波。这种引力波的线性化部分会在时空中以光速传播,也是横波,也携带能量,也有相互独立双极,但完全不同于电磁波。

在经过几代人漫长的接力探索过程之后,实验物理学家们终于在 2016 年成功地在地球上首次探测到引力波。

2.5 爱因斯坦自述相对论的发展途径

爱因斯坦曾经在题为《相对论发展简要梗概》一文中对建立相对论过程中思想的演变和进展序列有过相当完整而又简明扼要的自述①。毫无疑问,重温爱因斯坦所陈述的有关建立相对论的思维途径是一件极具吸引力的事情。爱因斯坦自认导致相对论的"攀登途径由一系列小到几乎显然的思维步调构成"。

爱因斯坦告诉我们"整个发展从法拉第和麦克斯韦的想法开始,也被他们的想法主导"。他们与此相关的想法是什么呢?就是"所有的物理过程都涉及 (与远距离作用相对立的) 一种作用的连续性"。这种作用连续性用数学语言来表达就是它们都可以用偏微分方程来表述。麦克斯韦正是这样做的,他成功地将真空位移电流的磁效应构思与有关静电场以及由感应产生的交变电场的本质的公设结合起来并以此对处于静止状态的物体的电磁过程建立了微分方程表述。

麦克斯韦之后,自然的问题是:

问题 2.2 对于处在运动状态的物体的电磁过程又该如何呢?

赫兹曾经试图解决这一问题。他把与可衡量物质所具有的那些性质非常相似的物理性质赋予 (以太) 真空,尤其是,以太也像可衡量物质那样在每一点处都有一种确定的速度。类似于处在静止状态的物体,只要交变的速度是以随物体一起运动的表面元素为参照,电磁感应或磁电感应就应当由相应的电流变化率或磁流变化率来确定。可是,赫兹的理论与非常基本的菲佐有关光在流动液体中的传播实验相对立。以如此显然的方式将麦克斯韦理论推广到运动物体情形的尝试与实验结果不相符合。

至此,洛伦兹前来救护。因为自认对物质的原子理论的认知难以将物质作为连续电磁场的依托,洛伦兹便将以太看成连续的,并认为电磁场是以太的一些条件。洛伦兹从力学和物理学两种角度将以太看成实质上与物质相独立。以太不参

---

① https://en.wikisource.org/wiki/A_Brief_Outline_of_the_Development_of_the_Theory_of_Relativity.

与物质的运动，并且对以太与物质之间的关联只能假设到物质只是附带电荷的携带者为止。爱因斯坦认为洛伦兹理论最有价值的地方就是事实上将整个静止状态物体的电动力学与运动状态物体的电动力学都回归到真空中的麦克斯韦方程组。洛伦兹的理论不仅在方法上超过了赫兹的，而且借助这一理论，洛伦兹在解释实验事实方面获得了卓越的成功。

尽管如此，爱因斯坦意识到洛伦兹理论中显现出来的具有基础性重要意义的唯一一点不尽如人意。这就是这一理论对描述相对于以太静止的运动状态的坐标系显示出一种偏好，而将那些相对于这一坐标系处于运动中的其他坐标系排除在外。就是在这一点上，洛伦兹理论直接站在了经典力学的对立面，因为在经典力学中，

假设 6 (狭义相对性原理)   所有彼此相互处在匀速直线运动中的惯性参照系作为坐标系都是同样合理的。

这就是狭义相对性原理。爱因斯坦也指出所有在电动力学范畴的经验 (尤其是迈克耳孙的实验) 都支持所有惯性系等价的想法，也就是都有利于狭义相对性原理。

爱因斯坦揭示狭义相对论源自洛伦兹理论所遇到的违背狭义相对性原理的困难。因为它的基础性实质，这种缺陷就令人感到难以容忍。这样，狭义相对论也就直接起源于试图对下述问题提供答案：

问题 2.3   狭义相对性原理真的与真空麦克斯韦场方程组有矛盾吗？

初看起来这个问题的答案是肯定的，因为按照相对匀速直线运动参照系之间的伽利略坐标变换，麦克斯韦场方程组在变换之后就不再有效。但是，爱因斯坦指出，这种表面现象其实给人一种误导；对空间和时间的物理含义的进一步探讨和分析提供了一种明显的结论：伽利略变换是基于一种很随意的假设，尤其是基于同时性表述有一种独立于所用坐标系运动状态的语义这样一种假设。基于这样的同时性语义之相对性想法，爱因斯坦进一步证明了如果将在相对匀速直线运动的惯性参照系之间的坐标变换改成洛伦兹变换，那么真空麦克斯韦场方程组满足狭义相对性原理。因此，爱因斯坦得到这样的结论：欲保证狭义相对性原理成立，就有必要确保在应用洛伦兹变换来计算坐标变换时，所有的物理学方程不会在从一个惯性系变换到另外一个时改变它们的形式。爱因斯坦指出，这就意味着，用数学语言来陈述，所有表达物理定律的方程系统都必须相对于洛伦兹变换是**共变**的。爱因斯坦用闵可夫斯基关联时空中的共变条件解释了这种共变性所揭示的三维欧氏几何与物理 (四维) 关联时空连续统之间的形式关系，并且明确提出物理与四维关联时空几何的同一性。

爱因斯坦总结狭义相对论由两个主要步骤构成：将关联时空"度量"接纳进麦克斯韦电动力学，以及将物理的其余部分接纳进那个发生改变的时空"度量"。这些进程中的第一步骤导致同时性的相对性、运动对测量标杆和时钟的影响、运动学的修改以及新的速度加法律。第二步骤则提供了对牛顿运动定律在高速范围内的修正以及有关惯性质量之本质的具有基础性重要意义的信息。

爱因斯坦进一步解释了有关惯性质量之本质的具有基础性重要意义的信息究竟是什么。这就是**惯性并非物质的一种基本性质，也不是不可规约的尺度，而是能量的一种性质**。如果将数量为 E 的能量赋予某个物体，那么该物体的惯性质量会增加 $\dfrac{E}{c^2}$，其中 c 为光在真空中传播的速度。另一方面，**一个质量为 m 的物体被当成一个能够存储尺度为 mc^2 的能量的载体**。

在对狭义相对论的发展过程小结之后，爱因斯坦转向对广义相对论的探索之路。起点在于爱因斯坦很快发现**不能够以一种自然的方式将引力分析与狭义相对论联系起来**。据爱因斯坦自己讲，当时他被引力具有一种令其有别于电磁力的基本性质这一事实所困扰：**所有的物体在引力场中下落的加速度都相等**，或者将这一事实用另外一种方式陈述出来就是**一个物体的惯性质量与它的引力质量在数值上彼此相等**。这种数值上的相等意味着特征相同。于是，自然的问题便是

问题 2.4 引力与惯性能够相同吗？

爱因斯坦表示这一问题将他直接引向广义相对论。爱因斯坦当时问自己：

问题 2.5 如果我设想作用在所有相对于地球静止的物体上的离心力是"实在"引力场，或者是这样场的一部分，难道我不能够将地球当成没有旋转的物体吗？

爱因斯坦意识到，如果这种想法能够得到展开，那么就将证明引力与惯性相同是非常真实的，因为从不参与旋转的一个系统的角度看，被当成惯性的同一种性质当站在一个共享旋转的系统上考虑的时候就能够被解释为引力。当然，根据牛顿，这种解释根本不可能，因为按照牛顿定律，离心场不能由物质产生，而且在牛顿理论中，没有"Coriolis 场"型的"实在"场。但是，或许牛顿定律能够被另外的符合一种相对于一个"旋转"坐标系成立的场的东西所取代？爱因斯坦深信惯性质量与引力质量恒等。这种深信不疑在爱因斯坦心中滋生出对这种解释的正确性有绝对信心的感觉。就此而言，爱因斯坦说他从下述想法中获得了鼓励：大家都熟悉在相对于惯性系任意运动的坐标系中都有效的"显然"场，借助于这些特殊的场，应当能够探索出一般而言被引力场所满足的规律；与此关联的，爱因斯坦意识到必须将**可衡量的物体质量是产生引力场的决定因素**这一事实考虑在内，或者，按照狭义相对论的基本结果，必须将**能量密度是产生引力场的决定因**

素这一事实考虑在内，而能量密度是一种具有**张量**变换特征的尺度。

另一方面，基于狭义相对论的度量结果的考虑导致闵可夫斯基度量不可能还对加速坐标系有效这一认知。据爱因斯坦自己讲，尽管这一度量问题阻碍广义相对论探索进展好几年，最终凭借**闵可夫斯基度量在局部成立**的想法消除了进展途中的障碍。作为一个推论，在狭义相对论中依据物理方式定义出来的尺度 ds 在广义相对论中保留着它的意义。但是，坐标自身失去了它们的直接含义，退化成没有任何物理意义的简单的数组，使用它们的唯一目的就是标记时空中的点。这样，在广义相对论中，坐标履行着曲面理论中高斯坐标所履行的那样的功能。由此而得的一个必要条件就是在这样一种一般性坐标系中，可度量的尺度 ds 必须能够以如下形式表示出来：

$$ds^2 = \sum_{uv} g_{uv} dx_u dx_v$$

其中，记号 g_{uv} 是时空坐标的函数。根据上面的讨论，可知因子 g_{uv} 的时空变化的实质，一方面确定时空度量，另一方面确定控制物质点的行为的引力场。

爱因斯坦表示，引力场定律主要由下列条件来确定：第一，它将会在任意选定的坐标系中有效；第二，它将由物质的能量张量来确定；第三，它不会包含因子 g_{uv} 的高于二次的高次微分系数，因而必须与这些因子保持线性关系。依照这样一种思路，爱因斯坦获得了广义相对论的引力定律。爱因斯坦表示，尽管这一定律与牛顿定律比起来有基础性的差异，但是推导过程相差无几，只有几个准则需要找对，而这些准则恰恰是广义相对论是否经得起实验检验的关键。

在文章的最后，爱因斯坦罗列了四个当年有待解决的问题：

问题 2.6　(1) 电场与引力场真是本质上完全不同以至于它们不能够归结一处吗？

(2) 引力场在物质的构成中扮演什么角色吗？原子核内的连续统是否能够被清楚地认定为非欧几里得？

(3) 惯性是否可以追索到远距离物体之间的相互作用？

(4) 宇宙的空间延伸是有限的吗？

第 3 章 离散质能观

在本章中，我们将围绕物质结构的离散性与辐射能的离散性来展开。就揭示物质结构离散性的过程而言，一方面我们展示 20 世纪初因为探索空气导电性而引发的一系列重大发现，包括伦琴发现 X 射线、贝可勒尔发现自然核辐射、卢瑟福发现 α 粒子、居里夫人发现镭、汤姆孙发现电子、密立根测量电子质量、卢瑟福发现原子核和质子、查德威克发现中子；另一方面我们展示关于热的认识的主要进程，包括麦克斯韦发现气体分子速率分布律、玻尔兹曼发现气体分子能量分布律以及解释熵的基本含义。就揭示辐射能的离散性来说，一方面我们展示普朗克如何求解黑体辐射能量分布问题以及发现量子的过程；另一方面我们展示爱因斯坦引入光子概念解决光电效应问题的过程、玻尔解释氢原子光谱的过程、爱因斯坦提出辐射的量子理论解决普朗克辐射能分布公式获取过程的有效性问题的过程、康普顿用实验来验证光子的实在性的过程以及德布罗意提出粒子波动假设的过程。

我们将本章中的重点分为实验部分和理论分析部分。实验部分由卢瑟福的一系列实验，包括探明铀自然辐射物、确定 α 粒子身份、发现原子核和质子的实验，查德威克发现中子的实验，以及康普顿验证光子的实在性的实验所组成，从这些典型的实验中，我们将看到逻辑工具是如何被应用以解决什么样的问题的；理论分析部分包括玻尔兹曼发现气体分子能量分布律以及解释熵的基本含义的论文、普朗克提出量子概念以求解黑体辐射能量分布问题、爱因斯坦提出光量子概念以求解光电效应问题、玻尔解释氢原子光谱的过程、爱因斯坦提出辐射的量子理论解决普朗克辐射能分布公式获取过程的有效性问题的过程、德布罗意提出粒子波动假设的过程，从中我们会看到逻辑工具以及数学语言在物理分析和论证过程中的基本功用。

在本章中，我们将会看到爱因斯坦 1909 年对辐射认识过程的思维之路的总结以及德布罗意对粒子波动性认识的思维过程的总结。我们相信这些总结都极具启示意义。

3.1 发现原子结构与重组现象

物质结构是离散的还是连续的问题是一个古老的问题。古希腊的哲学家中，Democritus (公元前 460~ 公元前 370) 在他的老师 Leucippus 以及以前的一些哲学家的影响下就明确提出了宇宙由真空和一些不可分割的彼此形式上不同、所处位置不同以及排列格局不同的原子组成；亚里士多德则是物质构成具有连续性观念的强有力的支持者。

在沉寂两千年后，这个问题重新回到物理学家和化学家们的视野。起点是玻意耳 1662 年的气体实验定律以及伯努利 (Daniel Bernoulli) 1738 年用动态模型对该实验定律的解释。

1833 年，法拉第通过电解实验 (electrolysis) 发现电解定律，由此可得出应当有基本带电体以及基本电单位的结论；G. J. Stoney 在 1874 年明确提出电的自然单位的含义：它应当是释放单质质料的一个原子的带电体的电量时流经电解液的电流量；经过 J. S. Townsend 在 1897 年完成的由汤姆孙 (J. J. Thomson) 提出的测定 e/m 的实验，以及密立根在 1909 年完成的油滴实验所测定的电子带电电量 $e = 1.60 \times 10^{-19}$ C，并由此得到电子质量 $m = 9.11 \times 10^{-31}$ kg。

从此，基本带电体假设获得验证：存在不可分割的基本带电体。

至此，物质结构的离散性被广泛接受。

到 19 世纪后期对于气体导电问题的探索，尤其是对阴极射线的考察，不仅令人理清了气体的导电现象与气体压强之间的内在关系，而且还诱发了一系列未预料过的重大发现，比如 X 射线、电子以及物质的自然核辐射现象。

在这一部分，专注于**显微观**范围，不涉及**隐微观**范围。

显微观物质离散结构中的基本质料整体：电子、质子、中子，以及由它们构成的原子核与原子。

3.1.1　发现分子结构重组现象

1. 拉瓦锡燃烧实验

有关物质变化原因的探索始于 17 世纪后期。但盛行了将近一百年的解释燃烧现象的**燃素说**将这种探索引向了错误的方向。燃素说提出可燃材料中含有不等量的难以探测到的燃素，只有当这种材料在燃烧时才会被释放出来；易燃材料含有大量燃素，因而燃烧时大量释放，而勉强可燃的材料中只含有非常少量的燃素，因此燃烧时也就只有少量释放。

但是燃素说不能够回答如下尖刻问题："为什么燃烧中需要空气？为什么当火炉关闭起来后焦炭便不再燃烧？"燃素说坚持者断言空气将焦炭中的燃素"吸引出来"；关闭火炉后焦炭不再燃烧是因为火炉中的空气里的燃素已经达到"饱和"。当金属燃烧后会留下金属灰，而这些金属灰比燃烧前的金属还重。另一个尖刻的问题自然是："为何**失去**了燃素反倒**增加**质量？"燃素说坚持者们断言燃素具有负质量。

这种有关燃烧解释的混乱现象终于由拉瓦锡 (Antoine Lavoisier，1743~1794) 所终结。1775 年前后，他在经过一系列实验后终于揭示出燃烧的真实本质。他首先将汞灰加热从而将其中的气体和汞分离开来，分别进行质量度量，结果发现两者之和与原来的汞灰的质量相等。然后他进行反向实验，将汞与气体共同加热，再度形成汞灰，结果总质量不变。于是，拉瓦锡提出，当金属燃烧形成金属灰的时候，它并没有失去燃素，而是与这一气体结合，并且这一气体就是空气中的一个组成部分。为了检验这一想法，他在测量了体积的空气中加热汞以形成汞灰，发现仅剩下有原体积的五分之四的空气。他将一根燃烧的蜡烛置放在剩余的空气中，结果蜡烛熄灭。这表明那种与汞结合的气体对于汞燃烧是必要的。他将这种气体命名为**氧气**，并且称金属灰为**金属氧化物**。

拉瓦锡的新燃烧理论可以很合适地解释原来的现象：当火炉被关闭后火炉内的氧气被用光，焦炭便不能继续燃烧；金属氧化物的重量超出原有金属的重量是因为前者中新添了氧气的质量。之所以这一理论能够被接受，就在于它依赖量化的可重复测量的数据，而不是依赖什么不可探测的质料的奇怪性质。

2. 道尔顿原子模型

自新燃烧理论的提出，化学领域的发展进入一个新的历史时期。19 世纪初的一系列的化学实验揭示出一系列的化合定律。这些化合定律也可以在物质由原子构成这一离散性假设下得到合适的解释。

在 1801 年，J. L. Proust 提炼出**化合等比定律**：当用一些化学元素化合成某种给定的化合物时，按照质量计算，所涉及的各种元素在化合物中所占成分的比例总是一样的；化合等比定律也被称为**构成确定律**：无论来源是什么，任何一种具体的化合物总是由相同种类的元素按照相同的质量比例构成；在 1807 年，道尔顿 (John Dalton，1766~1844) 提炼出**整数比例定律**：当用两种元素按照不同方式化合成不同的化合物时，如果事先固定一种元素的质量，那么另外一种元素在两种化合物中的质量之比一定是一个有理数。

1808 年，道尔顿提出了用于解释化学中的实验定律的原子模型[①]：

(1) 所有物质都由原子组成；一种原子就是一种元素的那些既不能创造也不能毁灭的不可分割的微小粒子。

(2) 任何一种元素的原子都不能在化学反应过程中转变成另一种元素的原子；在化学反应过程中，初始质料的原子重新组合构成不同的质料。

(3) 每一种元素的原子都具有相同的质量以及其他性质，并且这些都与其他元素的原子所持有的完全不同 (一种给定元素的所有原子都具有唯一的质量及其特性)。

---

① J. Dalton, A New System of Chemical Philosophy, 1808.

(4) 任何一种化合物都由某种按照特定比例的不同元素的原子经过化学方式组合构成。

道尔顿应用这些假设对化合等比定律以及整数比例定律给出了合乎逻辑的解释。

同一年, 盖吕萨克 (J. L. Gay-Lussac, 1778~1850) 发现, 当用两种气体合成第三种气体时, 它们的体积之比也一定是一个有理数。这一定律于 1811 年由阿伏伽德罗 (A. Avogadro, 1776~1856) 给出一种合适的解释。他第一次明确将原子与分子区分开来: 原子是组成元素的离散粒子; 分子是由两个或更多的原子捆绑在一起的离散粒子。阿伏伽德罗得以证明如果具有相同体积的不同气体在同样压强和相同温度条件下具有等量的分子, 那么盖吕萨克定律一定成立。由此, 摩尔量以及阿伏伽德罗常量便被引进化学和热力学。**摩尔量**是一种质料的计量。无论何种化学元素或化合成分, 单纯质料的一部分被称为一**摩尔**的质料当且仅当这一部分恰好含有的基本个体的数量等于 12g 的碳-12 所含的原子个数。因此, 无论何种化学元素或化合成分, 一摩尔的单纯质料都具有相同的基本个体 (原子或者化合成分) 数。阿伏伽德罗常量则是单位质料所含的分子的个数。一摩尔的由分子构成的质料的分子个数被称为阿伏伽德罗常量, 其当前数值为

$$N_A = 6.02214199(47) \times 10^{23} \text{ 分子/摩尔}$$

故一种纯质料的摩尔质量 $M = N_A m_0$, 其中 m_0 是该质料的一个分子的质量。

3.1.2 发现 X 射线

1. 背景

带来 19 世纪末叶物理学上的一系列重大发现的一个基本装置就是阴极放电管。可以说, 近代物理学的许多起点故事都从这里开始。

在 "电流" 现象被揭示之后, 人们发现既有导电之物体又有绝缘之物体。一个自然的问题是

问题 3.1 空气是否导电? 或者空气在什么条件下导电?

自然界的闪电表明空气可以被击穿而产生电弧。那么以实验手段弄清楚令空气导电的条件就是自然而然的探索问题。正是在对这一问题求解的欲望的驱动下, Hittorf, Lenard, Crookes 等设计出可以加载直流电源的密封充气玻璃管: 阴极放电管。所谓**阴极放电管**就是一个两端分别接上用以外部通电的阴极铂钣和阳极铂钣的密封充气玻璃管。这些 19 世纪的产物包括著名的 Hittorf 真空管、Lenard 放电管以及 Crookes 阴极放电管。它们的结构设计原理相同, 而区别仅在于尺寸大小、形状或者电极置放的位置。设计制作阴极放电管的根本目标是探索气体导电

现象，并且期望通过对于适当条件下气体导电现象的分析找到物质的电性与物质的结构性质之间的某种联系。经过多次反复实验，人们发现如下现象：如果玻璃管内气体的气压为一个标准大气压，那么管内的气体一般来说是电绝缘体，除非连接电极两端的电场电压足够高从而产生电弧放电现象。但是，如果将管内气体的气压降低到一定程度，那么管内的气体就成为一种电流导体；当管内气体气压处在水银柱高 1mm 左右时，还会伴随有发光现象；如果气压再低一些，阴极附近会出现黑色斑块[①]，并且这种黑斑会随气压降低而扩大，当气压降到水银柱高千分之一毫米或更低些的时候，黑斑会覆盖整个玻璃管。在这样的低压情形下，如果事先在阳极板中间留下一个圆孔，那么会在玻璃管的阳极末端观看到一种绿色荧光。这便是常言中的"阴极射线"。不仅如此，戈尔德 (Eugen Goldstein, 1850~1930) 和希托夫 (J. W. Hittorf, 1824~1914) 还验证了阴极射线以直线传播，能够产生"阴影"，并且持有足够的动量以至于可以驱动轻微宽板叶轮转动。另一方面，克鲁克斯 (William Crookes, 1832~1919) 则揭示阴极射线会在磁场中发生偏移，以及于 1895 年，佩林 (Jean Baptiste Perrin, 1870~1942) 展示这种射线携带负电。

同一年，1895 年，伦琴 (Wilhelm K. Röntgen, 1845~1923) 在探讨 Hittorf-Crookes 阴极放电管的一些阴极射线特殊效应的过程中发现了 X 射线 (又称伦琴射线或 X 光)[②-④]。在他的实验报告中，伦琴用一系列实验事实明确指出 X 射线是阴极放电管中的阴极射线激发不同物质的一种结果现象，是完全不同于阴极射线的一种 (姑且命名为 X 的) 射线[⑤]。

下面我们来看看伦琴发现过程中的逻辑序列是一个怎样的序列。

2. 实验设备与现象

在一个漆黑的房间内，任选一种真空管 (Hittorf 真空管、Lenard 真空管、Crookes 真空管之一)，尽可能抽去管内空气；用一层黑色的薄纸板以一种适度的松紧包裹住真空管；在这样被黑纸板包裹起来的真空管附近放置一块一边涂上钡氰亚铂酸盐的纸屏幕。

每一次从一个足够大的感应线圈中产生的电流通过真空管的时候，无论是将涂有钡氰亚铂酸盐的一面朝向真空管，还是将其反转过来令光纸板面朝向真空管，就都能够从纸屏幕上看到闪烁荧光，即使将纸屏幕放置在远离真空管装置两米远

---

① 被称为 Crookes 黑斑。

② W. K. Röntgen, On a New Kind of Rays, a preliminary communication, Sitzungsberichte der Wurzburger Physikalischen-Medicinischen Gesellschaft, December 1895 以及 March 1896。互联网上可以搜索到《自然》杂志 1896 年发表的由 Arthur Stanton 翻译的英文原文。

③ W. K. Röntgen, On a New Kind of Rays, Annalen der Physik und Chemie, 64, 1898.

④ 伦琴实验报告的英文翻译摘录可见 Shamos 编辑的 *Great Experiments in Physics* (第 201 页)。

⑤ 已知阴极放电管中的阴极射线是电子束，而 X 射线则是波长很短的电磁波。它们的确不同。

的地方也能够看到。很容易验证产生这些荧光的东西来自导电真空管,而不是来自别处。

3. 问题与结论

伦琴清楚地意识到这种现象背后最为令人惊讶的特点就是有一种活性事物穿过那一层对可见光和太阳紫外线甚至电弧光都不透明的包裹住真空管的黑纸板,并且在穿过之后还能够在显示纸屏幕上制造出闪烁荧光。

一个很自然的问题就是:

问题 3.2   具有这种活性的事物还能够穿透哪些别的物件?

伦琴用实验手段来解答这一问题。

为了简洁,伦琴将这种有待命名的"活性事物"称为"X 射线"。经过一系列实验,很快就知道:纸张对 X 射线是完全透明的;X 射线能够穿透一本装订起来的大约一千页的书之后在涂上钡氰亚铂酸盐的纸屏幕上显现出明亮的荧光,并且书中的文字还能在屏幕上留下稀疏的痕迹;X 射线同样能够穿透两幅叠加于一处的扑克牌而在显示屏幕上制造出明亮的荧光;如果将一张纸牌放置在真空管设备与显示屏幕之间,那么在显示屏幕上都不会有任何用肉眼能看到的阴影;将一张锡箔纸放置在真空管设备与显示屏幕之间的效果也差不多;只有将几张锡箔纸叠加在一起的时候显示屏幕上才会有看得见的阴影;厚厚的木块也是透明的;几块两三厘米厚的松木板叠加于一处会稍微减弱显示屏幕上的荧光亮度;分别涂上水或碳二硫化物或其他液体的云母似乎也是透明的;如果将手置于真空管设备与显示屏幕之间,那么在显示屏幕上能看到手的骨骼的阴影比手的阴影更暗更清晰;X 射线也能够穿透几厘米厚的硬橡胶板;同样厚度的玻璃板会因为是否含铅而表现不同,X 射线穿透带铅的玻璃板的能力会明显地小于穿透不带铅的玻璃板的能力;一块 15cm 厚的铝钣会在很大程度上减弱显示屏幕上荧光的亮度,但依旧不能令其完全消失;X 射线还能够穿透比较薄的铜板、银板、铅板、金板、铂金板而在显示屏幕上留下可以见得到的荧光,比如,铂金板的厚度为 0.2mm 时依旧是透明的,银板和铜板还可更厚一些。但是厚度为 1.5mm 的铅板就实际上不透明了。

依据这些实验,伦琴得出第一个结论:对于 X 射线而言,诸多物质材料都是可以穿透的,并且同样厚度的不同物质材料的透明度本质上由它们的密度决定。

伦琴并没有止步于此,他用进一步的实验揭示密度并非唯一的影响原因。以同样厚度为前提,他用玻璃板、铝板、石英板以及方解石 (碳酸钙) 板来隔离真空管设备与显示屏幕。尽管这些物质材料的密度几乎相同,但是很明显的是方解石的透明度显著地小于其他几种材料的透明度,而其他几种材料的透明度几乎没有差别。与玻璃板相比,显示屏幕上看不到明晰的透过方解石的荧光。

接下来，伦琴用实验来探讨下述问题。

问题 3.3 是否能够找到被穿透材料的厚度与 X 射线的透明度之间的某种关系？

伦琴分别对铂金、铅、锌和铝展开了一系列实验。他的实验并没有带给他所期望的任何结论。他仅得到这样一个结论：材料厚度的增加会对 X 射线的穿透增加阻碍作用；就算这些材料的厚度与密度的乘积相等，不同的金属材料所持有的透明度也根本不相等，并且透明度增加的变化率要比这种乘积减小的变化率快得多。

在基本上搞清楚许多材料在不同厚度条件下对 X 射线的透明度之后，伦琴急忙转向下一个问题：

问题 3.4 X 射线在穿过棱镜时会出现什么样的状况？是否会出现偏离现象？

伦琴分别用 30° 折射角的涂上水或碳二硫化物的云母棱镜测试的结果没有发现任何偏离现象。作为比较，在同样条件下，通常的光线会出现可观察到的偏离现象。伦琴还用 30° 折射角的硬橡胶与铝制的棱镜来测试，在照相底片上会留下很小的并不能完全确定的偏离影像，而在荧光屏幕上则观测不到偏离现象；用密度更高一些的金属制成的棱镜测试的结果也是如此，难以观测到明晰的偏离现象。

既然 X 射线在穿过棱镜时未必出现偏离现象，那么接下来应当测试 X 射线在不同的介质中的表现状况。

问题 3.5 当 X 射线从一种介质穿过到另一种介质时是否出现折射？

这一问题的解答可以借助于精细粉碎后的粉末来完成，因为由于反射与折射粉末只会容许少量的入射光穿过。如果同样数量的粉末与未被粉碎的材料对 X 射线而言都有同样的透明度，那么立即可知没有折射或正常的反射。伦琴用精细的粉末岩盐和精细的电解银粉、锌粉进行测试，结果都没有发现粉末与固体之间有任何 X 射线透明度的差异。

综合这些实验，伦琴得出 X 射线显然不同于已知阳光的可见光或紫外线这样的结论。

对于自己的发现，伦琴需要回答的另外一个最为重要的问题如下：

问题 3.6 X 射线是阴极射线吗？如果不是，它们之间有什么样的关系？

伦琴经过多次尝试，分别以不同磁场强度的磁铁来探测 X 射线是否在磁场中发生偏转。结果都是未能发现 X 射线在磁场中发生偏转。由于在磁场中发生偏转是阴极射线的一种特征，这就表明 X 射线不同于阴极射线。不仅如此，从求解这一问题的实验中还注意到 X 射线事实上是阴极射线轰击阴极管的玻璃管壁上的某一点的结果，也是在这一点处因为受到阴极射线的轰击所产生的荧光最强并且在这一点处 X 射线向所有方向辐射；如果令阴极射线偏转去轰击玻璃管壁的另外一处，那么 X 射线发源处也随之变更。

在他的实验报告中，伦琴也给出了称来自阴极放电管玻璃管壁的可以穿透黑纸板的"具有活性的事物"为"射线"的理由。这个理由就是这种"具有穿透力的活性的事物"能够给置放在阴极管设备与显示屏幕之间的那些"透明"物体在照相底片上留下非常规则的影像。

最后伦琴通过分析得出 X 射线是既不同于阴极射线又不同于红外线、可见光以及当时已知的所有紫外线的一种新的射线。

3.1.3　发现核辐射

在伦琴发现 X 射线的几个月后，贝可勒尔 (Henri Becquerel, 1852~1908) 带给世人一种新的发现[1], [2]：大自然存在核辐射现象。贝可勒尔的发现来自对伦琴实验的重新探讨。根据伦琴报告，阴极放电管中的阴极射线轰击阴极管玻璃管壁而激发 X 射线，同时被阴极射线轰击处还会显现荧光。

1. 起因

由于 X 射线来自阴极射线对阴极放电管的玻璃管壁轰击，并且在玻璃管壁被阴极射线轰击处不仅有看不见的 X 射线被辐射还会发出荧光，法国的数学思考者庞加莱 (Henry Poincaré, 1854~1912) 在伦琴宣布发现 X 射线不久在法国科学院的每周学术例会上报告伦琴的发现时，基于类比的习惯向听众提出如下问题：

问题 3.7　无论产生荧光的原因是什么，是否在产生 X 射线的同时必然会伴随一种荧光产生？

当然，这个问题可以更一般地自然地表述出来：

问题 3.8　这种荧光与辐射的 X 射线之间是否存在某种联系？是否其他受激发光 (荧光或磷光) 物质也会产生 X 射线？

很快，在法国科学院的每周学术例会上人们开始报告自己应用不同的荧光材料在光的照射下激发出穿透黑纸的射线的实验，其中包括 Ch. Henry, Niewenglowski, Troost，以及贝可勒尔。

Henry 宣称他用光照射磷光硫酸锌时获得穿透黑纸而在感光底片上留下的印象，Niewenglowski 宣称他用光照射磷光亚硫酸钙时获得同样的结果。但是，他们所报告的实验结果都不可重复，尽管人们多次尝试重复他们的实验。因此，在光

---

① H. Becquerel, Comptes Rendus, 122(1896), page 420; page 501; page 1086.

② Becquerel 的实验报告的综合摘录可见 Shamos 编辑的 *Great Experiments in Physics* (第 212 页)。

照射下磷光硫酸锌以及磷光亚硫酸钙能够产生看不见的足以穿透黑纸并在感光底片上留下印象的射线这种结论不能被证实。

为了探究这一问题，贝可勒尔起初假设：

假设 7 *物质必须发光才会产生具有穿透力的辐射。*

他采用多种不同的可以产生磷光的材料来展开实验，这些材料中包括铀盐。但是铀盐所产生的磷光只能延续很短的时间。于是贝可勒尔采用铀钾硫酸盐晶体展开实验。在刚开始的几次实验中，贝可勒尔试图借助阳光照射来解开谜底。具体而言，他先用黑纸把感光片包起来；这些黑纸需要足够厚以至于将用黑纸包好的感光片放在阳光下晒一整天也不会曝光；然后在包裹纸上面放上一片可以产生磷光的铀钾硫酸盐晶体；再将它们一起放在太阳下晒上几个小时；之后将感光底片显影，结果发现感光底片上留下了磷光材料感光的剪影。如果将一枚硬币放在包裹纸与铀钾硫酸盐晶体之间，硬币的影像就会出现在感光底片上。

贝可勒尔意识到有一种可能产生这些现象的原因需要排除。这种原因就是阳光照射导致磷光物质发热出现蒸发而发生化学反应。为了排除这种可能性，贝可勒尔在包裹纸与铀钾硫酸盐晶体之间又加上一块薄玻璃板后重复同样的实验，结果都一样。面对这样的现象，贝可勒尔更加相信：

假设 8 *磷光物质在阳光照射下会产生一种能够穿透厚厚的黑纸的辐射，从而令感光片上的银盐还原。*

基于这样的理解，贝可勒尔决定再做实验来进一步验证。他采用铀钾硫酸氢盐结晶板块作为产生磷光的物质来展开新的实验。铀钾硫酸氢盐结晶板块可以产生很强但持续时间很短 (小于百分之一秒) 的磷光。贝可勒尔通过一系列的实验得出肯定的结论：在阳光照射下铀钾硫酸氢盐结晶板块不仅能够产生穿透厚厚的黑纸令感光底片上的银盐还原的辐射，还能够产生穿透铝钣或薄铜片令感光底片上的银盐还原的辐射。

2. 铀盐辐射与阳光无关

就在 1896 年 2 月底 (26~27 日) 将继续实验准备就绪的日子里，天公不作美，并非阳光普照，而是时隐时现，贝可勒尔只好将铀盐放在实验所用包裹之上并一起放在抽屉之中等待阳光普照的日子。可是接下来的两天中太阳都没有出来打照面。到 3 月 1 日，依旧阴云密布，按捺不住的贝可勒尔决定打开抽屉中的实验材料看看。结果完全超出他的想象：在没有阳光照射的环境下，铀盐依然产生辐射并在被黑纸包裹着的感光底片上留下明显剪影。

为了确认这种铀盐辐射与阳光照射的独立性，贝可勒尔便在暗室之中展开一系列的同类实验。实验结果完全表明铀盐的辐射与阳光照射无关，铀盐在不发光的条件下产生穿透力很强的辐射，并且铀盐的辐射能够维持很长时间 (至少两个月) 而且铀盐本身并无数量上的明显减少。

就这样，贝可勒尔用自己的实验发现了铀盐的自然辐射特性，也否定了自己原有的假设。

3. 铀盐辐射与 X 射线的相似处与区别

贝可勒尔通过实验观测到铀盐辐射与伦琴发现的 X 射线有如下相似处: 对固体物质的穿透性；令射线穿过的气体导电；令射线穿过的空气离子化，并且在相同程度上既可以产生阳离子也可以产生阴离子。那么:

问题 3.9　铀盐辐射与 X 射线是否为同一种射线?

经过他自己的实验，贝可勒尔断言铀盐辐射与 X 射线有本质区别: 铀盐辐射既可以折射又可以极化，而 X 射线则没有明显的折射与极化现象。于是得出两者并非同一种射线。

尽管铀盐辐射的确与 X 射线完全不同，但是证实这种非同一性的证据并非是否具有折射与极化现象，而是其他坚实的事实。后面会看到，卢瑟福在重复贝可勒尔的实验中没有能够获得铀盐辐射可以折射以及可以极化的证据；不仅如此，卢瑟福还专门设计了自己的实验来证实铀盐辐射不具备折射与极化特性。

4. 锁定铀元素

由于贝可勒尔采用的是铀钾硫酸氢盐，这种材料中含有多种元素。自然的问题便是:

问题 3.10　到底是哪一种元素持有那种自然辐射特性?

贝可勒尔最后依旧用一系列的实验将产生自然辐射的根源锁定在铀元素。于是，铀的**自然核辐射**现象 (**天然放射性**) 被揭示出来。

需要注意的是贝可勒尔只是从一个蜿蜒曲折的过程中发现了铀的自然辐射特性，他并没有对下述问题给出任何答案。

问题 3.11　(1) 铀的自然辐射物是什么?
(2) 铀何以产生这种自然辐射?

贝可勒尔将这两个重要问题留给了卢瑟福以及卢瑟福和索迪 (Frederick Soddy, 1877~1956)。

5. 发现铀的自然辐射物

贝可勒尔虽然发现了铀的自然辐射，但他不清楚为何发生辐射以及辐射出来的为何物。这些问题的答案三年之后由卢瑟福给出。1899 年卢瑟福发现[①]铀所辐射出来的有两种不同的射线,一种是很容易被吸收掉的 α 射线,另一种是具有强穿透力的 β 射线。1900 年,Paul Ulrich Villard 发现铀的自然辐射会伴随辐射出一种穿透力比 α 射线和 β 射线的穿透力更强的 γ 射线。

在 1899 年的论文中,卢瑟福首先考虑如下问题:

问题 3.12   铀的自然辐射与 X 射线除了对气体产生几乎相同的作用外是否还有什么不同的作用?

卢瑟福首先用铀辐射在感光底片上的作用来解答铀辐射是否出现折射或极化问题。感光胶片成像术是贝可勒尔采用过的方法,也是观测折射现象或极化现象比较有效的方法。但卢瑟福的照相术实验结果表明在这方面,铀自然辐射与 X 射线并没有任何明显区别:既观测不到明显的折射现象,也观测不到明显的极化现象,并非贝可勒尔所断言的那样,从而用事实证明贝可勒尔有关铀辐射会产生折射以及极化的实验并不能够被重复。

基于 X 射线是一个相当复杂的射线类这一已知事实以及铀盐辐射与 X 射线的相似性,紧接着卢瑟福在 1899 年的论文中考虑测试铀盐辐射的复杂性问题:

问题 3.13   铀盐的自发持续辐射物到底是什么?有什么可实验检测的独特特性?

为了解答这一问题,卢瑟福采用了利用铀盐辐射导致气体放电以及铀盐辐射对金属具有很强的穿透力这两个已知事实的实验方法。利用铀盐辐射导致气体放电这一事实,可以通过对诱导电流强度的测量来确定铀盐辐射的强度;利用铀盐辐射对金属的穿透力这一事实,卢瑟福采用可控的阻碍铀盐辐射的不同环境的手段来测量在受控环境下铀盐辐射的强度,从而发现铀盐辐射强度值随阻碍条件的变化而变化的规律,并通过这种变化规律获得有关铀盐辐射物的基本分类。

卢瑟福用实验求解上述问题的理论基础是汤姆孙和他 1896 年 11 月发表在《哲学杂志》上的用于解释 X 射线导致气体导电现象的气体离子化理论。卢瑟福相信铀盐辐射与 X 射线的相似之处包括导致气体导电的理由,也就是说,卢瑟福猜想有关 X 射线的气体离子化理论应当也适用于铀盐辐射。事实上,卢瑟福 1899 年的论文主体上也正是验证这一猜想。汤姆孙-卢瑟福 X 射线导致气体导电的气体离子化理论认为当 X 射线穿过气体时会在气体中产生等量的阳离子和阴离子,并且单位时间内所产生的离子的数量与 X 射线的强度和气体的气压相关联。基于相似性考量,卢瑟福假设:

[①] E. Rutherford, Uranium Radiation and the Electrical Conduction produced by it, Philosophical Magazine, 1899, vol. xlvii, p.109-163.

假设 9 固定一种确定体积的气体，当铀盐辐射穿过气体时会在气体中产生等量的阳离子和阴离子，并且单位时间内所产生的离子的数量与穿过气体的铀盐辐射的强度和气压成正比；气体对于铀盐辐射的吸收程度与气压成正比；气体导电电流中具有一种饱和电流。

基于这一假设，为了测试铀盐辐射的复杂性，卢瑟福如下设计自己的实验装置以及实验步骤：制作经过适当绝缘处理的两块 $20cm^2$ 的锌钣，称之为 A 和 B；将它们以水平平行地、间距为 4cm、B 在上 A 在下的方式固定起来；在 A 和地之间联结电压为 50V 的直流电池；在 B 与地之间联结一个直流电表；将一定量的金属铀或者铀盐精细地粉碎成粉末，均匀地置放在 A 的上方的中央；制作一些可以置放在铀盐粉末之上一层层叠加的厚度为 0.00008cm 的薄荷兰黄铜片或者厚度为 0.0005cm 的薄铝片。在铀盐辐射影响下，锌钣间的气体会产生一种饱和电流通过电表从而显示电流强度。以铀盐氧化铀为例，在铀盐上方从零开始一层一片地添加若干张薄金属箔 (荷兰黄铜片或铝片)，每添加一层薄金属箔就测定一次电表读数。

卢瑟福的实验数据表明在一定范围内随薄金属箔厚度的等差序列增加，穿过气体的铀盐辐射强度呈等比序列递减。尤其是当阻碍环境的变化以添加薄铝片来实现时会出现一种特别明显的变化趋势：在添加前 3 片铝片时，穿过气体的铀盐辐射强度按照通常的吸收律减弱，但是从添加第 4 片铝片起，到添加第 12 片铝片止，穿过气体的铀盐辐射强度的变化很小；当添加的薄铝片的总厚度达到 0.05cm 时，穿过气体的铀盐辐射强度立刻减半。

卢瑟福还用金属铀、铀钾硫酸氢盐和硝酸铀作为铀辐射源重复上面的实验，结果都很一致。基于这些实验事实，卢瑟福得出这样的结论：铀辐射也是一种复杂的辐射，至少有两种不同的辐射物，一种是很快被吸收的 α 射线，另外一种是穿透力更强的 β 射线；并且在铀辐射中 α 射线所占的强度比 β 射线所占的强度大很多。卢瑟福还用锡箔或纸或薄玻璃片来作为阻碍物展开实验，结果发现这些不同的质料对 α 射线有明显的额外影响，但对 β 射线的额外影响甚微，并且 β 射线具有某种程度上的整齐性。有趣的是，卢瑟福在论文的第 4 节结尾的时候提到了另外一种可能性：有可能还有其他的强度更弱的或者穿透力更强的射线来自铀的自发辐射。事实上，后来 Villard 验证了这种可能性：铀的自发辐射中有一种穿透力非常强的 γ 射线。

根据不同的实验中的阻碍环境，卢瑟福发现 α 射线的强度主要与铀盐的表面积相关，而与铀盐的厚度关系不大，但 β 射线的强度则与铀盐的厚度相关。他将硝酸铀晶体溶解到水中后，容器的底盘上形成一层硝酸铀薄片，从而铀盐的表面积增大许多，并且经过数据比较，表面积增大后的铀盐的 α 射线的强度大大增加。

或许基于实验中得出的 α 射线的强度主要与铀盐的表面积相关的结论以及均匀分布的粉末状态的铀盐具有比较大的表面积这一事实, 卢瑟福甚至对居里夫人 1898 年宣布的有可能从沥青铀矿中发现新的具有更强的持续自发辐射的原子的结论有所质疑, 他认为居里夫人发现的更强的辐射现象未必是新的元素所致, 有可能就是因为精细分割导致辐射源的表面积很大的缘故。当然, 就居里夫人的发现而言, 这一质疑被最后证实为一个错误。事实上, 从逻辑学的角度看, 即便 "如果放射性材料的表面积越大, 那么它的 α 射线的放射性越强" 这个命题为真, 它的逆命题也可以不真, 因为 "表面积增大" 只是 "α 射线增强" 的一个充分条件, 并非必要条件。后来的实验事实也的确证实如此。实际上, 居里夫妇所发现的新的放射性元素镭的确具有更强的放射性。

6. 发现新元素钋和镭

贝可勒尔的发现极大地刺激了化学界对放射性的探索。面对贝可勒尔的发现, 一个非常自然的问题为

问题 3.14 除了铀具有贝可勒尔所发现的自发持续辐射特性之外, 是否还有其他物质也具有这种自发持续辐射的特性?

比如, 居里夫妇 (居里夫人 (Maria Sklodowska Curie, 1867~1934), 居里 (Pierre Curie, 1859~1906)) 就相信贝可勒尔所发现的这种自发持续辐射现象在自然界应当具有某种普遍性, 从而居里夫人将这种具有自发持续辐射特性的质料称为**放射性质料** (radio-active substances); 居里夫人从对铀化合物的辐射强度的测定实验开始她对放射性物质的分析过程, 并在此基础上解答是否还有其他物质具备自发持续放射特性的问题; 经过一系列实验分析, 居里夫人 (与 Schmidt 独立地) 发现钍以及含有钍的化合物具有与铀和铀化合物同样的自发持续辐射特性, 并且钍辐射具有更强的穿透力。居里夫人明确地将铀和钍的自发持续辐射特性归结为原子属性[①]。由此, 居里夫妇将进一步探索的出发点锁定在如下假设之上:

假设 10 (居里假设) 物质的自发持续辐射现象在自然界应当具有某种普遍性, 并且放射性是一种原子属性。

在这个基本假设下, 他们进一步围绕下述问题展开探索:

问题 3.15 如何界定 "某种" 所覆盖的范围呢? 原子放射性是否为一种一般性?

居里夫人相信原子放射性应当仅属于某种具有排他性的特殊物质种类。为了

---

① 见居里夫人 1903 年发表在《化学新闻》上的博士论文: Radio-Active Substances, Chemical News, vol. 88(1903), p85. 公共资源网址为 https://en.wikisource.org/wiki/Radio-active_substances。

检测这种信念从而对上面的一般性问题给出否定回答，居里夫人对当时所能够获得的各种化合物进行了实验分析，得到的结论是只有铀和钍以及它们的化合物具有放射性，其他的都没有。

接下来，居里夫人将探索的目标转向矿物质。她对当时能够获得的几十种矿物质是否具有放射性进行了实验分析，结果发现所有具有放射性的矿物质中要么含有铀，要么含有钍，以及三种沥青铀矿具有很强的放射性。这自然在意料之中。然而，令人惊讶的是，沥青铀矿石 (二氧化铀矿石) 的放射性强度是金属铀的放射性强度的 4 倍，铜铀云母矿石的放射性强度是金属铀的放射性强度的 2 倍，钙铀云母矿石的放射性强度与金属铀的放射性强度相当。

这种现象与以前所得出的没有矿物质的放射性会比铀或钍的放射性强这一结论不相吻合。

问题 3.16　为什么会这样？

为了弄清楚问题所在，居里夫人用化学方法 (将硝酸铀溶液与磷酸铜溶液混合在磷酸之中然后适当加温) 人工合成铜铀云母，结果发现这样得到的铜铀云母的放射性比金属铀的放射性弱很多。

问题 3.17　*为什么来自自然界的铜铀云母矿石与人工合成的铜铀云母之间在放射性强度上会有如此大的差别？*

基于沥青铀矿石、铜铀云母矿石以及钙铀云母矿石具有如此高强度的放射性这一不可否认的事实，上述问题激发居里夫人产生一种很自然的猜想：

假设 11　*很有可能这些矿石中含有一种放射性强度很高的不同于铀、钍以及那些已知的简单事物的东西。*

居里夫人意识到如果这个猜想是真的，那么就应当有希望应用普通的化学分析方法从这些矿石中提炼出这种质料。

基于这样的信念，居里夫妇开始寻找从沥青铀矿石中提炼这种假设的高放射性的东西的途径。他们清楚地意识到这种途径中唯一可以用来进行判断的性质只能是放射性，不能是任何别的什么性质，因为对于这种假设中的东西的其他性质一无所知；而如何判断一种化合物是否具有放射性，以及在具有放射性的前提下如何测定其放射性的强度已经在前面的探索实验过程中积累得相当明晰。这种探索放射性方法上的积累与化学分析方法相结合就汇聚成一种新的探索实验方法。这就是居里夫妇的人为化学分解与测定有限循环流程。具体而言，在流程的每一个节点处，为了确保数据比较的可靠性，所有的质料都必须是干燥的固体；从给定沥青铀矿石开始；在当前实验节点处，用既定成熟方法确定当前这种化合物的放射性, 并有效地实现对这一化合物的一种化学分解; 按照放射性质料的比例分布, 用既定成熟方法确定所有分解物的放射性; 依据当前结果, 获得一种下一步向何处去的指引, 这种指引靠与已知化合物放射性强度的比较来实现, 从而确定放射性强度比较高的那些分解出来的化合物; 再将放射性强度高的化合物作为新的节点重复前面的操作, 直到发现不能够再度以化学方式分解的东西。

据此方法, 他们亲力亲为成功地提炼出化学性质大不相同而放射性强度很高的新的放射性元素钋 (居里夫妇发现) 和镭 (居里夫妇与 Bémont 合作发现)。(后来 Debierne 又发现了放射性元素锕。) 这三种元素的质料的质量在沥青铀矿中几乎是一种无穷小量。为了获取这些元素的纯质料, 他们先对几吨重的沥青铀矿石残渣在一个工厂里进行预处理, 然后再进行分离、提纯和凝聚处理。经过一个漫长、艰苦和昂贵的过程, 他们就这样从几千千克的沥青铀矿石残渣中提炼出几分克的具有超级放射性的产物。

居里夫人在她的博士论文中还详细地记录了她围绕一系列化学问题对镭展开的各种各样的化学分析的实验过程及其结果。在她的发现中, 镭盐会自然发光, 会自发放电, 会自发持续放热, 还会诱发邻近的非放射性物体显现放射性 (诱发放射性)。这些似乎表明放射性镭或者其他类似的元素, 是一种自然界的能量之源。支持这一结论的理由至少有三条: 自发辐射出高速的 α, β 粒子以及 γ 射线; 产生各种化学效应和光效应; 持续自发放热。由此产生一个问题:

问题 3.18 放射性镭的这些能量到底是它自身固有, 还是从外部其他能源转借而来?

居里夫人的博士论文留给后来者继续探索的还有下述问题:

问题 3.19 放射性原子自然辐射的自发性怎样解释? 什么原因导致放射性原子自发辐射?

7. 追根溯源

卢瑟福 1899 年的实验报告依旧未能解决铀的持续自发辐射的根源问题:

问题 3.20 导致铀持续自发辐射的原因是什么? 持续自发辐射的内在根源在哪里?

为了解开持续辐射的根本之谜, 卢瑟福与索迪合作[①]通过对钍化合物的放射性的探究来回答下述问题:

问题 3.21 什么是放射性材料持续辐射的能量的来源?

---

① E. Rutherford and F. Soddy, The Cause and Nature of Radioactivity, Part I, Philosophical Magazine, vol. 4 (1902), p. 370-396.

他们的探究表明总有一个与钍化合物辐射过程相伴的不断产生新型物质的化学变化过程；在这种相伴的化学反应中，反应产物起先都具有放射性，但从形成的那一刻开始它们的放射性活跃程度就按照一定的规律减弱；这些反应产物的持续产生令生成它们的物质材料的放射性保持一个确定的均衡值。由此，他们得出一个结论：这些持续发生中的化学变化必然具有亚原子特征。

卢瑟福与索迪合作的起点是卢瑟福在 1899 年的论文中所涉及的对钍化合物的放射性的探究。

但他们依旧未能解释自然持续自发放射性元素铀、钍、镭何以能够自发持续辐射这一基本问题。

问题 3.22　到底是什么在为铀、钍、镭持续补充它们辐射出去的能量？

最终，卢瑟福以原子核分裂理论解决了这一问题。他认为铀原子辐射其实是一种铀原子自发地转变成外一种原子过程中的伴随产物，任何自然辐射材料也是如此。他用实验为这一假设提供坚实佐证。

8. 确定 α 粒子

尽管卢瑟福 1899 年的论文揭示了铀、钍、镭等放射性元素的辐射物中含有 α 射线和 β 射线，并且对它们都进行了气体离子化、吸收以及穿透力等多方面的探究，但这些射线本身到底为何物依旧不清楚。下面的问题依然未解：

问题 3.23　放射性物质所辐射的 α 射线和 β 射线究竟是一种类似于光或 X 射线那样的射线，还是类似于阴极射线那样的粒子实在？

在不懈的探索中，卢瑟福和盖革 (H. Geiger) 在 1908 年的实验报告[1] 中明确 α 射线更像是氦原子那样的带有两个正电荷的粒子。

在卢瑟福早些的实验报告中，采用如下假设：

假设 12　α 射线是一种粒子束；α 粒子带有两个正电荷；α 粒子在失去电性后就是氦原子。

对 1g 镭每秒钟辐射出来的 α 粒子的个数进行了理论估算。但问题是：

问题 3.24　一个 α 粒子到底携带一个正电荷，还是携带两个正电荷？

为了解决这个问题，为了确定假设"α 粒子携带两个正电荷"的真实性，为了在尽可能少的假设之下确定一些放射量的大小，就需要一种不依赖 α 粒子带多少正电荷的任何假设的能够直接确定 1g 镭每秒钟辐射多少个 α 粒子的方法。如

---

[1] E. Rutherford and H. Geiger, A Electrical Method of Counting the Number of α Particles from Radioactive Substances, Proc. Roy. Soc. lxxxi (1908), p. 141-173.

果有一种方法来直接确定 1g 镭每秒钟辐射多少个 α 粒子，那么通过测量这些 α 粒子的总的正电荷量马上就能够知道每一个 α 粒子所携带的正电荷量。这也就能够解决假设 "α 粒子携带两个正电荷" 的真实性问题，并且就能够解决 "α 粒子就是带两个正电荷的氢原子" 这一猜想是否成立的问题。卢瑟福和盖格 1908 年的实验报告就是设计了一种行之有效的方法和实验设备来直接清点单位放射性材料在单位时间内辐射多少个 α 粒子，并且应用这种方法和设备对几种放射性材料实施了辐射 α 粒子的计数过程。通过对比理论计算值与实际实验观测值，它们的相符性不仅圆满地解决了 α 粒子到底带多少正电荷的问题，还为上面的假设增添了真实性的证据。

随后，卢瑟福和洛伊德 (T. Royds)[①] 用实验终于确证 α 粒子就是氢原子的离子化结果。

卢瑟福和洛伊德的实验设备主要有如下几部分：① 一个精心制作的用来装镭射气 (radium emanation) 的小型玻璃管，A 管；② 一个在底部用来支撑 A 管竖立的玻璃 B 管以及一个置放 B 管的玻璃底座 C；③ 一个将 A 管和 B 管罩在中央的圆柱玻璃管，T 管；④ 一个置放在 T 管顶端的小型真空玻璃管，V 管；⑤ 一个与 T 管相连既可以将 T 管抽空又可以向 T 管注入水银达到 A 管底部高度的外部控制装置。设备主要部分的要求为：① A 管的玻璃管壁厚度均匀，厚度小于 $\frac{1}{100}$mm，但又必须能够在大气压强作用下牢不可破；② 能够向 A 管注入镭射气或氦并将它们密封起来以及能够从 A 管中将它们抽出；③ 外罩玻璃 T 管高 7.5cm，直径为 1.5cm；④ 事先需要放置设备被氦污染，因此必须使用全新的玻璃设备以及全新的蒸馏过的水银；⑤ 在向 A 管注入镭射气之前，T 管中没有氦这一结论必须获得真实性实验检测。

实验原理：因为 A 管中的镭射气以及它的 (具有放射性的) 副产品 Ra A 和 Ra C[②] 所辐射出来的 α 粒子的空气行程分别为 4.3cm、4.8cm 以及 7cm，A 管的玻璃管壁对于 α 粒子的阻碍作用相当于缩短 α 粒子的 2cm 的空气行程，所有 A 管中放射性材料所辐射出来的 α 粒子的绝大多数都会穿透 A 管壁进入 T 管；进入 T 管的 α 粒子会被 T 管的玻璃管壁以及水银表面截住；如果进入 T 管的 α 粒子在失去电性后就是氦原子，那么氦原子就会缓慢地从玻璃管壁和水银表面弥漫到 T 管的中空，从而可以用一种方法观察到。

整个实验的主要过程分为两个阶段：

(1) 从对 A 管注入镭射气开始，定时观察 T 管中是否出现氦的光谱线。结果

---

① E. Rutherford and T. Royds, The Nature of the α particle from Radioactive Substances, Philosophical Magazine, vol. 17 (1909), p. 281-287.

② 据教科书记载，当年的 Ra A 就是后来的放射性元素钋的同位素 $^{218}_{84}$Po，当年的 Ra C 就是后来的放射性元素铋的同位素 $^{214}_{83}$Bi。

分别为：24 小时后，不见有氦的光谱线痕迹；2 天后，隐约可见氦的光谱线中的黄色谱线；4 天后，氦的黄色谱线和绿色谱线很明显；6 天后，氦的光谱线中所有强度比较高的谱线都能看到。由于在 T 管中观察不到氖的光谱线，所以 T 管中的氦不会是外部空气泄漏进 T 管的结果。

虽然 T 管中的氦不是来自 T 管外部的空气泄漏，但不能排除另外一种可能。这就是有可能 T 管中的氦是从 A 管中的镭射气里弥漫出来的，并不是 α 粒子自身失去电性的结果。为了排除这种可能性，需要展开实验的第二阶段。

(2) 将 A 管中的镭射气全部抽掉；几个小时之后，将大约为原来的镭射气体积的 10 倍体积的氦压缩进同一个 A 管之中；再将 A 管外部的 T 管和 V 管都用新的替换掉；再按照第一阶段的时间段进行观察以确定新的 T 管中是否有氦的光谱线显现。在整个 8 天的定时观察中，没有观察到氦的光谱线的任何踪迹。

然后，再将 A 管中的氦完全抽出，换上新的镭射气；重复第一阶段的定时观察。4 天后，氦的黄色谱线和绿色谱线再度明显出现。由此可见，并没有从 A 管中的镭射气里弥漫出氦到 T 管中的可能；在 T 管中的氦是 A 管中的镭射气以及副产品所辐射的 α 粒子穿透 A 管壁进入 T 管并失去电性后的结果。

就这样，在以前的系列实验与理论计算和猜测的基础上，卢瑟福和洛伊德用令人信服的实验证实放射性物质所辐射出来的 α 粒子在失去电性后就是氦原子。

9. 发现半衰期以及同位素

又比如，化学家们发现，当把一定量的某种单纯放射性物质单独收存起来，随时间推移，同种物质的数量会减少，因为经过放射过程，其中的一部分已经蜕变成其他元素了。不仅如此，人们还发现了放射性物质的自然衰变律：

$$N = N_0 e^{-\lambda t}$$

其中，N_0 是起初的原子核数目，N 是经过时间 t 后还存留的原子核数目，λ 是与元素相关的衰变常量。令原子核数目减半所需的时间规定为该元素的**半衰期**，即 $\frac{\ln 2}{\lambda}$。

十多年后，1910 年，根据当时化学界已经发现的放射性元素中有很多半衰期相差悬殊的蜕变物质的化学性质完全一样以至于无论用什么化学方法都不能将它们区分开来这样一种现象，英国化学家索迪提出**同位素假设**：存在一些原子量不相同且放射性也不同但处于元素周期表中同一个位置 (同位) 的化学元素变种 (**同位素**)。

这个同位素假设为英国物理学家阿斯顿 (F. W. Aston) 所证实。他利用自己发明的令正离子束在磁场中偏转的质谱仪，在成功实现非放射性氖同位素分离之后，大量分离并准确测量了许多同位素原子的质量。

这些发现对后来的许多核反应以及质子和中子的发现起着重大作用。

3.1.4 发现电子

进一步展示物质离散性的实验是发现电子的实验，而发现电子的初始激励来自法拉第的电流离散假说。

1. 法拉第电解实验

法拉第在 1833 年通过电解实验发现电解定律：在一定时间区间上，通过电解化合物的电流量 Q 电解出质量为 M 的原料：

$$M = \frac{Q}{F}\frac{\mu}{\nu}$$

其中，$F = 9.64853 \times 10^4 \mathrm{C/mol}$ 为法拉第常数，μ 是电解物原料的原子重量，ν 为该物质的化合价。比如，当通过的电量被控制在 96485.3C 时，会电解 1.008g 的氢，107.9g 的银，8g 化合价为 2 的氧。

由法拉第电解定律可得出电流也由离散的运动粒子构成的结论，从而有电子这一概念的产生 (由 G. J. Stoney 于 1874 年正式提出)。

电流离散假说：电流是离散的，由一系列流动的基本带电粒子形成，称这些基本带电粒子为**电子**。

自然电流单位：一个电子所带的电量为

$$q_e = \frac{F}{N_A} = 1.60 \times 10^{-19}\mathrm{C}$$

以及一个电子的质量为 $9.11 \times 10^{-34}\mathrm{g}$。

2. 汤姆孙实验

关于阴极射线的实质，当时流传着许多大相径庭的观点。以 Goldstein 和 Hittorf 为代表的探索者们认为阴极射线是一种类似于光的波动现象；而以 Crookes 和 Perrin 为代表的探索者们则认为阴极射线由微粒组成。在这样的背景下，受到伦琴真空管阴极射线激发 X 射线这一新发现的启发，汤姆孙 (Joseph J. Thomson, 1856~1940) 提出了一种全新的假设，他认为阴极射线由来自放电管阴极端的粒子流组成，这些粒子具有相同的质量以及相同的负电荷量。根据已知的实验结论，阴极射线与阴极端的材料选择无关，也与放电管内的气体选择无关，因而这些粒子应当是所有物质的组件。于是，汤姆孙于 1897 年用自己改装过的改善了真空条件的阴极放电管开展了著名的确定这些物质组件粒子的电荷与质量之比的实验[①, ②]。

---

① J. J. Thomson, Philosophical Magazine, vol. 44, Series 5, 1897, page 293.

② 汤姆孙的实验报告的摘录可见 Shamos 编辑的 *Great Experiments in Physics* (第 219 页)。

汤姆孙实验的基本思想是测量外加静电场对阴极放电管中的阴极射线所产生的偏移 (偏移程度是外加静电场电压的函数) 来确定粒子的电荷与质量之比。汤姆孙根据实验计算出来的电荷与质量之比竟然是带正电的氢离子质量的一千多倍 (精确值为 1836 倍)。这个惊人的结果表明阴极射线中的粒子 (后来被正式命名为**电子** (electron)) 的质量相对于氢离子质量而言非常小。汤姆孙的实验及其结果拉开了基本粒子探索的序幕。或许正因为如此，1897 年算得上是基本粒子探索元年，诚如 David Griffiths 所说的，1897 年可以被称为基本粒子物理学的诞生之年[①]。

汤姆孙测量质量与电荷之比的实验实际上是他所展开的一系列实验的最后一部分。

汤姆孙首先改进了 Perrin 的实验来证实这样一种事实：从阴极发射出来的带负电的粒子束与阴极射线密不可分。

Perrin 1895 年的实验证实了如下两件事情：

(1) 阴极管的阴极发射出一种携带负电荷的东西并以一种合适的角度进入实验装置的内柱腔内 (Perrin 的实验装置中有一部分由内外两层柱形腔体构成，并且外层接地，内层联结电表) 直达电表；

(2) 这种携带负电荷的东西在进入内柱腔之前的路径会被一个外加磁场偏转从而令其偏离进入内柱腔的角度。

Perrin 的实验证实了这样一个命题：如果阴极射线是带有负电荷的粒子束，那么当进入一个封闭区域时也必然携带负电荷。但是他的实验并没有回答在没有外加磁场条件下进入内柱腔中出现在电表中的带电物与阴极射线之间是否有任何关联这样一个问题。这给那些认为阴极射线是以太波动的人们留下反驳的空间：他们不否认有带电粒子从阴极被射出；但他们否认这些带电粒子与阴极射线有什么关联，就如同从步枪中发出的子弹与步枪发射时出现的火光没有任何关联那样。

为了弥补 Perrin 实验的不足，也就是为了揭示从阴极发射出来的带电粒子束与阴极射线的同一性从而消除坚持波动假说的人们反驳的空间，汤姆孙对 Perrin 的实验装置进行了改造。他在 Perrin 的阴极管与双层同轴柱管之间联结一个玻璃气泡；在阴极管与玻璃气泡之间的联结瓶颈处安插一个金属窄缝接口，并且将这个金属窄缝接口与阴极管的阳极联结起来一起接地；这样阴极射线只能通过这个金属窄缝接口进入玻璃气泡，并且如果没有外加磁场导致阴极射线偏转，那么阴极射线便不会落入双层同轴柱管之上；与玻璃气泡联结的双层同轴柱管的上端也有一个可以令偏转后的阴极射线通过的窄缝，并且双层同轴柱管的外层接地，内层接电表；玻璃管壁上涂有磷光材料以显示阴极射线的轨迹。汤姆孙利用这样改

---

① D. Griffiths, Introduction to Elementary Particles, Wiley-VCH, 2008.

造过的设备在实验中观测到当阴极射线没有进入双层同轴柱管上端的窄缝时，由外接导线引起的电表读数会很小且很不规则；可是一旦外部磁场引起阴极射线偏转而进入双层同轴柱管的时候，就会有大量的负电荷被送到电表，有时甚至一秒之内通过窄缝进入内层柱管的带负电的粒子束可以产生 30μA 的电流；如果阴极射线被过度偏转，那么通过双层同轴柱管的窄缝进入内层柱管的粒子束又会变小从而电表读数会变得很小。汤姆孙的实验表明这样一个事实：无论阴极射线怎样被外加磁场偏转，从阴极射线发射出来的带电粒子束与阴极射线保持相同的轨迹；带电粒子束与阴极射线如胶似漆地关联着。

汤姆孙实验的第二部分是检测阴极射线被外加静电场所带来的偏转程度。反对阴极射线是带负电荷的粒子束这一结论的一个理由是在一种很小的静电力作用下没有观察到阴极射线发生偏转。尽管当阴极射线通过具有很大电势差的电极附近时观察到阴极射线发生偏转，但波动说坚持者们认为这并非因为静电场所引起的偏转而是因为通过两个高电势差电极。赫兹甚至报告了阴极射线在置放于放电管内的两块平行的外接电池的金属板之间无偏转通过的实验。汤姆孙自己重复赫兹的实验时也观察到同样的事实。这似乎表明阴极射线不受外加静电场的影响。如果说阴极射线是带负电的粒子流，那么它们应当在通过静电场时受到静电力的影响。可是为什么观察不到它们所受的影响？问题出在哪里？汤姆孙在接下来的实验中意识到偏转不发生的原因应当是阴极射线导致放电管内的稀薄气体导电，并且发现放电管内稀薄气体的导电性会随着气体消耗程度的增加而迅速减弱。汤姆孙觉得可以试试将赫兹实验放在一种非常高的气体消耗程度上来展开。他认为或许这会带来探测到阴极射线受外加静电场影响而偏转的机会。于是，汤姆孙进一步改进了赫兹实验所用的设备：在阴极管的阳极增添两个金属窄缝以稳定进入充气管的后半部分的阴极射线；在充气管的后半部分上下平行地以 1.5cm 间隔高度置放着两块长 5cm、宽 2cm 的可以外接电池的铝板；在充气管的末端置放一个可以观察阴极射线偏转角度的标尺。利用这种改进的设备，汤姆孙展开了一系列实验并观察到：在高消耗程度条件下，当上方铝板接通电池负极，下方铝板接通电池正极时，通过两道阳极窄缝的阴极射线会偏转到标尺的下段；当上方铝板接通电池正极，下方铝板接通电池负极时，通过两道阳极窄缝的阴极射线会偏转到标尺的上段；偏转的程度与电池的电势差成比例；并且在电势差小到仅有 2V 时依旧出现阴极射线的偏转。

经过对所展开的一系列实验的详细的数据分析，汤姆孙终于得出这样的结论：阴极射线就是带有负电荷的物质粒子流。

在得出这一结论后，汤姆孙接下来追问：这些物质粒子到底是什么？是原子，是分子，还是物质的更为细分的更为精细的某种状态？

汤姆孙猜想构成阴极射线的这些物质粒子具有相同的质量以及相同的负电荷

量。于是，他展开了后来著名的确定这些粒子的质量与电荷量之比的实验。汤姆孙采用了两种彼此独立的实验过程：一种是外加静磁场方案，另外一种是外加静电场方案。下面按照汤姆孙实验报告来分别介绍这两种方案的逻辑进程。

第一种方案是外加静磁场方案。假设考虑一束整齐一致的阴极射线 (粒子流)。假设 m 是这些粒子的统一的个体的质量；e 是每一个粒子个体所携带的电荷量。令 N 为任意一个时刻通过任意一个横截面的阴极射线束的粒子的个数。那么这些粒子所携带的总电量为

$$Q = N \cdot e$$

Q 是一个用电表可测量的物理量。

当阴极射线束中的粒子轰击一个金属固体时，这个金属固体的温度会升高；这些攻击粒子的动能转化成热；如果假设这些粒子的动能完全转化成热，那么在已知这种金属的热容量的前提下，若能测量出因为阴极射线束的粒子攻击的效应所导致的温度变化，就能够确定粒子的动能 W。

一方面，如果 v 是这些粒子的速度，那么必然有等式 $\frac{1}{2}Nmv^2 = W$。另一方面，如果外加静磁场的强度为 B，阴极射线束在这个磁场中所产生的轨迹的偏转曲率为 ρ，那么必然有等式 $\frac{mv}{e} = B\rho$。由这些等式可得到

$$\frac{m}{2e}v^2 = \frac{W}{Q}; \ v = \frac{2W}{QB\rho}; \ \frac{m}{e} = \frac{(B\rho)^2 Q}{2W}$$

如果测量出 Q, W, B, ρ，那么就能够得到 v 和 $\frac{m}{e}$。

汤姆孙实验的过程就是测量出这些物理量的值。我们在此省略汤姆孙的详细实验过程、实验数据报告以及对实验数据的分析。

第二种方案是以外加静电场为主且辅以外加磁场的方案。这一方案是通过测量在一个均匀外加静电场中阴极射线穿过一个给定空间距离时所产生的偏转程度来确定 $\frac{m}{e}$ 和 v。具体步骤如下：假设外加静电场的强度为 F，假设阴极射线穿过这个静电场的空间距离为 1 以及穿过这个距离所花掉的时间为 $\frac{1}{v}$。那么根据牛顿第二定律 $Fe = ma$ 可知，阴极射线粒子在静电场方向上的加速度为 $\frac{Fe}{m}$，从而粒子在静电场方向上的速度为 $\frac{Fe}{m}\frac{1}{v}$。因此，当阴极射线粒子离开静电场进入没有静电力作用的区域时所出现的偏转角度 θ 就由这个速度与整个偏转过程的时间的乘积确定，即

$$\theta = \frac{Fe}{m}\frac{1}{v^2}$$

由此得到

$$\frac{m}{e} = \frac{F}{\theta}\frac{1}{v^2}$$

如果用垂直于阴极射线的强度为 B 的静磁场来取代静电场，同样作用区域的长度为 1，那么根据牛顿第二定律 $Bev = ma$ 可知，与阴极射线原来的路径垂直方向上的加速度为 $\frac{Bev}{m}$，从而在垂直方向上的速度为 $\frac{Bev}{m}\frac{1}{v}$。于是，当阴极射线粒子离开静磁场进入没有静磁力作用的区域时所出现的偏转角度 ϕ 就由这个速度与整个偏转过程的时间的乘积确定，即

$$\phi = \frac{Be}{m}\frac{1}{v}$$

根据这两个方程可得

$$\frac{\phi}{\theta} = \frac{B}{v}\frac{v^2}{F}$$

从而

$$v = \frac{\phi}{\theta}\frac{F}{B}$$

由此，

$$v^2 = \left(\frac{\phi}{\theta}\right)^2\frac{F^2}{B^2}$$

以及

$$\frac{m}{e} = \frac{F}{\theta}\left(\frac{\theta}{\phi}\right)^2\frac{B^2}{F^2} = \frac{B^2\theta}{F\phi^2}$$

在汤姆孙的实验中，他将静磁场强度 B 适当调整以至于 $\phi = \theta$。于是，上述方程就简化为

$$v = \frac{F}{B};\ \frac{m}{e} = \frac{B^2}{F\theta}$$

汤姆孙实验的一系列具体过程就是测量上述方程右边的物理量。我们再次省略汤姆孙的详细实验过程、实验数据报告以及对实验数据的分析。

3. 密立根实验

汤姆孙实验表明阴极射线的粒子的质量和电荷之比是一个唯一确定的数值，并且这些粒子是物质的比原子更为精细的一种组件：电子。在测量出阴极射线的粒子的电荷与质量之比后，汤姆孙等很自然地试图确定这种粒子的质量或者电荷量。

　　问题是到底先测量这些粒子的质量，还是先测量这些粒子的电荷量？物质的质量是物质的一种惯性。欲测量电子的质量，就需要测量改变其惯性的难度。根据牛顿定律，如果对电子施加某种可以测量的作用力令其产生可以测量的一定的加速度，那么就可以确定它们的质量。因此，要想测量电子的质量，只能或者利用地心引力作用，或者利用电磁力作用，来观测电子的加速运动。无论是理论计算的结果，还是实验测量的过程与结果，都表明电磁力作用比地心引力作用明显，并且在现实条件下电磁力作用更容易实现和控制。另一方面，如果要先测量阴极射线的粒子的质量，那么这种测量过程就需要利用某种与粒子的电性相独立的性质，而以一种什么样的可以实现的方式、利用一种什么样的独立于电性的性质尚且未知。于是，自然的选择就应当是先测量电子所携带的电荷量。

　　为了测量阴极射线的粒子的电荷量，汤姆孙等所采用的方法是造就带电水滴的雾气以及估算雾气中的水滴的个数。由于雾气的总电荷量可以用电表测量出来，这样依据雾气下落完全沉寂的快慢就能够估算出一滴水珠所带的电荷量。但是这种估算的结果并不如意。后来威尔逊 (H. A. Wilson)[1]改进了他们的方法，用一个与重力场相反的可以调解的电场来保持雾气悬挂静止而不下落，进而依据电场强度来估算雾气的总电荷量。尽管如此，估算的结果依旧不尽如人意。

　　受到这些水滴实验的启发和激励，密立根 (Robert A. Millikan, 1865～1953)，于 1909 年用带电油滴替代带电水滴改进威尔逊的实验方法终于成功地测量出电子的电量，这就是著名的油滴实验[2, 3]。

　　密立根在他的实验报告中首先分析了为什么包括汤姆孙和威尔逊在内的人们的水滴实验测量都不尽如人意。密立根在分析中指出他们的实验方法所具有的系统性误差来源于四个方面：① 无法令水滴在空气中完全停滞不动；② 无法令所使用的静电场完全均匀一致；③ 水滴会缓慢气化以至于无法保证对水滴在保持原状的条件下的观察超过一分钟，或者对水滴仅仅在重力作用下下落过程的计时超过五秒；④ 在对水滴过程的分析中假设斯托克斯定律的完全有效。

　　正是基于这样的分析，密立根采用了完全解除这些局限性的油滴实验方法。不仅如此，这种油滴实验新方法还提供了一种探索气体离子化的新途径，从而可以在一系列探索方向上产生重要结果。密立根在实验中用喷嘴缓慢喷洒的方式将油滴大小控制在直径只有几微米，并且令微小油滴在喷洒过程中因为与喷嘴的摩擦而带电。

　　在密立根设计的观测设备中，喷洒进观察室的油滴会受到观察室内的空气的阻力作用、重力作用以及根据需要调整的静电力作用。因此，当油滴在单纯重力

① H. A. Wilson, Philosophical Magazine, 5(1903), page 429.

② R. A. Millikan, Physical Review, 32 (1911), page 349.

③ Millikan 的实验报告的摘录可见 Shamos 编辑的 Great Experiments in Physics (第 240 页)。

作用下下落时，由于受到空气阻力的作用，下落速度为一个常速度；在油滴到达底层 (密立根所用的设备对油滴运动的有效观测空间由一个间距固定为 16mm 的双层上下平行的圆形夹板提供) 之前，带电油滴会受到被激活的静电场的作用再向上匀速运动。这种油滴在两个固定距离的上下平行的平板之间的匀速运动可以一直重复下去，直到油滴从观察室内的空气中俘获一个离子。一旦油滴俘获了一个离子，受到静电场作用的油滴会改变其运动速度。通过这种观测到的改变后的速度与观测到的在重力作用下的匀速的比较 (由于相当于油滴的质量而言，离子的质量可以忽略不计)，油滴因为俘获离子而具有的电荷量以及电性的正负就能够被确定。正是利用这几种观测到的油滴在一个狭小空间内上升或下降的速度值的比较来获得实验的结果。

问题 3.25 一个给定油滴所携带的电荷量的相对数值是如何从这些观测到的速度值的比较中得到的呢？

设一个油滴的质量与油滴在空气浮力作用下的结果之间的差值为 m；设重力加速度为 g；设油滴所携带的电荷量为 e_n；设油滴在重力作用下的速度为 v_1；设油滴在作用力为 F 的静电场作用下的速度为 v_2。假设油滴在间隔 16mm 的双层夹板之间的空气中 (无论是在纯重力作用下还是在静电场与引力场合力作用下) 的运动速度与作用其上的力成正比 (尽管这与牛顿第二定律不相一致，但这是一个经过实验反复准确验证过的结论)。那么这些可观测量之间有如下关系式：

$$\frac{v_1}{v_2} = \frac{mg}{Fe_n - mg}$$

也就是

$$e_n = \frac{mg}{F}\left(\frac{v_1 + v_2}{v_1}\right)$$

这一关系式不依赖上面的假设之外的任何其他假设。

这一等式已经足够给出实验所期待的结果。但是这里依旧涉及一个油滴的质量与油滴在空气浮力作用下的结果之间差值 m 的测算问题。为了估算这个数值，密立根临时假设斯托克斯定律暂时有效，然后再讨论如何修正它。

密立根所采用的斯托克斯定律是它的最简单形式：如果 μ 是介质的黏性系数，F 是作用在处于介质中的半径为 a 的球滴上的力，v 是该球滴在此作用力下的运动速度，那么

$$F = 6\pi\mu a v$$

可见球滴在介质中的运动速度与作用其上的力成正比。这也与上面来自实验观测数据的实验结论相一致。如果进一步假设球滴的密度为 σ，介质的密度为 ρ，仅

仅考虑重力作用，那么斯托克斯定律所给出的油滴在重力场中的速度为

$$v_1 = \frac{2ga^2}{9\mu}(\sigma - \rho)$$

由此得到 m 的近似计算表达式

$$m = \frac{4}{3}\pi a^3(\sigma - \rho)$$

以及 e_n 的计算表达式

$$e_n = \frac{4}{3}\pi \left(\frac{9\mu}{2}\right)^{\frac{3}{2}} \left(\frac{1}{g(\sigma - \rho)}\right)^{\frac{1}{2}} \frac{(v_1 + v_2)\sqrt{v_1}}{F}$$

以这种新方法，经过反复多次长时间的观测 (报告中提到的最初获得的数据是对反复交换油滴向上或向下运动连续观测四个半小时的结果) 以及对所获得的观测数据的详细计算、分析、归纳和抽象，密立根成功地实现了下述实验目标：

(1) 抓住一个微小油滴，并且令其吸引住气体分子中产生的单个 (或者事先任意在 1~150 选定的个数) 离子任意长的可供观察的时间。

(2) 通过探索这种携带着俘获气体离子的油滴在静电场和引力场中的行为方式，直接和有形地展示经过多少年演化形成的并且得到许多证据支撑的电荷离散性观念的正确性。这种电荷离散性观念认为所有的电荷，无论怎样产生的，都是正整数个确定的基本的单一电荷的复合物，或者换一种说法，与其说电荷是均匀分布在带电表面，不如说一个电荷就是一个确定的由颗粒构成的结构，这个结构事实上由确切个彼此完全相同的如同胡椒粉那样的电性小颗粒组成。

(3) 在不受任何理论假设影响的前提下确定这种基本单一电荷的电量值，并且这一数值的精确度仅仅受限于对空气黏性系数测量的方式。

(4) 直接观察一个分子骚动动能的量级，从而带给物质分子运动理论正确性的新的直接的并且最具说服力的佐证。

(5) 展示离子化的空气中 (即便不是全部) 的绝大多数正负离子都带基本电荷。

(6) 证实当球面直径与介质的分子平均自由路径尺度相当的时候一个小球体在阻碍介质中的运动状态不再与斯托克斯定律所描述的状态相符合，并且以一种确定的方式演示到底如何出现差错。

经过油滴实验，密立根成功地估算出电子所带的电荷量 q_e 的绝对值为 1.60×10^{-19} C。这与现在所知道的电子电荷量的绝对值为 $1.60217653(14) \times 10^{-19}$ C 已经很接近了。在测定电子所带的电荷量之后，结合汤姆孙所测定的电荷量与质量之比，电子的质量也就由这两个实验确定下来。现在所知道的电子质量为 $m_e = 9.1093826(16) \times 10^{-31}$ kg。

3.1.5 发现原子核

问题 3.26 为什么铀、镭、钋、钍等放射性元素会自发辐射 α, β, γ 射线？

如果一种原子可以在自发地辐射带电粒子之后转变成另外一种原子，那么这就清楚地表明原子并非大自然的不可分割的终极构造模块。

在经过十多年的努力工作之后，卢瑟福终于在 1908～1909 年期间用实验确定 α 粒子就是失去两个电子后的氦离子 (即后来的氦原子核 $_2^4\mathrm{He}$)；贝可勒尔则证实 β 粒子会在磁场中偏移，并在不久之后被证实这些 β 粒子与阴极射线并无二致，也就是电子。因此，铀原子自然辐射事实上是自发 α 衰变和自发 β 衰变。α 衰变是指原子核的自发裂变分解出一个 α 粒子 ($_2^4\mathrm{He}$) 的过程；β 衰变则是指原子核的自发裂变释放出一个电子的过程。事实上后来发现在这种自然辐射过程中一般还会伴随着具有更强穿透力的 γ 辐射，也就是 γ 衰变。

在发现电子之后，原子不可分的假设被否定。那么

问题 3.27 (分布问题) 原子内部结构应当如何呢？在原子内部，质料是如何分布的？正电荷是如何分布的？

这便自然而然地成为一个非常具有吸引力的基本问题。

汤姆孙应用经典力学原理，根据静电力学理论，在大量计算的基础上，提出了自己的原子模型[①]。汤姆孙认为

假设 13 (汤姆孙原子模型) 每一个原子都在整体上为电中性；原子内部的正电荷均匀分布在一个球体内，带负电荷的电子则镶嵌在球体内的相应的平衡位置，并且能够以这些平衡位置为中心做简谐振动；从而可以发射或吸收某些特定频率的电磁波。

问题 3.28 汤姆孙原子模型可靠吗？

为了检验汤姆孙原子模型的可靠性，也就是为了回答上述分布问题，卢瑟福和盖格以及马斯登 (E. Marsden) 在 1906～1913 年进行了一系列的实验。

通过测量 α 粒子在电场和磁场中产生的偏移，卢瑟福发现 α 粒子的电荷量与质量的比值，$\dfrac{q}{M}$，与氦原子核的电荷量与质量之比值相等。后续利用分光镜测量出来的结果证实 α 粒子其实就是氦原子完全离子化 (α 粒子就是氦原子的原子核) 的结果，它的质量值为氢原子质量的 4 倍，它的正电荷量为 $2q_e$。偏移实验中使用的 α 粒子的动能为几百万电子伏特。

在确定 α 粒子就是失去两个电子的氦离子之后，卢瑟福于 1908 年建议盖格和马斯登展开 α 粒子轰击金属以观察金属表面直接反射现象的实验。他们的实验

---

① J. J. Thomson, Philosophical Magazine, vol. 7(1904), page 237.

是探测校准后的 α 粒子 (射线) 束在厚度不同的金属薄片 (比如厚度为大约百万分之一 (10^{-6}) 米的金片) 上的散射。他们观察到大多数的 α 粒子仅仅产生很小的偏移 (小于 $1°$),但是有少量的偏移很大的角度,大约八千分之一的偏移角大于 $90°$[①]。面对实验数据所展示的 α 粒子轰击金属表明会出现如此大角度散射的现象,无论如何都难以根据汤姆孙原子模型给出合适的解释。汤姆孙原子模型的可靠性就这样被实验所否定。

否定汤姆孙原子模型的可靠性并不是卢瑟福等人展开实验的唯一目的,因为他们更有兴趣回答上面的分布问题。这就是自然科学探讨中的 "立字当头" 的本来含义。"破" 不是主要目的,"立" 才是真正的主要目的。经过认真思考和计算,卢瑟福确信汤姆孙模型不合适,因为只有原子内部带正电荷的质料高度集中在一个远比原子直径小的狭小的范围内时才会产生如此大角度的 α 粒子散射。卢瑟福还用盖格和马斯登的实验数据来检验自己的推算,结果基本相符。基于这样的自信,卢瑟福于 1911 年发表了自己的理论分析结果[②],并提出了自己的原子模型。他认为

假设 14 (卢瑟福原子模型) 原子由带正电荷的原子核 (nucleus) 与带负电荷的核外电子组成;核外电子与原子核在电性吸引力作用下构成一个整体;核外电子的总电荷数与原子核的总电荷数在绝对值上相等;原子核拥有整个原子质量的主要部分,而原子核的体积则只是整个原子体积的很小部分;核外电子的数目大约为原子重量的一半。

为了进一步检验卢瑟福的原子模型,盖格与马斯登改进了 α 粒子散射实验,于 1913 年发表了更为全面的实验数据[③],进一步肯定了卢瑟福原子模型。正是以此为基础,并结合光量子理论,玻尔于 1913 年建立起玻尔氢原子模型。

同年,1911 年,劳厄 (Max von Laue) 提出了一个对后来产生影响的 **X 射线晶体散射预言**。他预言 X 射线会从晶体散射中揭示不同原子的衍射特征。

3.1.6 发现质子

基于对卢瑟福的原子核模型的信念,马斯登展开了用 α 粒子轰击氢原子的实验。根据原子结构的原子核模型,当氢原子的原子核与 α 粒子发生直接碰撞时,根据动量守恒原理,氢原子核应当迅速进入高速运动状态。马斯登的实验验证了这一点[④]。

---

① H. Geiger and E. Marsden, Proceedings Royal Society, A82(1909), page 495.

② E. Rutherford, Philosophical Magazine, 21(1911), page 669.

③ H. Geiger and E. Marsden, Philosophical Magazine, April 1913.

④ E. Marsden, Philosophical Magazine, xxvii(1914), page 814.

在这样的实验基础上，卢瑟福自己在大约四年的时间区间上断断续续地展开了用 α 粒子直接轰击其他原子的实验。终于在 1919 年，卢瑟福成功完成人类首次人工核聚变反应 [①, ②]。他用 α 粒子轰击氮原子核，完成下述核聚变反应：

$$_{2}^{4}\mathrm{He} + {}_{7}^{14}\mathrm{N} \longrightarrow {}_{8}^{17}\mathrm{O} + {}_{1}^{1}\mathrm{H}$$

聚变反应过程中氮原子核与氦原子核聚合并释放一个氢原子核 (称为**质子** (proton)) 后形成氧原子核同位素。

对今天的我们来说，一个自然好奇的问题便是下面的问题：

问题 3.29 *卢瑟福是如何发现第一例人工核聚变反应过程的？*

这个问题的答案由卢瑟福在他 1919 年的实验报告中给出。现在依据他的实验报告将他的回答概括如下。

1. 卢瑟福展开实验的起因

直接诱发卢瑟福展开 α 粒子轰击实验的是马斯登 1915 年发表在《哲学杂志》[③] 上的实验报告。

在这份实验报告中，马斯登证实内装纯放射性镭的玻璃 α 射线管足以在置放在一个合适的距离处的锌硫化物屏幕产生类似于氢原子核会在这样的屏幕上产生的大量闪烁亮点；当用石英管替代玻璃管时以及用涂上镭 C 的镍钒替代纯放射性镭时，同样的现象也被观测到。由于被观测到的闪烁亮点的个数远远大于材料中可能含有的氢原子个数，马斯登得出这样一个结论：有足够的证据表明这些富余的氢原子核来自放射性物质自身。

由于一些客观原因，马斯登没有能够继续展开进一步的实验探索来验证自己结论的真实性。卢瑟福则意识到如果马斯登的"放射性物质可以自发地产生快速氢原子核"这一结论是真实的，那么这会是一个很重要的发现，因为此前除了氢原子核 (α 粒子) 在放射性物质的衰变过程中被观测到之外还没有氢原子核在放射性物质的衰变过程中被观测到。这种意识令卢瑟福滋生了一种强烈的欲望：以更为仔细的方式继续马斯登中断了的实验。

2. 源头问题

在继续马斯登中断的实验过程中，卢瑟福首先着手用自己的实验来解决源头问题：

---

① E. Rutherford, Philosophical Magazine, vol. 37 (1919), page 537.

② Rutherford 的实验报告的摘录可见 Shamos 编辑的 *Great Experiments in Physics* (第 253 页)。

③ E. Marsden, Philosophical Magazine, xxx (1915), p. 240.

问题 3.30   马斯登实验中在锌硫化物屏幕上产生大量闪烁亮点的源头到底是什么?

马斯登的实验报告表明涂上镭 C 的镍钣会产生更多的闪烁亮点。这似乎指出那些产生富余闪烁亮点的氢原子核来自放射性镭 C。为了检测这一点的真实性,卢瑟福展开了相关的实验。

卢瑟福经过自己的实验得出的第一个结论是源头有多种可能性。他用一系列的实验证实:如果从玻璃 α 射线管中产生的氢原子核是管中放射性物质分裂后的产物,那么它们不仅可以来自镭 C,也可以来自镭 A,或者来自氢气,或者兼而有之。同时,卢瑟福还意识到既不能排除放射源以及放射吸收靶上的污染物也是富余闪烁亮点来源之一,也不能排除氮原子核和氧原子核因为与 α 粒子的碰撞而高速运动以至于在置放在 α 粒子所能到达的范围之外的锌硫化物屏幕上产生闪烁亮点的可能,甚至有可能马斯登实验报告中使用涂上镭 C 的镍钣会产生富余闪烁亮点的主要来源并非氢原子核,而是那些在放射源与锌硫化物屏幕之间的空气中的高速氮原子核与氧原子核。由此可见,源头问题的实验解答过程会是一个比预期要复杂一些的过程。

为了继续阐述的需要,这里简要地解释一下所涉及的实验 (无论是马斯登的实验还是卢瑟福的实验) 中使用的"闪烁方法"。这个方法有一套成形的实验设备以及观测流程。实验设备大致由一个一端开口 (开口端) 的金属盒、一个用来挡住端口的银钣 (截止钣)、一个锌硫化物屏幕以及观测屏幕状态的显微镜,按照列出的顺序以及一定的间隔排列组成。放射源镭会被置放在金属盒的另一端,离出口端的距离为 3cm;挡住开口的银钣具有 6cm 空气行程截止本领 (截止钣的截止本领以 α 粒子在空气中的行程距离为度量标准,并且约定空气行程在 9cm 之内的为短程,在 9cm 以外的为长程) 以完全阻止 α 粒子到达屏幕;截止钣与屏幕之间有 1~2mm 的空隙,空隙中可以安放具有吸收作用的物质,比如铝;根据实验需要,金属盒中可以充填或更换气体或者抽空气体。

接下来卢瑟福采用一系列实验逐一排除那些似是而非的源头可能性。第一种情形是将金属盒中的空气抽掉。系列实验表明屏幕上出现的闪烁亮点的数目总是与放射源的活性成正比,导致这些闪烁亮点的主要是氢原子核,而这些兴奋的氢原子核又是部分来自涂有镭 C 的金属源 (比如加热的黄铜) 以及部分来自吸收屏幕本身。第二种情形是在金属盒中充填氧气或二氧化碳。系列实验表明随截止银钣的截止本领的增加而迅速减弱,并且当截止本领在 28cm 空气行程时几乎难以观测到屏幕上出现闪烁亮点。第三种情形是在金属盒中充填干燥空气。这时令人吃惊的现象出现了:锌硫化物屏幕上的闪烁亮点不仅没有减少,反倒增加,并且当截止银钣在 19cm 空气行程本领时屏幕上所观测到的非常明亮的闪烁亮点的数目是将金属盒中的空气抽掉时的数目的两倍。

问题 3.31　何以如此呢？这些类似于氢原子核的事物是如何与干燥空气发生关联的？

要知道 19cm 的空气行程是一种长程，因为实验测定的数据表明，当 α 粒子在氮和氧混合气体中通过时会在屏幕上产生大量的空气中的行程大约为 9cm 的明亮的闪烁亮点；当截止钣设定为空气中的行程大于 9cm 时，无论是快速氮原子核还是快速氧原子核都不可能到达锌硫化物屏幕。

再者这些出现在屏幕上的明亮的长程闪烁亮点不是空气中的水分蒸发的结果，因为更为彻底地干燥金属盒中的空气所带来的数目变化很小，况且理论分析也表明这并不意外。另外，它们也不应当是来自干燥空气中的氢原子，众所周知，空气中所含有的氢气或者含有氢的气体在正常情形下的比例很小，并且与空气的采集区域关系不大。当然，还有一种可能性：它们有可能是从空气中的尘埃原子核中分裂出来的氢原子核。这种可能性也被实验排除掉：对干燥空气实施仔细过滤或者将空气存放在水上面几天以去掉其中的尘埃原子核，再将经过这些处理后的干燥空气充填到金属盒中，依旧观测不到有什么差别。

由于这种奇异现象是从空气中观测到的，既不是从氧气中也不是从二氧化碳中观测到的，就只能归结到氮气或者大气层中的空气中的其他成分。排除这后一种可能性的方法就是在实验中使用以化学方式采集的纯氮气。将金属盒充填以化学方式采集的纯氮气，结果是在同样实验条件下观测到的锌硫化物屏幕上的明亮的长程闪烁亮点的个数比使用干燥空气时更大。多次仔细观测的数据表明两者之间的比值是 1.25。如果屏幕上的明亮的闪烁亮点就是来自氮气，那么这一比值恰如理论上的期望。

于是，到此为止的实验证实屏幕上的长程明亮的闪烁亮点之源是氮气。但是依然有一个关键问题需要解决。

3. 碰撞问题

问题 3.32　那些在使用干燥空气时屏幕上显现的长程明亮的闪烁亮点是由 α 粒子与空气中的氮原子发生碰撞所产生的吗？

为了解答这一关键问题，卢瑟福首先以调整金属盒中的干燥空气的压强的方式展开下一轮的实验。结果表明屏幕上显现的长程明亮的闪烁亮点的数目随气压的变化合乎理论预期；其次，将金吸收钣或铝吸收钣置放在靠近放射源的地方，结果发现屏幕上显现的明亮闪烁亮点的行程变短，并且如果被排斥的原子核的行程与发生碰撞的 α 粒子的行程成正比 (从而被排斥的原子核的能量与发生碰撞的 α 粒子的能量成正比)，那么行程变短的数量合乎理论预期。

将这些综合起来，卢瑟福得出结论：这一系列实验的结果证实那些显现在锌硫化物屏幕上的长程明亮的闪烁亮点是 α 粒子与氮气碰撞的结果，而不是放射性源的表面效应。

在这些实验的基础上，卢瑟福还进一步以调整实验参数的方式展开一系列实验来核实出现在屏幕上的长程明亮的闪烁亮点完全是因为氮气原子与 α 粒子发生碰撞后所产生，并且无论是行程还是亮度 (能量)，它们都与氢原子核非常相似，并且以极高的概率，它们就是氢原子核。

4. 氢原子核问题

问题 3.33　它们真的是氢原子核吗？

为了确证"它们就是氢原子核"这一核心结论，卢瑟福认为有必要确定这些原子核在磁场中的偏转程度。这里主要的实验困难是既要获得原子核束的足够大偏转又要在单位时间内有足够多的长程明亮的闪烁亮点出现在锌硫化物屏幕上。卢瑟福在实验报告中记录了一些初步磁场偏转实验的事实以及使用干燥空气和使用二氧化碳混合氢气的对比实验的结果。

尽管最终的结果在逻辑上并非十全十美，卢瑟福还是坚信这样一个结论：当高速 α 粒子与氮原子发生碰撞时，氮原子会在强大的冲击力作用下发生解体而释放出一个氢原子核，并且有适量的氧原子核出现。

3.1.7　发现中子

在卢瑟福核聚变反应实验的基础上，人们越发相信原子结构中既包含带负电荷的电子也包含带正电荷的质子。就在发表核聚变反应实验的翌年，卢瑟福发表了他的中子假说[1]："也许在某种情形下有可能一个电子与一个质子更紧密地结合在一起组成一个中性整体。"这样的"中子"作为原子核的一部分，卢瑟福认为这对于解释重原子核的组成或许是必要的。卢瑟福的这一中子假说被 10 年之后的一系列实验所证实。

1930 年，德国物理学家波特 (Walter Bothe) 和贝克尔 (Herbert Becker) 在实验中发现核裂变 (α 衰变)：

$$_{1}^{1}\mathrm{H} + {}_{3}^{7}\mathrm{Li} \longrightarrow {}_{4}^{8}\mathrm{Be} \longrightarrow {}_{2}^{4}\mathrm{He} + {}_{2}^{4}\mathrm{He}$$

以及核聚变[2]。他们核聚变实验的典型反应过程如下：

$$_{2}^{4}\mathrm{He} + {}_{4}^{9}\mathrm{Be} \longrightarrow {}_{6}^{12}\mathrm{C} + {}_{0}^{1}\mathrm{n}$$

---

[1] E. Rutherford, Proceedings Royal Society, A97(1920), page 374.

[2] W. Bothe and H. Becker, Z. Physik, vol.66(1930), page 289.

他们的实验表明，如果用从具有放射性的钋 (石蜡) $^{212}_{84}$Po(polonium) 中发射的 α 粒子去轰击铍 (beryllium)，或硼 (boron)，或锂 (lithium)，那么这些靶标会被激发出比射击的 α 粒子具有强大得多的穿透能力的粒子。但他们并没有意识到这样的核反应过程所产生的具有超强穿透力的粒子就是中子，他们以为这种具有超强穿透力的辐射物是一种 γ 射线。

1931 年，居里和约里奥夫妇 (Irène Curie-Joliot, 1897~1956 和 Frédéric Joliot, 1900~1958) 在重复 Bothe-Becker 实验[①] 中发现核反应过程

$$^4_2\text{He} + ^9_4\text{Be}$$

中的中性辐射足以从含氢原子的物质中高速踢出质子。他们以为这是 γ 射线遭遇质子而发生散射。

1. 居里和约里奥的解释

从实验观测中，居里和约里奥认为所见到的现象似乎是质子被踢出，并且进一步的实验表明这些被踢出的质子具有大约 26cm 的空气行程，从而相应的初始速度将近 3×10^7m/s。他们建议这种铍辐射反应中所发生的踢出质子的能量转换过程是一种类似于康普顿效应中光子导致电子反冲的过程。他们估算出铍辐射产生能量大约为 50×10^6eV 的光子。给定与康普顿过程类似的过程，在硼辐射过程中，由一个能量大约为 35×10^6eV 的光子所踢出的质子会具有大约 8cm 的空气行程。

2. 查德威克的质疑

1932 年英国物理学家查德威克 (James Chadwick, 1891~1974) 以能量守恒为依据，对居里和约里奥的解释提出了自己的质疑。查德威克认为居里和约里奥的解释有两大难以令人信服的疑点：第一，由电子触发的高能量散射光子的频率能够很准确地依据一个已知的公式计算出来，由于质子所带的电荷量与电子所带的电荷量在绝对值上相等，在计算散射光的频率时，就与目标相互作用的次数而言，质子与电子相同，因此，这个对电子散射光子频率有效的计算公式应当同样对质子散射光子频率的计算有效。可是，已经观测到的质子散射光的频率比该公式预言的频率高出几千倍。第二，在 α 粒子的动能只有 5×10^6eV 的条件下，轰击铍原子的作用得以产生具有 50×10^6eV 能量的光子很难令人相信。试问：

问题 3.34 这样的过程中有多少最大可能的可以供辐射使用的能量？

---

① C. R. Academy of Sciences, Paris, vol. 194 (1932), page 273.

能够为辐射提供最大可使用能量的过程是铍原子核 $^{9}_{4}$Be 俘获 α 粒子之后组成碳原子核 $^{13}_{6}$C 的过程。根据已经观测到的碳的光谱以及硼原子核 $^{10}_{5}$B 人工裂变的测量数据，碳原子核 $^{13}_{6}$C 的质损 (原子核的质量与它的组件的质量之算术和的差) 大约为 10×10^{6}eV。尽管铍原子核的质损未知 (当年未知，现在已知为 58.0×10^{6}eV)，但是可以假设为零，因为这会给出核聚变反应过程

$$^{4}_{2}\text{He} + {}^{9}_{4}\text{Be} \longrightarrow {}^{13}_{6}\text{C} + \gamma$$

的能量转化的最大值。如果假设铍原子核 $^{9}_{4}$Be 由两个 α 粒子和一个质子构成，以及碳原子核 $^{13}_{6}$C 由三个 α 粒子和一个质子构成[①]，根据能量守恒原理，这样一个反应过程所能够为辐射光子提供的能量不会超过 14×10^{6}eV。这个能量值远远小于 50×10^{6}eV。

这两大疑点表明用高速 α 粒子轰击铍原子核或硼原子核的反应过程中的辐射物是 γ 光子的假设并不可靠。基于这样的重大疑点，查德威克决定重做他们的核反应实验并展开相应的分析以求得合适的或者可靠一些的假设。

3. 查德威克发现中子

在重复 Bothe-Becker 实验以及居里-约里奥夫妇实验的基础上，经过反复实验发现，这些被激发的中性辐射物不仅在照射氢物质时撞出质子，而且在照射氦、锂、铍、氮、氩这些轻原子物质时也能撞出质子；并且这种辐射粒子具有近乎质子的质量[②, ③]。联想到卢瑟福在 1920 年提出的中子假说，查德威克称这些粒子为中子 (neutron)。查德威克基于能量大小的分析断言，用 α 粒子轰击铍的核反应过程

$$^{4}_{2}\text{He} + {}^{9}_{4}\text{Be}$$

中的中性辐射物不是 γ 光子，因为足以将包含氢原子的物质的质子以高速踢开的辐射所具有的能量远远大于 γ 光子所具有的能量。事实上，与核反应过程

$$^{4}_{2}\text{He} + {}^{9}_{4}\text{Be} \longrightarrow {}^{12}_{6}\text{C} + {}^{1}_{0}\text{n}$$

相对应的是相对论质能守恒等式

$$M\left({}^{4}_{2}\text{He}\right) + M\left({}^{9}_{4}\text{Be}\right) + \left(KE\left({}^{4}_{2}\text{He}\right)/\mathbf{c}^2\right)$$
$$= M\left({}^{12}_{6}\text{C}\right) + M\left({}^{1}_{0}\text{n}\right) + \left(KE\left({}^{12}_{6}\text{C}\right)/\mathbf{c}^2\right) + \left(KE\left({}^{1}_{0}\text{n}\right)/\mathbf{c}^2\right)$$

[①] 现在所知的是碳原子核由六个质子和七个中子构成，而中子和质子的质量相差甚微。所以这一假设基本可靠。

[②] J. Chadwick, Possible Existence of a Neutron, Nature, 129 (1932), page 312.

[③] J. Chadwick, Proceedings Royal Society of London, vol. A136 (1932), page 692.

其中，$M(x)$ 为 x 的静止质量，$KE(y)$ 为 y 的动能；根据相对论质能关系式 $E = mc^2$，$KE(y)/c^2$ 便是 y 的动能的质量单位表示。质能守恒律断言核反应前后的总质能不变。故有上述等式。于是查德威克大胆地假设这种辐射物是中子[①]，并且强调或者能量守恒原理以及动量守恒原理在这种核反应过程中失效，或者中子就是原子核的一种与质子质量相近的不显电性的组件。

不仅如此，查德威克还对用 α 粒子轰击硼的核反应实验

$$\,_2^4\mathrm{He} + \,_5^{11}\mathrm{B} \longrightarrow \,_7^{14}\mathrm{N} + \,_0^1\mathrm{n}$$

进行同样的分析。根据等式

$$M\left(\,_2^4\mathrm{He}\right) + M\left(\,_5^{11}B\right) + \left(KE\left(\,_2^4\mathrm{He}\right)/c^2\right)$$
$$= M\left(\,_7^{14}\mathrm{N}\right) + M\left(\,_0^1\mathrm{n}\right) + \left(KE\left(\,_7^{14}\mathrm{N}\right)/c^2\right) + \left(KE\left(\,_0^1\mathrm{n}\right)/c^2\right)$$

他近似地估算出中子的静止质量大约为质子的静止质量与一个电子的静止质量以及两者的结合能之和。

因为中子不带电性，它们在通过其他物质时产生很小的离子化作用，也不会在电场或磁场中产生偏移，所以很难直接探测到中子。但中子能够穿透原子核，几乎总是与原子核产生作用，甚至被原子核吸收，从而激发 α 粒子，这样就可以探测到慢中子。比如，

$$\,_0^1\mathrm{n} + \,_5^{10}\mathrm{B} \longrightarrow \,_3^7\mathrm{Li} + \,_2^4\mathrm{He}$$

这种核反应中被激发的 α 粒子比较容易被探测到。

后来人们发现中子和质子、电子一样也是 $\frac{1}{2}$-量子自旋粒子。除氢原子核 $\,_1^1\mathrm{H}$ 之外，所有其他原子核都含有质子和中子。除氢原子外，质子、中子和电子都是所有其他原子的构成部件。

3.2 对热的认识过程

3.2.1 热现象

人体的感觉系统足以敏感到区分物体之冷热：比较冷，或比较热，或等热。

1. 有关热现象的实验律

基本实验律：物体间的**等热**关系是一个**等价**关系；物体间严格的冷于关系是一个**传递**关系 (A 热于 B 当且仅当 B 冷于 A)；物体之间可以实现热隔绝；在没

[①] 有关中子发现过程的历史以及查德威克的报告可见 Shamos 所编辑的 *Great Experiments in Physics* (第 266 页) 或 Cahn 和 Goldhaber 所编写的 *The Experimental Foundations of Particle Physics* (第 4 页)。

有热隔绝的条件下，任何两个物体要么等热，要么一个冷于另外一个；在没有热隔绝的条件下，两个物体会在接触的时刻自发判定是否等热，并且在非等热状态下，较热物体会**自发**地向较冷之物**传热**，较冷者**吸热**，较热者**放热**，直到彼此等热；物体现有之热可以经相对绝热的物质封闭起来不与外界发生热交换 (既不吸热也不放热)，即物体可以被孤立封闭起来隔绝热交换。

问题 3.35   在非等热状态下，较热物体会自发地向较冷之物传热，热还会自发地反向传递吗？

热只能自发地从较热处向较冷处传热，而不能反向自发传热。这就是**热力学第二定律** (克劳修斯 (Clausius) 表述)(冰箱表达式)：没有一种过程会自发地仅仅将热从较冷处传导到较热处。也就是说，热只能自发地从较热处流向较冷处，绝无相反。

2. 热膨胀现象

在不具备对外绝热的固定环境下，物体与一定范围的外部环境处于热平衡状态，此种状态下，固态物体内部的分子之间靠彼此的吸引力以及热膨胀力的平衡作用形成晶体结构。吸引力令彼此尽可能靠近，热膨胀力令彼此尽可能远离，最终在与环境的热平衡条件下，两种力处于平衡作用状态 (并非静止，而是微微弹性振动之中)。如果环境开始向更大范围失热，那么该物体便随之失热，因而热膨胀力减弱，吸引力增强作用，分子间的距离便缩小，直到重新平衡起来。由于分子间距离变小一些，彼此间的吸引力变强一些，因而固态变得更为坚固些。反之，如果环境开始从更大范围获取热，那么热会传递到物体内部，新增的热会在一定的时间区间上实现分子间的均匀分配，形成对分子的兴奋态 (动量) 之改变，从而达到与吸引力之间的新的平衡，除非继续吸热直到诱发相变的临界点。热膨胀力总是试图平衡分子间的吸引力 (方向相反，大小相等)；如果没有邻近的分子与之相吸引，那么热膨胀力便令单分子随机运动。单分子受热会产生随机运动；单分子也会受到重力作用；受热单分子会产生与重力方向不一致的作用力从而减缓分子落向地球。热，就是对分子已经受到的作用力的**破坏作用**的来源。集中起来的一定体积的物质相变就是分子间的吸引力与热膨胀力从一种平衡态跨入另外一个平衡态：固体 (约束程度高) 变为液体 (约束程度低)，再变成气体 (自由态，挣脱约束)。

比如，将一定量的水装在一个足够大的密封透热罐中。足够大以至于水全部汽化后罐子不会因为气体分子压强大而发生爆炸，并且罐子的材料既耐寒也耐高温。通过对一定范围的外部环境实施冷却或加热，令罐中的水完全变成冰，或者完全变成水汽；再还原成水。这种相变过程可以在对外热交换过程中在三种等价关

系意义上 (不计较具体水分子曾经的具体空间位置) 还原 (可以假设罐内壁光滑, 对水分子不具有任何黏性)。

固体材料分子受热膨胀现象。在固体材料中, 构成分子的原子之间的相互作用类似于 "压缩难于拉长" 的 "弹簧"。以原子间的平均距离为参数, 当分子受热时, 原子的振动能增加, 从而振幅增加, 进而平均距离增加。这便是固体材料会因为受热而变长:

$$\Delta L = \alpha L_0 \Delta T$$

(近似**线性膨胀**材料, α 为**线性膨胀系数**; 对初始温度以及温度增加的幅度有依赖关系。)

类似地, 许多固体材料或液体材料会因为受热产生体积膨胀或因为压强变化产生体积膨胀或缩小:

$$\Delta V = V_0 \left(\beta \Delta T - k \Delta p \right)$$

(近似线性体积膨胀, β 为**体积膨胀系数**; 随受热程度发生变化, 并且低温时变小。)

在一定的温度变化范围内, 许多物质会随热的流失而连续收缩 (体积变小); 反之会随热的输入而连续膨胀。也就是通常所说的热胀冷缩。但是水不一样。比如说, 在温度处于 $0 \sim 4℃$ 时, 水的体积膨胀系数 $\beta < 0$。而一旦温度高于 $4℃$, 水受热膨胀, $\beta > 0$。因此, 水在 $4℃$ 时具有最大密度, 即同等量的水的体积最小。冰的密度小于水的密度。如果整个湖全被冻成冰的话, 湖底的水是最后变成冰的。这是水不同于其他物质的地方。

受热与物体温度变化之间的关系:

$$\Delta Q = mc\Delta T$$

其中, m 是物体的质量, ΔT 是温度变化, ΔQ 是受热量, c 是物体材料的**比热** (specific heat)。固定一种材料 (比如, 水), 它的比热依赖丁初始温度以及温度变化区间。水的比热在 $0 \sim 100℃$ 的曲线是一条略有变形的上抛物线, 且在温度区间的两端近乎相等, 大约 $4215\mathrm{J/(kg \cdot K)}$, 在 $35 \sim 40℃$ 达到最小; 故水的比热近似值为 $4190\mathrm{J/(kg \cdot K)}$。硅的比热近乎 $705\mathrm{J/(kg \cdot K)}$。比热的另外一种计量方式: 用**摩尔质量**, 即按分子个数以及分子质量来计量, 一摩尔的纯质料具有相同个分子, 其质量即为 M, 质量为 m 的材料分成 n **摩尔** (假设材料的确就是摩尔的整数倍)。于是就将 $C = Mc$ 称为**克分子热容**或**摩尔热容**。

与热现象相关的几个名词还包括热压、熔点、沸点。热压 (thermal stress):

$$\frac{F}{A} = -Y\alpha\Delta T$$

其中，F 是受力，A 是受力面积，Y 是材料的杨氏模量 (Young's modulus)。

3. 热力学过程

热力学过程分为四类：**绝热过程、等容过程、等压过程和等温过程**。

(1) 绝热过程 (adiabatic process) 是指在过程中系统不与外界发生任何热交换，比如将系统用绝热材料封闭隔离起来。

(2) 等容过程 (isochoric process) 是指在过程中保持系统的体积不变，比如在室温下使用刚性容器。

(3) 等压过程 (isobaric process) 是指在过程中保持系统内部压强不变，比如用开口锅煮水。

(4) 等温过程 (isothermal process) 是指在过程中保持温度不变，如在发生热交换过程中控制热交换缓慢发生从而保持热平衡状态，如理想气体实验过程。

4. 热传导方式

热传导分为三种方式：热传导 (固体内部)、热对流 (液体内部) 以及热辐射 (电磁波携带热)。

热传导：在物体中，热可以从高温部分传导到低温部分。位于高温部分的原子具有较高的动能，并且自动分享一些给邻近的具有较低动能的原子，如此由高到低接力传递，直到彼此再无明显动能差别 (再无明显温差)，达到物体内部热平衡。(为什么不说邻近原子之间的热差导致热自发由高向低传递，直到热平衡？)
热流定义为 $\frac{dQ}{dt}$；从高温 (T_H) 物体经过长为 L、截面面积为 A 的均匀圆柱形导体流向低温 (T_C) 物体的热流经验公式：

$$\frac{dQ}{dt} = kA\frac{T_H - T_C}{L}$$

其中，k 是热导体的**热导率** (thermal conductivity)。

部分金属、固体材料、气体的热导率 k 的值 (单位：W/(m·K))：

铝	205.0	红砖	0.6	空气	0.024
铜	385.0	水泥	0.8	氖气	0.016
铅	34.7	玻璃纤维	0.04	氦气	0.14
水银	8.3	玻璃	0.8	氢气	0.14
银	406.0	冰	1.6	氧气	0.023

热对流: 在流体中, 热经过流体物质的质料运动被从一个高热区域带到另外一个低热区域。比如, 热冷空气对流, 海洋中的热冷海水对流, 人体内的血液循环, 北京的冬季供暖系统, 汽车的冷却系统, 等等。热对流分为**自然对流** (因为热膨胀导致的密度差别) 以及**强制对流**。

热辐射: 由炽热物体 (热源) 所产生的电磁波顺带热传导 (比如可见光、红外线、紫外线)。在常温下 (比如 20℃), 所有的生命活体都辐射带热电磁波 (自动热辐射), 通常都以红外线辐射实现热辐射; 随着环境温度的提升, 热辐射的电磁波的波长会变短, 当温度达到 800℃ 时, 可见光也会携带热, 会出现"红热"现象, 但是即便这样的高温, 热辐射依旧主要是红外线热辐射; 当温度达到 3000℃ 时, 足够多的可见光携带热, 会出现"白热"现象。热辐射的热流由下述经验公式计算:

$$H = Ad\sigma T^4$$

其中, A 是热辐射物体的表面面积; $0 < d \leqslant 1$ 是物体质料的**热辐射指数**, 辐射表面越黑, d 就越大, 当辐射表面全黑时, d 几乎接近 1; σ 是一个基本物理常量, 被称为斯特藩-玻尔兹曼 (Stefan-Boltzmann) 常量:

$$\sigma = 5.670400(40) \times 10^{-8} \mathrm{W}/(\mathrm{m}^2 \cdot \mathrm{K}^4)$$

热辐射中的物体也会同时**热吸收**来自环境中的他物的热辐射。在热平衡条件下, 物体的热辐射热流与热吸收热流必然相等。于是, 如果物体在热辐射时的自身温度为 T, 环境的温度为 T_s, 那么它热辐射的净热流为

$$H_1 = Ad\sigma \left(T^4 - T_s^4 \right)$$

比如, 人体辐射一般在 36℃ 左右, 而环境一般在 25℃ 左右时, 人体会失去体内的热; 而当环境在 37℃ 时, 人体会吸收环境中的辐射热。

理想的**热辐射反射体**是不会吸收任何辐射到该物体的任何热辐射的物体, 这种反射体也是效率极其低下的热辐射体。热水瓶中的真空胆[①] 是由双层玻璃构成, 玻璃之间几近真空, 内层玻璃的内表面上均匀地涂上银。这样, 瓶胆可以将瓶内的几乎所有的热辐射反射回去, 从而热水瓶便是一个极其糟糕的热辐射装置, 也因此可以保温。

3.2.2 热与功

有关热的本质经历过漫长的认识之路。在经过一系列实验之后, 人们终于接纳热的机械作用本性, 物理学最终认定热是一种流动着的能。热的度量单位为卡

[①] 由英国人 James Dewar (1842~1923) 发明。

路里。1 卡路里 (calorie) (1 个单位的热，简记为 1cal) 就是将温度为 14.5°C 的 1g 水加热到温度为 15.5°C 所需要的热。

　　热膨胀的现象之一就是在一定体积内的气体受热之后会出现膨胀，从而可以对外做功。也就是说，热在一定条件下可以被控制来做功。这种来自生活经验的总结导致了蒸汽机的产生。这自然带来一个理论问题：

　　问题 3.36　　如果对气体压缩做功是否会转换成气体可以吸收的热？也就是问是否在一定条件下功也可以转换成热？

　　1. 焦耳热功转换律

　　1842 年，迈耶 (Julius Robert Mayer, 1814~1878) 首先提出热与功等价并且两者可以相互转换。此后的数年间，焦耳 (James Joule, 1818~1889) 用实验测量验证热与功的等量转换。自 1841 年开始到 1850 年，焦耳定期频繁地向英国皇家协会提交自己的功热转换实验测量报告。终于在 1850 年，他在《哲学学报》[①] 上发表了包含最为精确的**宽叶搅拌轮实验测量**结果的专辑。焦耳的机械功转换成热的宽叶搅拌轮实验装置主要有如下组成部分：一个可以盛水的木水桶，水桶中分层对称地固定防止水旋转的宽叶片，水桶盖经过绝热处理并在盖中往桶里安插一个测量水温的温度计，一个中心轴垂直固定的多层宽叶水平旋转搅拌轮 (旋转轴也经过垂直方向的绝热处理)，以及一套带动宽叶搅拌轮旋转的滑轮驱动系统。实验的基本思想是通过水平宽叶旋转搅拌轮的叶片在旋转搅拌过程中与木桶中的水产生摩擦，从而制热。焦耳经过反复实验以及测量，最终得到满意的确定的功热转换数量关系。于是，根据焦耳的热功转换律，1cal = 4.186J。

　　2. 热力学第一定律

　　伽利略首先用实验支撑他所提出的**机械能守恒原理**。后来物理学探索者将这一守恒原理推广到更为一般的**能量守恒原理**：能量既不能被滋生，也不能被湮灭，不过是一种形式转换成另外一种形式罢了。而能量守恒原理在热现象范围内就是热力学第一定律：一个封闭系统的内能既不会自动增加也不会自动减少；任何系统内能的变化都必然是它与外界交换热或者做功的结果。迈耶和焦耳的工作很自然地导致表述热力学第一定律的数量等式。如果用 U 来表示系统的内能，W 为外界对系统所做的功，Q 为外界向系统传递的热，那么

$$\Delta U = W + Q$$

其中，ΔU 为系统内能的变化。

[①] Philosophical Transactions, vol. 140.

3. 热力学第二定律热机表达式

利用热功转换,热力学第二定律可以如下表述 (开尔文 (Kevin) 表述)(热机表达式):无论什么样的系统,要求它在单一温度之下将从一个储热处吸取的热全部转换成机械功之后重新回归它的初始状态是不可能实现的。换句话说,在现实中,没有系统可以在单一温度之下将从一个储热处所吸取的热全部转换成机械功之后重新回归它的初始状态。简而言之,没有某种过程会仅仅将热全部转换成功。

3.2.3 热现象与分子动力学

与热现象直接相关的是气体的分子运动现象。最早探讨空气分子运动的实验是玻意耳实验。

1. 玻意耳实验

伽利略的学生托里拆利 (Evangelista Torricelli, 1608~1647) 在探讨流体运动过程中曾经猜想空气具有重量以及气压计中的液体上升是因为大气压强所致。他的这个猜想后来被帕斯卡 (Blaise Pascal, 1623~1662) 所证实。于是在 17 世纪中叶,已经知道事实上气压计中的液体上升的高度与它所在位置的海拔成反比,而这可能是随海拔的变迁所带来的大气压强的变化所致。正是在这样的背景下,玻意耳 (Robert Boyle, 1627~1691) 展开了有关压强与大气的伸缩特性关系的探索。玻意耳于 1654 年在牛津建立起自己的私人实验室。在知道古尔利克 (Otto von Guericke, 1602~1686) 发明了真空泵之后,于 1657 年他便自己着手建造一个真空泵,并以此来探索空气的性质。他得到了空气的伸缩性,以及空气具有重量。他还探索了空气在呼吸、燃烧以及声音传播中的作用。于 1660 年,玻意耳出版了他的 (拉丁文) 专著《有关空气的弹性接触及其影响的新实验》[①]。在 1662 年的第二版中,他收录了气体 (空气) 体积与压强成反比 (众所周知的**玻意耳定律**) 的实验证据。玻意耳的实验是应用一个外部标明高度尺寸的 J 形的中空玻璃试管以及在保持常温状态下从试管顶部缓慢注入水银的方式来测量空气的弹性压缩数值。1738年,伯努利应用空气分子运动学模型对玻意耳的气体实验定律提供了一种合适的解释。[②]

2. 一般性气体动态理论

与化学原子理论发展平行的是气体分子动态理论的发展。贯穿 19 世纪的气体动态理论在如下离散性假设下得到的发展足以对气体的许多物理性质给出合乎实际的解释:

[①] New Experiments Physico-Mechanical Touching in the Spring of the Air and its Effects.

[②] 1905 年,爱因斯坦也应用分子运动学理论对悬浮在液体表面的微粒的布朗运动给出了一种合理的解释。

(1) 任何一罐气体都由大量的粒子组成；这些粒子被称为**分子**；这些分子彼此在罐内互相发生弹性碰撞，并且与罐壁发生弹性碰撞。

(2) 任何一种特殊气体的分子都彼此完全相同，并且与彼此的间距相比分子的尺寸很小 (单原子分子占据空间的球体直径不超过 10^{-10}m；最大的分子由众多原子组成，其占据空间的球体直径不小于 10^{-6}m)。

(3) 一罐气体的温度与罐内气体分子的平均动能成比例。

集中起来的物质质料在气态时分子的兴奋态决定它们的自主运动和彼此的弹性碰撞；液态时分子的兴奋态较弱，分子间的相互吸引作用增强，从而彼此相对位置变化较小，被柔性地粘在一起；固态时分子的兴奋态更弱，分子间的相互吸引作用更强，从而彼此间的相对位置几乎没有变化，被紧紧地刚性地粘在一起。

孤立在一定范围内的一种气态物质的分子 $x \neq y$ 之间的距离 $r(x, y, t) \geqslant 0$。它们间的**平衡间距** $r_0 > 0$ 是它们之间的相互净作用力 (吸引力与排斥力相等) 为 0 的距离。在热平衡态 (即分子间没有热交换)，在空间中分子呈离散格子点分布，可以假设任何两个邻近的分子之间的相互作用相同。邻近的两个分子之间的作用力是它们间的距离的函数 $F(x, y, t) = f(r(x, y, t))$；它们之间的势能也是如此，$U(x, y, t) = u(r(x, y, t))$；这两个函数满足如下微分方程：

$$F = -\frac{\mathrm{d}U}{\mathrm{d}r}$$

以及 $U_0 = U(r_0) < 0$ 为最小，且当 $0 < r < r_0$ 时 $F > 0$，彼此相互排斥；当 $r_0 < r$ 时 $F < 0$，彼此相互吸引。称势能函数 $U(x, y, t)$ 为分子 $x \neq y$ 的**势阱**，$|U_0|$ 为**阱深**。一般来说，一个势阱就是一个具有最小值的势能函数。一种常用的简单势阱 (函数) 是**方阱**，即具有有限高度且阱壁垂直以及阱底水平和长度有限而势能函数是一个阶梯函数 (在阱底最小，在阱口最大)。

气态分子总处于匀速直线运动中，除非与另外的气体分子发生弹性碰撞。它们的动能随温度升高而增加。在很低的温度下分子的动能会小于阱深，从而分子会凝聚成液态或固态以至于分子间的平均距离接近 r_0；但是，在较高温度下，分子的平均动能会大于阱深，从而从对方的作用下"逃离"出来，进入自由运动状态，也就是气态。

固体条件下，分子只能在平衡点附近振动，且当邻近 r_0 的势能函数形如抛物线时这种振动几乎可以看成简谐振动。物质结构呈**长程有序**。

液态条件下，分子间的平均距离比起固态会略有增加，从而分子运动的自由度大大增加，但只有**短程有序**特点。

孤立绝热罐中的理想气体方程：$pV = nRT$，n 为体积 V 内的理想气体分子的摩尔数；p 为体积 V 内的压强；T 为气体温度；R 为比例常数，即理想气体

常数:

$$R = 8.314472(15) \mathrm{J}/(\mathrm{mol} \cdot \mathrm{K})$$

事实上, 理想气体的定义就是可以令这个等式对于所有的压强变量 p 的取值和所有的温度 T 的取值都成立的气体。当气体分子彼此相距甚远 (极其低压) 且各自处于高速运动 (相当高温) 中的时候, 该等式最好用。

接近实际的气态方程[①]: 假设气体分子具有体积, 从而减少它们可以在其中运动的空间的体积; 气体分子之间具有吸引力, 从而减小对罐壁的 (撞击力) 压强。范德瓦耳斯方程为

$$\left(p + \frac{an^2}{V^2} \right) (V - nb) = nRT$$

其中, a 和 b 为因气体不同而不同的实验常数。大致而言, b 表示 1mol 气体的体积; a 依赖气体间的吸引力从而形成在气体分子相互吸引下对罐壁的压强的减弱比例因子, 这种减弱的压强与 $\frac{n^2}{V^2}$ 成比例, 且 a 就是比例因子。比如, 对于二氧化碳 (CO_2) 气体而言

$$a = 0.364 \mathrm{J} \cdot \mathrm{m}^3/\mathrm{mol}^2; \quad b = 4.27 \times 10^{-5} \mathrm{m}^3/\mathrm{mol}$$

一个标准大气压为 1.013×10^5 Pa, 这相当于有 10^{32} 个气体分子以 1700km/h 的速度撞击人体的皮肤。好在气体分子的撞击都是弹性撞击。

气体标准温压 (STP): 温度为 0℃ 以及压强为一个标准大气压 (1.013×10^5Pa)。

随海拔变化, 空气的压强与密度都变小。具体的经验微分方程为

$$\frac{\mathrm{d}p}{\mathrm{d}y} = -\rho g = -\frac{pM}{RT} g$$

气体的体积-压强在固定温度下呈反比关系 (玻意耳定律), 从而可以有相应的体积-压强曲线 ((V, p)-平面曲线)。(V, p)-平面曲线的物理意义在于**体积-压强曲线下的面积等于体积变化期间系统所做的功**。

随体积变化, 系统所做的功: $W = \displaystyle\int_{V_1}^{V_2} p \mathrm{d}V$; 微分方程为 $\mathrm{d}W = p\mathrm{d}V$。

在热力学做功过程中, 系统所做的功不仅依赖于初始和终结状态, 而且依赖于做功的路径; 同样地, 当一个系统与外界交换热 (吸热或放热) 的时候, 所交换的热不仅依赖系统的初始和终结状态, 而且依赖交换方式 (热传导路径)。

[①] 由荷兰物理学家范德瓦耳斯在 19 世纪中所提炼。

温压平面以及相变

给定一种物质，该物质的三相与温度-压强条件 (T, p) 具有下述特性：

(1) 在温度-压强平面上：

(a) 存在一条斜率为正的以一个最小温度 $T_0 > 0$ 和一个最小压强 $p_0 > 0$ 为起点的直线 (**融化曲线**) 以至于以这条直线上的任何一点 (T, p) 为条件，该物质既可以是固体也可以是液体。

(b) 存在一条连接 $(0, 0)$ 与 (T_0, p_0) 的紧致简单曲线线段 (**升华曲线**) 以至于以这条线段上任何一点 (T, p) 为条件，该物质既可以是固体也可以是气体。

(c) 存在唯一的具备下述特性的**临界点** (T_c, p_c)：T_c 严格大于融化曲线上每一个点的温度坐标，即融化曲线必定在以直线 $T = T_0$ 为左边界以直线 $T = T_c$ 为右边界的区域之内；在临界点的上方区域 (称之为**光滑变化区域**)

$$\{(T, p) \mid (T_c \leqslant T \ \wedge \ p_c \leqslant p)\}$$

该物质材料的物理性质随水平直线或垂直直线的变化而光滑变化，不发生相变，就是说，液态和气态的区别消失了。

(d) 存在一条连接 (T_0, p_0) 与 (T_c, p_c) 的紧致简单曲线线段 (**蒸发 (气化) 曲线**) 以至于以这条线段上任何一点 (T, p) 为条件，该物质既可以是液体也可以是气体。

(2) 如果在 (T, p) 条件下是固体，且 $T_1 < T$ 以及 $p < p_1$，那么在 (T_1, p_1) 条件下，该物质也一定是固体。

(3) 如果在 (T, p) 条件下是液体，但 (T, p) 既不在融化曲线上，也不在蒸发曲线上，那么在它的某一个开领域内的点都是一个液体条件。

(4) 如果在 (T, p) 条件下是气体，但 (T, p) 既不在升华曲线上，也不在蒸发曲线上，那么在它的某一个开领域内的点都是一个气体条件。

称融化曲线、升华曲线和蒸发曲线的唯一交点 (T_0, p_0) 为该物质的**三相点**：在此条件下，该物质可以共有三种相态。

水的三相点为 $T_0 = 273.16$ K，$p_0 = 0.00610 \times 10^5$ Pa；氧气的三相点为 $T_0 = 54.36$ K，$p_0 = 0.00152 \times 10^5$ Pa；二氧化碳的三相点为 $T_0 = 216.55$ K，$p_0 = 5.17 \times 10^5$ Pa；氢气的三相点为 $T_0 = 13.80$ K，$p_0 = 0.0704 \times 10^5$ Pa。

水的临界点为 $T_c = 647.4$ K，$p_c = 221.2 \times 10^5$ Pa (大约 218 个标准大气压)。

注意，许多物质的固态可以具有多种几何形式。比如水在高压之下的固体形式 (冰) 就有至少 8 种，各自都有不同的晶体结构以及不同的物理性质。

3. 理想气体

理想气体就是极其稀疏、分子间相距甚远、分子间没有吸引力作用的那种气体，因此分子间没有任何势能。理想气体的**内能**只与温度有关，不依赖于压强或体积。一个系统的内能是其内部各分子之动能之和加上分子间相互作用的势能之和。从热力学的角度看，系统内能的变化直接依赖两种因素：是否与外部发生热交换；是否对外界做功或外界对系统做功。故有热力学第一定律：

$$\Delta U = Q - W$$

其中，Q 是系统与外界发生的热交换的热；W 是与外界发生的作用功。

实验律 (实验表明)：**内能变化独立于过程的途径**。对于任意一个热力学过程而言，尽管热交换或作用功都依赖发生的方式或途径，但是由它们所导致的系统内能的变化 ΔU 只依赖于系统的初态与终结态，与它们发生的方式或途径无关。就是说，系统的内能 $U = U(p, V, T)$，而理想气态方程为 $pV = nRT$，p, V, T 都是只依赖系统状态的变量。

理想气体之**运动分子模型**：假设

(1) 一个相当大的体积为 V 的封闭容器 (封闭气罐)，容器中装着 N 个恒同的气体分子，N 是一个非常大的正整数，每个气体分子的质量为 m。

(2) 容器中的每一个分子都如同一个质点，其占据空间的直径尺寸 r 与分子间的平均距离以及容器的大小相比，非常小。

(3) 容器中的分子总在快速匀速直线运动中，分子间的碰撞为弹性碰撞，且遵守牛顿运动律；每一个分子都会时不时地与容器壁发生弹性碰撞。

(4) 容器是完美刚性的，质量非常大，并且处于静止中。就是说，这个容器就是有关罐内分子运动的惯性参照系。

在这些假设下，令 u^2 为容器中分子速率的平方的平均值，那么

$$pV = \frac{2}{3}N\left(\frac{1}{2}mu^2\right) = \frac{2}{3}K_{\mathrm{rm}}$$

其中，$\frac{1}{2}mu^2$ 为容器内单个分子的**平均平动动能**；K_{rm} 为全体分子平动的总的随机动能。由于 $pV = nRT$，所以

$$K_{\mathrm{rm}} = \frac{3}{2}nRT$$

其中，$n = \dfrac{N}{N_A}$，为容器中气体的摩尔数。由此

$$k = \frac{R}{N_A} = 8.617 \times 10^5 \text{ eV/K}$$

为玻尔兹曼常量，以及 $u^2 = \dfrac{3}{m}kT$。

对于容器中分子间的碰撞，单位时间内发生的碰撞次数为

$$\frac{\mathrm{d}N}{\mathrm{d}t} = \sqrt{2}\frac{4\pi r^2 vN}{V}$$

两次接连碰撞之间的时间的平均值为

$$\bar{t} = \frac{V}{4\pi\sqrt{2}r^2 vN}$$

两次接连碰撞间分子的**自由行程**的平均值为

$$\lambda = v\bar{t} = \frac{V}{4\pi\sqrt{2}r^2 N} = \frac{kT}{4\pi\sqrt{2}r^2 p}$$

4. 能量均分原理

能量均分假设：当分子运动不仅只有平动，而且还有旋转和振动时，每一个分子的每一种速度分量 (每一个自由度) 都均分一份动能 $\frac{1}{2}kT$。

比如，单原子气体只有平动的三个自由度，故其单个分子的平均动能为 $\frac{3}{2}kT$；双原子分子气体分子的自由度增加两个旋转自由度，故单个分子的动能为 $\frac{5}{2}kT$。

分子运动速率的**麦克斯韦分布**：

$$f(v) = 4\pi\left(\frac{m}{2\pi kT}\right)^{3/2} v^2 \mathrm{e}^{-mv^2/2kT}$$

以及容器中分子速率的平方的平均值为

$$u^2 = \int_0^\infty v^2 f(v)\mathrm{d}v$$

能量均分假设也被用来确定粒子能量与绝对温度之间的关系，并被称为**能量均分原理**：

$$E = \frac{3}{2}kT$$

比如，室温 (290K) 下粒子的平均动能为 0.0375 eV；太阳表面 (5800K) 粒子的平均动能为 0.75 eV，相当于室温条件下粒子的平均动能的 20 倍。再比如，太阳内部的温度达到 10^5 K，因此太阳内部氢原子离子化能则为 13.6 eV。

3.2.4 麦克斯韦发现气体分子速率分布律

麦克斯韦于 1860 年在《哲学杂志》第 19 卷和第 20 卷上分上、下两部分发表了题为《气体动力学理论解说》[①] 的论文。在论文的第一部分，麦克斯韦在当年有关理想气体的标准假设 (基本上就是前面的有关理想气体的假设) 下推导出上面的麦克斯韦气体分子运动速率分布律，并在此基础上导出能量均分原理。

麦克斯韦推导出他的气体分子运动速率分布律的步骤如下：

(1) 假设两个体积很小的弹性球以一种与其质量成反比的速率从两个相对的方向运动并发生弹性碰撞。求解问题：碰撞后这两个小球会怎样运动？麦克斯韦借助几何理论和动量守恒解答这一问题。

(2) 在前一步情形下，计算两个小球发生碰撞后各自的运动方向在给定范围内的概率。麦克斯韦假设对称条件下小球速度方向各向同性，从而方向在各向上的概率相等；从而麦克斯韦计算出碰撞后反弹回去的方向穿过单位球面的面积为 a 的小区域的概率为 $\dfrac{a}{4\pi}$。

(3) 给定在发生碰撞前的两个小球的速度大小和方向，以及发生碰撞的那一瞬间两个小球球心的连线，求解它们发生碰撞后各自的速度。麦克斯韦借助几何图解这一问题。

(4) 假设大量相同的 (总数为 N 个) 粒子发生大量碰撞。求解那些速度落在给定范围内的粒子的数目。麦克斯韦以气体容器中心为惯性参照系的直角坐标系的坐标原点；分别以 x, y, z 来表示粒子在 X, Y, Z 轴上的速度投影 (速度分量)；假设 X 轴速度分量落在无穷小区间 $[x, x + \mathrm{d}x)$ 上的粒子数为

$$N \cdot f(x) \cdot \mathrm{d}x$$

有 $Nf(y)\mathrm{d}y$ 个粒子的速度分量落在无穷小区间 $[y, y + \mathrm{d}y)$ 上；有 $Nf(z)\mathrm{d}z$ 个粒子的速度分量落在无穷小区间 $[z, z + \mathrm{d}z)$ 上。其中三个分量上的数目计算所用的函数 f 为同一个函数，因为各向同性假设。又根据三个坐标轴的正交性，三个速度分量彼此独立，因此，在无穷小体积 $\mathrm{d}x\mathrm{d}y\mathrm{d}z$ 范围内单位时间内以 (x, y, z) 为速度的粒子数目为

$$Nf(x)f(y)f(z)\mathrm{d}x\mathrm{d}y\mathrm{d}z$$

麦克斯韦进一步假设这些气体分子同时从坐标原点开始散开，在经过单位时间后，速度落在单位体积范围内的粒子数便是 $Nf(x)f(y)f(z)$。因为粒子运动的方向是各向完全等概率随机的，所有这一数目仅仅与离坐标原点的距离有关，从而

$$f(x)f(y)f(z) = \phi(x^2 + y^2 + z^2)$$

---

① James C. Maxwell, Illustrations of the Dynamical Theory of Gases, Philosophical Magazine, vol. 19 (1860), pp. 19-32; vol. 20 (1860), pp 21-37.

麦克斯韦求解这一泛函等式, 得到

$$f(x) = Ce^{Ax^2} \text{ 以及 } \phi(r^2) = C^3 e^{Ar^2}$$

如果 A 取正实数值, 那么粒子的数目就会随速度增加而增加, 从而我们就会见到无穷多个粒子。因此 A 只能取负实数。麦克斯韦令 $A = -\dfrac{1}{\alpha^2}$。麦克斯韦在整个实数轴上计算积分 $\displaystyle\int_{-\infty}^{+\infty} NCe^{-\frac{x^2}{\alpha^2}} \mathrm{d}x$, 再令此积分结果与 N 相等, 从而得到

$$C = \frac{1}{\alpha\sqrt{\pi}}$$

于是, 麦克斯韦得出在速率为 v 的无穷小范围内, 即在区间 $[v, v+\mathrm{d}v)$ 上, N 个分子中具有速率 v 的分子数目为

$$M(v) = N\frac{4}{\alpha^3\sqrt{\pi}}v^2 e^{-\frac{v^2}{\alpha^2}}\mathrm{d}v$$

麦克斯韦在他的论文后面讨论如何确定这里的参数 α 是数值问题, 我们就不在这里进一步展开了, 有兴趣的读者可以从互联网上阅读麦克斯韦的原文。

1. 玻尔兹曼分布

在一定温度 T 和一定能量 E^* 条件下, 处在一个热平衡态的封闭系统中的大量 N 个均匀气体分子会怎样从 E^* 中分得适当的能量? 或者问在这 N 个分子中, 给定 E^* 中的一部分能量 E, 会有多少分子能够被分配到这份能量 E?

玻尔兹曼 (Ludwig Boltzmann, 1844~1906) 于 1864 年应用麦克斯韦 1860 年获得的气体分子速度分布律、速率分布律以及分子动能分布律导出玻尔兹曼分布律 (单个分子被分到能量 E 的概率):

$$f_B(E) = A \cdot e^{-\frac{E}{kT}}$$

其中, $k = 1.381 \times 10^{-23}\,\mathrm{J/K} = 8.617 \times 10^5\,\mathrm{eV/K}$ 是玻尔兹曼常量, A 是与气体相关的正则化常数。利用这一概率分布函数, 可以用下述函数关系式来计算持有能量 E 的分子个数:

$$n(E) = g(E) \cdot f_B(E) = A \cdot g(E) \cdot e^{-\frac{E}{kT}}$$

其中, $g(E)$ 是能量状态密度函数, $g(E)\mathrm{d}E$ 是在能量区间 $[E, E+\mathrm{d}E]$ 上的能量状态数。由于 $E \in [0, \infty)$ 是 "连续" 变量, g, f_B 都是连续函数。

比如，离地面高度为 z 的大气分子的势能为 mgz，那么在高度区间 $[z, z+dz]$ 上大气分子的比例为

$$A \cdot e^{-\frac{mgz}{kT}} \cdot dz$$

其中，A 令等式

$$\int_0^\infty e^{-\frac{mgz}{kT}} \cdot dz = \frac{1}{A}$$

玻尔兹曼分布律的一个重要推论是**能量均分定理**：在热平衡态下，每一个自由度都为每个分子的平均能量贡献 $\frac{1}{2}kT$。

2. 麦克斯韦速率分布律

麦克斯韦速率分布律也可以由玻尔兹曼分布律导出。

在速率 v 到 $v+dv$ 所确定的球壳内的可能的状态数 $f(v)dv$ 与球壳的体积成正比。由于球的体积为 $\frac{4}{3}\pi v^3$，故

$$f(v)dv = A \cdot 4\pi v^2 dv$$

因为 $E = \frac{1}{2}mv^2$，每一个速率 v 对应着唯一的能量值，因此能量状态密度 $g(E)dE = f(v)dv$。从而

$$n(v)dv = n(E)dE = B \cdot e^{-\frac{mv^2}{2kT}} \cdot g(E)dE = B \cdot e^{-\frac{mv^2}{2kT}} \cdot 4\pi v^2 dv$$

因为

$$N = \int_0^\infty n(v)dv = 4\pi B \int_0^\infty e^{-\frac{mv^2}{2kT}} v^2 dv$$

所以

$$B = N \left(\frac{m}{2\pi kT} \right)^{\frac{3}{2}}$$

于是，麦克斯韦速率分布律为

$$n(v) = 4\pi N \left(\frac{m}{2\pi kT} \right)^{\frac{3}{2}} v^2 e^{-\frac{mv^2}{2kT}}$$

以及麦克斯韦动能分布律为

$$n(E) = \frac{2\pi N}{(\pi kT)^{3/2}} \sqrt{E} \cdot e^{-E/kT}$$

3.2.5　熵

一种说法：热力学的一个系统的熵是用来度量该系统的总能量中那些不能直接被用来做功的部分的大小的一种量 (**热功浪费指标**)；在统计力学中，熵就定义为一种给定状态 (也就是系统中各组件的一种安排，而这种安排又依赖于所有可能的安排中的相对能量) 出现的概率的自然对数值。它的核心思想是**熵增加的方向与时间前进的方向一致，与系统内部趋向等热的方向一致**；在一个孤立封闭热隔绝的系统内，任何自发热传导都是系统的增熵过程，并且在系统达到内部全体等热状态时系统的熵达到最大值。按照这种解释，当一系列彼此热隔绝的子系统置放一处成为一个孤立封闭热隔绝系统时，系统的熵最小，而此时各子系统间的**热差**可能很大很复杂 (最不均匀状态)，即热分布很不均匀。由于系统内自发趋向等热，系统熵增加，直到达到最大值，也就是系统内实现热分布最均匀。可见：热分布最不均匀状态时，信息量最大，最复杂；热分布最均匀时，信息量最小，最简单。如果将物体间的热差解释为对外做功的可能性，那么热差的消失就意味着这种可能性将不复存在。系统的熵增加就意味着对外做功的能力减小。这类似于引力场中的势能转换成动能。当高度消失，势能消失，便没有转换成动能或对外做功的可能。

1. 热力学中的熵

熵 (entropy)，热力学中的热功浪费的指标；为了解决热力学第二定律的量化表述问题而引进的一种状态函数，并且这种状态函数的初始值一般难以确定，只能讨论函数值的变化，而不是函数本身。**熵的增加值指明不可逆转的热功浪费程度**。

借助熵概念，热力学第二定律可以如下表述 (熵表达式)：将参与一个过程的所有系统都包括在内，过程的总熵或者保持不变或者增加。也就是说，如果将参与一个过程的所有系统都包括在内，那么这个过程的总熵就不可能严格减少。

这里涉及的两种形式的能量转换的问题。热力学第二定律的基础是内能的本质与宏观机械能的差别。在一个运动物体中，构成物体的分子有两种不同的运动：一种是分子的随机运动，另一种是分子间的协调运动；分子的协调运动是一种超级强加运动，并且运动的方向与物体的运动速度的方向相同；分子的随机运动则是分子自身的自主运动。与物体的宏观运动相协调的运动的动能就是运动物体的动能。由分子随机运动所导致的动能和势能则形成物体的内能。

当在一个支撑物表面上滑动的物体因为摩擦阻力而停止下来的时候，物体有组织的运动就转化成物体内部分子和支撑物表面分子的随机运动。由于我们不能够控制单个分子的运动，我们就不能够将这种分子的随机运动完全 (尽管可以部分地) 转化回归到物体有组织的运动。

热力学第一定律拒绝任何能量生或灭的可能性；热力学第二定律则限制了能量使用的**方便性** (availability) 以及能量可以被使用和转换的**途径**。

就像在对运动物体的摩擦阻力作用下或者黏滞液体流动中那样，功转换成热的过程是不可逆转的过程；横穿一个有限的温度梯度的从热到冷的热流动过程也是不可逆转的过程。热力学第二定律的热机表达式以及冰箱表达式表明这样的过程只能部分反转。

气体总是从一个高压区域的开口自发地向一个低压区域扩散，而绝非反过来；如果放任自流，不同的气体或者容易混合的液体总是自发地混合在一起，绝非反之。

热力学第二定律就在于揭示所有这些不可逆转过程的天然的单向特性。

比如说，下列过程很自然地朝着增加无序程度的反向发展：不可逆转的热流过程 (起初分别处在较热和较冷区域的分子，当它们处于热平衡状态时原有的区分便不复存在)；对一个物体加热 (增加物体内部分子的平均速度，从而增加分子运动的随机性)；气体的自由膨胀 (增加分子在空间中所处位置的随机性)；放焰火 (在每一包焰火中整齐包装起来的化学物质将会向各个方向散布，原本藏在其中的化学能被转换成各碎片随机飞舞的动能)。

熵便对无序程度的增加提供一种度量。考虑一种理想气体的一个无穷小等热膨胀。施加一点无穷小热量 dQ 以导致气体发生保持温度不变的恰到好处的膨胀。那么

$$dQ = dW = pdV = \frac{nRT}{V}dV$$

于是

$$\frac{dV}{V} = \frac{dQ}{nRT}$$

用比值 $\dfrac{dV}{V}$ 去度量无序增加的程度: 体积越大，气体分子位置的随机性也就越大。

$$dS = \frac{dQ}{T} = nR\frac{dV}{V}$$

就是在绝对温度为 T 的条件下一个无穷小的可逆过程 (意即 $dQ = dW$) 的熵的无穷小变化。

在一个仅仅涉及平衡状态的理想的可逆过程中，系统以及它的环境的总熵变化为零；但是所有的不可逆过程都涉及熵的增加。

比如，考虑混合开水和冷水的过程。如果将开水中的热分离出来再传递给冷水，那么我们就可以实现某些机械功；可是一旦开水和冷水混合一处，形成一种具有均匀温度的水，那么原本存在的将热转换成机械功的机会就不可逆转地消失

了，因为混合后的热水绝不会自动分离还原成初始的开水和冷水部分。混合开水和冷水的过程并没有减少能量，损失的是将开水中的热的某一部分转换成机械功的机会。因此，当熵增加时，能量会变得不再那么方便使用了。

可见，熵的增加意味着可方便使用的能量变少，意味着失去某种利用能量的机会。

2. 分子动力学中的熵

在对具有大量独立微观状态的事物的描述中，每一种真实反映的描述都对应着它们的一种宏观状态，相应的就是对事物内在结构的确定程度。事物内在的序越大，这种确定性也就越大；反之，事物内在的无序程度越大，这种确定性也就越小。

所谓这些微观状态的序，就是可准确描述的关系。我们是不是可以更明确一些？

给定一个由若干类似或等同个体组成的有限系统，它的一种微观状态就是对系统内每一个个体的一种单独描述或确认 (系统的个体确认)；它的一种宏观状态就是对这个有限系统的全体个体的一种描述或确认 (系统的整体确认)。

比如，给定一个具有 $n > 1$ 个个体的系统，每一个个体具有两种可能的微观状态，不妨说或者 0 状态或者 1 状态；那么这个系统的一个宏观状态就是一个长度为 n 的 0-1 序列。对于这样一个具有 n 个个体且每个个体都具有两种不同的微观状态的系统，它全部的宏观状态恰好有 2^n 种。语句"序列的每一位都是 0"，或者"序列的每一位都是 1"，就分别表示该系统的两个宏观状态。与这两种描述的任何一种相对应的恰好有唯一的序列合乎相应的描述。因此，合乎语句"序列的每一位都是 0"所描述的宏观状态的个数与全体宏观状态的个数的比值为 $\frac{1}{2^n}$。再比如，假设 n 是一个偶数，合乎语句"序列中一半是 0 以及另一半是 1"所描述的宏观状态的总数为

$$\left|[2k]^k\right| = \left(\begin{array}{c} 2k \\ k \end{array}\right) = \frac{(2k)!}{(k!)((2k-k)!)} = \frac{(2k)!}{(k!)(k!)}$$

其中，对于 $1 \leqslant m \leqslant n$，$|[n]^m| = \left(\begin{array}{c} n \\ m \end{array}\right) = \frac{n!}{m!(n-m)!}$。

设 w 为一个给定宏观状态的所有可能的微观状态的个数。那么该宏观状态的熵 S 就定义为

$$S = C + \frac{R}{N_A} \ln w$$

于是

$$\Delta S = \frac{R}{N_A} \ln \left(\frac{w_2}{w_1} \right)$$

一个封闭系统的熵绝不会减少。也就是说，一个封闭系统绝对不可能自发地经历一个减少其可能的微观状态个数的过程。例如，在一个封闭的房间内，房间内的空气绝对不会在没有任何挤压的条件下自发地集中到房间一半的区域，而将另一半区域留成真空。

支持这一结论的第一种讨论是概率的。首先，将房间对半分开，在其中之一找到任何一个空气分子的概率是 $\frac{1}{2}$。其次，假设房间中一共有 N 个分子。最后，在固定的半个房间中找到所有 N 个分子的概率是 $\frac{1}{2^N}$。当 N 大约为 6.02×10^{26} 时，这一概率是一个非常小的数。它是如此之小以至于这是一个从来不会被观察到的事件。

支持这一结论的第二种讨论是分析微观状态的个数。假设 N 个空气分子在体积为 $2V$ 的封闭房间内。当所有的空气分子都集中在这个房间的一半区域中时，其微观状态的个数是 w。由于每一个分子在整个房间中的位置数是在半个房间中的位置数的两倍，当它们可以自由地散布在整个房间之中时，总的微观状态的个数就是 $2^N w$。这就表明空气分子分布在整个空间的微观状态数达到相当大的值。根据下面的假设，全体分子集中在房间的一半区域的可能性几乎不存在。

基本假设：对于任意一个有限系统，最为可能出现的宏观状态就是对应着微观状态个数最大的那一个，也就是无序程度最大的熵最大的那一宏观状态。

3.2.6 玻尔兹曼发现内能分布律与玻尔兹曼可置换度

玻尔兹曼在 1877 年发表的题为《关于热平衡条件下热力学第二定律与概率计算的关系》论文[①] 中详细地解释了他以一种更为一般的方法发现更具广泛应用范围的分布律的过程。这里我们根据《公开获取》系列的杂志《熵》2015 年发表的由 Kim Sharp 和 Franz Matschinsky 所翻译的英文[②] 与读者一起重温玻尔兹曼如何以一个更为广阔的视野再度发现他的分布律的思想历程。以下将简称玻尔兹曼的这篇论文为"LB1877"。

---

① Ludwig Boltzmann, On the Relationship between the Second Fundamental Theorem of the Mechanical Theory of Heat and Probability Calculations Regarding the Conditions for Thermal Equilibrium, Sitzungberichte der Kaiserlichen Akademie der Wisserschaften. Mathematisch-Naturwissen Classe. Abt. II, LXXXVI 1877, pp 373-435.

② Kim Sharp and Franz Matschinsky, Entropy 2015, 17, 1971-2009; doi10.3390/e17041971; Open Access; entropy; ISSN 1099-4300; www.mdpi.com/journal/entropy.

　　玻尔兹曼在 LB1877 中主要完成了三件奠基性工作：① 定义何谓最常见状态分布[①]，并证明其存在性以及计算方式；② 明确气体最常见状态分布与热平衡状态的相等关系以及与熵的确定关系，或者给出熵的新颖定义；③ 对热力学第二定律给出新颖解释，或者说，提出崭新的统计力学基本原理。

　　可以说 LB1877 是玻尔兹曼一系列试图证明热力学第二定律的探索性工作的终极产物。据玻尔兹曼自己所说，他在题为《由动能平衡定律导出热力学第二定律的解析证明》和题为《有关热的力学理论中的几个问题的注记》两篇论文[②]中展示出只有以概率计算为基础才有可能获得热力学第二定律的解析证明时第一次清楚地意识到热力学与概率计算之间有某种密切的关系；它们之间有一种确定关系的意识在玻尔兹曼试图证明他的 H-定理时进一步得到肯定：他在题为《有关气体分子热平衡的进一步研究》的论文[③]中试图定义一种量 H，并且能够验证 H 随气体分子交换动能而必须递减，从而在气体处于热平衡时达到它的最小值；如果这样做能够成功，那么热力学第二定律的恰如其分的证明就很容易获得。随着论文《有关热的力学理论中的几个问题的注记》的展开，热力学第二定律与热平衡定律之间有一种确定关系的想法就变得更加扣人心弦、更加引人入胜。在这篇论文中，玻尔兹曼第一次明确表示会有唯一一种途径以如下方式来计算热平衡的可能性："很清楚在给定一种初始状态下，在经过一段时间之后，自动达成的每一种单个均匀状态分布就如同每一种单个非均匀状态分布一样可能；这就犹如在彩票中每一种单个五元数组一定出现的不可能性和五元组 12345 一定出现的不可能性相同。之所以会以较高的概率随时间变化状态分布变得均匀起来仅仅是因为均匀分布比非均匀分布要多得多"；更有甚者，"甚至有可能从不同的状态分布数量关系来计算这些概率，而这种途径几乎可能导致一种计算热平衡的有趣方法"。可见玻尔兹曼相信有可能通过找出一个系统的各种可能状态的概率来计算热平衡状态。玻尔兹曼认为在诸多情形下初始状态必定为极少见的那种，并且系统由此开始总会朝一种更为多见的状态快速趋近或者演变，直到最终达到最常见的那种状态，即热平衡状态。玻尔兹曼相信，如果将这种想法应用于对热力学第二定律的理解之上，就将能够把那个通常称之为熵的量与那种特殊状态的概率等同起来。

　　在 LB1877 的开端，玻尔兹曼为自己提出的目标是"不仅考虑热平衡问题，还探讨这种概率表达式与热力学第二定律之间的关系"，并且首先要解决由不同分布的数量来计算状态分布的概率的问题，从而获得"最常见状态分布"。自然，这里最关键的是定义什么是"最常见状态分布"。根据前期的工作，玻尔兹曼立下基

---

　　① the most likely state distribution.

　　② "Analytical Proof of the Second Fundamental Theorem of the Mechanical Theory of Heat Derived from the Laws of Equilibrium for Kinetic Energy"，以及 "Remarks about Several Problems in the Mechanical Theory of Heat".

　　③ "Additional Studies about the Equilibrium of Heat among Gaseous Molecules".

本假设: 最常见状态分布对应着热平衡条件。因此, 玻尔兹曼需要做的一件事情就是要建立这一基本假设的现实性与可靠性。玻尔兹曼在 LB1877 中成功地实现了这一目标, 获得了 "最常见状态分布" 的数学定义并且建立起上面的基本假设的现实性和可靠性。玻尔兹曼在论文中写道: "获得这一正确的最常见状态分布所需要的理由不会超出那些在解决所有相关问题的过程中的切身体会和感受。"

玻尔兹曼要解决的问题是气体分子的动能连续分布中的 "最常见状态分布" 到底是什么以及究竟应当怎样来恰当定义的问题。为此, 玻尔兹曼采用先从具体的离散问题入手, 待积累足够的体会之后再过渡到连续问题上去的策略。

LB1877 的第一节专门讨论离散值动能分布问题。玻尔兹曼假设起初每一个分子只能持有下列有限个速度值中的一个:

$$0, \frac{1}{q}, \frac{2}{q}, \frac{3}{q}, \cdots, \frac{p}{q}$$

其中, p, q 为两个正整数; 当两个分子发生碰撞时, 它们也许会交换速率, 但碰撞后, 它们各自的速率依旧还是上面那些离散值中的一个。由于关注的重大问题是动能问题, 并非速度问题, 所以将上面的离散速率假设更换成离散动能假设, 并且进一步简化, 假设每一个分子所持有的动能构成一个等差数列:

$$0, \epsilon, 2\epsilon, 3\epsilon, \cdots, p\epsilon$$

其中, ϵ 是一个可以任意小的正实数。无论分子在碰撞前, 还是在碰撞后, 它们都只能持有上述离散值动能中的某一个。毫无疑问, 这不是为了解决任何实际分布问题的适用假设, 但是这种简单假设更容易帮助理清所要解决的与中心目标相关的概率计算问题的关键所在。

现在假设在一个器皿中有 n 个气体分子。如果我们知道这 n 个分子中有多少个持有值为 0 的动能, 有多少个持有值为 ϵ 的动能, 等等, 那么我们就知道这一系统的动能分布。于是第一个问题是下面的分布问题:

问题 3.37 (分布问题) 它们中有多少取上述等差序列中的某个离散值的动能?

如果开始的时候, 有一种气体分子的动能分布, 那么在发生碰撞之后, 气体分子的动能分布会发生变化。面对这种可能的变化的自然的问题是:

问题 3.38 (变化律问题) 发生这样的气体分子动能分布变化的规律是什么?

玻尔兹曼立刻意识到这一变化律问题曾经是他探索的课题, 但不是现在的。在这里, 玻尔兹曼的本意是建立起一种状态分布的概率模型, 而不是去关注那些状态是如何形成的, 也不必如此关注。于是, 玻尔兹曼将眼前的目标锁定在弄清

楚这 n 个分子所能取到的这 $p+1$ 个离散动能值的所有可能的组合是什么，然后再建立起这些组合中有多少种组合会与每一种状态分布相对应的关联，因为这种组合数目将会确定相关状态分布的相似之处。

下面我们用现代集合论语言来重述玻尔兹曼的分析。假设器皿中有 n 个气体分子，每个气体分子各自可持有 $p+1$ 种可能的离散值的动能：

$$0, \epsilon, 2\epsilon, 3\epsilon, \cdots, p\epsilon$$

假设这些气体分子所持有的总动能的能量值为一个常数 $E = \lambda\epsilon$，其中 λ 是一个正整数，并且这份总能量一定按照上述离散值以所有可能的方式分配给这 n 个分子。为了明确起见，令

$$\bar{n} = \{1, 2, \cdots, n\}, \ p+1 = \{0, 1, 2, \cdots, p\}$$

以及

$$X(n, p, \lambda, \epsilon) = \left\{ \sigma : \bar{n} \to (p+1) \ \middle| \ \sum_{j=1}^{n} \sigma(j) = \lambda \right\}$$

其中，记号 $\sigma : \bar{n} \to (p+1)$ 表示 σ 是从定义域 $\bar{n}$ 到值域 $(p+1)$ 的一个函数。于是，$X(n, p, \lambda)$ 中的每一个函数 σ 就明确这 n 个分子中的每一个分子从总动能中分得的动能的值为多少，比如，编号为 j 的分子分到数值为 $\sigma(j)\epsilon$ 的动能。为了说话方便，称 $X(n, p, \lambda, \epsilon)$ 中的每一个元素为一种**实际分配记录** (玻尔兹曼称之为 Komplexion, 英文翻译为 complexion, 中文翻译为 "气质")。这样，$X(n, p, \lambda, \epsilon)$ 就是将值为 $E = \lambda\epsilon$ 的总能量按照规定的离散值额度分配给 n 个气体分子的所有可能的实际分配记录的总表。

事关分布问题，令

$$Y(n, p) = \left\{ w : (p+1) \to (n+1) \ \middle| \ \sum_{i=0}^{p} w(i) = n \right\}$$

其中，$(n+1) = \{0, 1, 2, \cdots, n\}$。这样，$Y(n, p)$ 中的每一个函数 w 就明确分得数值为 $i\epsilon$ 的能量的分子的个数为 $w(i) \ (i \leqslant p)$。$Y(n, p)$ 中的元素似乎是对分布问题的一种答案，但是并非其中的每一元素都是合乎实际的分布，因为任何一个合乎实际的分布都必须严格遵守能量总值。为此，称 $Y(n, p)$ 中一个函数 w 为一个**可实现分配方案**当且仅当

$$\sum_{i=0}^{p} i \cdot w(i) = \lambda$$

比如，如果 $\sigma \in X(n, p, \lambda, \epsilon)$，令

$$w_\sigma(i) = |\{j \in \bar{n} \mid \sigma(j) = i\}| \quad (i \leqslant p)$$

其中，记号 $|A|$ 表示有限集合 A 中的元素的个数，那么，$w_\sigma \in Y(n, p)$ 就是一个可实现分配方案。

反之，如果 $w \in Y(n, p)$ 是一个可实现分配方案，那么必有一个 $\sigma \in X(n, p, \lambda, \epsilon)$ 来见证 $w = w_\sigma$。理由如下，给定一个可实现分配方案 $w \in Y(n, p)$，将所有那些 $w(i) > 0$ 的数 i 递增地排列起来，

$$\{i \leqslant p \mid w(i) > 0\} = \{i_1 < i_2 < \cdots < i_m\}$$

此 $m \leqslant n$，并且

$$\sum_{\ell=1}^{m} w(i_\ell) = n$$

将 $\bar{n}$ 按照递增顺序按照 $w(i_\ell)$ 确定的数划分成不相交的 m 组，即第 ℓ 组为接下来的 $w(i_\ell)$ 个自然数。记这些组为

$$A_1, A_2, \cdots, A_m$$

它们满足下述要求：它们彼此不相交，并且它们之并为整个 $\bar{n}$，以及

$$\forall 1 \leqslant \ell \leqslant m \quad (|A_\ell| = w(i_\ell))$$

由此，对每一 A_ℓ 中的每一个数 j 定义 $\sigma(j) = i_\ell$。这样得到的 $\sigma \in X(n, p, \lambda, \epsilon)$ 并且

$$w = w_\sigma$$

于是，这一 σ 就是一个实现 w 的实际分配记录。从而玻尔兹曼所关注的分布问题就是关于这些可实现分配方案的分布问题。在玻尔兹曼的论文中，这里的可实现分配方案被称为状态分布 (state distributions)。

具体而言，玻尔兹曼所关注的问题是下面的问题：

问题 3.39 (最常见状态分布问题) 给定一个可实现分配方案 w，有多少种实现这一分配方案的实际分配记录？在所有这些可实现分配方案中，哪一种方案具有最多种实现它的实际分配记录？

为了简单起见，对于 $\sigma \in X(n, p, \lambda, \epsilon)$，令

$$\sigma^{-1}(i) = \{j \in \bar{n} \mid \sigma(j) = i\} \quad (i \leqslant p)$$

以及令 $|\sigma^{-1}(i)|$ 为集合 $\sigma^{-1}(i)$ 中的元素的个数 $(i \leqslant p)$。

对于一个可实现分配方案 w，令

$$X(w) = \left\{ \sigma \in X(n,p,\lambda,\epsilon) \mid \forall i \leqslant p \left(|\sigma^{-1}(i)| = w(i) \right) \right\}$$

根据上面的讨论，$X(w)$ 一定是 $X(n,p,\lambda\epsilon)$ 的一个非空子集合。因此，$X(w)$ 就是所有实现 w 的实际分配记录，也就是状态分布 w 的所有可能的分布实现。再令

$$\mathcal{P}_w = |X(w)|$$

这个数就是所有实现状态分布 w 的实际分布的个数。这个数就是玻尔兹曼真正关注的数，因为

$$\frac{\mathcal{P}_w}{|X(n,p,\lambda,\epsilon)|}$$

就是状态分布 w 被实现的概率。在玻尔兹曼看来，这些概率中的最大值所对应的状态分布就是那个"最常见状态分布"。

这里有三个需要回答的计算问题：给定参数 n,p,λ，① 有多少个可实现分配方案？② 对给定的可实现分配方案 w 如何计算 $\mathcal{P}_w$？③ 总共有多少个实际分配记录？

对于一个实际分配记录 $\sigma \in X(n,p,\lambda,\epsilon)$，称它为一个单调不减的实际分配记录当且仅当

$$\forall 1 \leqslant i < j \leqslant n \quad (\sigma(i) \leqslant \sigma(j))$$

令 $X^*(n,p,\lambda,\epsilon)$ 为 $X(n,p,\lambda,\epsilon)$ 中的那些单调不减的实际分配记录，那么这个集合就与所有可实现分配方案的集合成一一对应。因此，$X^*(n,p,\lambda,\epsilon)$ 中元素的个数就是所有可实现分配方案的个数。事实上，每一个可实现分配方案都唯一地确定了 $X(n,p,\lambda,\epsilon)$ 的一个等价类。具体而言，对于 $\sigma,\tau \in X(n,p,\lambda,\epsilon)$，令

$$\sigma \sim \tau \iff \forall i \leqslant p \quad \left(|\sigma^{-1}(i)| = |\tau^{-1}(i)| \right)$$

那么 $\sim$ 是 $X(n,p,\lambda,\epsilon)$ 上的一个等价关系；集 $X^*(n,p,\lambda,\epsilon)$ 就是商集 $X(n,p,\lambda,\epsilon)/\sim$ 的完整代表元集合，即 $X^*(n,p,\lambda,\epsilon)$ 中的任何两个不相同的元素一定不满足等价关系 $\sim$，并且 $X(n,p,\lambda,\epsilon)$ 中的每一个元素都一定与 $X^*(n,p,\lambda,\epsilon)$ 中的唯一的一个元素满足等价关系 $\sim$。因此，商集 $X(n,p,\lambda,\epsilon)/\sim$ 中的每一个等价类就恰好唯一地对应着一个可实现分配方案。如果我们称 $X^*(n,p,\lambda,\epsilon)$ 中的实际分配记录 σ 为一个典型实际分配记录，那么它所代表的等价类

$$[\sigma]_\sim = \{\tau \in X(n,p,\lambda,\epsilon) \mid \sigma \sim \tau\}$$

中的每一个实际分配记录事实上都由 σ 经过集合 $\bar{n}$ 上的一个置换复合作用所得，即如果 $\tau \in [\sigma]_\sim$，那么必有集合 $\bar{n}$ 上的一个双射 (称为置换)$t : \bar{n} \to \bar{n}$ 来见证下述关系式：

$$\forall 1 \leqslant j \leqslant n \quad (\tau(j) = \sigma(t(j)))$$

反之，如果 $t : \bar{n} \to \bar{n}$ 是一个置换，$\tau : \bar{n} \to (p+1)$ 由下述关系式确定：

$$\forall 1 \leqslant j \leqslant n \quad (\tau(j) = \sigma(t(j)))$$

那么 $\tau \sim \sigma$。

正是基于上面的事实，应用组合学结论，玻尔兹曼得出如下定理：

定理 3.1 给定参数 n, p, λ，给定一个可实现分配方案 $w \in Y(n, p)$，必定有下述等式：

(1) $\mathcal{P}_w = \dfrac{n!}{\prod_{j \leqslant p}(w(j)!)}$；

(2) $J = |X(n, p, \lambda, \epsilon)| = \begin{pmatrix} \lambda + n - 1 \\ \lambda \end{pmatrix}$。

为了简化起见，令

$$Y^*(n, p, \lambda) = \left\{ w \in Y(n, p) \ \middle| \ \lambda = \sum_{i \leqslant p} i \cdot w(i) \right\}$$

那么对于给定的参数 n, p, λ，$Y^*(n, p, \lambda)$ 就是所有可实现分配方案的全体之集合。也就是说，对于 $w : (p+1) \to (n+1)$，w 是一个可实现分配方案当且仅当 $w \in Y^*(n, p, \lambda)$ 当且仅当 w 同时满足下述两个等式要求：

$$n = \sum_{i=0}^{p} w(i) \text{ 以及 } \lambda = \sum_{i=1}^{p} i \cdot w(i)$$

虽然组合学结论告诉我们对于每一个可实现分配方案 $w \in Y^*(n, p, \lambda)$ 所有实现这个分配方案 w 的实际分配记录的全体之集合 $X(w)$ 有多少个元素，但上面定理中的表达式并非实际可计算的，因为随着 n, p 的增加，$\mathcal{P}_w$ 中所涉及的阶乘的计算量的复杂性就会变得超出实际的计算能力。再者，玻尔兹曼真正感兴趣的是找出那个"最常见状态分布"，也就是要在所有的可实现分配方案中找出那个令 $\mathcal{P}_w$ 最大的 w，也就是令概率

$$\frac{\mathcal{P}_w}{|X(n, p, \lambda, \epsilon)|}$$

最大的那个 w。由于所涉及的对象构成一个有限集合,这样的 w 一定存在。问题是:

问题 3.40 (最大值问题) 如何行之有效地找到那个令 $\mathcal{P}_w$ 最大的可实现分配方案 w?

在解释玻尔兹曼是如何解决这个最大值问题之前,让我们一起来看看玻尔兹曼是如何用一个具体的例子来解释所引入的概念以及怎样从中获得一般化的启示的。

玻尔兹曼将参数组 (n, p, λ) 设定为 $(7, 7, 7)$,依旧令 ϵ 为任意小的正实数。这样,器皿中有 7 个分子,有 8 种可能的动能值:

$$0, \epsilon, 2\epsilon, 3\epsilon, 4\epsilon, 5\epsilon, 6\epsilon, 7\epsilon$$

考虑将总能量 7ϵ 按照上面的额度值规定以任何一种可能的方式分配给这 7 个分子。那么所有可能的实际分配记录数目为

$$J = |X(7, 7, 7, \epsilon)| = \binom{13}{7} = 1716$$

商集 $X(7, 7, 7, \epsilon)/\sim$ 中一共有 15 个等价类,也就是说,一共有 15 个可能的可实现分配方案 (玻尔兹曼称之为 "状态分布" (state distributions))。用等价类的代表元来表示,也就是完整代表元集合 $X^*(7, 7, 7, \epsilon)$ 中一共有 15 个单调不减的实际分配记录。将这些代表元罗列出来就可以得到表 3.1。

表 3.1 完整代表元列表

编号	实际分配记录	$\mathcal{P}$	编号	实际分配记录	$\mathcal{P}$
1.	0000007	7	9.	0001114	140
2.	0000016	42	10.	0001123	420
3.	0000025	42	11.	0001222	140
4.	0000034	42	12.	0011113	105
5.	0000115	105	13.	0011122	210
6.	0000124	210	14.	0111112	42
7.	0000133	105	15.	1111111	1
8.	0000223	105			

从上表可见,编号为 10. 的实际分配记录为

$$\sigma(1) = \sigma(2) = \sigma(3) = 0, \ \sigma(4) = \sigma(5) = 1, \ \sigma(6) = 2, \ \sigma(7) = 3$$

与这个实际分配记录相对应的可实现分配方案为

$$w(0) = 3, \ w(1) = 2, \ w(2) = w(3) = 1, \ w(4) = w(5) = w(6) = w(7) = 0$$

那么对于这样的一个可实现分配方案 w, 有多少个实际分配记录实现这个分配方案呢? $\mathcal{P}_w$ 是多少呢?

根据组合学结论所得到的定理,

$$\mathcal{P}_w = \frac{7!}{(3!)(2!)(1!)(1!) \prod_{i=4}^{7}(0!)} = \frac{7!}{3!2!} = 7 \cdot 6 \cdot 5 \cdot 2 = 420$$

也可以直接分析得出: 将 3ϵ 的动能分配给 7 个分子中的任何一个, 一共有 7 种可能性; 在分定 3ϵ 的动能之后, 再来将 2ϵ 的动能分配给剩下的 6 个分子中的任何一个, 一共有 6 种可能性; 在分定 2ϵ 的动能之后, 再从剩余的分子中任选两个分子并对它们各分配 1ϵ 的动能, 分定后剩下的都分给 0ϵ 的动能。于是, 这样分配的可能性的总数为

$$\mathcal{P}_w = |X(32110000)| = 7 \cdot 6 \cdot \binom{5}{2} = 7 \cdot 6 \cdot \frac{5!}{2!3!} = 420$$

由此可见, 编号 10. 的实际分配记录 0001123 实现的可实现分配方案为 32110000。这一状态分布, 被实际实现的可能性有 420 种, 也就是说, 这一状态分布的概率为 $\frac{420}{1716}$。从上面的列表可见这一概率最大。于是, 可实现分配方案 $w = 32110000$ 是"最常见状态分布"或者"最可能状态分布"。因为集合 $X(32110000)$ 接纳最大数目的等效置换 (玻尔兹曼称这一数目为该状态分布的相对相似度)。这里, 称 $\bar{n}$ 上的两个置换 t, s 是相对于典型实际分配记录 σ 的等效置换, 记成 $t \simeq_\sigma s$, 当且仅当

$$\forall 1 \leqslant j \leqslant n \quad (\sigma(t(j)) = \sigma(s(j)))$$

等效置换关系 $\simeq_\sigma$ 是 $\bar{n}$ 上的全体置换之间的一个等价关系。所说的等效置换的数目就是在这个等价关系下等价类的数目。在论文 LB1877 中, 玻尔兹曼简单地将这种"等效置换数目"称为"置换数目"。

再来看看编号 6. 的实际分配记录 $\sigma = 0000124$。它所实现的可实现分配方案为 $w = 41101000$。因此, 这一状态分布被实际实现的可能性有 210 种:

$$\mathcal{P}_w = |X(41101000)| = \frac{7!}{4!} = 7 \cdot 6 \cdot 5 = 210$$

从而, 这一状态分布的概率为 $\frac{210}{1716}$。

同样地, 编号 7. 的实际分配记录为 $\sigma = 0000133$。它所实现的可实现分配方案为 $w = 41020000$。于是,

$$\mathcal{P}_w = |X(41020000)| = \frac{7!}{4!2!} = 105$$

因此实现可实现分配方案 $w = 41020000$ 的实际分配记录有 105 种, 而这一状态分布的概率则为 $\dfrac{105}{1716}$。

最后, 编号 15. 的实际分配记录为 $\sigma = 1111111$, 即每一个分子都非常平均地分得 1ϵ 的动能。这一分配记录实现的可实现分配方案为 $w = 07000000$。于是,

$$\mathcal{P}_w = |X(07000000)| = \frac{7!}{7!} = 1$$

可见只有一个实际实现记录可以实现这一状态分布。因此这一状态分布的概率为 $\dfrac{1}{1716}$。从上面的列表可见这个概率最小。

在给出这个例子之后, 玻尔兹曼解释了它背后的统计抽样的思想实验, 也就是对这一具体事物认识的一种直觉, 并以此给出一种对最大置换数目的具体的统计定义。假设在一个瓦罐中装有无穷多张小纸条; 假设在每一张小纸条上写上数字 $0, 1, 2, 3, 4, 5, 6, 7$ 中的一位数字; 假设每一位数字都写在同等数量的纸条之上; 假设每一个数字被抓出来的概率都相等。现在先一次抓出 7 张小纸条, 记下这些小纸条上的数字。这张小纸条提供了一种状态分布的样本: 用 ϵ 乘以第 $1 \leqslant j \leqslant 7$ 张纸条上的数, 并将这个能量值的动能分配给第 j 个分子。然后将这 7 张纸条放回瓦罐这去; 再抓出 7 张小纸条, 又得到一种状态分布的样本; 以此类推。当我们重复这一过程非常多次之后, 删去那些 7 张小纸条上的数目之和不等于 7 的记录, 我们应当还有一个非常大的有效记录的数目。因为每一位数出现的概率相等, 同一组 7 位数以不同的顺序排列就给出不同的实际分配记录, 所以每一种可能的实际分配记录都会以相等机会展现。将每个 7 张纸条都按照它们的数目的大小以单调不减的方式排列, 那么所有这些有效的 7 张小纸条小组就被划分成 15 个等价类, 就如同上面的表所展示的那样。

对于参数组 $(7, 7, 7)$ 可以采用穷举法以及直接计算来确定 "最常见状态分布"。如果给定的参数组中的数字都是天文数字, 那么穷举法自然失效。于是, 玻尔兹曼在 LB1877 中的第一节里采用了相当大的篇幅来解决对于任意参数组 (n, p, λ) 如何有效地确定 "最常见状态分布" 的问题。

对于给定参数组 (n, p, λ) (暂时忽略固定的很小的正实数 ϵ), 对于一个状态分布 w, 实现这一可实现分配方案的实际分配记录的个数:

$$\mathcal{P}_w = \frac{n!}{\prod_{i=0}^{p}(w(i)!)}$$

现在的问题是: 在所有的可实现分配方案中, 找出那个令 $\mathcal{P}_w$ 最大的可实现分配方案 w (因为只有有限个, 存在性有保证)。

由于分子是一个相对于给定参数组而言的常量，欲令这个分数值最大，等价的就是令这个分数的分母最小。又由于这个分数的分母是 $(p+1)$ 个阶乘的乘积，利用自然对数函数的严格单调递增特性，欲令这个乘积最小，等价的就是令这个乘积的对数最小，也就是令下面的 $(p+1)$ 个自然对数项的和最小：

$$M = \sum_{i=0}^{p} \ln[w(i)!]$$

玻尔兹曼在这里用指数项 $\sqrt{2\pi}\left(\dfrac{w(i)}{e}\right)^{w(i)}$ 替换阶乘项 $w(i)!$。于是，

$$M_1 = \left(\sum_{i=0}^{p} w(i)\ln(w(i))\right) - \left(\sum_{i=0}^{p} w(i)\right) + \frac{p+1}{2}\ln(2\pi)$$

玻尔兹曼验证了一个函数 $w : (p+1) \to (n+1)$ 令 M 最小当且仅当它令 M_1 最小。

这样一来，玻尔兹曼需要解决的寻找"最常见状态分布"的问题就被转换成下面的最优化问题：

问题 3.41 (最优化问题)　给定正整数三元组 (n, p, λ)。在所有满足下述等式要求

$$n = \sum_{i=0}^{p} w(i) \text{ 以及 } \lambda = \sum_{i=1}^{p} i \cdot w(i)$$

的函数 $w : (p+1) \to (n+1)$ 中，找到令按照下述等式计算出来的量 M 最小的那个函数 w：

$$M = \left(\sum_{i=0}^{p} w(i)\ln[w(i)]\right) - n$$

(称这样一个最小化函数 w 为一个最优解。)

为了解决这个最优化问题，玻尔兹曼应用了当时数学分析界已知的几种工具：微积分、Γ 函数、取整函数、阶乘函数的指数函数逼近、多项式逼近以及变分法。利用这些数学工具，在经过一系列的数学演算之后，玻尔兹曼将所寻求的最小化函数 w 归结为满足下述要求的多项式联立求解问题：

(1) $w_0\left(\displaystyle\sum_{m=0}^{p} x^m\right) = n$;

(2) $w_0\left(\displaystyle\sum_{m=1}^{p} mx^m\right) = \lambda$;

(3) $(pn - \lambda)x^{p+2} - (pn + n - \lambda)x^{p+1} + (n + \lambda)x - \lambda = 0$;

(4) $\forall 1 \leqslant i \leqslant p \ (w_i = w_0 x^i)$。

最后，经过采用近似值方式，玻尔兹曼得到一组非常好的最小化函数 w 的近似解：

(5) $x = \dfrac{\lambda}{n + \lambda}$；

(6) $w_0 = \dfrac{n^2}{n + \lambda}$；

(7) $\forall 1 \leqslant i \leqslant p \left(w_i = \dfrac{n^2 \lambda^i}{(n + \lambda)^{i+1}} \right)$。

利用这一近似解和取整函数，玻尔兹曼便很容易地获得了所要的最小化函数。

玻尔兹曼在 LB1877 中还应用这种近似解到参数组 $(13, 19, \infty)$ 之上，获得最优化问题的最优解：

$$w_0 = 5, w_1 = 3, w_2 = 2, w_3 = 1, w_4 = 1, w_5 = 1 \quad (i \geqslant 6 \to w_i = 0)$$

从而所有实现这一最常见状态分布的实际分配记录的个数为 $\dfrac{13!}{5!3!2!}$，以及实现这一可实现分配方案的典型实际分配记录为

$$\sigma = 0000011122345$$

在第一节的最后，玻尔兹曼进一步利用近似表示，得到动能分布表达式：一个分子获得量值为 $s\epsilon$ 的动能的概率为

$$w_s = \frac{n\epsilon}{\mu} \mathrm{e}^{-\frac{s\epsilon}{\mu}}$$

其中，μ 为一个分子的平均动能。

在解决了这个离散模型的"最常见状态分布"的计算问题之后，接下来玻尔兹曼利用这个过程中积累起来的经验和启示来解决连续模型的"最常见状态分布"的计算问题。这是论文 LB1877 中的第二节的内容。

从离散分布模型跨越到连续分布模型，玻尔兹曼采用了从有限到可数无穷然后再到非负实数轴的两次跨越的策略。

首先，固定一个非常小的正实数 ϵ 作为一个单位能量值，最后会演变为一个正无穷小量。以此将整个非负实数轴均分成长度为 ϵ 的可数无穷个区间

$$[m\epsilon, (m+1)\epsilon), \quad m \in \mathbb{N}$$

根据阿基米德原理，这是可能的。

考虑一个装有无穷多张小纸条的瓦罐，每一张小纸条上都写有某个区间

$$[m\epsilon, (m+1)\epsilon)$$

中的一个动能量值，并且假设从各个这样的区间上取值的纸条的数目相等 (用现代话语就是彼此之间存在一种一一对应，玻尔兹曼时期数学界还没有盛行这种严格的说法，但都有这样的意会)。假设有一种确定的方式每次从这个瓦罐中取出一堆小纸条，从而确定对每一个分子赋予一组动能量值；进一步还假设所有那些分子如果都从一个区间上取得动能分配值那么它们就都取同样的值。

现在的分布问题就是下面的问题：

问题 3.42 给定一个实际分配记录，问在每一个区间 $[m\epsilon, (m+1)\epsilon)$ 上取得动能值的分子数量在整个分子数量上占有多大成分？

对于给定的一个实际分配记录，用一个满足下述要求的函数 $w : \mathbb{N} \to [0, \infty)$

$$\forall m \in \mathbb{N} \quad (\text{有 } w(m) \text{ 多的分子在区间 } [m\epsilon, (m+1)\epsilon) \text{ 上取值})$$

来回答上面的分布问题。称这样的函数为一个分配方案。

玻尔兹曼借用离散模型的类比，将相应的状态分布的概率以类似于

$$\frac{n!}{\prod_{i \in \mathbb{N}}(w(i)!)}$$

的方式来计算。同样用 $\sqrt{2\pi}\left(\dfrac{w}{e}\right)^w$ 来替代阶乘 $w!$。通过这种类比的方式，玻尔兹曼考虑连续分布情形下的最常见状态分布的计算问题：

问题 3.43 (最优化问题) 给定正实数二元组 (n, E)。在所有满足下述等式要求

$$n = \sum_{i=0}^{\infty} w(i) \text{ 以及 } E = \sum_{i=1}^{\infty} i \cdot \epsilon \cdot w(i)$$

的函数 $w(m) \in [m\epsilon, (m+1)\epsilon)$ $(m \in \mathbb{N})$ 中，找到令按照下述等式计算出来的量 M 最小的那个函数 w：

$$M = \left(\sum_{i=0}^{\infty} w(i) \ln(w(i))\right) - n$$

给定一个分配方案 $w(m) \in [m\epsilon, (m+1)\epsilon)$ $(m \in \mathbb{N})$，将与每一个 $m \in \mathbb{N}$ 相对应的 $w(m)$ 解释为平面上的一个宽为 ϵ、高为 $f(m\epsilon)$ 的矩形的面积，即

$$w(m) = \epsilon \cdot f(m\epsilon)$$

其中，$f : \epsilon \cdot \mathbb{N} \to [0, \infty)$。玻尔兹曼之所以这样做，是因为他最终需要用积分来解决最小化函数问题。在当时，黎曼积分已经在数学界为人所知，而黎曼积分的基本思想就是利用均等细分以平面上函数图形内或外的小矩形的面积之和来逼近所要计算的定积分值。玻尔兹曼正是在这里利用黎曼的这种细分想法来实现自己的目标。

于是，最优化问题就变成下述问题：

问题 3.44 (最优化问题)　给定正实数二元组 (n, E)。在所有满足下述等式要求

$$n = \epsilon \left[\sum_{i=0}^{\infty} f(i\epsilon) \right] \text{ 以及 } E = \epsilon \left[\sum_{i=1}^{\infty} i \cdot \epsilon \cdot f(i\epsilon) \right]$$

的函数 $w(m) \in [m\epsilon, (m+1)\epsilon)\, (m \in \mathbb{N})$ 中，找到令按照下述等式计算出来的量 $M(w)$ 最小的那个函数 w：

$$M(w) = \epsilon \left(\sum_{i=0}^{\infty} f(i\epsilon) \ln(f(i\epsilon)) \right) - n + n \ln \epsilon$$

也就是令按照下述等式计算出来的量 $M_1(w)$ 最小的那个函数 w：

$$M_1(w) = \epsilon \left(\sum_{i=0}^{\infty} f(i\epsilon) \ln(f(i\epsilon)) \right)$$

与有限情形不同的地方是在上面的最优化问题中都有一个级数收敛问题。这种数学分析中是一个颇具挑战性的一般性问题。玻尔兹曼在上面的三个等式中自动默认或者假设了一种关于函数 f 的假设：不仅由函数

$$f : \mathbb{N} \ni m\epsilon \mapsto f(m\epsilon) \in [0, \infty)$$

给出的无穷级数 $\sum\limits_{m=0}^{\infty} f(m\epsilon)$ 收敛，还默认由它给出的两个加权级数

$$\sum_{m=0}^{\infty} m\epsilon f(m\epsilon) \text{ 以及 } \sum_{i=0}^{\infty} f(i\epsilon) \ln(f(i\epsilon))$$

都收敛。

玻尔兹曼不仅相信根据物理现象以正确的方法提炼出来的数学问题肯定有解，还相信当令上面的正实数 ϵ 趋近于 0 的时候，上面的无穷级数也就自然而然地转换成无穷积分，并且它们都收敛。于是，玻尔兹曼即刻提出了连续情形下的最常见状态分布求解过程中的最优化问题：

问题 3.45 (连续模型最优化问题) 给定正实数二元组 (n, E)，在所有满足下述等式要求

$$n = \int_0^\infty f(x)\mathrm{d}x \text{ 以及 } E = \int_0^\infty xf(x)\mathrm{d}x$$

的函数 $f : [0, \infty) \to [0, \infty)$ 中，找到令按照下述等式计算出来的量 $M(f)$ 最小的那个函数 f：

$$M(f) = \int_{i=0}^\infty f(x)\ln(f(x))\,\mathrm{d}x$$

借助对离散模型最优化问题求解的经验，玻尔兹曼利用变分法对连续模型最优化问题进行求解，并且在求解过程中始终默认或者假设收敛问题不会带来任何困难，最终得到形如下述的指数函数就是所要的连续模型最优化问题的最优解：

$$f(x) = Ce^{-hx}$$

并且在热平衡下，一个气体分子的动能的能量值位于区间 $[x, x+\mathrm{d}x)$ 之中的概率为

$$f(x)\mathrm{d}x = Ce^{-hx}\mathrm{d}x$$

其中，C 和 $h > 0$ 都是与具体问题相关的常数。玻尔兹曼的结论是相应于这样的 f，将给定能量分配给气体的分子的可能实现的方式 "最多"，因此，热平衡对应着一种最为可能发生的事件，也就是概率最大的事件。

同样，在玻尔兹曼提出这一连续模型最优化问题的时候，他默认或者假设了所有计算的无穷定积分都收敛。一般来说，这个问题远非这么简单，因为有太多的在任意大的有限区间上黎曼可积的实变函数在整个半实数轴上的积分是发散的。也正是依据对应物理问题的那种直觉，玻尔兹曼相信他所面临的问题自然而然有着良好的状态，所以不会有什么意外之处。这当然需要一种特殊的勇气：不顾一切地连跑带跳。

从上面的连续模型最优化问题被提出来的过程看，玻尔兹曼显然是从黎曼积分定义那里获得某种启示：他将整个黎曼积分的定义的过程重置然后再利用黎曼积分的定义。考虑一个实变连续函数 $f : [0, \infty) \to [0, \infty)$。

问题 3.46 (收敛问题) 由函数 f 确定的实平面上的曲线与 X 轴和 Y 轴围起来的图形的面积是否有限？

这是一个无穷上限黎曼积分的收敛问题。这个问题的求解分为两步。第一步，对于任意固定的正实数 b，计算由 f 的曲线、X 轴、Y 轴以及直线 $x = b$ 所围成的图形的面积 $A(f, b)$；第二步，判定这些面积 $A(f, b)$ 在参数 b 趋向正无穷的时候是否收敛 (是否有极限)。

计算面积 $A(f,b)$ 的方法就是应用黎曼定积分定义。黎曼定积分定义大致想法如下：假设 $\Delta x = \epsilon$ 是一个任意小 (非常小) 的正实数。将区间 $[0,b]$ 以 Δx 为长度均分，从而得到一个单调递增的序列：

$$x_0 = 0 < x_1 = \epsilon < x_2 = 2\epsilon < \cdots < x_{p-1} = (p-1)\epsilon < x_p = b$$

其中，p 足够大以至于 $(x_p - x_{p-1}) \leqslant \epsilon = \Delta x$。由于 f 是连续函数，对于 $i < p$，函数 f 在闭区间 $[x_i, x_{i+1}]$ 上有一个最大值 η_i 和最小值 ξ_i。这样，由 X 轴、直线 $x = x_i$、$x = x_{i+1}$ 和 $y = \eta_i$ 所构成的矩形包含了 f 在闭区间 $[x_i, x_{i+1}]$ 上的图形，从而该矩形的面积大于或等于由 f 所确定的图形的面积；以及由 X 轴、直线 $x = x_i$、$x = x_{i+1}$ 和 $y = \xi_i$ 所构成的矩形被包含在 f 在闭区间 $[x_i, x_{i+1}]$ 上的图形之内，从而该矩形的面积小于或等于由 f 所确定的图形的面积。于是，

$$\left(\sum_{i=0}^{p-1} \xi_i \cdot \epsilon \right) \leqslant A(f,b) \leqslant \left(\sum_{i=0}^{p-1} \eta_i \cdot \epsilon \right)$$

根据单调性以及实数轴的连续性，随 $\epsilon = \Delta x$ 趋近于 0，上述不等式的两端收敛于一个共同的极限：

$$\lim_{\epsilon \to 0} \left(\sum_{i=0}^{p-1} \xi_i \cdot \epsilon \right) = \lim_{\epsilon \to 0} \left(\sum_{i=0}^{p-1} \eta_i \cdot \epsilon \right)$$

黎曼将这个极限值赋予 $A(f,b) = \displaystyle\int_0^b f(x)\mathrm{d}x$。

收敛问题的第二步就是判定极限 $\lim_{b \to \infty} A(f,b)$ 是否存在。对于玻尔兹曼的指数函数 $f(x) = Ce^{-hx}$ 来说，当 $h > 0$ 时，它是收敛的；而当 $h \leqslant 0$ 时，除非 $C = 0$，它都是发散的。

有了上面的从离散模型到连续模型的过渡，玻尔兹曼从一维连续模型很自然地进入三维连续模型，因为这才是真正接近现实气体分子运动的情形。玻尔兹曼仍然从最简单的情形去思考：考虑不受外部作用力影响的单原子气体情形。在第二节的后半部分玻尔兹曼获得了关于独立于环境影响的单原子气体分子动能分布的分布律。首先，玻尔兹曼将分子的速度分布问题归结到下述最优化问题：

问题 3.47 (气体分子动能分布最优化问题)　假设器皿中有 n 个单一气体分子，每个分子的质量为 m。假设系统的总动能为 E。设每个分子在三个正交垂直的方向上的速度分量分别为 u, v, w。在所有满足下述等式要求：

$$n = \int_{-\infty}^{+\infty} \int_{-\infty}^{+\infty} \int_{-\infty}^{+\infty} f(u,v,w)\mathrm{d}u\mathrm{d}v\mathrm{d}w$$

以及

$$E = \frac{m}{2} \int_{-\infty}^{+\infty} \int_{-\infty}^{+\infty} \int_{-\infty}^{+\infty} \left(u^2 + v^2 + w^2\right) f(u,v,w) \mathrm{d}u \mathrm{d}v \mathrm{d}w$$

的函数 $f : \mathbb{R}^3 \to [0, \infty)$ 中，找到令按照下述等式计算出来的量 $\Omega(f)$ 最大的那个函数 f：

$$\Omega(f) = -\int_{-\infty}^{+\infty} \int_{-\infty}^{+\infty} \int_{-\infty}^{+\infty} f(u,v,w) \ln(f(u,v,w)) \mathrm{d}u \mathrm{d}v \mathrm{d}w$$

玻尔兹曼很关注上面等式所定义的量 $\Omega(f)$，他称如此计算的变量 $\Omega(f)$ 为 f 的一种**可变换度** (德文为 Permutabilitätmass; 英文翻译为 "permutability measure")，而最优化问题的最优解 f 就是具有最大可变换度的函数。

对这一问题，玻尔兹曼获得其最优解为

$$f(u,v,w) = C e^{-h[(u-\alpha)^2 + (v-\beta)^2 + (w-\gamma)^2]}$$

其中，$C, h, \alpha, \beta, \gamma$ 都是常数，且 $h > 0$。在玻尔兹曼看来，这样的函数就是在某种温度下处于热平衡态的气体分子动能最常见状态分布。

需要注意的是这里的连续模型最优化问题与前面的离散模型最优化问题有非常重大的区别。如果我们称满足关于 n 和 E 的两个积分等式的函数 f 为一种状态分布方案，就如同我们称离散情形下满足两个要求的 w 为一种状态分布方案那样，那么所有这些函数的全体不再是有限的。因此所有这些状态分布方案的可变换度的全体也不再是有限的。那么是否存在一个最大值就是一个很具挑战性的问题。这和离散情形不同，那里的有限性保证最小值的存在性。这里玻尔兹曼是在存在性并没有得到保障的前提下以类似有限情形下的方式得到了一个候选函数，一个形如上面最优解的指数函数，然后再利用变分法验证这样的候选函数满足成为极值的判定条件，从而得到所需要的最优解。

从离散模型到一维连续模型，再到三维连续模型，这里有一个显然的问题：在任何一个器皿中，无论有多少个气体分子，其分子量总是一个或许很大的正整数，总是离散的，为何应当考虑速度分量的微分 $\mathrm{d}u, \mathrm{d}v, \mathrm{d}w$？玻尔兹曼也需要首先说服自己。他在第二节结尾的地方给出了这样的理由：无论是研究扩散、内部阻力，还是研究热传导，在所有的将微积分应用到气体理论的时候都以同样的假设为基础。这一基础假设就是在每一个无穷小量的体积元 $\mathrm{d}x\mathrm{d}y\mathrm{d}z$ 内，仍然有无穷多的三个速度分量各自位于两个端点分别为

$$u, u+\mathrm{d}u; \ v, v+\mathrm{d}v; \ w, w+\mathrm{d}w$$

的区间上的气体分子。

在论文 LB1877 的第三节中，玻尔兹曼以同样的方式考虑受外力作用影响的多原子气体分子的情形。除了采用广义坐标空间外，寻求最常见状态分布的基本思想完全相同，就是在合适的限定条件下求取满足最优化条件的最优解函数，而这样的最优解函数就是最常见状态分布的定义，它们所对应的就是热平衡态下的气体分子的动能分布的最为可能的情形。

为了说明所采用的以最优化问题的最优解来定义"最常见状态分布"是完全合适的，玻尔兹曼在 LB1877 的第四节中专门讨论了以其他看起来似乎也合理的方式来定义"最常见状态分布"的情形。玻尔兹曼的论证表明常识引导下的两种看起来很自然的其他方式都不合适。

在完成了关于"最常见状态分布"的定义之后，玻尔兹曼在论文 LB1877 的第五节，也是最后一节中，讨论了最常见状态分布与熵之间的关系。这自然是玻尔兹曼这篇文章的最终目标：最常见分布不仅与熵有着紧密的简单的关联，并且有着比熵更为广泛的用途。

在第五节中，玻尔兹曼同样先考虑最简单的在有限空间内不受外力作用的单原子气体分子的情形。不过，在这里玻尔兹曼增加了事情的维度：不仅考虑气体分子的速度 (动能) 分布，还考虑气体分子的总质量在限定空间内的分布 (假设气体在给定的封闭器皿中整体上均匀分布)。于是，玻尔兹曼在一个固定体积和固定温度的范围内，考虑最优化问题中的函数在体积元与速度元的六维乘积元上的分布情形。分别以变元 x, y, z 表示空间位置在直角坐标系下的三个坐标分量，以 $\mathrm{d}x, \mathrm{d}y, \mathrm{d}z$ 表示在各坐标轴上的无穷小增量；以 u, v, w 表示各坐标轴方向上的速度分量，以 $\mathrm{d}u, \mathrm{d}v, \mathrm{d}w$ 表示相应的速度的无穷小增量；然后以

$$f(x, y, z, u, v, w)\mathrm{d}x\mathrm{d}y\mathrm{d}z\mathrm{d}u\mathrm{d}v\mathrm{d}w$$

作为反映器皿中气体分子在分别由

$$x, x + \mathrm{d}x; \ y, y + \mathrm{d}y; \ z, z + \mathrm{d}z; \ u, u + \mathrm{d}u; \ v, v + \mathrm{d}v; \ w, w + \mathrm{d}w$$

为两个端点的区间的六元乘积范围内出现的度量值；再以下面的积分来定义最常见状态分布的最优化目标，即通过置换度量的计算来寻求最优解：

$$\Omega(f) = -\int_0^a \int_0^b \int_0^c \int_{-\infty}^{+\infty} \int_{-\infty}^{+\infty} \int_{-\infty}^{+\infty} f(x, y, z, u, v, w)$$
$$\cdot \ln[f(x, y, z, u, v, w)]\mathrm{d}x\mathrm{d}y\mathrm{d}z\mathrm{d}u\mathrm{d}v\mathrm{d}w$$

其中，$[0, a] \times [0, b] \times [0, c]$ 为气体分子所在的空间范围。

假设固定的体积为 V，固定的温度为 T，器皿内总共有 N 个气体分子，每一个分子的质量为 m。依据相应的能量以及分子数量的分配等式限制条件，玻尔

兹曼应用已经很熟练的求解最优化问题的方法获得这一问题的最优解 (可变换度最大的函数):

$$f(x, y, z, u, v, w) = \frac{N}{V \left(\dfrac{4\pi T}{3m} \right)^{\frac{3}{2}}} \cdot \mathrm{e}^{-\frac{3m}{4T} \left(u^2 + v^2 + w^2 \right)}$$

其中, $0 < x < a; 0 < y < b; 0 < z < c; -\infty < u, v, w < +\infty$, $V = abc$。玻尔兹曼得出结论: 这就是与热平衡状态相应的最常见状态分布。这也就是现在统计力学中的玻尔兹曼分布律。

玻尔兹曼以如下方式用这一最常见分布获取它与熵的关系式。将这个最优解代入最优化问题的目标表达式, 计算相应的积分, 得到如下等式:

$$\Omega = \frac{3N}{2} + N \ln \left[V \left(\frac{4\pi T}{3m} \right)^{\frac{3}{2}} \right] - N \ln N$$

根据已知的热力学定律,

$$\mathrm{d}Q = N\mathrm{d}T + p\mathrm{d}V$$

以及

$$pV = \frac{2N}{3} \cdot T$$

以及熵的定义

$$\int \frac{\mathrm{d}Q}{T} = \frac{2N}{3} \ln \left(V \cdot T^{\frac{3}{2}} \right) + C$$

其中, $\mathrm{d}Q$ 为输入气体的无穷小热量, p 为压强, C 为一个常数。比较熵的定义与上面的 Ω 的计算等式, 视 N 同样为一个常数, 就得到下述关系式:

$$\int \frac{\mathrm{d}Q}{T} = \frac{2}{3}\Omega$$

这就是玻尔兹曼所期待的关系式: 热平衡态下气体分子熵就是该系统的最常见状态分布的可变换度的三分之二。

玻尔兹曼相信他所引入的 "可变换度" 是一个比熵更为广泛适用的物理量, 因为在很多情形下, 比如非热平衡态下的气体情形, 熵并没有定义, 但可变换度则有定义; 而最常见状态分布所对应的正是那种在适当范围内令可变换度达到最大的函数。不仅如此, 玻尔兹曼还罗列出两个比较起来很有趣的等式:

$$\mathrm{d}Q = N \,\mathrm{d}T + \frac{2}{3}\frac{NT}{V}\mathrm{d}V$$

$$d\Omega = \frac{3}{2}\frac{N}{T}dT + \frac{N}{V}dV$$

玻尔兹曼在论文 LB1877 的总结部分明确提出了如下两条基本原理:

(1) 对于由一族物体组成的不断发生状态变化的系统而言, 如果其中至少包含不可逆过程, 那么该系统在状态改变之后的熵总是大于状态改变之前的熵;

(2) 对于从一种状态变化到另外一种状态的气体而言, 如果不要求气体的这种状态变化是从一种热平衡态变化为另外一种热平衡态, 那么这些气体分子的可变换度会在整个状态变化期间持续增长, 并且仅仅能够在变化期间所有的分子无限接近热平衡 (可逆状态变化) 的那一段时间内才取得常值。

3.3　辐射能之离散性

3.3.1　发现量子

我们来看看 19 世纪后期对于黑体辐射现象的实验和分析怎样导致量子理论的诞生。

为了合理解释热体辐射的基本现象以及所积累起来的基本规律, 普朗克在 1900 年提出了普朗克量子假设: 热辐射振荡器所辐射的能是离散的, 其能量大小是一个与频率成正比的基本能量值的自然数倍: $n\epsilon_0$; $\epsilon_0 = h\nu$, h 为普朗克常量, ν 为振荡频率。

为了合理解释光电效应, 在 1905 年, 爱因斯坦提出了光子假设: 电磁场能也是离散的, 基本电磁场能子为光子 (photon), 光子传播的速度为常量光速 c: $h\nu = hc/\lambda$; 在 1923 年的实验中, 康普顿发现了康普顿效应: 当 X 射线光子遇到静态电子时会分解成两种频率不同的散射射线, 即会增生出一种较高频率的射线; 由此建立了光子具有动量但没有质量的假说; 康普顿假设分别被 Bothe & Wilson (1923)、Bothe & Geiger (1927) 以及 Bless (1927) 用实验所验证。

1. 热辐射之辐射功率与黑体体温关系式

固体物质在受热状态下会辐射电磁波, 尤其是炽热物体会以热的形式辐射电磁波。事实上, 在任意一种温度下, 受热物体都会辐射各种波长的电磁波; 但是辐射强度随波长的分布则与温度相关。低温条件下, 辐射的能量主要以低频红外线形式辐射, 并且随温度上升, 辐射强度分布会更多地向较高频率部分集中; 当温度达到大约 500°C 时, 就会辐射可见光; 如果继续升温, 辐射强度会继续偏移向更高频部分集中。不仅辐射强度曲线的形状会随温度变化而变化, 而且辐射的总能量也会随温度升高而增大。比如, 人体总会辐射红外线。热辐射是一个将热转换成光子的过程。

当物体与环境处于热平衡状态时，温度不发生变化，该物体在单位时间上辐射出来的和吸收进去的电磁波能必然相等，因为如果不这样，物体的温度就会发生变化，或者因为吸收过多而升温，或者因为辐射过多而降温。此种情形下的辐射为**热辐射**。

斯特藩经验公式

廷德尔 (依据 John Tyndall, 1820~1893) 测量出来的炽热线条的热损率数据，斯特藩 (Josef Stefan，1835~1893) 于 1879 年得到一个有关总辐射能辐射率的经验公式。设 $R(T)$ 为给定炽热物体温度 T 下单位面积上辐射出来的功率。那么

$$R(T) = \delta\sigma T^4$$

其中，δ 为由炽热体表面的物理特性所决定的**辐射率** (emissivity, 辐射特征量)，$0 < \delta \leqslant 1$，$\sigma = 5.67 \times 10^{-8} \text{W}/(\text{m}^2 \cdot \text{K}^4)$ 为斯特藩常量，T 为绝对温度值。

基尔霍夫 (Gustav R. Kirchhoff, 1824~1887) 在 1859 年依据热力学定律 (发现) 证明：当物体与环境处于热平衡状态时 (此时炽热物体辐射被称为**热辐射**)，无论物体表面的物理特性如何，与温度无关，它在单位时间内辐射和吸收等量的电磁波能，也就是说它的辐射率与吸收率总是相等的，即 $\delta = a$，并且这对于任何一个具体的波长都成立。

2. 黑体热辐射斯特藩-玻尔兹曼公式

对于物体可以定义电磁波能的**吸收率** (absorptivity，简写成 a)，为物体表面单位面积上吸收能量与投射能量之比。称一个炽热物体为一个**黑体**当且仅当它的吸收率为 1，即 $a = 1$。因此，**黑体**就是一种理想的热辐射指数为 1 的物体表面能够辐射所有波长的电磁波的**连续谱辐射体**，从而也是一个理想的热辐射吸收体 (能够吸收所有射向该物体的热辐射)。由此，黑体在热辐射条件下的辐射率 $\delta = 1$。

玻尔兹曼于 1884 年将热力学分析与麦克斯韦电磁波理论结合起来从理论上证明了黑体的斯特藩经验公式：

$$R(T) = \sigma T^4$$

这一公式被称为斯特藩-玻尔兹曼黑体辐射公式。这一公式明确了总辐射能量与炽热物体在热辐射条件下的体温之间的关系。

3. 热辐射之辐射波长分布谱线与黑体体温关系式

尽管现实中难以获取理想状态下的黑体反射表面，但可以借助空腔黑体来逼近理想黑体反射表面。设计构造了一个空腔，将其内壁漆黑，并将其保持在常温状态 (即与环境保持恒温)；在空腔壁上开一个小孔。这个小孔就如同一个黑体热辐射吸收面，它的热辐射吸收率为 1。

通过这样一个空腔黑体，O. Lummer 和 E. Pringsheim 于 1899 年对各种温度测量了波长分布谱线的实验数据[①]。

现在的问题是要明确黑体辐射电磁波能随波长的分布谱线形状与黑体的温度之间的关系。解决问题的一部分是求取下述函数：

波长分布谱线函数：令 $R_1(T, \lambda)$ 为未知的与温度相关的辐射功率的波长分布谱线函数。那么在频率区间 $[\lambda, \lambda + \mathrm{d}\lambda]$ 上单位面积的辐射功率为 $R_1(T, \lambda)\mathrm{d}\lambda$，从而

$$R(T) = \int_0^\infty R_1(T, \lambda)\mathrm{d}\lambda$$

由于 $\sigma T^4 = \displaystyle\int_0^\infty R_1(T, \lambda)\mathrm{d}\lambda$，上述公式的右边的积分是收敛的。

对于分布函数 $R_1(T, \lambda)$，实验数据表明下述事实：

(1) 对于任意的波长 λ 而言，$R_1(T, \lambda)$ 是 T 的单调递增函数；

(2) 对于任意的有意义的绝对温度 T 而言，总存在唯一的一个波长 λ_T 来实现分布函数 $R_1(T, \lambda)$ 在 λ_T 处的取值为最大值，并且这个波长 λ_T 满足下述等式 (Wien **定位律**[②])：

$$\lambda_T \cdot T = 2.898 \times 10^{-3} \mathrm{~m} \cdot \mathrm{K}$$

由此可见黑体有两个特征：① 单位面积上辐射出的能量的平均值 (辐射强度) 满足斯特藩-玻尔兹曼等式

$$I = \sigma T^4$$

② 辐射强度沿正半轴波长轴线 "准正态分布"。由光谱的连续性，令与波长 λ 相应的局部辐射强度为 $I(\lambda)\mathrm{d}\lambda$，$I(\lambda)$ 为辐射强度在波长 λ 处的分布密度，那么

$$I = \int_0^\infty I(\lambda)\mathrm{d}\lambda$$

实验表明 (Wien **平移法则** (displacement law))：给定温度 T，辐射分布密度函数 $I(\lambda)$ 在一个波长 λ_T 处取得最大值，并且

$$\lambda_T \cdot T = 2.898 \times 10^{-3} \mathrm{m} \cdot \mathrm{K}$$

随温度上升，高峰值变大且 λ_T 变小，但是 $I(\lambda)$ 的图形 "保持原样"。

---

① O. Lummer and E. Pringsheim, Transactions of the German Physical Society, 2(1900), page 163.

② W. Wien, Proceedings of the Imperial Academy of Science, Berlin, Feb. 1893, page 55.

4. 空腔黑体内部能量密度分布函数

考虑空腔黑体内的能量密度分布为未知函数 $\rho(T, \lambda)$。

定义在波长区间 $[\lambda, \lambda + \mathrm{d}\lambda]$ 上空腔黑体内的能量密度分布为 $\rho(T, \lambda)\mathrm{d}\lambda$。应用此能量密度分布，可以证明：

$$\rho(T, \lambda) = \frac{4}{\mathbf{c}} R_1(T, \lambda)$$

由此可见，关于 $R_1(T, \lambda)$ 的测量数据可以被用来确定未知函数 $\rho(T, \lambda)$。

5. 维恩未知函数

欲求得能量密度分布函数 $\rho(T, \lambda)$，应用类似于玻尔兹曼分析的方法，维恩 (Wilhelm Wien, 1864~1928) 于 1893 年将这一目标归结为求取下述未知函数 f：

$$\rho(T, \lambda) = \frac{1}{\lambda^5} f(\lambda T)$$

并且相信这一未知函数 f 的求得远远超出了热力学分析的范围，需要某种更仔细的理论模型。

6. 驻波状况的平均能量函数

首先，空腔黑体内部在波长区间 $[\lambda, \lambda + \mathrm{d}\lambda]$ 上的单位体积内的电磁波驻波状况 (modes) 数为 $\frac{8\pi}{\lambda^4}\mathrm{d}\lambda$。当空腔黑体足够大时，这一状况数就独立于空腔的大小和形状。

其次，令 $\varepsilon(T, \lambda)$ 为由波长 λ 所确定的驻波状况的平均能量。那么，分布函数 $\rho(T, \lambda)$ 就具有下述形式：

$$\rho(T, \lambda) = \frac{8\pi}{\lambda^4} \bar{\varepsilon}(T, \lambda)$$

7. 未能成功的连续模型

为了求取维恩未知函数 f，瑞利 (Lord Rayleigh, J. W. Strutt, 1842~1919) 和金斯 (James Jeans, 1877~1916) 提出一种连续模型。

瑞利和金斯假设：

(1) 每一种电磁波驻波的辐射可以被认为是频率为 $\nu = \mathbf{c}/\lambda$ 的电偶极子振荡所致；

(2) 每一个电偶极子所辐射的能量 ε 可以取到非负实数半轴中的任何一个数值，并且与振荡频率无关。

令 $\beta = \dfrac{1}{k_B T}$。

由于黑体空腔处于热平衡状态，其内部的平均能量就可以由这些电偶极子辐射能量带上一个玻尔兹曼权重 $\exp\left(\dfrac{-\varepsilon}{k_B T}\right)$ 来获得。于是有下述：

$$\bar{\varepsilon}(T,\lambda) = \frac{\displaystyle\int_0^\infty \varepsilon \cdot \exp(-\beta\varepsilon)\mathrm{d}\varepsilon}{\displaystyle\int_0^\infty \exp(-\beta\varepsilon)\mathrm{d}\varepsilon}$$

$$= -\frac{\mathrm{d}}{\mathrm{d}\beta}\left[\log\int_0^\infty \exp(-\beta\varepsilon)\mathrm{d}\varepsilon\right]$$

$$= k_B T$$

由此得到

$$\rho(T,\lambda) = \frac{8\pi k_B T}{\lambda^4}$$

以及 $f(\lambda T) = 8\pi k_B(\lambda T)$。

但是这个模型与实际情况数据不符，尤其是当波长很小的时候。

人们当时称这一辐射能量分布模型导致"紫外线灾难"，因为积分 $\displaystyle\int_0^\infty \rho(T,\lambda)\mathrm{d}\lambda$ 发散至正无穷。在应用牛顿力学、麦克斯韦电磁场理论以及经典热力学理论来解决黑体辐射能量分布问题时遇到了难以克服的困难，因为应用这些经典理论的一个重要前提是给定一个具体的辐射频率，一个电偶极子振荡器所辐射的能量是在整个正实数半轴上连续分布且可以任意细分的，即辐射能量分布具有连续性。

8. 普朗克离散模型

于 1900 年 12 月，普朗克 (Max Planck, 1858~1947) 大胆提出了一个求取维恩函数 f 的离散模型[1],[2]。

普朗克量子 (离散) 假设:

(1) 每一种电磁波驻波的辐射可以被认为是频率为 $\nu = \mathbf{c}/\lambda$ 的电偶极子振荡所致；

(2) 每一个电偶极子所辐射的能量 ε 只可以取到非负实数半轴中的一些形如 $n\varepsilon_0\,(n \in \mathbb{N})$ 的离散数值，并且 ε_0 是一个与振荡频率无关的有限的实数值。

---

[1] M. Planck, On the Law of Distribution of Energy in the Normal Spectrum, Annalen der Physik, vol. 4 (1901), page 553.

[2] 普朗克论文的摘录可见 Shamos 编辑的 *Great Experiments in Physics* (第 305 页)。

在这样的假设下，令 $\beta = \dfrac{1}{k_B T}$，可得

$$\bar{\varepsilon}(T,\lambda) = \frac{\sum\limits_{n=0}^{\infty} n\varepsilon_0 \cdot \exp\left(-\beta n\varepsilon_0\right)}{\sum\limits_{n=0}^{\infty} \exp\left(-\beta n\varepsilon_0\right)}$$

$$= -\frac{\mathrm{d}}{\mathrm{d}\beta}\left[\log \sum_{n=0}^{\infty} \exp\left(-\beta n\varepsilon_0\right)\right]$$

$$= -\frac{\mathrm{d}}{\mathrm{d}\beta}\left[\log\left(\frac{1}{1 - \exp\left(-\beta\varepsilon_0\right)}\right)\right]$$

$$= \frac{\varepsilon_0}{\exp\left(\beta\varepsilon_0\right) - 1}$$

由此得到

$$\rho(T,\lambda) = \frac{8\pi}{\lambda^4}\frac{\varepsilon_0}{\exp\left(\beta\varepsilon_0\right) - 1}$$

欲满足维恩公式 $\rho(T,\lambda) = \dfrac{1}{\lambda^5}f(\lambda T)$，需令

$$\varepsilon_0 = h\nu = h\frac{\mathbf{c}}{\lambda}$$

其中，h 是一个常数，$h = 6.6260693(11) \times 10^{-34}$ J·s。h 被称为**普朗克常量**。就这个常量的物理含义而言它被认为是**基本动作量子** (the elementary quantum of action，一个系统所做的功与它做功所花的时间的乘积被解释为该系统的**动作**)。

在这些假设下得到

$$f(\lambda T) = \frac{8\pi h\mathbf{c}}{\exp\left(\dfrac{h\mathbf{c}}{\lambda k_B T}\right) - 1}$$

以及

$$\rho(T,\lambda) = \frac{8\pi h\mathbf{c}}{\lambda^5}\frac{1}{\exp\left(\dfrac{h\mathbf{c}}{\lambda k_B T}\right) - 1}$$

并且 $\lambda_T = \dfrac{h\mathbf{c}}{4.965 k_B T}$ 为定位值。

这里的重点是等式 $\varepsilon_0 = h\nu$。可见基本能量值是辐射频率的线性函数，h 是这个函数的斜率；也可以将 h 理解为一个波长的波形在那形成的瞬间所持有的能量，并且无论辐射状况如何，所有的辐射波的一个波形所持有的瞬间波能都相等。

下面我们来看看普朗克在其论文中怎样导出核心等式 $\varepsilon_0 = h\nu$ 以及普朗克分布律。

普朗克 1901 年的论文共分为四个部分 12 个小节：引言；计算作为其能量的函数的电偶极子振荡之熵；维恩位移定律介绍；常数数值。

普朗克的文章开宗明义：最新实验数据[1],[2] 表明无论是维恩依据分子动力学所得到的黑体辐射能谱分布曲线描述还是普朗克本人之前依据电场辐射理论所得到的黑体辐射能谱分布曲线描述都不是广泛合适的描述，因此必须修正。在引言部分，普朗克简洁回顾了之前工作的思路以及需要修正的关键所在。需要修正的关键有两点：一是振荡过程中的熵与辐射能量之间的函数的计算表达式问题；二是有关熵计算中的基本概念问题 (连续或离散假设问题)。

文章正文的第一部分给出辐射能以及振荡过程熵的一般计算表达式以及最为关键的辐射能离散性假设 (辐射能量元存在假设)。

普朗克断言：**熵描述杂乱**。依据固定频率以及稳定辐射条件下电偶极子振荡电场辐射理论，电偶极子振荡过程中的杂乱指的是它的振幅和相位在一个既不短也不长 (长过振荡周期，短过整个观测期) 的时间区间上的变化的不规则性。如果振幅与相位都不变，那么振荡就很规范，其熵就为零，其辐射能就可以完全自由地用来做功，没有任何浪费。单个电偶极子振荡的能量 U 只不过是间断的时间平均值，或者等价地说，全都在同样的稳定辐射状态下彼此相距甚远以至于彼此互不相干的大量的 N 个完全同样的电偶极子的同时平均值。在这种意义上讲单个电偶极子的平均能量 U。由这 N 个电偶极子组成的系统的总能量 $U(N) = N \cdot U$，而这又对应着一个固定的总体熵 $S(N) = N \cdot S$，其中 S 是单个电偶极子的均熵。总体熵 $S(N)$ 表示着总能量 $U(N)$ 在 N 个电偶极子的分配中的杂乱不均。

普朗克假设：在相差一个常量的基础上，这一系统的总体熵 $S(N)$ 与这 N 个电偶极子共同持有总能量 $U(N)$ 的全部可能分配方案的总数 W 的对数值成正比。即

$$S(N) = k \log W + 常数$$

普朗克认为这一表述基于总能量可能分布方案数 W。基于这样的认识，普朗克引入关键的辐射能离散性假设：

"欲得到 N 个电偶极子共享总能量 $U(N)$ 的分配方案的可能性，就有必要假设 $U(N)$ 既不是连续的也不是可任意细分的，而是由有限个等量部分组合起来的离散的正整数倍。我们称一个等量部分为一个能量元[3] ϵ，并且令

---

[1] O. Lummer and E. Pringsheim, Transactions of the German Physical Society 2 (1900), page 163.

[2] H. Rubens and F. Kurlbaum, Proceedings of the Imperial Academy of Science, Berlin, October 25, 1900, page 929.

[3] "能量元"就是后来标准的"量子"。紧接着的等式就是普朗克的"量子假设"。

$$U(N) = P \cdot \epsilon$$

其中, P 是一个或许很大的正整数, 而 ϵ 的数值则尚未确定。"

普朗克意识到事实上, 仅仅依赖辐射的根基是电磁理论这样的假设, 并没有有关这样的可能性的确切含义的判定准则。但是完全基于表述的简单性以及其次是它与 (玻尔兹曼 LB1877 论文中的) 基于气体动力学的可能性表述的某种相似性, 普朗克相信上述辐射能离散性假设的合适性。

接下来, 普朗克寻求计算总能量可能分布方案数 W 的近似路径。

普朗克明确只有有限种完全确定的方式将这 P 个能量元分配到 N 个电偶极子之上。应用类似于玻尔兹曼的想法, 称具体的 P 的分割为一个分配方案。将 N 个电偶极子按序用 1 到 N 的自然数进行标记; 将第 i 个电偶极子所分配到的能量元个数记成 p_i; 那么

$$p_1 + p_2 + \cdots + p_N = P$$

(这个等式意味着将 P 个东西划分成 N 份。) 每一个这样的序列 $\langle p_1, p_2, \cdots, p_N \rangle$ 就对应着一个分配方案。

普朗克应用组合理论得出给定 N 和 P 之后所有可能的分配方案的总数 $\mathcal{Z}$ 为

$$\mathcal{Z} = \frac{(N + P - 1)!}{(N - 1)! \cdot P!}$$

依据组合理论中 (计算 N 的阶乘 $N! = 1 \cdot 2 \cdot 3 \cdot \cdots \cdot N$ 的) 斯特林近似公式[①] $N! = N^N$, 普朗克得到

$$\mathcal{Z} = \frac{(N + P)^{N+P}}{N^N \cdot P^P}$$

作为进一步计算的基础, 普朗克假设: N 个电偶极子以不同方式拥有总能量 $U(N)$ 的总体可能性 W 与将总能量 $U(N)$ 分割成 P 等份后再分配给 N 个电偶极子的分配方案总数 $\mathcal{Z}$ 成正比。

至于这个假设是否与自然相符合, 普朗克坦诚: 只能由实验来检验。

在这样的假设下, 根据上面的总体熵等式, 选用一个合适的可加常数, 由 N 个电偶极子组成的具有总能量 $U(N) = N \cdot U = P \cdot \epsilon$ 的系统的熵 $S(N)$ 就由下述等式给出:

$$S(N) = k \log \mathcal{Z} = k[(N + P) \log(N + P) - N \log N - P \log P]$$

从而

$$S(N) = N \cdot S = kN \left[\left(1 + \frac{U}{\epsilon}\right) \log\left(1 + \frac{U}{\epsilon}\right) - \frac{U}{\epsilon} \log \frac{U}{\epsilon} \right]$$

---

① 对于足够大的自然数 N, 有效的斯特林公式为 $N! \approx \left(\dfrac{N}{\mathrm{e}}\right)^N$; 这里用的是一种超级简化近似。

这样单个电偶极子的熵 S 就得以表示成它的平均能量 U 的函数:

$$S = k \left[\left(1 + \frac{U}{\epsilon} \right) \log \left(1 + \frac{U}{\epsilon} \right) - \frac{U}{\epsilon} \log \frac{U}{\epsilon} \right]$$

　　文章正文的第二部分确定能量元 ϵ 是电偶极子振荡频率的线性函数。这需要将通过经典的牛顿力学、麦克斯韦电磁场理论、热力学所得到的结果与第一部分辐射能量离散假设结合起来。

　　在这一部分,普朗克的首要目标是获得维恩位移定律的适合当前欲解决问题的需要的形式。普朗克的出发点是 M. Thiesen 的表述形式。普朗克在论文中写道:

　　"在基尔霍夫定律 (Kirchoff's law) 揭示辐射体的辐射能力与吸收能力相等之后,建立在斯特藩-玻尔兹曼有关温度对总辐射能依赖的定律 (Stefan-Boltzmann law) 应用之上的维恩位移定律 (Wien's displacement law)[①]便是牢靠的热辐射理论中最有价值的关系。由 Thiesen[②] 给出的这一定律的形式如下:

$$E_\lambda \cdot \mathrm{d}\lambda = T^5 \psi(\lambda T) \cdot \mathrm{d}\lambda$$

其中, λ 是波长, $E_\lambda \cdot \mathrm{d}\lambda$ 是黑体辐射在波长区间 $[\lambda, \lambda + \mathrm{d}\lambda]$ 上的空间体积密度, T 是温度, $\psi(x)$ 是某个单变元 x 的函数。"

　　在此基础上,普朗克开始逼近自己所要的表达形式。

　　"现在,考虑一般情形,将单个电偶极子看成一个随机热介质,我们来探讨维恩位移定律关于我们的电偶极子的熵 S 对于它们的能量 U 和频率 f 的依赖能够说些什么。为此,我们首先将 Thiesen 的维恩位移定律形式推广到以光速 $\mathbf{c}$ 传播的辐射情形,并且用频率变量 f 取代波长变量 λ。在频率区间 $[f, f + \mathrm{d}f]$ 上引进能量的空间体积密度 $\mathcal{U} \cdot \mathrm{d}f$,然后进行相应的替换:

$$E_\lambda \cdot \mathrm{d}\lambda \mapsto \mathcal{U} \cdot \mathrm{d}f, \ \lambda \mapsto \mathbf{c}/f, \ \mathrm{d}\lambda \mapsto \mathbf{c} \cdot \mathrm{d}f/f^2$$

最后由 Thiesen 的表达形式给出如下等式:

$$\mathcal{U} = T^5 \cdot \frac{\mathbf{c}}{f^2} \cdot \psi \left(\frac{\mathbf{c} \cdot T}{f} \right)$$

由基尔霍夫-克劳修斯定律,给定温度 T 与频率 f 时,热介质中的黑体表面的能量辐射率与光速的平方成反比;因此,辐射能量的空间体积密度 $\mathcal{U}$ 就与光速的三次方成反比。于是,我们就得到下述等式:

$$\mathcal{U} = \frac{T^5}{f^2 \mathbf{c}^3} \cdot \xi_1 \left(\frac{T}{f} \right)$$

---

① W. Wien, Proceedings of the Imperial Academy of Science, Berlin, February 9, 1893, page 55.

② M. Thiesen, Transactions of the German Physics Society 2 (1900), page 66.

其中函数 ξ_1 中的常数与光速无关。"

　　为了进一步简化最后的表达式,普朗克引进一个新的单变元函数 ξ_2。令 $\xi_2(x) = x^5 \cdot \xi_1(x)$ 为单变元 x 的新函数。改写上述表达式为

$$\mathcal{U} = \frac{f^3}{\mathbf{c}^3} \cdot \xi_2\left(\frac{T}{f}\right)$$

由此,普朗克得出对所有处于热力学平衡状态的介质而言,乘积 $\mathcal{U} \cdot \lambda^3$ 就是温度与频率的比值 T/f 的函数。

　　接下来,普朗克希望从辐射能量的空间体积密度 $\mathcal{U}$ 过渡到处于辐射场中以频率 f 振荡的单个电偶极子的辐射能量 U。为此,普朗克应用他之前有关不可逆辐射过程的论文[①] 中的结果:

$$\mathcal{R} = \frac{f^2}{\mathbf{c}^2} \cdot U$$

其中 $\mathcal{R}$ 是单色线性极化辐射的浓度。结合已知等式 $\mathcal{U} = 8\pi \cdot \mathcal{R}/\mathbf{c}$,普朗克得出下述表达式:

$$\mathcal{U} = \frac{8\pi \cdot f^2}{\mathbf{c}^3} U$$

结合前面的等式,就得到光速不再出现的下述等式:

$$U = \frac{f}{8\pi}\xi_2\left(\frac{T}{f}\right)$$

至此,普朗克甚至假设可以利用某个新的单变元函数 $\xi_3(x)$ 将上述表达式重新写成下述表达式:

$$T = f \cdot \xi_3\left(\frac{U}{f}\right)$$

　　最后,普朗克引进每个电偶极子的熵 S,并且得到下述等式:

$$\frac{1}{T} = \frac{\mathrm{d}S}{\mathrm{d}U}$$

由此以及上面关于 T 的表达式,得到 $\dfrac{\mathrm{d}S}{\mathrm{d}U} = \dfrac{1}{f}\xi_4\left(\dfrac{U}{f}\right)$；积分之后得到

$$S = \xi\left(\frac{U}{f}\right)$$

① M. Planck, Annalen der Physik, 1 (1900), page 69.

由此，普朗克得出结论："处在热力学平衡态介质中的这些电偶极子的熵只依赖单变量 U/f 以及一些通用常数。在我看来，这是一种表述维恩位移定律的最简洁的方式。"

在获得自己所需要的维恩位移定律表达方式之后，普朗克的下一个目标就是获得自己的分布表达式。

普朗克将维恩位移定律的这种形式代入第一部分所得到的关于熵 S 的表达式，发现能量元 ϵ 必须与频率成正比，即 $\epsilon = h \cdot f$，从而有

$$S = k \cdot \left[\left(1 + \frac{U}{hf} \right) \log \left(1 + \frac{U}{hf} \right) - \frac{U}{hf} \log \frac{U}{hf} \right]$$

这里 h 和 k 是两个通用常数[①]。"

应用这个熵的表达式，计算 $\mathrm{d}S/\mathrm{d}U$，就得到下述普朗克分布表达式：

$$\frac{1}{T} = \frac{k}{hf} \log \left(1 + \frac{hf}{U} \right), \text{ 或者 } U = \frac{hf}{\mathrm{e}^{hf/kT} - 1}$$

普朗克论文的最后一部分是依据当时已知的实验数据来计算通用常数 h 和 k 的数值。

3.3.2　发现光子

黑体辐射能量的离散化假说，普朗克所引入的量子概念，虽然可以被用来解决黑体辐射的能量分布问题，但它的合理性依然存疑。尽管如此，普朗克的量子假说还是在五年之后被爱因斯坦用来成功地解决光电效应的解释问题。爱因斯坦不仅接受了普朗克的能量离散化假说，还直接将这种能量离散化假说与光的离散化结合起来提出了光子假说，从而成功地解决了光电效应解释问题。这种成功应用自然在很大程度上提高了量子假说的合理性。最后到 1927 年，一系列实验最终验证了量子假说和光子假说的合理性和有效性。

1. 光电效应现象

赫兹 1887 年[②] 在探讨电磁波性质的实验中发现，当紫外线照射到金属电极上的时候会激发出电火花。后来，W. Hallwachs (1859~1922), M. Stoletov, P. Lenard，以及另外一些人的工作表明，当高频电磁波照射金属表面时会有带负电的粒子被激发出来 (溢出)。这种现象被称**光电效应**。

Ppilipp E. A. von Lenard (1862~1947) 还用一种实验装置[③] 揭示出光电效应的更为具体的现象：

---

① 这里是现在通用的量子力学中的普朗克常量 h 的首次确立以及符号 "h" 的第一次使用。

② H. Hertz, Annalen der Physik, 31(1887), page 983.

③ P. Lenard, Annalen der Physik, 2(1900), page 359; 8(1902), page 169.

(1) 溢出电子有一个最大速度 $v_{\max}$ 以及有一个恰好可以令溢出电子获得这一速度的截止电压 V_0 以至于有如下等式:

$$q_e V_0 = \frac{1}{2} m_e v_{\max}^2$$

其中, q_e 是电子电量, m_e 是电子质量。

(2) 存在一个入射电磁波的最小频率 (**截止频率**) ν_t 来见证如下事实: 当入射的电磁波的频率小于 ν_t 时, 无论入射电磁波的强度多大, 无论入射电磁波照射的时间有多长, 都不会再有电子溢出。称大于 ν_t 的频率为**有效频率**。

(3) 溢出电子的速度在 $0 \sim v_{\max}$, 并且溢出电子的最大动能线性地依赖入射电磁波的频率, 而与照射强度无关。

(4) 固定一个具有效频率的入射电磁波, 单位时间内溢出电子的数目与入射强度成正比。

(5) 一旦具有效频率电磁波开始照射金属表面, 立刻就会有电子溢出, 没有出现可观测到的时间延迟。

2. 经典力学难以解释

根据经典力学理论, 很自然地应当有溢出电子的最大动能会随入射电磁波的强度的增加而增加, 且与入射电磁波的频率无关。但这与实验结果不符。另外重要的一点就是入射电磁波是均匀照射到金属表面的, 从而入射能是均匀分布在金属表面的。欲从原子中激发一个溢出电子, 入射能需要集中在金属表面的原子量级的范围, 而要实现这种集中状态就需要一种时间延迟。可以设计一些实验来估算这种时间延迟往往是几分钟, 甚至几个小时, 但这并非光电效应实验所观察到的现象。

3. 光子假说

对于光电效应, 爱因斯坦于 1905 年在一篇题为《关于光的生成与转换的一种启发式观点》的论文中应用广义普朗克量子理论给出一种依赖**光子**概念的解释 [①]。在这篇论文中, 爱因斯坦提出了如下光子假设。

公理 2 (爱因斯坦光子假设) (1) 光是 (离散的) 量子化的;
(2) 光由一个个小体光子组成;
(3) 每一个光子都以光速 c 在真空中飞行;

[①] A. Einstein, Annalen der Physik, 17(1905), page 132.
爱因斯坦论文全文英文翻译可见 https://en.wikisource.org/wiki /Translation:On_a_Heuristic_Point_of_View_about_the_Creation_and_Conversion_of_Light, 爱因斯坦论文中有关光电效应的部分摘录可见 Shamos 编辑的 *Great Experiments in Physics* (第 235 页)。

(4) 每一个光子都有自己的固有频率, 并且每一个频率为 ν 的光子所携带的能量都为 $h\nu$;

(5) 光子都足够局部化以至于光子所携带的整个光子能量可以被单个原子一次吸收或者被单个原子一次发射。

按照这样的假设, 当一个光子落到金属表面时, 它的整个能量 $h\nu$ 就被用来从金属原子中溢出一个电子。考虑到该电子还与其他原子发生关联作用, 需要一定的最小能量来保证电子溢出金属表面。这种所需要的最小能量依赖金属特性, 称之为功函数 W。由此得到光电子 (被光子入射所溢出的电子) 的最大动能满足下述爱因斯坦等式:

$$\frac{1}{2}mv_{\max}^2 = h\nu - W$$

由此得到截止频率: 令 $v_{\max} = 0$, 那么

$$h v_t = W$$

同时, 单位时间内溢出金属表面的电子数与单位时间内攻击金属表面的光子数成正比; 由于每一个光子所携带的能量是 $h\nu$, 单位时间内同一频率 ν 下的入射电磁波的强度就会与相应面积内入射的光子数成正比。于是, 光电电流强度就与入射电磁波的强度成正比。

在爱因斯坦对光电效应的解释在当今已经成为本科生现代物理学教材中的基本内容的环境下, 从逻辑学的角度来重新理解当年爱因斯坦围绕光电效应现象的思维之路, 我们更感兴趣的是如下问题:

问题 3.48　爱因斯坦是如何提炼出他的光子假设的? 他敢于提出这一假设的理由以及支撑他的想法的证据是什么?

现在就让我们重温爱因斯坦 1905 年的题为《关于光的生成与转换的一种启发式观点》的论文 (以下简称 "光量子论文") 的逻辑序列结构。

爱因斯坦在光量子论文的引言部分明确展示关于光的两种明显冲突的观点。一种是以麦克斯韦电磁波理论为基础的连续光波观点; 一种是离散的光量子观点。连续光波观点主张从点光源辐射出来的光的能量在足够大的空间范围内连续分布; 离散光量子观点主张从点光源发射出来的光由有限个离散的粒子型的单个不可分的被整体发射或吸收的能量元组成。尽管许多纯光学现象能够很切合实际地用光波理论及其连续可微的时空函数来表示, 但是光学实验所获得的数据都是一些时间平均值, 并非瞬间值。这就为用麦克斯韦理论所依赖的连续可微时空函数在描述光的生成与转变过程时和实验观察数据不相符合留下了余地。尤其是在解

释黑体辐射、光发光、紫外线激发阴极射线等现象时，连续模型遭遇无能为力的尴尬，而离散模型则游刃有余。

爱因斯坦光量子论文的主体就是解释引向形成光量子离散模型的理由以及支持证据是什么。论文的主体由 9 个小节组成：① 涉及"黑体辐射"理论的一个问题；② 普朗克基本量子演绎；③ 辐射熵；④ 低辐射密度范围内的单色辐射熵的极限定律；⑤ 对气体熵和稀释溶液熵的体积依赖的分子理论探究；⑥ 应用玻尔兹曼原理解释单色辐射熵的体积依赖；⑦ 斯托克斯法则；⑧ 关于光照射固体产生阴极射线；⑨ 由紫外线导致气体离子化。光量子论文的第一小节展示论文欲求解的基本问题；从第二小节到第七小节，光量子论文解释光量子假设的由来以及支撑这一想法的依据；论文在第八小节应用性地求解光电效应解释问题；最后一小节同样是光量子假设的一个应用。

诱发爱因斯坦提出光量子假设的直接问题是"黑体辐射"理论问题。爱因斯坦在第一小节中以如下方式呈现论文所关注的主要问题。

假设在一个由完美发射材料制成墙壁的空腔内充满大量可自由运动的电子和气体分子。假设只要它们彼此靠近到一定程度它们就在保守力作用下相互作用，即它们就如同在气体运动学所描述的气体分子那样相互碰撞。再假设空腔内有大量在复原力作用下均匀分散地固定在空腔的某些位置处的电子，并且假设这种复原力随分离距离线性增加以及这些有固定位置的电子也与那些随时靠近过来的自由气体分子和自由电子在保守势能影响下相互作用，称这些在空腔内有固定位置的电子为谐振元，因为它们发射和吸收某种频率的电磁波。

现在在这样的场景下考虑应用麦克斯韦关于光与电子的理论。如果假设在所考虑的范围内每一种频率的电磁波都由谐振元来辐射，那么，按照现有的光生成理论，这种空腔辐射就与依据动态平衡和麦克斯韦理论所见到的黑体辐射完全相同。因此，在这种场景下，在这一新的假设下，可以应用麦克斯韦理论。

作为起步，忽略这些谐振元发射和吸收电磁波，专注于自由分子和自由电子的热平衡要求以及这种要求对它们直径的碰撞所带来的后果。根据气体动力学理论，动态平衡要求一个谐振元的平均动能等于一个自由运动气体分子的平均动能。将一个谐振元的振动正交分解成三个彼此相互垂直的摆动。那么这种线性摆动谐振元的平均能量就为 $\overline{E} = \dfrac{R}{N}T$，其中 R 是绝对气体常数，N 是 1g 气体的实在分子个数，T 为绝对温度。因为平均能量是动能和势能的时间平均值，所有 $\overline{E}$ 等于单个自由气体分子的动能的三分之二。就算某种因素 (比如辐射过程) 会导致一个谐振元的时间平均能量与 $\overline{E}$ 出现差别，它也会因为与自由电子和自由分子的碰撞吸收或释放能量而将它的平均能量带回到 $\overline{E}$。因此，在此种情形下，动态平衡只会在每一个谐振元都持有平均能量 $\overline{E}$ 时出现。也就是说，"每一个谐振元都持

有平均能量 $\overline{E}$" 是 "系统动态平衡" 的充分必要条件。

再以类似的考量来分析空腔内这些谐振元与周围环境中的辐射间的相互作用。在这种情形下, 视这种辐射为完全的随机过程。普朗克已经导出动态平衡的必要条件:

$$\overline{E}_\nu = \frac{\mathbf{c}^3}{8\pi\nu^2}\rho_\nu$$

其中, $\overline{E}_\nu$ 为特征频率 (每个摆动分量) 为 ν 的单个谐振元的平均能量, $\mathbf{c}$ 是光速, ν 是频率, $\rho_\nu \mathrm{d}\nu$ 是空腔辐射在频率区间 $[\nu, \nu + \mathrm{d}\nu]$ 上的能量密度。

如果频率 ν 下的净辐射能量平均起来是一个常量, 既不连续增加也不连续减少, 那么下面的等式一定成立:

$$\frac{R}{N}T = \overline{E} = \overline{E}_\nu = \frac{\mathbf{c}^3}{8\pi\nu^2}\rho_\nu$$

等价地就有

$$\rho_\nu = \frac{R}{N}\frac{8\pi\nu^2}{\mathbf{c}^3}T$$

这是按照经典分子动力学理论和麦克斯韦理论得到的动态平衡条件。然而, 这一动态平衡条件不仅与实验不符, 它还排除了物质与以太间出现任何平衡的可能性。况且, 谐振元的频率范围越宽, 在空间中辐射的能量就越大。在极限情形下就会有

$$\int_0^\infty \rho_\nu \mathrm{d}\nu = \frac{R}{N}\frac{8\pi}{\mathbf{c}^3}T\int_0^\infty \nu^2 \mathrm{d}\nu = \infty$$

这也就是前面提到过的 "紫外线灾难"。

这就意味着在考虑理想空腔辐射时, 或者在考虑黑体辐射时, 经典分子动力学理论以及麦克斯韦理论已经无能为力。这种理论困境曾经诱发普朗克提出解释黑体辐射现象需要应用离散的能量量子假设。现在这一理论困境再度诱发爱因斯坦在更为旷阔的视野范围来重新思考光是否离散的问题。

接下来, 爱因斯坦将普朗克基于离散能量量子假设所得到的辐射密度函数

$$\rho_\nu = \frac{\alpha\nu^3}{\mathrm{e}^{\frac{\beta\nu}{T}} - 1}$$

与按照麦克斯韦理论所得到的辐射密度函数

$$\rho_\nu = \frac{\alpha}{\beta}\nu^2 T$$

进行比较，从而得到麦克斯韦理论真实有效的范围。就是说，能量密度分布函数 ρ_ν 以及辐射频率 ν 越小，麦克斯韦理论就越有效；可是当能量密度分布函数 ρ_ν 很小而辐射频率 ν 很高的时候，麦克斯韦理论则完全失效。于是，爱因斯坦将注意力集中到高频辐射范围去寻找合适的理论假设。

在分析的过程中，爱因斯坦发现普朗克所提出的离散能量量子实际上在某种意义上与特殊的普朗克所关注的黑体辐射现象独立，也就是说，能量的基本离散性在一个更为广泛的范围内具有很强的真实性，因为观测到的高频热辐射的热力学性质携带着非同一般的独立的空间局部化的烙印。

爱因斯坦也和普朗克一样，从"熵"着眼，围绕维恩辐射律展开自己的分析。爱因斯坦的基本想法是揭示一个辐射系统的熵对体积的依赖从而建立起与玻尔兹曼熵的关联。爱因斯坦首先简要地回顾了维恩关于辐射系统的熵的定义以及辐射律的具体内容。考虑在体积为 V 的范围内有一种辐射。假设当对所有的频率 ν 都给定一个辐射密度 ρ_ν 时该辐射的可观测的性质就都完全确定。进一步假设不同频率的辐射相互分开，既不做功，也不传递热。那么辐射的熵就由下面的积分等式计算：

$$S = V \int_0^\infty \phi(\rho, \nu)\mathrm{d}\nu$$

其中，ϕ 是一个未知函数。如何得到这个关于变量 ρ 和 ν 的函数 ϕ? 理论分析表明在给定条件下它满足下述黑体辐射律：

$$\frac{\partial \phi}{\partial \rho} = \frac{1}{T}$$

又根据维恩原始的黑体辐射律 $\rho = \alpha\nu^3 \mathrm{e}^{-\beta\frac{\nu}{T}}$，也就是

$$\frac{1}{T} = -\frac{1}{\beta\nu}\ln\left(\frac{\rho}{\alpha\nu^3}\right)$$

就得到

$$\frac{\partial \phi}{\partial \rho} = -\frac{1}{\beta\nu}\ln\left(\frac{\rho}{\alpha\nu^3}\right)$$

应用分部积分，可知

$$\phi(\rho, \nu) = -\frac{\rho}{\beta\nu}\left(\ln\left(\frac{\rho}{\alpha\nu^3}\right) - 1\right)$$

由于维恩的黑体辐射律只在一定范围内有效，即 $\frac{\nu}{T}$ 必须足够大，也就是频率 ν 必须足够高，因此在应用这一等式的时候总假设在这个有效范围内。

考虑在频率区间 $[\nu, \nu + \mathrm{d}\nu]$ 上的辐射能量 E。由于在体积 V 范围内能量密度为 $\rho\mathrm{d}\nu$，故

$$E = V\rho\mathrm{d}\nu$$

相应地在这个频率区间上的辐射系统熵为 $S = V\phi(\rho, \nu)\mathrm{d}\nu$。于是，

$$S = -\frac{V\rho}{\beta\nu}\left(\ln\left(\frac{\rho}{\alpha\nu^3}\right) - 1\right)\mathrm{d}\nu$$

从而

$$S = -\frac{E}{\beta\nu}\left(\ln\left(\frac{E}{\alpha\nu^3\mathrm{d}\nu}\right) - 1\right)$$

假设辐射系统的初始体积为 V_0，那么

$$S - S_0 = \frac{E}{\beta\nu}\ln\left(\frac{V}{V_0}\right)$$

另一方面，根据玻尔兹曼原理，一个系统的熵是它的瞬间状态的概率的函数。由此可得

$$S - S_0 = \frac{R}{N}\ln P$$

其中，P 是瞬间状态的概率。现在的问题是具体到所考虑的辐射系统，这个系统瞬间状态的概率如何确定？

假设 n 个自由粒子在体积为 V_0 的范围内自由运动，并且在范围内既没有一处比其他处会更合适，也没有一个方向比其他方向更优越。还假设相对而言空间范围非常大，n 非常小，以至于这些自由粒子之间没有相互作用，或者它们间的相互作用可以忽略不计。这样一个系统的熵为 S_0。假设 V 是给定空间中的一部分的体积并且所有的 n 个自由粒子都集中在这个部分范围内。此时系统的熵为 S。那么所有的 n 个自由粒子全部集中在体积为 V 的区域内的概率是多少？考虑到这些自由粒子的独立性，这一事件的概率为

$$P_n = \left(\frac{V}{V_0}\right)^n$$

应用玻尔兹曼原理就得到

$$S - S_0 = \left(\frac{nR}{N}\right)\ln\left(\frac{V}{V_0}\right)$$

注意到上面的熵等式 $S - S_0 = \dfrac{E}{\beta\nu} \ln\left(\dfrac{V}{V_0}\right)$，一种自然的类比给出下面的等式：

$$n = \frac{N}{R}\frac{E}{\beta\nu}$$

这意味着什么呢？这意味着下述命题应当成立：

如果频率为 ν 以及辐射能量为 E 的单色辐射被空腔包围在体积为 V_0 的范围内，那么在任何时刻，所有的辐射能集中在空腔内的体积为 V 的区域的概率为 $\left(\dfrac{V}{V_0}\right)^{\frac{N}{R}\frac{E}{\beta\nu}}$。

如果这是真实的，那么就应当有如下结论：(在保证维恩辐射律有效的范围内的) 低密度单色辐射系统的表现就好比它是由一些大小为 $\dfrac{R\beta\nu}{N}$ 的彼此独立的能量元，光量子，组成的系统；当把单色辐射系统的熵看成一种依赖体积的熵的时候，单色辐射系统就如同一个离散的由能量大小为同一个数值 $\dfrac{R\beta\nu}{N}$ 的光量子所组成的系统。

假设这一结论是真实的，那么就应当来探讨下述问题：

问题 3.49　如果光就是由这样的光量子组成，那么光的生成与传播的规律就必须是什么样的？

正是对这一问题的透彻分析导致爱因斯坦提出前面呈现过的光量子假设。

在自然科学范畴，一种理论是否被接受的标准有两条：第一条就是看这一理论是否能够被用来合理地解释已经观测到的相关的现象；第二条就是看这一理论是否能够预言可以检测的还未观测到的现象一定会出现。正是基于这样的考量，爱因斯坦在论文的第八小节和第九小节分别应用光量子假设对光电效应现象和紫外线离子化气体现象进行了相应的解释并提出了可以用实验来检测的相关预言。

对于光电效应现象，爱因斯坦给出如下解释和预言：

"通常的观念认为光的能量随光的传播在空间中均匀分布。但是在试图用这种观念来解释由 Lenard 先生开创性的工作 [1] 所揭示的光电效应时遭遇了极大的困难。"

"假设入射光由能量为 $\left(\dfrac{R}{N}\right)\beta\nu$ 的光量子[2]组成，那么阴极射线的源头便可以如下方式来解释：量子穿透材料表面，并且相应的能量中至少有一部分变成了

[1] P. Lenard, Annalen der Physik, 8(1902), page 169.
[2] 这里的 R 是气体常量，N 是阿伏伽德罗常量，$R/N = k$ 为玻尔兹曼常量。于是这里的 β 就是普朗克常量 h 与玻尔兹曼常量 k 的比值；ν 是光的频率。因此 $\left(\dfrac{R}{N}\right)\beta\nu = h\nu$。

电子的动能。可以想象最简单的过程就是一个光量子 (a quantum of light) 将自己全部的能量转让给一个电子。我们将假设这就是实际发生的事情，但同时也不排除受益电子仅仅吸收施舍能量的一部分。当到达物体表面时，原在物体内部的电子会失去它的一些动能。可以更进一步假设这样离开物体的每一个电子做了量为 W 的功，而这份功的大小是物体材料的一种特征。那些直接从物体表面垂直发射出去的电子将具有最大速率，它们的动能由项 $\left(\left(\dfrac{R}{N}\right)\beta\nu - W\right)$ 来计算。"

"如果该物体被置于正电势 π，并且环绕着接地 (零电势) 的导体，如果这一电压恰好能够阻止电子离开物体表面，那么必有如下等式：

$$\pi \cdot q_e = \frac{R}{N}\beta\nu - W$$

......

"如果所导出的公式是正确的，如果在笛卡儿坐标系中将外加电势 π 作为那些受激光子 (photon) 的频率的函数表示出来，那么这将会是一条直线，并且该直线的斜率与实验所用的材料无关。[①]"

关于紫外线离子化气体，爱因斯坦表明光量子假设的一个直接推论就是"在紫外线离子化气体的过程中，我们必须假设一个被吸收的光量子恰好被用来实现一个气体分子的离子化"；另外一个推论就是"如果每一个光量子离子化一个气体分子，那么在吸收光的量 L 与离子化 j 克气体分子之间必定有下述等式：

$$j = \frac{L}{R\beta\nu}$$

并且如果我们的理解真实地反映现实，那么这一等式对所有除了离子化外不会有其他光吸收的气体都必定成立。"

3.3.3 关于辐射的组成及其本质之观念的演变过程

我们知道，历史上关于光的传播到底是粒子流还是波动有过长期的争论。19 世纪初，托马斯·杨和菲涅耳用实验证实光的传播应当是一种波动。当实验证实光在传播中会出现干涉和衍射时，依据生活经验，几乎可以肯定光传播应当是一种波动，并非牛顿所说的光是一种粒子流动。由于生活中常见的声波是一种振动能量以空气为介质来传递的自然现象，水波是一种振动能量以水为介质来传递的自然现象，依照自然的类比，那么光波也应当是一种振动能量以某种实在对象为介质来传递的自然现象。

---

① 由此可以确定普朗克常量。这也正是密立根 (Millikan) 在 1914~1915 年期间验证爱因斯坦等式以及确定普朗克常量的实验的基础。

问题是：这种介质会是什么呢？

一方面,光可以在空无一物 (无法感知有任何实在之物) 的空间中传播,似乎可以想象有一种在空无一物的空间中专门传递光波的奇怪的东西——以太 (ether);另一方面, 光又可以在物质对象中传播, 人们又不得不假设这种以太也出现在物质对象中, 并且专门负责光在物质对象中传播。这种专门负责光传播的以太的实在性似乎不应当被怀疑。

到 20 世纪初, 随着普朗克量子理论和爱因斯坦光子假设的提出, 以太假设几乎已经被淘汰。诸多事实表明光的最基本的性质与其应用波动理论来解释倒不如应用牛顿的粒子流想法来解释更为合适。正是在这样一种背景下, 爱因斯坦于 1909 年在《物理学杂志》发表了[①] 他的题为《关于辐射的组成及其本质之观念的演变过程》的报告。在这篇报告中, 爱因斯坦对辐射的构成以及它的本质的认识过程梗概进行了一次总结。爱因斯坦在报告中明确表达一种信念：下一阶段的理论物理将带来一种融合波动和粒子流于一体的光的理论, 并且清楚地展示一件迫在眉睫的事情就是有关光的组成和实质的观念将发生具有深远影响的变化。

爱因斯坦认为, 自波动学说被引入开始, 理论光学最伟大的进展是麦克斯韦最聪明的发现：光能够被理解为一种电磁过程。这一理论用以太和物质的电磁状态替代了涉及以太的机械力学状态, 它把相关的力学问题转变成电磁问题。随着电磁理论的发展, 人们越来越少关心电磁过程是否能够用机械力学过程来解释。人们习惯了将电场和磁场当成无需机械力学解释的基本概念。电场理论的引入简化了理论光学的元素以及减少了随意假设的数量。古老的极化光偏转方向问题变得不相干, 涉及两种介质的边界条件的困难被理论的基本原理迎刃而解;一种用来消除纵向光波的随意假设已经不再需要;在辐射理论中起到如此重要作用且最近刚刚被实验证实的光压的实在性就是这一理论的一个推论;等等。

随即, 爱因斯坦将注意力放在光的电磁理论与机械理论似乎相同之处的聚集点。在这两种理论中, 实质上光就是一种假定无处不在 (即使在没有光的地方也如此) 的介质, 以太, 的状态的化身。因此假设这种介质的运动影响着光学现象和电磁现象。寻找描述这种影响的规律的努力导致关于辐射实质的基本想法的改变。这是一种怎样的变化呢? 主要的鹤立鸡群的问题曾经是：以太参与物质的运动吗? 或者在运动物质内部以太以不同的方式运动? 换种方式问, 以太完全忽略物质的运动永久地保持静止?

在这一问题的引导下, 爱因斯坦简洁地回顾了导致狭义相对论提出的实验背景。这包括菲佐实验、迈克耳孙-莫雷实验以及洛伦兹理论解释。爱因斯坦接着解

---

① A. Einstein, Physikasche Zeits, vol. 10, 817(1909). (英文翻译可见下面的链接)
https://en.wikisource.org/wiki/Translation:The_Development_of_Our_Views_on_the_Composition_and_Essence_of_Radiation.

释了这些实验结果当时是如何导致狭义相对论的，或者说，爱因斯坦当年是沿着一条什么样的路径提炼出狭义相对论的。

首先，迈克耳孙-莫雷实验提示这样一条公理 (简称相对性原理)：相对于地球参照系而言，或者更一般地相对于任何一个非加速运动的参照系而言，所有的现象都遵从相同的规律。

问题 3.50   如果接纳这条相对性原理，会面临什么样的挑战？是否有可能保持住这条相对性原理？如果保持住这条相对性原理，以太假设将面临一种什么样的局面？

在爱因斯坦看来，以太假设的基础是以太处于静止状态这一基于实验的前提；相对性原理明示一切在相对于以太匀速直线运动的参照系 K' 中成立的自然规律与那些在相对于以太静止的参照系 K 中成立的自然规律是等同的；如果果真如此，那么完全可以想象以太相对于参照系 K' 是静止的，但相对于参照系 K 不是静止的；因此，引入一种在其中之一静止的以太来区分参照系 K' 和 K 是一种完全不自然的事情；于是，一种令人满意的理论只有在放弃以太假设之后才有可能获得；这样，构成光的电磁场就没有必要去借助一种假设介质的状态，而是作为源自光源的独立的实在，恰如牛顿的光辐射理论那样。就如同那一理论，空间中没有物质，辐射真实地发生在真空中。

其次，爱因斯坦对洛伦兹理论进行剖析。从表面上看，洛伦兹理论的实质部分与相对性原理难以协调。因为，根据洛伦兹理论，如果光束在空间中传播，它会在相对于以太静止的参照系 K 中以独立于发出这束光的物体自身的运动状态的速度 c 运动。姑且称此为**光速不变原理**。依据速度相加定理，在相对于以太匀速直线运动中的参照系 K' 看来，同一束光的传播速度就不会是速度 c。这似乎表明光的传播规律在两个如此关联的参照系中并不相同，因此，相对性原理似乎与光所遵守的传播规律不相协调。可是，速度相加定理基于一些颇为随意的公理。它预设关于时间的信息以及物体运动的方式具有独立于参照系运动状态的含义。但是，自己应当能够说服自己的是这样一件事情：时间的定义以及物体运动的方式的定义都要求在所考虑的参照系中引入处于静止状态的时钟。这些概念都必须在每一个参照系中有定义 (解释)，而且在两个相对匀速运动的参照系 K 和 K' 中这些定义会给出相等的时间值是一件远非显然自明的事情。类似地，不可能先验地断言在 K 中的有关物体形状的结论会同样在 K' 中有效。因此，爱因斯坦认为截至当时的盛行的从一个参照系到另外一个处在相对运动中的参照系的方程变换立足于一些颇为随意的前提之上；如果放弃这些，那么洛伦兹理论的核心部分，或者更为一般的，光速不变原理，就会与相对性原理相协调。

最后，正是基于这样的考量，爱因斯坦从这两条原理出发，推导出一系列毫

无二义性的变换方程, 尤其是具有特征意义的闵可夫斯基度量不变性方程:

$$x^2 + y^2 + z^2 - \mathbf{c}^2 t^2 = (x')^2 + (y')^2 + (z')^2 - \mathbf{c}^2 \left(t^2\right)^2$$

这就是爱因斯坦在论文中自述的导致狭义相对论的路径。紧接着, 爱因斯坦展示了如何获得狭义相对论的诸多结论中最重要的关于惯性质量和质能关系的结论, 因为爱因斯坦相信这个结论所带来的是有关物理的基本思想的某种改变。

考虑一个在惯性参照系 K 中的静止物体向两个相反方向同时辐射相等的能量。辐射能量后该物体依然处于静止状态。令该物体在辐射发生前的能量为 E_0, 辐射后的能量为 E_1, 辐射出去的能量为 E。根据能量守恒原理:

$$E_0 = E_1 + E$$

现在相对于 K 匀速直线运动 (速度为 v) 的参照系 K' 中考虑同一物体以及同一辐射事件。狭义相对论给出如何在 K' 中计算该物体所辐射出去的能量:

$$E' = \frac{E}{\sqrt{1 - \dfrac{v^2}{\mathbf{c}^2}}}$$

因为能量守恒原理在 K' 中依旧成立, 在参照系 K' 中必然有

$$E_0' = E_1' + \frac{E}{\sqrt{1 - \dfrac{v^2}{\mathbf{c}^2}}}$$

于是, 在忽略四次及更高次数的项之后, 得到

$$E_0' - E_0 = E_1' - E_1 + \frac{E}{2} \frac{v^2}{\mathbf{c}^2}$$

此时, $E_0' - E_0$ 是该物体在辐射发生前的动能, $E_1' - E_1$ 是该物体在辐射发生后的动能。假设该物体在辐射发生前的惯性质量为 M, 在辐射发生后的惯性质量为 m。同样在忽略高次项后, 得到

$$\frac{1}{2} M v^2 = \frac{1}{2} m v^2 + \frac{1}{2} \frac{E}{\mathbf{c}^2} v^2$$

也就是 $M = m + \dfrac{E}{\mathbf{c}^2}$。这就表明一个物体的惯性质量会因为辐射能量 E 而减少 $\dfrac{E}{\mathbf{c}^2}$。

据此，爱因斯坦强调：一个物体的惯性质量会因为发光而减少。输出的那一部分能量原本是该物体的惯性质量的一部分，还可以更进一步地得到这样的结论：物体的每一次吸收或辐射一定的能量都一定导致它的惯性质量的增加或减少。于是，能量和质量似乎如同热与机械能相等价那样彼此等价。

这就意味着相对论已经改变了物理学探索者关于光的观念。光不再是某种假设介质的状态显示的现象，而是如同物质那样的独立实体。不仅如此，这一理论还与光颗粒理论共有一种光的非同寻常的性质：传播中的光把发光物体的部分惯性质量转移给吸收物体。

另一方面，爱因斯坦相信狭义相对论并没有改变有关辐射结构的概念，尤其是，它对辐射填充空间的能量分布没有任何影响。当然，是否果真如此，1909 年的爱因斯坦意识到当时这还是一个问题，并且爱因斯坦相信当时正站在一系列最重要发展的起点。

接着，爱因斯坦怀着一种呼唤知音共同探讨的愿望详细地向读者解释他关于上述问题的在他自己认为还不成熟的想法。

爱因斯坦首先提醒读者注意截至当时的有关光的理论并不能够解释一定的与光相关的许多现象的基本性质。比如下述问题：

问题 3.51　(1) 为什么是光的颜色，而不是光的强度，来决定某些光化学反应是否发生？

(2) 为什么一般而言短波光会比长波光在化学过程中更为有效？

(3) 为什么由光电效应所产生的阴极射线的速度独立于入射光的强度？

(4) 为什么欲增加一个物体的辐射中的短波成分就需要比较高的温度 (从而较高的分子能量)？

根据当时的表达方式，振荡理论并不能回答上面这些问题。特别地，依据这一理论完全无法理解为什么由光电效应或由 X 射线所产生的阴极射线会独立于光的强度而获得如此高的速度。因为按照振荡理论，光辐射和 X 射线所导致的能量分布是如此单薄，而在光源影响下又得以在分子实体中滋生如此大的能量。这种现象将能力高强的物理学探索者逼向墙角，不得不去寻找一种牵强附会的后来不得不放弃的假设。他们曾经假设在这种过程中入射光仅仅扮演一种释放者的角色，那些释放出来的分子的能量是自然辐射产物。

在爱因斯坦看来，振荡理论之所以会遭遇这种困境，根本原因在于：在分子运动理论中，在那些仅仅几个基本粒子参与其中的任何一个过程都有其逆过程，但辐射基本过程并非如此。按照当时盛行的理论，振荡中的离子生成向外传播的球面波。这样一种基本过程就没有基本逆过程。尽管毫无疑问在数学上一个球面波会收缩，但是要求物理上实现这种收缩就需要大量的辐射实体。基本辐射过程不可逆。基于此，爱因斯坦相信振荡理论没有击中目标。就这一点而言，爱因斯坦确信，比起振荡理论来，牛顿的光辐射理论似乎包含着更多的真实性，因为，首先，赋予一个光粒子的能量不会在无穷空间上分散开来，而是为一个基本的吸收过程保留着。

接着，爱因斯坦以阴极管由 X 射线产生第二次阴极辐射的规律为例，说明光振荡理论难以解释的困境所在。如果由第一束阴极射线打击金属板 P_1，那么产生 X 射线。如果这些 X 射线打击第二片金属板 P_2，那么产生第二束阴极射线，并且此第二束阴极射线的速度与第一束阴极射线的速度相当。就当时所知，第二束阴极射线的速度既不依赖于金属板 P_1 和 P_2 之间的距离，也不依赖于第一束阴极的强度。爱因斯坦问：假设这一结论是真实的。如果减弱第一束阴极射线的强度，或者减小第一片金属板 P_1 被第一束阴极射线打击的面积，以至于第一束阴极射线中的单个电子的影响能够被当成一个基本过程来考虑，那会发生什么？爱因斯坦对这一问题展开分析：如果上述结论实在是真实的，那么，因为第二束射线的速度独立于第一束射线的强度，就必须假定或者打击第一片金属板 P_1 的那个电子不会导致在第二片金属板 P_2 上产生电子，或者在其上产生的第二个电子的速度与第一个电子打击 P_1 的速度相当。换句话说，这种辐射的基本过程似乎会以这样一种方式出现以至于第一个电子的能量不会如振荡理论所断言的那样以球面波向各个方向传播的方式发散，反而似乎会在 P_2 的某处，或其他什么地方，可以获得这一能量的至少很大一部分。于是，阴极辐射的基本过程看起来是单向的；不仅如此，印象中在 P_1 上产生 X 射线与在 P_2 上产生第二束阴极射线本质上是彼此的逆过程。因此，这种复合起来的辐射似乎与振荡理论所预言的现象不同。

面临这种光振荡理论难以解释的现象，爱因斯坦将读者引导到普朗克辐射公式。爱因斯坦指出：热辐射理论已经对此提供了很重要的线索，主要是普朗克辐射公式所依赖的那一部分。

爱因斯坦以如下论述简洁地将普朗克获得他的分布公式的主要步骤展示给那些不了解的读者。

一定的复合起来的辐射占据着温度为 T 的一个空腔内部，并且辐射独立于构成该空腔的材料。假设空腔内含有能量的密度在从 ν 到 $\nu+d\nu$ 的频率区间上为 $\rho d\nu$。获得作为频率 ν 和温度 T 的函数 ρ 便是普朗克所面临的问题。忽略不带来重要影响的那些，如果一个特征频率为 ν 的单个电振子占据那一空腔，那么该振子能量 E 的时间平均值作为 $\rho(\nu)$ 的函数可以应用辐射的电磁理论来计算。于是，问题就归结到确定作为温度 T 的函数 E。继而，这后一个问题又能够归结到这样一个问题：假设空腔内包括大量的特征频率为 ν 的电振子，这一系统的熵是怎样依赖于它的能量的？

为解决这一问题，普朗克应用由玻尔兹曼在探讨气体理论时所导出的熵与一

种状态的概率之间的一般关系。一般来说，

$$\text{熵} = k \log W$$

其中，k 是一个通用常数，W 是所考虑的状态的概率。这一概率是由"格局"数目来度量的，这种"格局"数目就是考虑中的这一状态能够被实现的方式的数数结果。在上述情形中，电振子系统的状态就被定义为它的总能量。因此，欲求解的问题就是：有多少种方式能够将一个给定的总能量分配给 N 个电振子？

为了找出答案，普朗克将总能量按照等量值 ϵ 均分。一个格局就由多少个 ϵ 分配给每一个电振子。令给定总能量后的所有这样的格局数目计算出来的结果等同于 W。依据可以由电动力学原理导出的维恩位移定律，普朗克得出这样一个结论：ϵ 必须等于 $h\nu$，其中 h 是一个独立于频率 ν 的常数。以这种方式，他获得了他的与截至当时所有的实验数据都吻合的分布公式：

$$\rho = 8\pi h \left(\frac{\nu}{\mathbf{c}}\right)^3 \frac{1}{\mathrm{e}^{\frac{h\nu}{kT}} - 1}$$

根据上面的分析要点，初看起来，普朗克分布公式是当前电动力学理论的一个推论，其实并非如此。爱因斯坦给出下述理由：如果每一个可想象的能量分布都趋近计算出来的格局数目 W 的某种近似，那么上述中的格局数目可以被认为是总能量在 N 个电振子之间分配的可能性的多重性的一种表示。这就要求均分单位能量值 ϵ 与所有频率 ν 的振子能量 E 的平均值相比较要小。简单的计算表明，对波长为 $0.5\mu\mathrm{m}$，温度为 $T = 1700\ \mathrm{K}$ 的情形而言，比值 $\frac{\epsilon}{E}$ 非但不小于 1，而是非常大于 1，因为其值大约等于 6.5×10^7。这一具体数值表明，如果这些电振子的能量只能取到 0 或者 6.5×10^7 乘以它的平均能量，那么计数状态的过程肯定出现扭曲。很清楚，在这样的过程中，依据当前电动力学理论的基本原理，只有那些能量分布中的几乎近似于消失的一部分会被用来确定系统的熵。因此，按照当前电动力学理论的基本原理，格局数目并非玻尔兹曼意义下的概率的一种表示。

根据这样的分析，爱因斯坦表明：接纳普朗克的理论就意味着拒绝现有的辐射理论的感知。事实上，爱因斯坦当时已经在试图证明现有电动力学理论的基本原理必须放弃。爱因斯坦认为，无论如何，因为普朗克理论不符合那些基本原理就拒绝普朗克理论是一件不可思议的事情。截至当时，普朗克理论已经导致基本量子的数值确定，并且这一理论值已经为当时最近的有关 α 粒子的测量实验所肯定。比如，当时卢瑟福和盖革得到的平均值为 4.65×10^{-10}；Regener 得到 4.79×10^{-10}，而普朗克理论计算出来的是一个中间值 4.69×10^{-10}。

爱因斯坦根据普朗克理论提出如下猜想：

假设 15 (光量子假设) 如果一个辐射振子的能量只能取到 $h\nu$ 的正整数倍这一假设为真实, 那么显然的假设就是光的发射和吸收只能以这些能量值发生。

如前所见, 依据这一光量子假设, 爱因斯坦解决了光电效应解释问题, 并且由光量子假设所得到的那些数量推论也都被实验所证实。因此也引发如下问题:

问题 3.52 (1) 难道无法想象正确的普朗克公式可能由不同于普朗克理论建立过程中那种基于似乎怪异的假设的论证方式推导出来?

(2) 难道有可能用其他的足以解释光电效应的假设来替代光量子假设?

(3) 如果有必要修改这一理论的某些元素, 难道能够保持传播规律完好无损, 仅仅改变对基本发射与吸收过程的认知?

面对这些问题, 爱因斯坦展开了他的分析: 欲获得这些问题的一种确切答案, 可以试试沿着普朗克辐射理论发展的相反方向演绎。假设普朗克辐射公式为正确的表达式, 然后问自己这样一个问题: 是否某些涉及辐射合成的性质能够由此导出? 爱因斯坦当时已经完成两种尝试, 但是在论文中爱因斯坦只扼要地描述了其中似乎特别能够说服爱因斯坦自己的那一尝试, 因为爱因斯坦觉得这种想法能够如此清晰地想象。

假设在一个空腔内有理想气体, 以及一块能够在其平面上垂直地自由移动的固体平板。由于气体分子与该平板之间碰撞的随机性, 根据统计力学, 该平板运动的平均动能为一种单原子气体分子动能的三分之一。气体之外 (可以想象该气体仅仅由少量分子构成), 假设在气体温度之下有热辐射。如果空腔腔壁也处于同一温度 T, 而且能够阻止辐射穿透以及并非完全反射, 那么前面的假设是合理的。进一步还假设平板的两面都是完全反射的。在这种情形下, 气体以及辐射都会影响平板。如果平板处于静止态, 那么压强相等。可是, 如果平板移动, 向前方向的板面往回推的压强会大于平板的背面往前推的压强。因此, 会有一种净力作用来阻止平板移动, 并且会随平板移动速度的增加而增加。姑且称此作用力为"辐射阻力"。

如果眼下假设所有辐射的力学影响都被考虑在内, 那么可以这样总结: 气体分子在不规则的区间上的碰撞给予平板不规则的动量; 在两次这样的碰撞之间, 由于辐射阻力作用, 平板的速度连续减小, 平板的动能便被转换成辐射能量。结果是, 气体分子的能量就会连续地转换成辐射能量, 直到所有适用的能量都被转换成辐射能量。这便不会出现气体与辐射的平衡状态。

这种分析是错误的, 因为类似气压, 平板所受到的辐射压强不能够被认为不随时间变化, 也不能够被认为没有不规则的起落。欲容许热平衡, 辐射压强的起落, 就平均值来看, 必须能够补偿平板因为辐射阻力所失去的速度。考虑到该平板运动的平均动能为一种单原子气体分子动能的三分之一，给定辐射规律，可以计算出辐射阻力，然后，可以计算出平板必须从那些辐射压强的起落中获得的平均动量以保持一种统计平衡。

如果假设选择一种平板仅仅对区间 $[\nu, \nu + \mathrm{d}\nu)$ 上的频率是完全反射的，而对其他频率的辐射是完全穿透的，那么上述分析会变得更有趣。这会给出有关这一频率带的辐射压强的起落。爱因斯坦经过计算所得到的结果是：设 Δ 为在时间 t 内由不规则的辐射压强起落传递给平板的动量变化的度量。它的平方均值由下面的公式计算：

$$\langle \Delta^2 \rangle = \frac{1}{c}\left[\rho h\nu + \frac{c^3\rho^2}{8\pi\nu^2}\right]\mathrm{d}\nu A\mathrm{d}t$$

首先，这一表达式的简洁性值得关注。普朗克理论似乎是唯一的在观测误差范围内与实验数据吻合的，并且得以导致有关辐射压强的统计性质的如此简洁的表达式的理论。

问题 3.53　*应该如何理解这一表达式？*

这一表达式的两项和似乎建议两种独立的原因导致辐射压强起落的产生。由 Δ^2 与 A 成正比这一事实可以得出结论：如果区域的尺寸与反射频率 ν 的波长比起来要大，那么两个邻近区域的辐射压强起落就完全彼此独立。这样，Δ^2 的第二项就可以用振荡理论来解释。根据振荡理论，略微方向不同、频率不同、极化不同的光线会彼此干涉；辐射压强的起落相应于整体上的这种干涉的互不相关的出现。简单的尺度分析表明这种起落必定是上述表达式的第二项的形式。很清楚，辐射的振荡结构的确能够给出如所预言的辐射压强的起落。

如何解释第一项？爱因斯坦强调这是丝毫不能被忽视的一项；因为在维恩辐射公式成立的范围内，这一项起到主导作用。比如，当波长为 $0.5\,\mu m$，温度为 $T = 1700\,K$ 时，这一项就会大约比第二项大出 6.5×10^7 倍。事实上，假设辐射由完全反射的在空间中彼此独立运动的局部化的能量为 $h\nu$ 的一组一组的光量子组成，就能够得到上述表达式的第一项。这就是光量子假设的最初始的图画所表示的想法。

于是，爱因斯坦明确指出，从由普朗克辐射分布公式所导出的上述表达式中，必须得出如下结论：在由振荡理论产生的辐射能量分布中在空间上的不规则性之外，还有在同样空间上分布的当辐射密度很小的时候完全超出前述不规则性的另外的不规则性。

爱因斯坦还指出，截至当时，还没有数学理论进展到能够对由上述表达式的第一项所导出的有关光振荡结构和光量子结构的裁判的程度。困难在于上述表达式所展示的辐射压强的起落性质只是提供了几个建立这样一种理论的参照点。可以想象这样一种情形：衍射和干涉尚未知，但是只知道辐射压强的随机起落的平均幅度是由上述表达式的第二项所确定，其中 ν 是一个确定颜色的未知含义的参数。基于这种情形，谁能够有足够的想象力来建立一种光的振荡理论？

爱因斯坦在文章的最后表示，"不管怎样，对我来说后述设想是最自然的：光的电磁波的显示是通过在奇异点处的约束来实现的，像电子理论中静电场的显示那样。在这样一种理论中，不能够排除整个电磁场能量能够被看成在这些奇异处的局部化，恰如古老的远距离作用理论那样。我对自己这样想象，每一个这样的奇异点都被一个场所包围，而这个包围奇异点的场具有一种平面波的同样特点，而且它的幅度随奇异点之间的距离增加而减少。如果许多这样的奇异点被一种小于单个奇异点的包围场的尺度的距离所分开，那么它们的场将会叠加，并且将会在整体上形成一个振荡场，而这个振荡场与我们现有的光的电磁场理论中的场只有稍许不同。当然，无需强调这样一种图案是毫无价值的，除非它导致一种恰当理论。我仅仅希望解释一下按照普朗克辐射分布公式所得出的两种结构 (振荡结构和量子结构) 的性质不应当被看成彼此互不相容。"

3.3.4 发现氢原子核外电子离散能级

1. 发现离散光谱的实验背景

记录显示最早观察光现象的实验是牛顿棱镜分光实验。牛顿观察到当一缕阳光透过窗户遮挡板上的针孔或者水平窄缝再通过一个等边三角棱镜投射到一扇屏幕上的时候就会在屏幕上显现出彩虹一样的彩色条纹。这就是牛顿通过实验所发现的三角棱镜**分光** (dispersion) 现象。这也是最早的分光实验。水平窄缝板与等边三角棱镜也便组成最简单的分光仪。之所以制作一条水平窄缝就在于确保投射到三角棱镜入射斜面上的光以相同的入射角入射从而三角棱镜能够以极小重叠的方式将不同频率的光分开投射到屏幕上不同的地方以至于在屏幕上形成明显的条纹，并且入射光的频率越高，投射到屏幕上的位置就越低。

牛顿的分光棱镜启发后来者设计出更为精巧的分光实验装置。这种实验装置为：光源 → 聚焦镜 → 单缝隙板 → 散射调节板 → 光谱显示屏幕，其中，散射调节板由一组多条等距置放的等宽缝隙组成。

各种分光实验结果表明：以热固体或液体为光源的光谱显示是连续光谱 (所有频率的光)；以带电气态为光源的光谱是离散 (分离线条) 光谱，每一天线条都对应着确定的波长和频率；每一种元素的质料的气态电磁波线条频谱是唯一的，不同元素的质料的气态电磁波线条频谱必不相同。

基尔霍夫 (Gustav Robert Kirchhoff, 1824~1887)，首先发现原子能够发出的光的频率或吸收的光的频率相同，并且同一类元素的原子只能发出或吸收一个某种特别固定的频率的光 (称之为该原子的**特征线谱**，也称为该原子的**频谱**)。

公理 3 (基尔霍夫)　(1) 一个原子能够发出具有本时 τ 的光子当且仅当该原子能够吸收具有本时 τ 的光子;

(2) 每一个原子所能够发出的光子的本时一定属于一个固有的列表 (称这个固有本时列表为该原子的本时谱), 也就是说每一个原子都有自己的固有本时谱:

$$\tau^0 < \tau^1 < \cdots < \tau^k < \cdots \quad (k \in \mathbb{N})$$

(3) 同种元素的原子具有完全相同的本时谱 (频谱).

巴耳末 (Johann Balmer, 1825~1898) 于 1885 年通过实验发现氢原子特征线谱 (可见光和紫外线) 的经验公式:

$$\lambda_n = 364.6\, \frac{n^2}{n^2 - 4}\, \mathrm{nm} \quad (3 \leqslant n \in \mathbb{N})$$

更为一般的实验性结论如下:

例 3.1　氢原子的特征线谱的频率满足如下等式:

$$\nu_{ab} = R \left(\frac{1}{n_a^2} - \frac{1}{n_b^2} \right)$$

其中, $1 \leqslant n_a < n_b$ 为正整数, ν_{ab} 为氢原子可发出或吸收的光频:

$$R = 1.0967758(\mathrm{m}^{-1}) \times 10^7$$

是里德伯常量.

巴耳末当时只注意可见光以及紫外线部分, 并且他所知道的可见光部分的四条谱线和紫外线部分的五条谱线表达式计算值与实验测量值相当吻合 (可见光部分由埃斯特朗 (A. J. Ångström, 1814~1874) 实验测得, 紫外线部分由哈金斯 (William Huggins, 1824~1910) 实验测得). 后来人们发现上述等式实际上描述了整个氢原子的特征线谱. 事实上, 当 $n_a = 1$ 时, 上述等式给出紫外线范围内的光线谱 (莱曼序列); 当 $n_a = 2$ 时, 上述等式给出可见光范围内的光线谱 (巴耳末序列); 当 $n_a = 3$ 时, 上述等式给出红外线范围内的光线谱 (帕邢序列); 当 $n_a = 4$ 时的线谱为布拉开序列; 当 $n_a = 5$ 时的线谱为普丰德序列. 上述一般表达式是经过里德伯 (J. R. Rydberg, 1854~1919) 以及里茨 (W. Ritz, 1878~1909) 等的工作综合而成. 这个表达式不仅适用于氢原子, 还适用于更多的原子.

赫兹 1889 年完成的电磁波实验为麦克斯韦电磁波理论提供了牢靠的实验佐证; 光的电磁波本性也便十分清楚; 电磁波的来源正好是带电粒子的起落变化或者

变速运动，并且电磁波的频率也恰好与辐射源带电粒子的起落频率或速度变化频率相对应。在可见光以及无线电波范围内的这种对应关系由塞曼 (Pieter Zeeman, 1865~1943) 在 19 世纪末叶用实验证实；他还在 1896 年观察到当一个光源被置放在一个磁场之中时，在磁场作用下，单元素质料气态频谱线条发生多条分裂，也就是说，原有的离散光谱线条会出现分裂 (塞曼现象)；洛伦兹 (Hendrick A. Lorentz, 1853~1928) 将这种现象解释为原子内部的带电粒子振动的结果。

值得注意的是 19 世纪后期人们所发现的那些线谱都是纯粹从数据中归纳出来的，当时没有人知道为什么氢原子会具有这样的光谱。对氢原子线性光谱的理论解释由玻尔 1913 年完成。

2. 玻尔氢原子模型

玻尔 (Niels H. D. Bohr, 1883~1962) 1913 年将卢瑟福原子模型与普朗克的量子理论结合起来提出氢原子模型[1], [2]。

玻尔自己在文章中明言："在这篇文章中我们试图在普朗克为解释黑体辐射现象引入的想法以及卢瑟福为解释 α 粒子在轰击物质时会出现大偏差现象所提出的原子结构理论的基础上建立一种有关原子组成的理论。"

假设 16 (玻尔假设)　(1) *辐射能量并非经典电磁理论所假定的那样连续辐射 (或吸收)，而是仅仅在原子系统由一种稳定状态过渡到另外一种稳定状态时才发生。*

(2) 一个原子系统在其稳定状态时所持有的动态平衡合乎经典力学所确定的规律，但是在原子系统从一种稳定状态过渡到另外一个时，经典力学的规律失效。

(3) 在原子系统从一种稳定状态过渡到另外一种稳定状态期间，辐射是单频的。所辐射的频率 ν 和所辐射的总能量 W 之间的关系由下述等式给出：

$$W = h\nu \quad (h \text{ 为普朗克常量})$$

(4) 由一个电子环绕一个带正电荷的原子核运动所构成的原子系统的不同的稳定状态由下述条件来确定：实现该系统的一种给定格局所需要的总能量 W 与电子环绕运动的机械频率 ω 之比的 $\frac{h}{2}$ 的正整数倍，也就是

$$\frac{W}{\omega} = n\frac{h}{2} \quad (n \text{ 为正整数})$$

① N. Bohr, On the Constitution of Atoms and Molecules, Philosophical Magazine, Series 6, vol. 26 (1913), page 1-25.

② 玻尔氢原子模型原文的主要部分可见 Shamos 编辑的 *Great Experiments in Physics* (第 333 页)。

如果假设电子环绕运动的轨道是圆，那么这一条件就等价于后述：电子环绕的角动量是 $\dfrac{h}{2\pi}$ 的正整数倍。

(5) 每一个原子系统的"永久"状态，或者那个与辐射最大能量相对应的状态，由后述条件确定：每一个电子环绕其轨道的中心的角动量恰好就是 $\dfrac{h}{2\pi}$。

上述五条就是玻尔在他的文章中明确罗列出来的假设。这些假设构成玻尔的原子模型。很明确，这个模型是普朗克量子假说和卢瑟福原子模型的有机结合。

回顾一下卢瑟福原子假设：原子的外围电子在原子核的静电引力作用下在某种球面或椭球面轨道上运动。归纳起来，玻尔在这个基础上根据普朗克能量离散化假设进一步提出氢原子稳定状态离散假设以及角动量离散假设。

玻尔的**角动量离散假设**断言氢原子 (或者任何一个只有一个外围电子的离子) 的核外电子做圆周运动 (为简单起见，考虑可变圆形轨道) 时的角动量也只能取到一些离散值 $\dfrac{nh}{2\pi}$，其中 n 是正整数。

玻尔的**稳定状态离散假设**断言电子运动的轨迹仅仅有一组离散的不同层次的稳定轨道存在 (称这些离散轨道为**稳定状态**)，与这些不同层次的稳定状态相应的是不同的能级，从而一个原子只能有一组离散的能级；当一个电子处于一种稳定状态时，它的运动并不辐射电磁场能，当且仅当电子从一个能级变迁到另外一个容许的能级时原子辐射电磁场能，并且辐射频率由离散的光子所携带的离散电磁场能所确定，因为每一个光子所携带的能量为 $h\nu$，其中 ν 就是辐射频率。于是，电子在原子所容许的轨道能级之间的**升迁**是原子吸收光子的结果；**跌落**则是辐射光子的结果；电子的稳定状态的变迁就是这种能级变迁，并且遵守能量守恒定律。这样，辐射频率或吸收频率就满足等式：

$$h\nu = E_b - E_a$$

其中，$E_b > E_a$ 是原子所能容许的两个能级的能量。这个等式需要一种能量单位与频率单位或波长单位之间的转换：

$$1\text{eV 对应 } 2.41794 \times 10^{14}\,\text{Hz 以及对应 } 8065.44\,\text{cm}^{-1}$$

在这里，玻尔忽略电子运行的轨道的具体空间几何形状，也不关心它们到底怎样运动，只关注它们所处的稳定状态以及稳定状态的变化。他的假设便是：只有离散的稳定状态的集合；每一次稳定状态的变迁都直接涉及离散电磁场能的变化。简而言之，**将原子的外围电子围绕原子核约束起来的能是分层次的离散的能**。

3. 具体能级计算

假设电子做圆周运动的速度为 v，圆周半径为 r，相对于电子运动而言，原子核处于静止状态，原子核质量超重，近乎无穷大。电子所受到的离心力与电子所受到的原子核的静电引力相等：

$$m_e \cdot \frac{v^2}{r} = \frac{Z \cdot e^2}{(4\pi\varepsilon_0) \cdot r^2}$$

其中，m_e 为电子质量，ε_0 为介电常数。根据电子圆周运动角动量离散化假设，我们有

$$m_e v r = \frac{nh}{2\pi} \quad (1 \leqslant n \in \mathbb{N})$$

由这两个方程联立求解就得到

$$v_n = \frac{2\pi Z e^2}{h\,(4\pi\varepsilon_0)} \frac{1}{n}, \quad r_n = \frac{h^2\,(4\pi\varepsilon_0)}{4\pi^2 Z e^2 m_e} n^2$$

由此可见 n 越大，电子轨道半径也越大，电子相对于原子核的势能就越大；同时，n 越大，电子在该层的轨道上的绕动速度就越小。由于电子的动能为 $\frac{1}{2} m_e v^2$，势能为 $-\dfrac{Z \cdot e^2}{(4\pi\varepsilon_0) \cdot r}$ (将电子在无穷远处的势能定义为 0)，电子的总能量为

$$E_n(Z) = -\frac{2\pi^2 m_e}{h^2}\left(\frac{Z e^2}{4\pi\varepsilon_0}\right)^2 \frac{1}{n^2} = -2.18 \times 10^{-18}\left(\frac{Z^2}{n^2}\right) \text{J}$$

(将电子在无穷远处的势能定义为 0 后，这个等式就实现了 "n 越大，电子势能就越大" 的要求。当 n 变小时，氢原子的外围电子变得靠近它的原子核，氢原子变得更加稳定起来，变得不那么能量充沛了，因为它的能量变成一个较大的负数了，能量减少了；当 n 变大时，氢原子的外围电子变得远离它的原子核，氢原子变得不那么稳定了，变得能量更加充沛起来，因为它的能量变成一个较小的负数，能量增加了。) 令

$$I_p(Z) = \frac{2\pi^2 m_e}{h^2}\left(\frac{Z e^2}{4\pi\varepsilon_0}\right)^2 = 13.6 Z^2 \text{ eV}$$

其中，$I_p(Z)$ 为原子序数为 Z 的原子的**离子化势能** (当氢原子吸收的能量大于 $I_p(1)$ 时，氢离子便得以生成)。于是，$E_n(Z) = -I_p(Z)\dfrac{1}{n^2}$。称此处的 n 为所论原子的**主量子数**。这些便构成离散能级的列表，从而给出相应的原子 (离子) 的频谱

线：当 $1 \leqslant n < k \in \mathbb{N}$ 时，$E_n(Z) < E_k(Z)$，以及当电子由 k 级降落到 n 级所辐射的光子的频率为

$$\nu_{k \to n} = \frac{I_p(Z)}{h} \left(\frac{1}{n^2} - \frac{1}{k^2} \right)$$

(将此等式与巴耳末的实验等式相比较就可以得到常数 R 与 $I_p(1)$ 的关系。) 可见这里玻尔应用自己的氢原子模型导出了前面给出的里德伯经验公式，并且这些理论预测频谱也都被实验所验证。

现在假设原子核具有质量 M，电子绕原子核做圆周运动，并且整个原子绕原子的质量重心 C 旋转。由于没有外力对原子作用，原子的质量重心要么处于静止状态，要么做匀速直线运动。依旧假设原子核中心点 A 与电子中心点 B 之间的距离为 r。根据力矩平衡原理，

$$M \times d(A, C) = m_e \times d(C, B)$$

这样，

$$d(A, C) = \frac{m_e}{M + m_e} r; \quad d(C, B) = \frac{M}{M + m_e} r$$

假设整个原子绕经过质量重心的旋转轴 (电子绕原子核圆周运动平面的法向量轴线) 旋转的角速度为 ω。那么原子旋转的角动量为

$$L = \frac{m_e M}{M + m_e} \cdot \omega \cdot r^2$$

此时电子绕原子核运动的速度 $v = r\omega$。再根据角动量离散化假设，我们有

$$\frac{m_e M}{M + m_e} \cdot v \cdot r = \frac{nh}{2\pi}$$

此时作用在电子上的离心力为

$$m_e d(B, C) \omega^2 = \frac{m_e M}{M + m_e} \omega^2 r = \frac{m_e M}{M + m_e} \frac{v^2}{r}$$

这个离心力与作用在电子上的静电吸引力相等。于是，

$$\frac{m_e M}{M + m_e} \frac{v^2}{r} = \frac{Ze^2}{4\pi\varepsilon_0} \frac{1}{r^2}$$

联立求解就得到

$$v = \frac{2\pi Ze^2}{nh(4\pi\varepsilon_0)}; \quad r = \frac{n^2 h^2 (4\pi\varepsilon_0)}{4\pi^2 Ze^2 m_e} \frac{m_e + M}{M}$$

由于电子的动能为

$$\frac{1}{2}\frac{m_e M}{M+m_e}v^2 + \frac{1}{2}\left(M+m_e\right)v_{\text{CM}}^2$$

其中，v_{CM} 为质量重心的速度，上述的第二分量为质量重心的动能。电子势能为 $-\dfrac{Z\cdot e^2}{(4\pi\varepsilon_0)\cdot r}$。由于约束电子的能量 E_n 为电子的总能量与质量重心的动能之差，因此

$$E_n(Z) = -\frac{2\pi^2 m_e M}{(M+m_e)\,h^2}\left(\frac{Ze^2}{4\pi\varepsilon_0}\right)^2\frac{1}{n^2}$$

此时离子化势能的表达式应当为

$$I_p(Z) = \frac{2\pi^2 m_e M}{(M+m_e)\,h^2}\left(\frac{Ze^2}{4\pi\varepsilon_0}\right)^2$$

根据这个等式，便可以求取原子核的质量。

4. 实验验证

玻尔氢原子模型所断言的电子能级以及能量量子化被弗兰克 (J. Franck) 和赫兹 (G. Hertz) 在 1914 年的实验中所证实。

玻尔原子模型还被莫塞莱 (H. Moseley) 在 1913 年用来成功解释 X 射线光谱线。当金属受到高能电子轰击时，它的一个内层电子会被敲掉，一个外层电子会回落下来填充被敲掉的内层电子原来的位置，从而这个外层电子的能级变化导致一个 X 射线光子的辐射。玻尔模型断言金属原子的 X 射线光谱线频率与原子核静电荷数成正比。根据劳厄 1911 年提出的 X 射线晶体散射预言以及应用晶体测量 X 射线波长技术，莫塞莱去分析各种已知元素的 X 射线辐射。莫塞莱注意到一种**有效电荷数** $(Z-\sigma)$，并且发现了 X 射线光谱线频率的开方与原子序数 Z 之间的一种线性关系：

$$\sqrt{\nu_k} = C_k(Z-\sigma)$$

以及

$$\nu_{nk} = R(Z-\sigma)^2\left(\frac{1}{k^2}-\frac{1}{n^2}\right)\quad(1\leqslant k<n\in\mathbb{N})$$

其中，$C_k = 5\times10^7\ \text{s}^{-1}$，对离原子核最近的电子而言，$\sigma=1$。Moseley 很快意识到这些正整数 Z 就是原子核的正电荷数。他便以此将已知化学元素按照这些原子核正电荷数重新排列。原子序数由此而来。借助于这种正则性，莫塞莱曾经预言存在原子序数分别为 $Z=43,61,72,75$ 的元素 (锝、钷、铪、铼)。这些也都在后来被发现。莫塞莱的实验结果改变了人们对决定元素周期因素的认识，从而元素

周期表的排序由原来按照原子质量从小到大递增排列改成按照原子核内质子个数 (或者等价地按照原子核外电子个数) 从小到大递增排列。

3.3.5 爱因斯坦解决普朗克公式的有效性问题

诚如爱因斯坦在 1909 年的论文中指出的, 普朗克虽然获得了正确的辐射能分布公式, 但他获得该公式的方式是基于经典力学和麦克斯韦电磁理论与量子假设的结合。由于量子假设本质上所揭示的是辐射能的离散性, 而麦克斯韦电磁理论的基本假设揭示的是辐射能的连续性, 这就意味着普朗克辐射能分布公式是一个建立在两种完全冲突的理论假设之上的产物。尽管普朗克辐射能分布公式与一系列实验数据具有相当高的吻合度, 这能够为普朗克辐射能公式提供足够的可靠性支持, 但是它的逻辑上的有效性并没有得到应有的保障。因此, 必须寻找一种取代经典力学与麦克斯韦电磁理论的与量子假设相一致的基本假设来保障普朗克辐射能公式的有效性。这正是爱因斯坦 1909 年论文中所提出的问题 (见前面的问题 3.52 中的问题 (1)) 以及任务。爱因斯坦 1916 年的论文《依据量子理论的辐射能之激发与吸收》以及 1917 年的论文①《辐射的量子理论》为普朗克辐射能分布公式提供了这样一种有效性。爱因斯坦在 1917 年的文章中提出了状态分布假设、辐射能量子假设以及动量传递假设从而解决了普朗克辐射能分布公式的有效性问题。应当注意到爱因斯坦这两篇论文的时间离他提出光量子假设的论文的时间长达十年。与爱因斯坦这两篇论文直接相关的应当是卢瑟福对放射性的分析理论和玻尔关于氢原子光谱的分析理论。

爱因斯坦相信不会有基于经典力学和麦克斯韦电动力学基础的思考逻辑上能够有效地导出合乎实在本性的辐射公式。事实上, 按照经典力学和麦克斯韦电动力学理论所导出的瑞利公式对于高频范围的辐射完全失效。因此, 如果普朗克辐射能分布公式是真实的, 那么就应当有与量子假设相一致的基本假设来取代普朗克曾经用到的相应的经典力学和麦克斯韦电动力学的那些假设而得到普朗克辐射能分布公式。基于这样的信念, 在这两篇论文中, 爱因斯坦重新对普朗克辐射能分布公式以及光量子假设展开理论分析。爱因斯坦采用了一条完全不同于普朗克所采用过的路径: 避开使用经典力学与电动力学的假设; 寻求与量子假设相一致的替代假设。爱因斯坦的出发点是维恩在提出他的位移定律以及辐射能分布公式时的原始思想, 即在给定温度下的热辐射的能谱分布曲线与麦克斯韦的气体分子的速度分布曲线之间有着一种明显的形式相似性; 爱因斯坦进一步发扬自己在 1905 年提出光量子假设的论文中的思想, 将离散化的辐射能基本元看成与气体分子相似的个体, 从统计力学的角度看待辐射能的分布问题; 同时, 爱因斯坦还借鉴了

---

① A. Einstein, Emission and Absorption of Radiation According to Quantum Theory, Deutsche Physicalische Gesellschaft Vol. 18(1916), p318. On the Quantum Theory of Radiation, Physikalische Zeitschrift, Vol. 18(1917), p.121.

卢瑟福的放射性原子自发辐射 γ 射线的理论，以及玻尔关于氢原子光谱分析的量子理论假设；然后在此基础上，通过将已知的有关普朗克谐振元的关系式类比地搬迁到未知的量子理论关系式的方式来获得所需要的基本假设。

受玻尔氢原子核外电子能级离散化假设的启发，爱因斯坦将一个系统的气体分子内能状态离散化，并且假设这种分子内能状态的量子理论划分完全靠辐射的激发与吸收来实现，并且相信恰恰是这样的辐射与分子的相互作用决定了分子的速度分布。具体而言，爱因斯坦给出如下与量子假设相一致的**典型状态分布假设**：

假设 17 (典型状态分布假设)　给定温度 T 以及该温度下的一类确切的气体分子，除了个体分子的定向与平动之外，每一个这样的分子都只会处于一系列离散状态 $Z_1, Z_2, \cdots, Z_n, \cdots$ 中的某一个状态 Z_i，并且在这样一状态下持有离散的能量值 ϵ_i；在考虑的时间范围内，无论何时，对于这个状态系列中的状态 Z_n 而言，处于状态 Z_n 的气体分子的富有程度 W_n 由下述状态的统计力学划分函数给出：

$$W_n = p_n \mathrm{e}^{-\frac{\epsilon_n}{kT}}$$

其中，k 是玻尔兹曼常量，p_n 是与温度独立的气体分子和状态的特征数 (称之为该类分子在该状态下的统计权重)；如果该系统有 N 个气体分子，同时处在状态 Z_n 下的气体分子的个数为 N_n，那么概率 $W_n = \dfrac{N_n}{N}$。

爱因斯坦在这里省略了量子理论如何确定这些离散状态 Z_n 以及相应的统计权重 p_n，将注意力转向下述如何经过辐射实现能量转换的问题。

问题 3.54 (与辐射关联的能量转换问题)　这些气体分子是怎样从一种状态 Z_n 过渡到另外一种状态 Z_m 的？这种状态转换与辐射具有怎样的关联？

正是为了解答这样的问题，爱因斯坦借助了与普朗克谐振元的类比以及与玻尔的氢原子核外电子能级变换假设的类比，提出了**与辐射关联的能量转换假设**。

考虑两种不同状态的指标 (m, n)，并且假设 $\epsilon_m > \epsilon_n$。假设当分子由状态 Z_n 过渡到状态 Z_m 时吸收能量值为 $\epsilon_m - \epsilon_n$ 的辐射能；当分子由状态 Z_m 过渡到状态 Z_n 时释放能量值为 $\epsilon_m - \epsilon_n$ 的辐射能；并且无论两种过程中的哪一种，相应辐射的特征频率都为 ν_{mn}。

为了确定揭示气体分子状态过渡过程能量转换规律的基本假设，爱因斯坦考虑两种情形：自发辐射与受激辐射。

对于自发辐射的情形来说，根据已知的结论，振动中的普朗克谐振元以一种独立于它是否受到某种外部场的刺激的方式自动地辐射能量。与此类比的可以假设一个分子在不受任何外部影响的前提下能够从较高能级状态 Z_m 过渡到较低能级状态 Z_n，并且以辐射频率 ν_{mn} 自发地辐射数值为 $\epsilon_m - \epsilon_n$ 的辐射能。假设一旦发生这样的过渡, 那么过渡过程的时间相对于分子处在过渡过程的初始状态的时间要短得多, 因此可以忽略不计。那么这样的事件发生的概率有多大呢?

参照基本核辐射过程中只辐射 γ 射线的核反应统计律, 爱因斯坦提出如下自发辐射状态变换律:

假设 18 (自发辐射状态变换律)   在时间 dt 范围内发生上述事件的概率 dW 由下述等式计算:

$$dW = A_m^n dt$$

其中, A_m^n 为与该过程相关的特征常数。

对于受激辐射的情形来说, 根据已知的结论, 当一个普朗克谐振元处于一个外加电磁场的时候, 这个外加交变电磁场对该谐振元做功, 从而导致该谐振元的能量发生变化。由于电磁场做功可以为正也可以为负, 视该谐振元的相位与交变电磁场的相位而定, 所以该谐振元发生的能量变化既可以是释放也可以是吸收。基于这样的类比, 爱因斯坦提出了在外加辐射场影响下的**受激辐射能量转换假设**:

假设 19 (受激辐射状态变换律)   在频率为 ν_{mn}、辐射密度为 ρ_{mn} 的辐射场作用下, (1) 处在状态 Z_n 的一个分子有可能从这个外加辐射场中吸取数量为 $\epsilon_m - \epsilon_n$ 的辐射能从状态 Z_n 过渡到状态 Z_m, 而在时间为 dt 的范围内这一事件发生的概率 dW 由下述等式计算:

$$dW = B_n^m \rho_{mn} dt$$

(2) 处在状态 Z_m 的一个分子有可能向这个外加辐射场释放数量为 $\epsilon_m - \epsilon_n$ 的辐射能从状态 Z_m 过渡到状态 Z_n, 而在时间为 dt 的范围内这一事件发生的概率 dW 由下述等式计算:

$$dW = B_m^n \rho_{mn} dt$$

其中, B_n^m, B_m^n 为常量。当这样的事件发生时, 称这样的过程为**受激辐射下的状态改变过程**。

在这样的假设下, 一个自然的问题是:

问题 3.55 (第一协调性问题)   这些假设之间应当如何协调一致? 也就是问, 辐射密度 ρ_{mn} 应当满足什么样的要求才能够保障一方面遵守上述统计规律的能量转换会发生, 另一方面任何时刻气体分子处于状态 Z_n 的宏观分布划分统计律不会被破坏?

爱因斯坦注意到这一问题的肯定答案的充分必要条件是一种动态统计平衡:

$$A_m^n N_m + B_m^n N_m \rho_{mn} = B_n^m N_n \rho_{mn}$$

也就是说，N_m 个分子从 Z_m 状态过渡到 Z_n 状态所释放出来的总能量必须等同于 N_n 个分子从状态 Z_n 过渡到 Z_m 状态所吸收的总能量。基于这一平衡原理，根据前面的宏观分布划分统计律，

$$\frac{N_n}{N_m} = \frac{W_n}{W_m} = \frac{p_n}{p_m} e^{\frac{\epsilon_m - \epsilon_n}{kT}}$$

就得到下述等式：

$$A_m^n = \left(B_n^m \frac{N_n}{N_m} - B_m^n \right) \rho_{mn} = \left(B_n^m \frac{p_n}{p_m} e^{\frac{\epsilon_m - \epsilon_n}{kT}} - B_m^n \right) \rho_{mn}$$

从而

$$A_m^n p_m = \left(B_n^m p_n e^{\frac{\epsilon_m - \epsilon_n}{kT}} - B_m^n p_m \right) \rho_{mn}$$

根据实验数据知道

$$\lim_{T \to +\infty} \rho_{mn} = +\infty$$

所以

$$\lim_{T \to +\infty} \frac{A_m^n p_m}{\rho_{mn}} = 0$$

因此就得到下面的等式：

$$B_n^m p_n = B_m^n p_m$$

于是，

$$A_m^n p_m = \rho_{mn} B_m^n p_m \left(e^{\frac{\epsilon_m - \epsilon_n}{kT}} - 1 \right)$$

以及

$$\rho_{mn} = \frac{A_m^n}{B_m^n} \frac{1}{e^{\frac{\epsilon_m - \epsilon_n}{kT}} - 1}$$

由于 ρ_{mn} 是频率 ν_{mn} 和 T 的函数，与分子的特性无关，$\frac{A_m^n}{B_m^n}$ 以及 $\epsilon_m - \epsilon_n$ 仅仅与辐射频率 ν_{mn} 有关，与分子的特性无关。根据维恩的位移定律，$\frac{A_m^n}{B_m^n}$ 与 ν_{mn}^3 成正比，以及 $\epsilon_m - \epsilon_n$ 与 ν_{mn} 成正比。也就是，

$$\frac{A_m^n}{B_m^n} = \alpha \nu_{mn}^3, \quad \epsilon_m - \epsilon_n = h \nu_{mn}$$

其中，α 和 h 是常量。借助在其高温低频有效范围内的由经典力学和电动力学导出的瑞利公式，就能够获得它们的数值。

这便是爱因斯坦在 1916 年的论文中获得的普朗克辐射能分布公式的演绎过程。在 1917 年的论文中，爱因斯坦重复了这个演绎论证的主要部分和想法。但这并不是爱因斯坦的主要目标，而是为了实现主要目标的一个有益的铺垫。在 1917 年的论文中，爱因斯坦的主要目标是分析辐射过程中离散的光量子的动量问题。具体而言，爱因斯坦真正关注的问题如下：

问题 3.56 (光量子动量转换问题)   当分子因为辐射而发生能量状态变换时，是否也发生相应的动量转换？更具体一点问：当一个分子吸收或者释放大小为 ϵ 的能量时，该分子是否会感受到相应的反冲？

爱因斯坦首先对有外部电磁场影响的分子状态改变的情形展开分析。依旧以受到外部电磁场影响的普朗克谐振元在辐射过程中的动量转换为对比参照物。如果一束定向射线对一个普朗克谐振元做功，一部分数量上等价的能量会从射线束中被减少，根据动量守恒定律，这一能量转移必然导致一定量的动量从射线束转移到普朗克谐振元之上。该普朗克谐振元因此会感受到一股来自辐射射线束方向的力的作用；如果所传输的能量是负值，那么这一作用力的方向就与射线束方向相反；否则方向相同。于是，就量子假设来说，自然的比照就意味着下述情形：

假设 20 (受激辐射动量转移假设)   作为受激辐射的一种后果，当从较低能态 Z_n 跃迁到较高能态 Z_m 过程发生时，数值上等于

$$\frac{\epsilon_m - \epsilon_n}{c} = \frac{h\nu_{mn}}{c}$$

的方向与辐射束前进方向一致的动量就被转移给受影响的分子 (感受到一种推动)；当从较高能态 Z_m 跌落到较低能态 Z_n 过程发生时，数值上等于

$$\frac{\epsilon_m - \epsilon_n}{c} = \frac{h\nu_{mn}}{c}$$

的方向与辐射束前进方向相反的动量就被转移给受影响的分子 (感受到一种反冲)。如果一个分子同时受到多个辐射射线束的作用，那么等效地假设只有一个辐射射线束与该分子相互作用，无论是赋予该分子能量还是从该分子处带走能量，等效的动量转移给该分子的数值依旧为

$$\frac{\epsilon_m - \epsilon_n}{c} = \frac{h\nu_{mn}}{c}$$

其中，c 为真空中的光速。

对于自发辐射的情形应当怎样呢？根据经典理论，当普朗克谐振元因为振动而自发辐射时，它所辐射的是一种以它为球心的各向同性的球面波，因而没有任

何动量变化。这样的结论并不适用于量子情形, 因为要想得到一个没有自相矛盾的量子理论, 就必须假设分子由较高能态自发地跌落到较低能态时的辐射是定向辐射。

假设 21 (自发辐射动量转移假设) 每一次分子由较高能态 Z_m 自发地跌落到较低能态 Z_n 时的辐射都是一种定向辐射, 因此也就伴随着一种数值为

$$\frac{\epsilon_m - \epsilon_n}{\mathbf{c}} = \frac{h\nu_{mn}}{\mathbf{c}}$$

的方向与辐射方向相反的动量被转移给该分子。简而言之, 自发辐射的分子会感受到一种反冲。如果气体是各向同性的, 那么分子自发辐射的方向与任意一个给定的方向相同的概率都相等 (自发辐射在方向上没有任何偏好); 如果气体不是各向同性的, 那么就假设分子自身的随机定向会平衡这种差异以至于自发辐射在方向上没有任何偏好。

爱因斯坦在 1917 年论文的最后解释了自己为什么提出上面的这些假设以及为什么会关注在辐射过程中的动量交换问题。他写道:

"在试图以一种可能的最简单的方式对分子的量子行为提出类似于关于普朗克谐振元的经典理论的公设的努力中, 我被引导到上面的那些假设。"

"在我看来, 最重要的是关于在辐射过程中分子感受到动量的结果。"

"几乎所有关于热辐射的理论都基于对辐射与分子相互作用的考量。但是, 一般来说, 人们止步于仅仅处理能量交换, 而不将动量交换纳入考虑范围。人们之所以感觉可以这样做, 是因为与其他动力学过程相比, 热辐射过程中的动量转换是如此之小以至于它总不显眼。可是, 从理论上考虑, 在辐射过程中这种哪怕很小的效应也与能量交换具有相同的落脚点, 因为能量与动量总是非常紧密地相互牵连在一起的; 因此, 一种理论可以被认为是正确的理论的必要条件是它能够阐明相应的从辐射转移到物质的动量导致热力学所要求的那一类运动。"

在提出这些看起来很有道理的假设后爱因斯坦面临一个很重要的问题:

问题 3.57 (第二协调性问题) 热辐射过程中分子会感受到冲动或者反冲这样的假设是否与光量子假设以及前面的那些假设协调一致?

爱因斯坦 1917 年论文的后半部分详细地给出了在辐射场中气体分子动量转移法则以及运动参数的计算方法, 并且在此基础上论证了在辐射过程中分子会感受到推动或者反冲的假设不会破坏典型状态分布假设, 从而论证了辐射动量转移假设与前面的量子假设都协调一致。

具体来说, 爱因斯坦再度应用他关于布朗运动分析的方法来探讨由热辐射场带来的气体分子运动。为了简化计算过程, 不失一般性地考虑处于指标序对为

(m, n) 的能级状态转换中的分子的一维平动, 即沿着观察者的参照系 K 的 X 轴匀速平动, 速度为 v, 并且假设该分子的质量为 M, M 足够大以至于比值 $\dfrac{v}{c}$ 的高次幂在计算中可以忽略不计。在这样的假设下, 分子运动的速度 v 满足麦克斯韦速度分布律, 并且通常的力学理论可以应用到分子运动之上。考虑一个很短的时间区间 τ。由于它的运动, 分子将感受到由热辐射带来的阻碍它运动的阻力 Dv, 其中 D 是一个待定常数。在这种阻力作用下, 分子的动量 Mv 会被减弱。同时, 由于热辐射场作用的随机性, 分子会在时间区间 τ 上随机地获得来自热辐射场的动量 Δ。因此, 在短时间 τ 结束的时刻, 分子的动量为

$$Mv - Dv\tau + \Delta$$

因为分子运动的速度分布不随时间变化, 上述量的绝对值的均值必须等于 Mv 的均值。这样, 从统计规律上讲 (相对于长时间区间或大量分子而言), 这两个量的平方的均值必然相等:

$$\overline{(Mv - Dv\tau + \Delta)^2} = \overline{(Mv)^2}$$

在依据假设忽略掉相关的可以忽略的项之后就得到下述等式:

$$\overline{\Delta^2} = \overline{2DMv^2\tau}$$

根据气体运动学理论以及气体速度分布律, 在温度 T 下分子所获得的速度平方均值 $\overline{v^2}$ 必须恰好等于在此温度 T 下热辐射施加在分子之上的作用所产生的速度平方均值 $\overline{v^2}$, 因为热辐射过程中的热平衡原理。于是,

$$\frac{\overline{Mv^2}}{2} = \frac{kT}{2}$$

这样, 爱因斯坦得到一个关键的检测分子动量假设与量子假设协调性的等式:

$$\frac{\overline{\Delta^2}}{\tau} = 2DkT$$

爱因斯坦希望一方面对给定热辐射密度 $\rho(\nu)$, 应用前面关于热辐射与分子的相互作用的能量交换假设来计算待定常数 D 以及未知统计量 $\overline{\Delta^2}$; 另一方面应用普朗克分布公式

$$\rho = \alpha\nu^3 \frac{1}{\mathrm{e}^{\frac{h\nu}{kT}} - 1}$$

来化简它们的计算表达式。在爱因斯坦看来, 分子动量转换假设与量子假设以及能量转换假设相协调的充分必要条件就是计算表达式化简的结果无条件地满足上面的检测等式。

爱因斯坦根据狭义相对论以及上面的关于热辐射与分子的相互作用的能量交换假设，对给定热辐射密度 $\rho(\nu)$ 得到关于 D 和 $\overline{\Delta^2}$ 的计算表达式：

令

$$S = p_n \mathrm{e}^{-\frac{\epsilon_n}{kT}} + p_m \mathrm{e}^{-\frac{\epsilon_m}{kT}}$$

那么

$$D = \frac{h\nu}{\mathbf{c}^2 S}\left(\rho - \frac{\nu}{3}\frac{\partial\rho}{\partial\nu}\right) p_n B_n^m \left(\mathrm{e}^{-\frac{\epsilon_n}{kT}} - \mathrm{e}^{-\frac{\epsilon_m}{kT}}\right)$$

以及

$$\frac{\overline{\Delta^2}}{\tau} = \frac{2}{3S}\left(\frac{h\nu}{\mathbf{c}}\right)^2 p_n B_n^m \mathrm{e}^{-\frac{\epsilon_n}{kT}}\rho$$

然后，爱因斯坦应用普朗克分布公式得到下述等式：

$$\left(\rho - \frac{\nu}{3}\frac{\partial\rho}{\partial\nu}\right)\left(1 - \mathrm{e}^{-\frac{h\nu}{kT}}\right) = \frac{\rho h\nu}{3kT}$$

其中，$h\nu = \epsilon_m - \epsilon_n$。利用这三个等式，爱因斯坦再次获得了上面的关键测试等式。

就这样，爱因斯坦以两种完全独立的方式获得了同一个测试等式，从而得到了他所需要的论文中所提出的假设是协调一致的结论或者自信。

爱因斯坦在 1917 年论文的结尾部分有这样一段话：分子在发生能量状态变迁时不仅发生能量转换，分子自身还会因为动量转移而感受到量值为 $\dfrac{h\nu}{\mathbf{c}}$ 的冲动或者反冲。这种关系表明辐射理论的量子化将不可避免。"这一理论的弱点在于，一方面，没有能够将我们带到离与波动理论融合之处更近一点，以及，另一方面，它将分子能级状态变化过程的时间以及辐射的方向留给了机会；尽管如此，我对这种想法的可靠性充满信心。"

爱因斯坦虽然相信物质自发辐射一个光量子的同时会感受到一种量值为 $\dfrac{h\nu}{\mathbf{c}}$ 的反冲，但是爱因斯坦并没有进一步解释与这一反冲相抵消的动量去了哪里。换句话说，爱因斯坦在这里留下了一个很自然的问题：

问题 3.58 (光量子动量问题) 既然当物质自发辐射一个光量子的时候会感受到一种大小为 $\dfrac{h\nu}{\mathbf{c}}$ 的反冲，按照动量守恒原理，就应当有一个大小相等方向相反的动量被转移出去。那么与此动量相抵消的动量被转移去了何处？由于从辐射处离开的只有那个被发射出去的光量子，那么是否有可能这个被发射出去的光量子就携带着这份动量？更加简单更加直截了当地问：是否光量子持有动量？

后面我们会看到爱因斯坦留下的这个问题六年后由康普顿来解答：被激发的光量子带走了那份动量；光量子持有动量。

爱因斯坦的 (分子) 原子自发辐射时会产生反冲的假设被 1933 年的实验所证实。R. Frisch 1933 年用实验[1] 展示了这样一种情形：一条细长细长的高度兴奋的钠原子束在自发辐射后会因为反冲而散开。

1. 光子假设合理性验证

密立根 (Millikan) 在 1914~1915 年进行了一系列的实验以确定截止电压 V_0 与频率的关系[2]。根据截止电压与最大动能关系式以及爱因斯坦等式，自然有下述等式：

$$q_e V_0 = h \left(\nu - \nu_t \right)$$

从而，$V_0 = \dfrac{h}{q_e} \left(\nu - \nu_t \right)$。密立根正是用一系列的实验来验证这一线性函数关系，从而给出爱因斯坦光电效应理论强有力的支持。不仅如此，这种实验测量结果还可以用来测定普朗克常量 h 的数值，因为直线的斜率为 h/q_e，而 q_e 的值已经被测定。密立根测定 h 的值为 6.56×10^{-34}。这与普朗克自己计算出来的结果相符。

2. 光子的实在性 (X 射线散射与康普顿波变) 验证

尽管密立根借助爱因斯坦关于光电效应的解释成功地测量出普朗克常量的实验数值，爱因斯坦的光子假说自提出来之后的十几年里并没有被更多人关注。真正足以引起人们对光子假说兴趣的是 1923 年康普顿 (Arthur H. Compton, 1892~1962)，用实验验证了光子假说的合理性。促成康普顿实验的问题是 1911 年劳厄的 X 射线晶体散射预言以及对 X 射线的散射现象的分析问题。

电磁辐射的微粒 (微小颗粒) 本性由康普顿于 1923 年完成的一种全新的实验进一步表明[3]。康普顿利用这一实验的分析以及相对论的结论得出光子冲动的存在性。康普顿的实验被称为一种 X 射线散射实验[4]。它的基本原理是用一束 X 射线照射透视一种板块材料，并观察透过板块材料后的散射状况以及从材料中反跳出来的电子状况。

X 射线由伦琴于 1895 年发现，并且是一种高频电磁辐射。观察 X 射线在不同的物质质料中的散射现象的实验最早由巴克拉 (C. G. Barkla, 1877~1944) 于

---

[1] R. Frisch, Zeitschrift für Physik, 86(1933),42-48.

[2] R. A. Millikan, Physical Review, 7(1915), page 362.

[3] A. Compton, A Quantum Theory of the Scattering of X-Rays by Light Elements, Physical Review, vol. 21 (1923) page 483 (实验理论分析部分); The Spectrum of Scattered X-Rays, Physical Review, vol. 22 (1923), page 409 (实验报告部分).

[4] 康普顿的实验报告以及理论分析的综合摘录可见 Shamos 编辑的 *Great Experiments in Physics*(第 350 页)。

1909 年展开。巴克拉应用汤姆孙 (J. J. Thomson) 于 1900 年建立起来的经典理论 (注意，普朗克是 1900 年年底才提出量子概念的) 来解释他所观察到的散射现象。按照汤姆孙的理论，辐射中振荡着的电场作用在目标物原子的外层电子之上，这种作用强迫原子的电子以入射电磁波的频率发生共振，这种振荡中的电子依次辐射同样频率的电磁波。这便是 X 射线照射材料物之后发生的同一频率的散射现象。巴克拉注意到由汤姆孙理论所给出的关于散射强度的结论与实验结果相符。但是他的实验结果中有不正常的地方，尤其是在 "硬" X 射线 (波长比较短的) 区域上会出现这种不正常。当然在 1909 年，人们实际上还不知道怎样测量 X 射线的波长。直到 1912 年 (三年后) 劳厄及其后来的布拉格 (W. L. Bragg)，才发现可以通过研究 X 射线经水晶衍射的状况来确定 X 射线的波长。在这之后，物理实验室就有了水晶光谱仪 (crystal spectrometer)。康普顿正是利用这种水晶光谱仪在他的实验中来准确确定 X 射线的波长的。

　　康普顿用一种特制的 X 射线管来产生接近单色的波长为 λ_0 的 X 射线并以此照射石墨，然后以一个可以控制的角度 θ (散射角) 令水晶光谱仪采集散射光。康普顿测量随入射 X 射线长 λ_0 变化而变化的散射强度。他发现当散射角 $\theta = 0$ 时散射光的波长依旧为入射光的波长，但是当散射角 $\theta > 0$ 时散射光中只有部分光的波长依旧是入射光的波长，而另外一部分散射光的波长是严格大于入射光波长 λ_0 的新波长 λ_1。这种现象是汤姆孙理论无法解释的现象。人们后来称这种现象为康普顿波变。康普顿通过调整散射光散射角 θ，发现这种波长变迁值

$$\Delta\lambda = \lambda_1 - \lambda_0$$

是散射角 θ 的函数，并且与 $\sin^2\left(\dfrac{\theta}{2}\right)$ 成正比，比例常数为 0.048×10^{-10} m，也就是说，

$$\Delta\lambda = \lambda_1 - \lambda_0 = \frac{48}{10^{13}} \sin\left(\frac{\theta}{2}\right) \text{ (m)}$$

康普顿还发现这个波长变迁值 $\Delta\lambda$ 实际上与入射光的波长 λ_0 无关，与所采用的散射材料也无关。$\Delta\lambda$ 被称为康普顿变迁。

　　3. 光子实在

　　面对这样的实验结果，康普顿将爱因斯坦的狭义相对论与普朗克的量子理论结合起来提出了下述假设来解释实验所发现的现象：

假设 22　(1) 以 λ 为波长的光子具有动量 $p = \dfrac{h}{\lambda}$；

　　(2) 以 λ_1 为波长的光子的出现是入射 X 射线光子与石墨原子的外层松散电子发生碰撞失去动量的结果。

假设入射光子的动量为 p_0，散射光子的动量为 p_1，散射角为 θ，电子静止质量为 m，被碰撞的电子的动量为 p_2，光速为 $\mathbf{c}$。根据上面的假设、动量守恒原理、能量守恒原理以及狭义相对论原理，康普顿得出如下关系式：

$$p_2^2 = p_0^2 + p_1^2 - 2p_0p_1\cos(\theta) = (p_0 - p_1)^2 + 2m\mathbf{c}\,(p_0 - p_1)$$

$$m\mathbf{c}\,(p_0 - p_1) = p_0p_1(1 - \cos\theta) = 2p_0p_1\sin^2\left(\frac{\theta}{2}\right)$$

$$\Delta\lambda = \lambda_1 - \lambda_0 = \frac{2h}{m\mathbf{c}}\sin^2\left(\frac{\theta}{2}\right)$$

后来人们称 $\lambda_c = \dfrac{h}{m\mathbf{c}}$ 为电子的康普顿波长。由这一公式计算出来的 $2\lambda_c$ 的数值为

$$0.04852 \times 10^{-10}\,\mathrm{m} < 5 \times 10^{-12}\,\mathrm{m}$$

这与实验结果中的数据非常吻合。同时从上述关系式中的比例常数 $2\lambda_c$ 可见波长迁移值 $\Delta\lambda$ 的确与入射光的波长无关，与散射材料也无关。这样的波长变化并不改变散射光依旧是 X 射线的特性，因为 $\lambda_1 = \lambda_0 + \Delta\lambda$ 依旧在 $10^{-11} \sim 10^{-9}$ m 范围内。一个有趣的现象是散射光频率的变化依赖于入射光的频率 (或入射光的波长)，因为

$$\nu_0 - \nu_1 = \frac{2h\sin^2\left(\dfrac{\theta}{2}\right)}{m\lambda_0\,(\lambda_0 + \Delta\lambda)} < 1.5 \times 10^{19}$$

另外，之所以在 X 射线散射实验中存在并没有改变波长的输出光，是因为那些光子所碰撞到的电子是石墨原子的被原子核紧紧吸引住的内层电子，从而被碰撞的物体的质量远大于电子质量，因此波长的改变非常小，难以被观察到。

为什么可见光照射石墨不会出现散射呢？因为可见光光子的能量远远小于石墨原子最松散电子的约束能量，所以不能产生反冲电子，可见光光子波长的改变也就非常小，难以被观察到。

如果用 γ 射线照射石墨，那么入射光子的能量远远大于石墨原子核对它的外层电子的约束能的最大值，所以所有的入射光子都会在散射中产生波长改变。

康普顿的入射光子与石墨外层松散电子发生碰撞的假设被 W. Bothe 和 C. T. R. Wilson 于 1923 年用实验独立验证。于 1925 年，W. Bothe 和 H. Geiger 进一步揭示出散射光子与被碰撞电子同时出现。最后，于 1927 年，A. A. Bless 测出了被碰撞激发出来的电子所具有的动能。结果与康普顿理论预计的吻合。于是，康普顿假设得到实验验证。这些实验以及理论模型也都进一步证实普朗克量子概念、爱因斯坦的光子概念以及爱因斯坦的狭义相对论的合理性和有效性。

3.3.6 粒子波动说

1. 德布罗意波

爱因斯坦的光量子概念以及光子能量与光子波频的关系式展示了电磁场能的离散特性。由于电磁场能的离散化，光显现出粒子特性，而光波又自然而然地持有波动特性，这样就有通常所说光的**波粒二象性**。一个很自然的问题是：粒子运动是否也具有波动性？尤其是微观粒子是否具有波动特性？如果真具有波动特性，那么一个微观粒子，比如电子，它的波动频率或者波长该如何计算？波的传播速度如何确定？关于这些问题，德布罗意给出了颇有影响的回答。

德布罗意 (Louis de Broglie, 1892~1987) 1924 年在他的博士论文[①]中大胆提出了粒子运动的**波动假设**。

具体而言，德布罗意在他的博士论文中主要将爱因斯坦的狭义相对论与普朗克的量子假设结合起来探讨了物粒运动的波粒对偶性问题。

首先以相位波概念解释一般物质粒子的运动与波动之间的关系。

设 K 为静止惯性参照系。假设静止质量为 m 的粒子在 K 中沿 X 轴以匀速 $v < \mathbf{c}$ 运动。该粒子的静止能量为 $m\mathbf{c}^2$。依据爱因斯坦光量子假说，可以类似地赋予这个静止能量一种波动频率 $f_0 = \dfrac{m\mathbf{c}^2}{h}$。对于处在静止参照系 K 中的观察者而言，该运动粒子的总能量为 $E = \dfrac{m\mathbf{c}^2}{\sqrt{1 - \dfrac{v^2}{\mathbf{c}^2}}}$，因而这位观察者按照粒子版的光量子假说所得到的粒子波动频率应当是

$$f = \frac{E}{h} = \frac{1}{h}\frac{m\mathbf{c}^2}{\sqrt{1 - \dfrac{v^2}{\mathbf{c}^2}}} = \frac{f_0}{\sqrt{1 - \dfrac{v^2}{\mathbf{c}^2}}}$$

可是这位观察者在测量该粒子的波动周期时发现它的波动频率应当是

$$f_1 = f_0\sqrt{1 - \frac{v^2}{\mathbf{c}^2}} = f\left(1 - \frac{v^2}{\mathbf{c}^2}\right)$$

因此在他看来粒子波形应当是 $\sin(2\pi f_1 t)$。这使观察者面临同样的波动两种不同的频率难题。

[①] 德布罗意的博士论文部分分别发表在 Philosophical Magazine, 24(1924), page 446 以及 Annales de Physique, 10e série, t.Ⅲ (1925), page 22。

　　德布罗意以如下方式解决这一问题。设想在 $t = 0$ 时，即将运动的粒子在空间上与一个波频为上述 f 且相位速度为

$$V_\phi = \frac{\mathbf{c}^2}{v}$$

扩散的波重合。根据爱因斯坦的想法，这一波不携带能量。随时间变换，在时刻 $t > 0$，运动粒子离开原点到达 $x = vt$ 处，它的波形为

$$\sin(2\pi f_1 t) = \sin\left(2\pi f_1 \frac{x}{v}\right)$$

在这同一个空间位置，扩散中的波的波形为

$$\sin\left(2\pi f\left(t - \frac{vx}{\mathbf{c}^2}\right)\right)$$

于是

$$\begin{aligned}
\sin\left(2\pi f\left(t - \frac{vx}{\mathbf{c}^2}\right)\right) &= \sin\left(2\pi f x\left(\frac{1}{v} - \frac{v}{\mathbf{c}^2}\right)\right) \\
&= \sin\left(2\pi f \frac{x}{v}\left(1 - \frac{v^2}{\mathbf{c}^2}\right)\right) \\
&= \sin\left(2\pi\left(f\left(1 - \frac{v^2}{\mathbf{c}^2}\right)\right)\frac{x}{v}\right) \\
&= \sin\left(2\pi f_1 \frac{x}{v}\right)
\end{aligned}$$

如果从一开始粒子波和扩散波就共相位，那么它们就是一直共相位，并且描述两个波形的正弦函数相等。

　　德布罗意指出这实际上是洛伦兹时间变换的一个基本结论：如果 τ 是运动粒子的本地时间 (轨道时间)，那么它的自然波形是 $\sin(2\pi f_0 \tau)$。根据洛伦兹变换，在静止惯性参照系 K 中的观察者会以如下正弦项描述同一波：

$$\sin\left(2\pi f_0 \frac{1}{\sqrt{1 - \dfrac{v^2}{\mathbf{c}^2}}}\left(t - \frac{vx}{\mathbf{c}^2}\right)\right)$$

这一波可以解释为一个频率为

$$f = f_0 \frac{1}{\sqrt{1 - \dfrac{v^2}{\mathbf{c}^2}}}$$

和相位速度为 $V_\phi = \dfrac{\mathbf{c}^2}{v}$ 的沿着 X 轴扩散的波。

德布罗意进一步指出另外一种可能的解释: 一簇频率非常近似相等的波有一种传播能量的群体速度 V_g。根据瑞利原理, 这个群体速度与相位速度 V_ϕ 满足下述微分方程:

$$\frac{1}{V_g} = \frac{\mathrm{d}}{\mathrm{d}f}\left(\frac{f}{V_\phi}\right)$$

当

$$f = \frac{1}{h}\frac{m\mathbf{c}^2}{\sqrt{1 - \dfrac{v^2}{\mathbf{c}^2}}}, \quad V_\phi = \frac{\mathbf{c}^2}{v}$$

的时候, 应用复合函数求导法则, 就得到等式 $V_g = v$。据此, 德布罗意引入了物质粒子的波粒对偶性:

假设 23 (对偶性假设) 静止质量为 m 的运动粒子的速度 $v = \beta\mathbf{c}\,(0 \leqslant \beta < \mathbf{c})$ 是一簇参数 β 的值允许非常细微变化的波频为 $f = \dfrac{1}{h}\dfrac{m\mathbf{c}^2}{\sqrt{1 - \beta^2}}$ 以及相位速度为 $V_\phi = \dfrac{\mathbf{c}}{\beta}$ 的波的群体速度 V_g。换句话说, 与一个物质粒子运动相对应的有一簇相位波, 这簇相位波的群体速度就是该物质粒子的运动速度。

作为特殊情形, 德布罗意分析了在电磁场中运动的电子的波现象。假设电磁场由标量函数 φ 和向量函数 $\vec{A}$ 来定义。其中, $\vec{A} = (A_x, A_y, A_z)$。就是说, 它们满足洛伦兹条件:

$$\frac{1}{\mathbf{c}^2}\frac{\partial \varphi}{\partial t} + \nabla \cdot \vec{A} = 0$$

设电子在电场中的运动的空间速度为 $\vec{v} = (v_x, v_y, v_z)$。在闵可夫斯基关联时空的坐标系 $(x^0, x^1, x^2, x^3) = (\mathbf{c}t, x, y, z)$ 中定义能量-动量时空向量:

$$J_0 = \frac{m_e\mathbf{c}}{\sqrt{1 - \dfrac{v^2}{\mathbf{c}^2}}} + \frac{q_e}{\mathbf{c}}\varphi$$

$$J_1 = -\frac{m_e v_x}{\sqrt{1 - \dfrac{v^2}{\mathbf{c}^2}}} - q_e A_x$$

$$J_2 = -\frac{m_e v_y}{\sqrt{1 - \dfrac{v^2}{\mathbf{c}^2}}} - q_e A_y$$

$$J_3 = -\frac{m_e v_z}{\sqrt{1 - \dfrac{v^2}{\mathbf{c}^2}}} - q_e A_z$$

其中，m_e 是电子的静止质量，q_e 是电子携带的电荷量。那么哈密顿极小原理为

$$\delta \int_P^Q \sum_{i=1}^{3} J_i \mathrm{d}x^i = 0$$

其中，Q, P 为闵可夫斯基关联时空中的两个时间主导区域中的事件。

接着，德布罗意定义了在闵可夫斯基关联时空中电子运动的轨迹波函数 Ψ。令

$$R_0 = \frac{\nu}{\mathbf{c}}, \ R_1 = \frac{\nu}{V} \cos\left(x^1, \vec{\ell}\right), \ R_2 = \frac{\nu}{V} \cos\left(x^2, \vec{\ell}\right), \ R_3 = \frac{\nu}{V} \cos\left(x^3, \vec{\ell}\right)$$

其中，ν 为波 Ψ 的频率，$\vec{\ell}$ 为波 Ψ 的传播方向，V 为波 Ψ 传播的速率。那么 Ψ 满足方程：

$$\mathrm{d}\Psi = 2\pi \sum_{i=0}^{3} R_i \mathrm{d}x^i = 2\pi\nu \left(\mathrm{d}t - \frac{\mathrm{d}\vec{\ell}}{V}\right)$$

沿着电子运动轨迹的哈密顿极小原理为

$$\delta \int_P^Q \sum_{i=0}^{3} R_i \mathrm{d}x^i = 0$$

最后，德布罗意将量子关系式推广成下述等式：

$$(J_0, J_1, J_2, J_3) = h\left(R_0, R_1, R_2, R_3\right)$$

在比较了费马原理 (Fermat's Principle) 和 Maupertuis 原理 (最小作用量原理) 的等价性之后，德布罗意断言：

命题 3.1　运动电子的可能的动力学运动捷径与它可能的波动射线捷径完全吻合。

基于这样的结论，德布罗意对玻尔的氢原子模型给出了如下解释：在 $t = 0$ 时刻，绕氢原子核运动的电子在运动轨迹上的位置 A。它的相位波在这一瞬间开始沿着电子运行轨道传播并将在 A 处与电子再次相遇，并且必须再度与电子共相位。就是说，"只有当相位波与电子运动路径的长度相适宜的时候电子的运动才会稳定。"这就要求

$$\int \frac{\mathrm{d}s}{\lambda} = \int_0^T \frac{m_e v^2}{h \sqrt{1 - \dfrac{v^2}{\mathbf{c}^2}}} \mathrm{d}t = n$$

其中，n 是某个正整数，T 是运动周期。

验证与运动物质微粒相应的波的存在性的一种实验就是探测运动电子在遇到物质晶体的时候是否会发生衍射。

对于一个电子而言，与其粒子运动速度 v 相应的波的波长为

$$\lambda = \frac{h\mathbf{c}}{m_e v^2} = \frac{\mathbf{c}}{v}\frac{h}{m_e v}$$

当运动电子的速度不是太接近光速的时候，这个波长可以用 $\dfrac{h}{m_e v}$ 来近似表示。对于以一般速率运动的电子来说，这样得到的波长大约在 10^{-8}m 和 10^{-9}m 之间，和 X 射线差不多。

1927 年在纽约贝尔实验室工作的戴维孙和革末用具有单一动能的电子束投向镍晶体，并在离子化箱内收集到衍射电子束，从而成功地获得了具有标志性的电子衍射现象。数量级上，观测到的波长与理论计算出来的波长的差别程度在 2% 之内。他们的实验报告发表在《物理评论》1927 年第 30 卷。他们的实验次年由在阿伯丁大学工作的汤姆孙 (G. P. Thomson)，以及后来的其他人，用不同的方法多次重复。

可以说，德布罗意大胆的粒子波假说得到了实验的肯定。

公理 4　一切运动中的对象都有动量 p 以及波长 λ，并且一定满足如下等式：

$$p \cdot \lambda = h$$

例 3.2 (物体波长)

物体对象	质量/g	运动速度/(m/s)	波长/m
慢电子	9×10^{-28}	1.0	7×10^{-4}
快电子	9×10^{-28}	5.9×10^{6}	1×10^{-10}
α 粒子	6.6×10^{-24}	1.5×10^{7}	7×10^{-15}
1g 重物体	1.0	0.01	7×10^{-29}
棒球	142	25.0	2×10^{-34}
地球	6.0×10^{27}	3.0×10^{4}	4×10^{-63}

圆周运动的粒子 (比如玻尔模型下的氢原子的外围电子绕原子核做圆周运动) 的波动为**驻波** (standing wave)。从而波长的正整数倍必须是圆周周长，即

$$n\lambda = 2\pi r$$

其中，r 是圆周半径长度。由此，以及 $\lambda = h/p$ 和 $L = rp$，得到磁耦合力矩：

$$L = \frac{nh}{2\pi}$$

不仅电子运动具有波动性，所有的物质粒子运动都有波动性，比如反射、折射、干涉、衍射这些波动性质。这由许多物理实验所证实。究其波动性，应当归咎于粒子的质量与体积本身相当小但是其运动速度远远大于其质量密度量级。

2. 德布罗意揭示粒子波的思想历程

德布罗意于 1931 年发表了他在完成博士论文过程中的思想历程[①]。现根据杜加斯的《力学史》第 567 页所引摘译几段作为一个实例来说明逻辑这门工具在牢固掌握了它的思想者那里随思想进程定会发挥极大作用。

"欲得到一个更为全面的有关光和辐射的理论，(普朗克等) 对黑体辐射的研究极大地增强了我的执着信念：有必要找到将粒子意念与波意念统一起来的方式。回想起来，我突然间产生了一种直觉：这种波与粒子的统一对于物质理论也是必要的。以下是我怎样得出这一想法的。关于辐射的粒子概念中，最基本的公式就是爱因斯坦的光量子等式，即 $W = h\nu$。这一将辐射的粒子的能量与相应的波的频率联结起来的关系式建立起波概念和粒子概念之间的一座桥梁；它造就了这两幅图案之间的对应。由此可知常量 h 在某种意义上讲就是波和粒子得以统一起来的关键。

"可是如果我们转向物质理论，尤其是转向原子系统，我们会看见什么呢？我们看见物质的基本粒子，特别是电子，表现出量子化的运动；将这种运动的确切表达引来常量 h 和自然数。现在正整数的不期而至提示这是一种干涉和共振现象，也就是说，本质上类似于波的现象。

"那么，难道不应该认为存在将波和粒子统一起来的基础，并且这个基础就是由那个普朗克常量起着实质性作用的等式所定义的由此及彼的对应？难道不可以那样想吗？况且一旦在物质中建立起这种波与粒子之间的对应，或许它就会自动显露出这种对应与不得不接受的光的波和粒子之间的对应完全一样。果真如此，就会获得一种美妙的结论；将会形成一种极具广泛外延的在光学和物质分析两个领域建立起在波和粒子之间的同样相互关系的学识。

"为了寻求这种努力的成功，我被分析力学中的方程与几何光学中的方程之间的形式相似所牵引，尤其是 Maupertuis 的最小行动原理与费马的最小时间原理的形式相似。事实上这种形式相似已经显现很久。我成功地建立起我心中所想到的那种对应。这就是按照几何光学规律以下述等式对每一个物质粒子或者光量

---

① Notice sur les travaux scientifiques de M. Louis de Broglie, Paris (Hermann), 1931.

子的能量 W 以及动量 p 指定传播过程中的波频 ν 或者波长 λ:

$$\nu = \frac{W}{h}, \quad \lambda = \frac{h}{p}$$

"感谢力学性质与类似波动的性质之间的这种对应,Maupertuis 有关粒子的原理与费马有关光波的原理成为等价原理,粒子运动的可能最佳轨迹与光学意义上的最短光线等同起来。应用到光的传播中,这种对应要求光子和光波共存,一个光子的能量由光波的频率按照爱因斯坦关系式来确定。应用到物质运动中,同一对应要求每一个物粒,比如每一个电子,总是与伴随和控制它运动的波联系在一起。就在那一刻,我有了一定能够观察到电子干涉或衍射现象的想法。在这个方向上,必须有关键实验来提供电子波存在的直接证据……

"在所获得的结果的逻辑连贯性鼓励下,我继续研究,终于揭示与电子运动联系在一起的波怎样被用来解释为何电子运动是量子化的。表示电子运动的方程是量子化的这一事实有着如下意义:Maupertuis 沿着闭环曲线的积分 $\int mv \, ds$ 是常量 h 的正整数倍。可是根据我所建立起来的粒子动量与波长的对应关系,就有必要认同 Maupertuis 沿着闭环曲线的积分 $\int mv \, ds$ 除以 h 之后的值与沿着这条轨道波动的波的相位的总变动值 (以 2π 为单位) 一致。

"将问题中的积分写成 h 的正整数倍实际上意味着将电子波的相位写成一个沿着轨道'一致分布'的函数,就是说这个波是一种驻波。驻波这个词显示电子运动量子化的深层含义。当关联波是驻波时,电子的运动就是量子化的,就是说是稳定的。这种对量子化的精致解释终于令我相信自己是在一条正确的路上。"

第 4 章   量子力学与原子结构理论

在本章中，我们展示量子力学建立的主要过程，包括海森伯发现非交换性原则以及矩阵量子力学的过程、玻恩等发现矩阵量子力学量子化原则的过程、狄拉克发现量子微分算子理论和相对论电子波动方程的过程、薛定谔发现量子波动方程的过程，以及狄拉克将量子力学统一到希尔伯特空间理论的过程；我们将看到整个量子力学建立过程中逻辑与经验是如何伴随概念的提炼、基本假设的选择、可检验结论的分析与推导的；我们也将看到海森伯是如何发现测不准原理以及玻尔以一种什么样的方式对发展至 1928 年时的量子力学进行回顾；最后我们展示以量子力学为基础的原子结构理论。

4.1   矩阵量子力学

从 1900 年普朗克揭开掩盖黑体辐射能量的离散本性真相 (辐射能必定是基本动作值 h 的正整数倍) 的面纱开始，到 1905 年爱因斯坦展示光由离散的光子组成，并且光子的能量也是普朗克的基本动作的正整数倍 ($E = h\nu$)，再到 1913 年玻尔应用爱因斯坦光子概念将卢瑟福原子模型中的电子运动能级化以及角动量离散化并成功地解释氢原子光谱背后的理由，再到爱因斯坦 1916~1917 年解决普朗克辐射能量分布公式的有效性问题，最后到 1924 年德布罗意以爱因斯坦光子能量等式为出发点，利用物体运动的 Maupertuis 最小动作原理与光波波动的费马最短时间光线原理的相似性，成功地建立起物质颗粒运动与粒子波动共生的对应，并且基于这种对应进一步展示玻尔氢原子核外电子运动能级化的必然性或者解释其所以如此的根本理由。结合在 20 世纪第一个 25 年里的一系列实验，包括 1913 年莫塞莱的多种元素晶体 X 射线波长测量实验，1914 年弗兰克和赫兹的氢原子能级测量实验，1915 年密立根支持爱因斯坦光量子能量等式以及测定普朗克动作 h 值的"线性"实验，1923 年康普顿的 X 射线散射实验，等等，这一时期形成的量子理论已经确实无疑地成为解释微观离散物理现象的基本。但这些并不构成物理学意义上的理论，根本原因在于玻尔模型中夹带着物理学上难以观察的假设因素。这便成为科学探索中的难以被证实或被证伪的假设问题。原则上讲，自然科学的假设必须至少在理论上可以通过实验来证实或者证伪，因此假设中所涉及的量必须至少在理论上是可观测的。

经过这 25 年的积累，量子力学呼之欲出。1925 年注定是"经典"量子力学的诞生之年。人们认为海森伯 (Werner Karl Heisenberg, 1901~1976) 是建立量子力学的开拓者，因为 1925 年 7 月，时年 24 岁的他发表了题为《重新解释动力学中的量子关系》[①]一文。

4.1.1 海森伯发现量子力学变量的乘法规则

海森伯在他论文的引言部分道出激励自己写成这篇论文的动机所在。现根据 Duck 和 Sudarshan 所编著的《普朗克量子 100 年》[②](英文) 一书中的第 174 页摘译出来。

本书包含完全基于可观测量之间的关系来构建量子力学的原理。

"对于量子理论中用来计算可观测量 (比如氢原子的能量) 的形式规则存在一种严肃认真的反对。这些计算规则包括一些即使在理论上都无法观测的量 (比如，氢原子核外电子的位置和轨道周期) 之间的实质性关系。结果呢？这些规则明显不满足任何量都能够经过实验来检测这一物理要求 (今后也别指望能够满足)。当这些已知规则来自某个特殊的局限范围的量子问题并且仅应用于它们的时候，这种希望或许还能存活。但是，就算是氢原子和它的斯塔克 (Stark) 现象都无法由这样一种量子理论的形式规则所导出。基础性的困难在'交叉场'(处在不同方向的电磁场中的氢原子) 问题中就已经显现，其中氢原子在随时间变化的场中的反应不能够用已知规则所描述；将这些已知量子规则推广到具有多个外层电子的原子的情形已经被证明是不可能的。相信这些事实上依据经典力学构建出来的量子规则的失败表明与经典力学的一种背离。无论如何，当人们将 (具有广泛有效性的) 爱因斯坦-玻尔频率条件看成与经典力学完全对立的时候，就很难将此看成仅仅是一点小偏差；或者更加令人确信的是，从波动理论 (为量子力学打底的运动学) 的角度看，一种自然的结论是绝对难以想象经典力学会在解决即使最简单的量子问题中有丝毫的有效性。面对如此现状，似乎应当完全放弃对那些迄今为止尚不可观测的量迟早可以观测的希望；与此同时也承认现存量子规则与实验结果中的片段性的相符仅仅是或多或少的偶然；从而去构建一种出现在各种关系式中的量都是可观测的量子力学 ……"

在《物理与哲学》[③]一书中，海森伯回顾当年思考 1925 年文章的起点时写道："从玻尔的对应原理开始，必须放弃电子轨道的观念但是还得保留高量子数 (大型轨道) 的极限观念。在这种极限情形下，依据其频率和强度，辐射给出电子轨道的图画；用数学家的话说，这种轨道由傅里叶级数表示。这一想法自然建议不是以电子的位置和速度的某种等式来写出量子力学定律，而是以它们的傅里叶

[①] W. Heisenberg, Über quantentheoretische Umdeutung kinematischer und mechanishcer Beziehungen, Zeitschrift für Physik, 33(1925), page 879.

[②] Ian Duck and E. C. G. Sudarshan, 100 Years of Planck's Quantum, World Scientific, 2000.

[③] Werner Heisenberg, Physics and Philosophy, Penguin Books, 1990.

级数展开中的频率和振幅的等式来写成量子力学定律。"

　　海森伯采用最简单的类比方式 (即将玻尔的对应原理具体化使用) 阐述他的基本想法。他将重点锁定在只有一个自由度的力学问题上，考虑粒子随时间运动的轨迹函数 $t \mapsto x(t)$；从运动学的角度将量子理论与经典力学理论平行类比，只注意描述运动规律的关系式中可观察量的作用，寻求量子理论对可观察量应有的计算规则。

　　海森伯行文中采用的语言是基于此前由施瓦西 1916 年[①] 提出的"动作变量"以及将经典的拉格朗日动作积分转换成普朗克量子求和的想法，以及克拉默斯 (Kramers) 和他合作的于 1925 年发表的一篇文章[②] 中借助"动作变量"关系式将经典力学中相对于动作变量计算对能量的微分转换成在量子理论中的计算差分的想法。

　　简明扼要地说，施瓦西在 1916 年的文章中对普朗克在量子假设下取得的结果重新展开分析，对定义在哈密顿的相位空间 (由广义位置坐标和广义动量坐标组成的空间坐标) 上的准周期函数转换成定义在"动作-角度"空间上的准周期函数，继而将普朗克量子假设表示成在"动作-角度"空间周期上的积分只能取到 h 的正整数倍。略微具体一点说，施瓦西将描述准周期动力学系统的哈密顿方程

$$\frac{\mathrm{d}q_i}{\mathrm{d}t} = \frac{\partial H}{\partial p_i}, \quad \frac{\mathrm{d}p_i}{\mathrm{d}t} = -\frac{\partial H}{\partial q_i} \quad (1 \leqslant i \leqslant n)$$

的解，其中，H 是定义在相位空间 $(q_1, \cdots, q_n, p_1, \cdots, p_n)$ 的哈密顿函数，写成如下形式：

$$q_i = q_i(a_1, \cdots, a_n, \theta_1, \cdots, \theta_n)$$
$$p_i = p_i(a_1, \cdots, a_n, \theta_1, \cdots, \theta_n)$$

其中，a_i 是与时间无关的实数变量，角度变量 θ_i 是时间的线性函数。在一定的选择条件下，施瓦西得到下述方程组：

$$\frac{\mathrm{d}a_i}{\mathrm{d}t} = -\frac{\partial H}{\partial \theta_i}, \quad \frac{\mathrm{d}\theta_i}{\mathrm{d}t} = \frac{\partial H}{\partial a_i}$$

从而得到系统的哈密顿函数 $H = H(a_1, \cdots, a_n)$ 只是 a_i 的函数，与角度变量无关。分析表明这些 a_i 的物理量纲正好是"能量 × 时间"，也就是动作的量纲。于是，施瓦西称这些变量为"动作变量"。最后，在这个由动作变量和角度变量构成

　　① K. Schwarzschild, Zur Quantenhypothese, Sitz. d. Math.-Phys. K. Deut. Akad. Wiss. Berlin, 16(1916), page 548.

　　② H. A. Kramers und W. Heisenberg, On the Scattering of Radiation by Atoms, Zeitschrift für Physik, 31(1925), page 681.

的坐标空间上，普朗克量子假设就变成在这个空间上的单元面积计算等式：

$$\int \mathrm{d}a_i \wedge \mathrm{d}\theta_i = 2\pi \int \mathrm{d}a_i = h$$

在简单说明语言基础后，我们回到海森伯的文章中来。继续考虑粒子随时间运动的轨迹函数 $t \mapsto x(t)$。

在经典力学中，函数 $x(t)$ 可以用傅里叶级数展开，然后可以在这个展开级数的基础上展开分析。海森伯要解决的核心问题"与电动力学毫无关系，本质上纯粹是一个动力学问题。我们以最简单的形式问：如果给定的不是经典力学中的量 $x(t)$，而是量子力学中与之对应的量，那么什么样的量子变量表达式可以被用来替代经典力学中的 $x^2(t) = x(t) \cdot x(t)$？"正是为了解决这个问题，海森伯发现了在处理量子力学变量时，在有些量子变量之间可以很自然地定义一种"乘法"，但是"乘法"运算法则与数量间的乘法不同。它们之间的"乘法"满足结合律和对加法的分配律，但不具备交换律。

海森伯的平行对应类比思路大致如下：在经典场论中一个自由度的系统的机械频率 ν 满足下述方程：

$$\nu = \frac{\mathrm{d}W}{\mathrm{d}J}$$

其中，W 是能量，J 是动作变量。根据施瓦西和克拉默斯-海森伯的工作，$J = n\dfrac{h}{2\pi}$。所以

$$\nu = \frac{\mathrm{d}W}{\mathrm{d}J} = \frac{2\pi}{h}\frac{\mathrm{d}W}{\mathrm{d}n}$$

根据玻尔假设，这应当是两个能级之差：

$$\nu(n, n-j) = \frac{2\pi}{h}(W(n) - W(n-j))$$

与此对应的经典场论的等式为

$$\nu(n, j) = j \cdot \nu(n) = j \cdot \frac{2\pi}{h}\frac{\mathrm{d}W}{\mathrm{d}n}$$

将经典理论和量子理论的频率加法规则进行比较，我们得到
　　经典的：

$$\nu(n, i) + \nu(n, j) = \nu(n, i+j)$$

量子的：

$$\nu(n, n-i) + \nu(n-i, n-i-j) = \nu(n, n-i-j)$$

为了考虑振幅在量子力学中的含义，将经典力学的 $x(t)$ 分解成 $x(n,t)$，然后再以一致收敛求和的方式回归 $x(t)$。经典变量 $x(n,t)$ 可以有如下傅里叶级数展开：

$$x(n,t) = \sum_{-\infty < j < +\infty} \mathcal{A}_j(n) \mathrm{e}^{(\sqrt{-1})\nu(n)\cdot j \cdot t}$$

因此，$x(t)$ 可以有如下展开式：

$$x(t) = \sum \mathcal{A}(n, n-j) \mathrm{e}^{(\sqrt{-1})\nu(n, n-j)\cdot t}$$

利用这样的展开式，现在来考虑 $x^2(t)$ 的表示问题。

经典意义上的答案可以如下自然而然地给出：

令

$$\mathcal{B}_\beta(n) \mathrm{e}^{(\sqrt{-1})\nu(n)\cdot \beta \cdot t} = \sum_{-\infty < \alpha < \infty} \mathcal{A}_\alpha(n) \mathcal{A}_{\beta-\alpha}(n) \mathrm{e}^{(\sqrt{-1})\nu(n)\cdot [\alpha + (\beta-\alpha)] \cdot t}$$

那么

$$x^2(t) = \sum_{-\infty < \beta < \infty} \mathcal{B}_\beta(n) \mathrm{e}^{(\sqrt{-1})\nu(n)\cdot \beta \cdot t}$$

与经典中的项 $\mathcal{B}_\beta(n)$ 相对应的量子理论中的项，以最简单最自然的方式表述，就理应如下：

$$\mathcal{B}(n, n-\beta) \mathrm{e}^{(\sqrt{-1})\nu(n, n-\beta)\cdot t} = \sum_{-\infty < \alpha < \infty} \mathcal{A}(n, n-\alpha) \mathcal{A}(n-\alpha, n-\beta) \mathrm{e}^{(\sqrt{-1})\nu(n, n-\beta)\cdot t}$$

依照这样的定义，量子理论中振幅的物理意义就与经典理论中振幅的物理意义类似。

接下来，海森伯应用归纳法来解决 $x^k(t)\,(k \geqslant 2)$ 的问题。比如 $k = 3$，表示振幅的经典项为

$$\mathcal{C}(n, \gamma) = \sum_{-\infty < \alpha, \beta < \infty} \mathcal{A}_\alpha(n) \mathcal{A}_\beta(n) \mathcal{A}_{\gamma-\alpha-\beta}(n)$$

与之对应的量子项为

$$\mathcal{C}(n, n-\gamma) = \sum_{-\infty < \alpha, \beta < \infty} \mathcal{A}(n, n-\alpha) \mathcal{A}(n-\alpha, n-\alpha-\beta) \mathcal{A}(n-\alpha-\beta, n-\gamma)$$

再将这种乘法推广到一般的 $x(t) \cdot y(t)$。比如，设用 $\mathcal{A}$ 表示 x，用 $\mathcal{B}$ 表示 y，那么表示 $x \cdot y$ 的项分别如下：

经典的：

$$\mathcal{C}_\beta(n) = \sum_{-\infty < \alpha < \infty} \mathcal{A}_\alpha(n)\mathcal{B}_{\beta-\alpha}(n)$$

量子的：

$$\mathcal{C}(n, n-\beta) = \sum_{-\infty < \alpha < \infty} \mathcal{A}(n, n-\alpha)\mathcal{B}(n-\alpha, n-\beta)$$

需要强调的是量子项的乘法一般而言是不可交换的。

在解决了可观察量的对应关系和乘法规则对应关系之后，海森伯考虑如何应用这种对应关系继续应用对比方法来完成量子理论中对振幅 A，频率 ν 和能量 W 的计算问题。考虑经典中的下述问题：

$$\frac{\mathrm{d}^2 x}{\mathrm{d}t^2} + f(x) = 0$$

依照玻尔的计算思路，计算分成两步走：

(1) 求取运动方程的积分；

(2) 从可能的解答中按照下述准则选择所需 (确定不定积分的常数)：

$$\oint p \mathrm{d}q = \oint m \frac{\mathrm{d}x}{\mathrm{d}t} \mathrm{d}s = J = nh$$

海森伯试图对给定运动方程应用上面的傅里叶级数展开以及上面的对应关系进行量子理论形式规则范围内的求解。这就得面对无穷多个方程以及无穷多个未知数。因此，必须找到一种将它们规约化简的方式。

假设经典意义下的解是周期解，并且

$$x(t) = \sum_{-\infty < \alpha < \infty} \mathcal{A}_\alpha(n) \mathrm{e}^{(\sqrt{-1})\,\alpha\,\nu(n)\cdot t}$$

那么

$$m\frac{\mathrm{d}x}{\mathrm{d}t} = m \sum_{-\infty < \alpha < \infty} \mathcal{A}_\alpha(n) \cdot ((\sqrt{-1})\,\alpha\,\nu(n)) \cdot \mathrm{e}^{(\sqrt{-1})\,\alpha\,\nu(n)\cdot t}$$

以及

$$\oint mm\frac{\mathrm{d}x}{\mathrm{d}t}\mathrm{d}x = \oint m\left(\frac{\mathrm{d}x}{\mathrm{d}t}\right)^2 \mathrm{d}t = 2\pi m \sum_{-\infty < \alpha < \infty} \mathcal{A}_\alpha(n)\mathcal{A}_{-\alpha}(n)\alpha^2\nu(n)$$

由于 x 是实数：

$$\mathcal{A}_\alpha(n) = [\mathcal{A}_{-\alpha}(n)]^*$$

其中，$*$ 是复数的共轭运算：$(a + b\mathbf{i})^* = a - b\mathbf{i}$。从而

$$\oint m\left(\frac{\mathrm{d}x}{\mathrm{d}t}\right)^2 \mathrm{d}t = 2\pi m \sum_{-\infty < \alpha < \infty} |\mathcal{A}_\alpha(n)|^2\, \alpha^2 \nu(n) = nh$$

这是根据玻尔的对应原理而得。问题是所有的计算都必须由量子理论本身内在的规则来实施。意识到玻尔的 (外在的) 对应原理其实只是用来在相差一个常数的范围内确定

$$J = nh$$

而这个加法常数与正整数变量 n 独立，于是，海森伯决定用下述方程替代上面的等式：

$$\frac{\mathrm{d}(nh)}{\mathrm{d}n} = \frac{\mathrm{d}}{\mathrm{d}n}\left(\oint \left(\frac{\mathrm{d}x}{\mathrm{d}t}\right)^2 \mathrm{d}t\right)$$

在这样的假设下，

$$\frac{h}{2\pi} = m \sum_{-\infty < \alpha < \infty} \alpha\frac{\mathrm{d}}{\mathrm{d}n}\left(\alpha\nu(n) \cdot |\mathcal{A}_\alpha(n)|^2\, \alpha^2 \nu(n)\right)$$

由此，海森伯得到一个新的量子条件：

$$h = 4\pi m \sum_{\alpha=0}^{\infty}\left(|\mathcal{A}(n, n+\alpha)|^2\, \nu(n, n+\alpha) - |\mathcal{A}(n, n-\alpha)|^2\, \nu(n, n-\alpha)\right)$$

可以说，海森伯以具体的一步一步的经典理论与量子理论之间的对应和比较策略成功地将玻尔的外部对应原理转换成了量子理论内部表达出来的可观察量之间的形式规则。海森伯迈出了建立自成体系的量子力学理论第一步，也是富有启发性的关键一步。

4.1.2　玻恩和若尔当重述海森伯量子化条件

玻恩 (Max Born, 1892~1970) 于 1925 年 7 月 11 日收到海森伯关于量子理论可观察量之间的计算规则的论文手稿之后，被海森伯的想法深深打动，相信这是了不起的一步，并且在 8 天之后以一个数学家的敏锐洞察到海森伯的乘法完全就是一种"矩阵"乘法 (尽管所涉及的矩阵是无穷维方阵)。海森伯的不可交换性就意味着矩阵 A 与矩阵 B 的乘积 AB 不同于乘积 BA；而海森伯公式给出的是矩阵差 $(AB - BA)$ 的主对角线元，并且都等于 $\dfrac{h}{2\pi\sqrt{-1}}$。尽管海森伯并没有涉及主对角线以外的元素应当是什么，最自然的就都是 0。1925 年 7 月 19 日，玻恩

将自己关于矩阵以及矩阵乘法的想法告诉他的三位助理 (海森伯、泡利和若尔当) 中最年轻的若尔当 (Ernst Pascual Jordan, 1902~1980)，并且希望能够建立起系统的矩阵演算规则，继而与海森伯合作以完善由海森伯开头的量子力学系统。于是，矩阵演算理论被推上数学平台。

玻恩和若尔当的文章[①]首先阐明海森伯量子理论的语言是矩阵代数。在他们看来，海森伯用一种聪明的对应类比方法所得到他量子理论的数学基础，即量子理论变量间的乘法规则，说穿了就是矩阵的乘法规则。将一个定义在自然数格子点平面或者非负实数平面上的函数称为矩阵，并且用这样的矩阵来表示任何一个物理变量。在经典物理中，这些物理变量都是时间的函数。因此，这门新的量子力学的数学所持有的特征就是用矩阵分析来替代经典力学中的实数分析。

自然，这里所涉及的矩阵的定义域是无穷的，玻恩和若尔当假定这些矩阵在运算中不存在收敛困难，因为这些在他们眼里就算有也都是可以克服的技术细节。以自然数格子点平面为例，一个矩阵排列如下：

$$A = (a(n,m)) = \begin{pmatrix} a(0,0) & a(0,1) & a(0,2) & \cdots \\ a(1,0) & a(1,1) & a(1,2) & \cdots \\ a(2,0) & a(2,1) & a(2,2) & \cdots \\ \vdots & \vdots & \vdots & \vdots \end{pmatrix}$$

矩阵的加法 $A + B = C$ 就是函数的加法：

$$c(n,m) = a(n,m) + b(n,m)$$

矩阵的乘法 $AB = C$ 的定义正是源于海森伯的形式表达式：

$$c(n,m) = \sum_{k=0}^{\infty} a(n,k) \cdot b(k,m)$$

重要的是用 A 的第 n 行与 B 的第 m 列上的 "同位元乘积" 的无穷和作为乘积矩阵 $C = AB$ 的处在位置指标 (n,m) 的矩阵元。简而言之，这条乘法规则被称为 "以行乘列" 规则。当然，在现在的线性代数中，这就是 (有限) 矩阵的乘法定义 (要求行与列的长度相等)。

这样规定的矩阵、矩阵加法和矩阵乘法具有如下特性：乘法对加法具有分配律；乘法满足结合律；但乘法不具备交换律；乘法运算有一个单位元：

$$I = (\delta_{nm}) \, ; \, \delta_{nm} = \begin{cases} 1, & \text{如果 } n = m \\ 0, & \text{如果 } n \neq m \end{cases}$$

---

① M. Born und P. Jordan, Zur Quantenmechanik, Zeitschrift für Physik, 34(1925), page 858.

在确定了矩阵演算规则 (包括矩阵微分形式规则) 之后, 如何将这种形式语言应用到海森伯的量子理论中去, 或者更一般地怎样应用到物理理论中去?

玻恩-若尔当先考虑只有一个自由度的系统, 并且是在经典意义下的周期的、非相对化的、笛卡儿坐标系下的动力学系统。他们以下述矩阵来表达位置 $\mathbf{q}$ 和动量 $\mathbf{p}$:

$$\mathbf{q} = \left(q(n,m)\mathrm{e}^{\mathrm{i}\omega(nm)t}\right); \ \mathbf{p} = \left(p(n,m)\mathrm{e}^{\mathrm{i}\omega(nm)t}\right)$$

其中, $\mathbf{i} = \sqrt{-1}$, 并且要求这两个矩阵都是埃尔米特矩阵, 即对于所有的实数 t,

$$q(n,m) = q(m,n)^*; \ p(n,m) = p(m,n)^*$$

其中, $*$ 是复数的共轭运算: $(a + b\mathbf{i})^* = a - b\mathbf{i}$。因此,

$$q(n,m)q(m,n) = |q(n,m)|^2$$

以及

$$\omega(nm) = -\omega(mn)$$

这里的物理含义是当 $\mathbf{q}$ 是一个笛卡儿坐标分量时, 等式 $q(n,m)q(m,n) = |q(n,m)|^2$ 就是状态过渡 $n \leftrightarrow m$ 发生的概率度量。对于频率矩阵 ω, 文章要求

$$\omega(jk) + \omega(k\ell) + \omega(\ell j) = 0$$

这一等式源自里茨由实验所得到的组合原理。这样, 如果 W_n 为系统状态为 n 时的能量, 那么

$$\frac{h}{2\pi}\omega(nm) = W_n - W_m$$

在经过一系列计算之后, 玻恩-若尔当得到如下 “典型量子化条件”:

$$\mathbf{pq} - \mathbf{qp} = \frac{h}{2\pi\mathbf{i}} \cdot I$$

其中, I 是乘法单位矩阵。由此可以得到如下等式: 如果 $\mathbf{f(pq)}$ 是 $\mathbf{p}$ 和 $\mathbf{q}$ 的矩阵函数, 那么

$$\mathbf{fq} - \mathbf{qf} = \frac{h}{2\pi\mathbf{i}}\frac{\partial \mathbf{f}}{\partial \mathbf{p}}, \quad \mathbf{pf} - \mathbf{fp} = \frac{h}{2\pi\mathbf{i}}\frac{\partial \mathbf{f}}{\partial \mathbf{q}}$$

紧接着玻恩-若尔当的文章，玻恩、海森伯和若尔当合作将一个自由度问题的解答推广到多自由度问题的解答[①]。

这样，以矩阵演算为基础的量子力学就被系统地建立起来。

4.2 量子微分算子理论

在 1925 年 9 月初时年 23 岁的狄拉克 (Paul Adrien Dirac, 1902~1984) 听闻海森伯的工作之后开始思考这种新型量子力学的基本问题。狄拉克从海森伯的原文中得到启发。在他看来，经典力学的等式不应当有瑕疵，仅仅是那些力图被用来从那些等式导出物理推论的数学运算需要适当修改。狄拉克将海森伯遇到的问题倒过来想：在经典力学中什么算法会对应着一个海森伯所说的量子领域中的量 $xy-yx$？当他突然意识到量子变量乘法交换子 $xy-yx$ 与泊松括号相似的时候，狄拉克将量子变量的微分与该变量与另外一个量子变量的乘法交换子关联起来：

$$\frac{\mathrm{d}x}{\mathrm{d}\nu} = xa - ax$$

进而引入了新的更具一般性的量子化条件：

$$(xy - yx) = \mathbf{i}\frac{h}{2\pi}[x,y]$$

其中，$[x,y]$ 是变量 x 和 y 的泊松括号。

狄拉克的文章《量子力学的基础等式》[②] 可以说是量子力学建立初期最为优美的篇章。文章行文如流水，主线干练，环环相扣，干净利落，处处画龙点睛，处处智慧闪耀。现根据《普朗克量子 100 年》一书所收录的狄拉克论文摘译如下：

§1. 引言："原子物理的实验事实要求对描述它们的经典理论进行某种修改。在玻尔理论中，这种改变要求：a) 原子稳定状态不具辐射的特殊假设；b) 一定的'量子条件'，也即确立稳定状态以及在它们之间过渡时辐射频率的规则。这些假设对于经典理论来说是陌生的，但在解释许多原子现象时非常成功。经典理论进入的唯一通道是：a) 借助经典规律尽管在过渡期完全失效但对于稳定状态下的运动依然有效这一假设；b) 依靠在普朗克常量 $\frac{h}{2\pi}$ 相比较而言足够小的极限情形下经典理论给出正确结果这一假设性对应原理。

[①] M. Born, W. Heisenberg und P. Jordan, Zur Quantenmechanil II, Zeitschrift für Physik, 35(1926), page 557.

[②] P. A. M. Dirac, The Fundamental Equations of Quantum Mechanics, Proceedings of Royal Society, A109 (1925), page 642.

"海森伯最近提出了一种新理论。为这一理论奠基的前提是并非经典力学的方程有错，而是那些用来从那些方程导出物理结论的数学运算需要修改。如此这般，所有由经典理论所提供的信息便能够在新理论中得到重用。"

§2. 量子代数："考虑由联结坐标以及它们的时间导数的方程所定义的具有 n 个自由度的非平凡的多周期的动力学系统。在经典理论中我们以如下方式解决问题：假设每一个坐标分量 x 能够用多元傅里叶级数展开，比如

$$x = \sum_{\alpha_1,\cdots,\alpha_n} x(\alpha_1,\cdots,\alpha_n) \cdot e^{i(\alpha_1\omega_1+\cdots+\alpha_n\omega_n)t} \equiv \sum_{\alpha} x_\alpha e^{i(\alpha\cdot\omega)t}$$

将这些值代入运动方程，并令每一个调和项的总的系数等于零。这样所得到的结果等式 (称之为 A 等式) 确定那些振幅 x_α 以及 (用单位时间的弧长来度量的) 那些频率 $(\alpha\cdot\omega)$。所得到的解不唯一。有用 n 个参数 $\kappa_1,\cdots,\kappa_n$ 来标识的无穷多个 n 维解。此时每一个 x_α 和 $(\alpha\cdot\omega)$ 都是如下变量数组的函数：

$$\alpha = (\alpha_1,\cdots,\alpha_n) \text{ 和 } \kappa = (\kappa_1,\cdots,\kappa_n)$$

将它们记成 $x_{\alpha\kappa}$ 以及 $(\alpha\cdot\omega)_\kappa$。

"在量子问题中,海森伯假设每一个坐标分量都能够被形如 $\exp(i\omega t)$ 的调和分量所表示,并且这种表示中出现的振幅和频率都各自依赖两组整数变量 $j_1,\cdots,j_n$ 和 $k_1,\cdots,k_n$, 记成 $x(jk)$ 和 $\omega(jk)$。差 $(j_r - k_r)$ 对应着前面的 α_r, 可是无论是那些 j 还是那些 j 与 k 的任何函数都没有担当起前面的指定每一个具体调和分量属于哪一个解的 κ 所担当的任务。比如说，当数组 j 被给定数值时我们无法将相应分量取成一个可以当作运动方程的单个完整解的整体。量子解是全部相互锁定的，必须作为单个整体来考虑。由此得出的结果就是，虽然在经典理论中，每一个 A 等式都会将具有一组具体数值 κ 的振幅和频率关联起来，在量子 A 等式中出现的振幅和频率却找不到一组相应的 j 的具体数值，或者任何一个相应的 j 与 k 的函数，而只是，如后面将会看到的那样，表明那些 j 与 k 以一种特殊的方式关联着。

"在经典理论中我们有显然的关系式

$$(\alpha\cdot\omega)_\kappa + (\beta\cdot\omega)_\kappa = (\{\alpha+\beta\}\cdot\omega)_\kappa$$

依照海森伯，在量子理论中的对应关系为

$$\omega(j,j-\alpha) + \omega(j-\alpha,j-\alpha-\beta) = \omega(j,j-\alpha-\beta)$$

或者

$$\omega(jm) + \omega(mk) = \omega(jk)$$

这就意味着 $\omega(jk)$ 具有这样一种形式 $\Omega(j) - \Omega(k)$，其中 $\Omega(\ell)$ 是一种频率层次。在玻尔理论中，这些频率层次就会是 $\dfrac{2\pi}{h}$ 乘以能量层次，但我们不必假设这一点。

"在经典理论中，两个具有相同的 κ 的调和分量的乘积如下：

$$a_{\alpha,\kappa} \cdot \mathrm{e}^{\mathrm{i}(\alpha \cdot \omega)_\kappa t} \times b_{\alpha,\kappa} \cdot \mathrm{e}^{\mathrm{i}(\alpha \cdot \omega)_\kappa t} = (ab)_{\alpha+\beta,\kappa} \cdot \mathrm{e}^{\mathrm{i}(\{\alpha+\beta\} \cdot \omega)_\kappa t}$$

其中，$(ab)_{\alpha+\beta,\kappa} = a_{\alpha,\kappa}b_{\beta,\kappa}$（经典的）。

"在量子理论中，一个 (nm) 分量与一个 (mk) 分量以如下方式相乘：

$$a(nm) \cdot \mathrm{e}^{\mathrm{i}\omega(nm)t} \times b(mk) \cdot \mathrm{e}^{\mathrm{i}\omega(mk)t} = ab(nk) \cdot \mathrm{e}^{\mathrm{i}\omega(nk)t}$$

其中，$ab(nk) = \sum\limits_{m} a(nm)b(mk)$（量子的）。

"我们就这样被引导到考虑将分量 (nm) 和 (mk) 的振幅的乘积作为分量 (nk) 的一个振幅。这一点，与在 A 等式中只有那些以同一对数标识的振幅才可以相加这一规则一起替换 A 等式中的所有振幅必须具有同一组 κ 值这一经典规则。

"我们现在定义量子变量之间的普通代数运算。x 和 y 的和由下述等式给出：

$$\{x+y\}(nm) = x(nm) + y(nm) \text{（量子的或经典的）}$$

它们的乘积由下述等式给出：

$$xy(nm) = \sum\limits_{k} x(nm)y(km) \text{（量子的）}$$

这与经典的下述乘法相似：

$$(\alpha \cdot xy)_\kappa = (xy)_{\alpha,\kappa} = \sum\limits_{y} x_{r,\kappa}y_{\alpha-r,\kappa} \text{（经典的）}$$

这两种代数的一个重要差别在于一般而言

$$xy(nm) \neq yx(nm) \text{（量子的）}$$

从而量子变量乘法不可交换，尽管它是可结合的以及可分配的。称量子乘法定义中由分量 $xy(nm)$ 所给出的量为 x 和 y 的海森伯乘积，并且简单地记成 xy。无论何时，当两个量子变量相乘时，总是意味着它们的海森伯乘积。当然，普通乘积在其他量之间也会被使用，那些'其他量'是指与指标 n 相关的量，并且都会显式明言。

"一个量子变量 x 的倒数由两个等价的等式中的一个来定义：

$$\left\{\frac{1}{x}\right\} \cdot x = 1 \text{ 或 } x \cdot \left\{\frac{1}{x}\right\} = 1$$

以同样的方式来定义 x 的平方根：$\sqrt{x} \cdot \sqrt{x} = x$。并非显然地它们总有解……

　　"现在只要我们能够在每一个乘积项中确定因子的正确顺序就能够将经典的运动方程推广到量子理论。一个由运动方程经过不涉及交换某个乘积项的因子的代数过程，以及经过关于时间的微分和积分，导出的方程也对量子理论适用，尤其是能量守恒方程保持有效。

　　"运动方程不足以解决量子问题。即使在经典力学中，在我们给出 κ 的定义之前，运动方程也不足以确定 $x_{\alpha\kappa}$ 以及 $(\alpha \cdot \omega)_{\kappa}$。我们或许能够选择那些 κ 的值来满足方程 $\dfrac{\partial E}{\partial \kappa_r} = \omega_r$，其中 E 是系统的能量。这样或许会将 κ_r 当成动作变量 J_r。相应的量子理论中的方程就是量子化条件。"

　　§3. 量子微分："到此为止在量子理论中我们所考虑的唯一的微分运算是相对于时间 t 的。我们现在来确定满足下述规则的最为一般的量子微分运算 $\dfrac{\mathrm{d}}{\mathrm{d}v}$：

　　(I) $\dfrac{\mathrm{d}}{\mathrm{d}v}(x+y) = \dfrac{\mathrm{d}}{\mathrm{d}v}x + \dfrac{\mathrm{d}}{\mathrm{d}v}y$；

　　(II) $\dfrac{\mathrm{d}}{\mathrm{d}v}(xy) = \left(\dfrac{\mathrm{d}}{\mathrm{d}v}x\right) \cdot y + x \cdot \left(\dfrac{\mathrm{d}}{\mathrm{d}v}y\right)$。(注意，$x$ 和 y 的顺序得以保持。)

　　"规则 (I) 要求 $\mathrm{d}x/\mathrm{d}v$ 的分量是 x 的线性函数，即

$$\frac{\mathrm{d}x}{\mathrm{d}v}(nm) = \sum_{n'm'} a\,(nm; n'm')\, x\,(n'm')$$

对于每一个自然数组 (n, m, n', m')，只有一个系数 $a\,(nm; n'm')$。规则 (II) 对这些系数函数 a 施加限制条件。将上述线性条件等式代入规则 (II) 中，并将由 nm 标识的分量与等式另一端的等同起来，就得到下述等式：

$$\sum_{n'm'k} a\,(nm; n'm')\, x\,(n'k)\, y\,(km') = \sum_{kn'k'} a\,(nk; n'k')\, x\,(n'k')\, y\,(km)$$
$$+ \sum_{kk'm'} x(nk) a\,(km; k'm')\, y\,(k'm')$$

这必定对所有的 x 和 y 都成立。于是将等号两端的项 $x\,(n'k)\, y\,(k'm')$ 的系数等同起来，我们就得到下面的等式：

$$\delta_{kk'} a\,(nm; n'm') = \delta_{mm'} a\,(nk'; n'k) + \delta_{nn'} a\,(km; k'm')$$

……(这里我们省略狄拉克计算下述等式：

$$\frac{\mathrm{d}x}{\mathrm{d}v}(nm) = \sum_k \{x(nk)a(km) - a(nk)x(km)\}$$

的认真仔细的代数演算过程。)

"终于，$\dfrac{\mathrm{d}x}{\mathrm{d}v} = xa - ax$。

"这样满足规则 (I) 和 (II) 的最为一般的可以对一个量子变量实施的微分运算就是计算该变量与某个量子变量的海森伯乘积的差。很容易看到一般来说量子微分顺序不能颠倒，即一般来说，

$$\frac{\mathrm{d}^2 x}{\mathrm{d}u\,\mathrm{d}v} \neq \frac{\mathrm{d}^2 x}{\mathrm{d}v\,\mathrm{d}u}$$

"······(此处省略一个量子微分计算的例子。)"

§4. 量子化条件："我们现在来考虑项 $(xy - yx)$ 在经典理论中对应着什么。为此，我们假设项 $x(n, n - \alpha)$ 随变量 n 缓慢变换，且 n 为大自然数，α 为小自然数，以至于当 $\kappa_r = n_r \dfrac{h}{2\pi}$ 或者 $k_r = (n_r + \alpha_r)\dfrac{h}{2\pi}$ 时，我们能够将 $x(n, n - \alpha)$ 近似地看成 $x_{\alpha\kappa}$，即 $x(n, n - \alpha) \cong x_{\alpha\kappa}$。这样我们就有

$$(xy - yx) \cong \frac{h}{2\pi} \sum_r \left\{ \beta_r \frac{\partial x_{\alpha\kappa}}{\partial \kappa_r} y_{\beta\kappa} - \alpha_r \frac{\partial y_{\beta\kappa}}{\partial \kappa_r} x_{\alpha\kappa} \right\}$$

(狄拉克计算过程中的中间两步在这里被省略了，有兴趣的读者自己可以补上。)

"现在

$$\mathbf{i}\beta_r \left\{ y_\beta \cdot \mathrm{e}^{\mathrm{i}(\beta\cdot\omega)t} \right\} = \frac{\partial}{\partial \theta_r} \left\{ y_\beta \cdot \mathrm{e}^{\mathrm{i}(\beta\cdot\omega)t} \right\}$$

其中，θ_r 是角变量，等于 $\omega_r t$。项 $(xy - yx)$ 的 (nm) 分量在经典理论中与下面的项相对应：

$$-\mathbf{i}\frac{h}{2\pi} \sum_{\alpha+\beta=n-m} \sum_r \left\{ \frac{\partial}{\partial \kappa_r} A_\alpha \frac{\partial}{\partial \theta_r} B_\beta - \frac{\partial}{\partial \kappa_r} B_\beta \frac{\partial}{\partial \theta_r} A_\alpha \right\}$$

其中，$A_\alpha = x_\alpha \mathrm{e}^{\mathrm{i}(\alpha\cdot\omega)t}$，$B_\beta = y_\beta \mathrm{e}^{\mathrm{i}(\beta\cdot\omega)t}$。于是，项 $(xy - yx)$ 就对应着

$$(xy - yx) \cong -\mathbf{i}\frac{h}{2\pi} \sum_r \left\{ \frac{\partial x}{\partial \kappa_r} \frac{\partial y}{\partial \theta_r} - \frac{\partial y}{\partial \kappa_r} \frac{\partial x}{\partial \theta_r} \right\}$$

如果将 κ_r 取着动作变量 J_r，这就是 $\dfrac{\mathrm{i}h}{2\pi}$ 乘以泊松括号：

$$\begin{aligned}
[x, y] &= \sum_r \left\{ \frac{\partial x}{\partial \theta_r} \frac{\partial y}{\partial J_r} - \frac{\partial y}{\partial \theta_r} \frac{\partial x}{\partial J_r} \right\} \\
&= \sum_r \left\{ \frac{\partial x}{\partial q_r} \frac{\partial y}{\partial p_r} - \frac{\partial y}{\partial q_r} \frac{\partial x}{\partial p_r} \right\}
\end{aligned}$$

其中，那些 p 和 q 是系统的任意一组典型变量。

"泊松括号对于 p 和 q 的不同组合的基本性质如下：

$$[q_r, q_s] = [p_r, p_s] = 0, \quad [q_r, p_s] = \delta_{rs}$$

一般的括号表达式满足微分规则 (I) 和 (II)。现在可以如下表述：

(IA) $[x, z] + [y, z] = [x + y, z]$；

(IIA) $[xy, z] = [x, z]y + x[y, z]$；

以及 $[x, y] = -[y, x]$。如果 x 和 y 是 p_r 和 q_r 的代数函数，那么项 $[x, y]$ 就能够通过 $[q_r, q_s], [p_r, p_s]$ 以及 $[q_r, p_s]$ 表示出来，从而计算起来就不必用到乘法的交换律 ······。当 x 和 y 都是量子变量时，只要那些基本括号等式依然成立，括号 $[x, y]$ 就仍然有量子理论含义。

"我们给出如下基本的量子化条件：两个量子变量的海森伯乘积的差就等于 $\dfrac{\mathrm{i}h}{2\pi}$ 乘以它们的泊松括号，即

$$(xy - yx) = \frac{\mathrm{i}h}{2\pi}[x, y]$$

"······"

4.3 波动量子力学

4.3.1 薛定谔波动方程

薛定谔 (Erwin Schrödinger, 1887~1961) 受德布罗意博士论文的启发力图寻找经典意义下的保守系统的动力学与波动现象之间的一般性关联。薛定谔在这一方面的代表作是他 1926 年发表在《物理年鉴》第 79 卷上的论文[①]《量子化与特征值》。

经典动力学中有 n 个自由度的保守系统的运动方程可以由下述哈密顿-雅可比偏微分方程给出：

$$\frac{\partial V}{\partial t} + T\left(q_1, \cdots, q_n, \frac{\partial V}{\partial q_1}, \cdots, \frac{\partial V}{\partial q_n}\right) = U\left(q_1, \cdots, q_n\right)$$

其中，V 是拉格朗日的动作积分函数，$2T$ 是动能，U 是势能，$(q_1, \cdots, q_n)$ 是拉格朗日格局空间中的广义位置坐标；$p_i = \dfrac{\partial V}{\partial q_i}$ 为哈密尔顿的广义动量。

[①] E. Schrödinger, Quantisation and Eigenvalues, Annalen der Physik, vol. 79 (1926), page 489.

将哈密顿-雅可比偏微分方程改写成具有两个方程的方程组:

$$\begin{cases} \dfrac{\partial V}{\partial t} = -W \\[2mm] 2T\left(q_1, \cdots, q_n, \dfrac{\partial V}{\partial q_1}, \cdots, \dfrac{\partial V}{\partial q_n}\right) = 2(U+W) \end{cases}$$

令 $2\bar{T}$ 表示由 $(q_1, \cdots, q_n)$ 以及 $(\dot{q}_1, \cdots, \dot{q}_n)$ 所确定的系统动能,其中 $\dot{q}_i = \dfrac{\mathrm{d}q_i}{\mathrm{d}t}$。据此,在拉格朗日的格局空间上引入下述非欧几里得度量:

$$\mathrm{d}S^2 = 2\bar{T}\mathrm{d}t^2 = \sum_{i,j=1}^{n} g_{ij}\mathrm{d}q_i \wedge \mathrm{d}q_j$$

于是,$p_i = \sum\limits_{j=1}^{n} g_{ij}\dot{q}_j \, (1 \leqslant i \leqslant n)$,以及

$$2\bar{T} = \sum_{i,j=1}^{n} g_{ij}\dot{q}_i\dot{q}_j$$

$$2T = \sum_{i,j=1}^{n} g^{ij}p_ip_j$$

其中,$(g^{ij})(g_{ij}) = \mathrm{diag}(1, \cdots, 1)$。因此,上述方程组中的第二个方程便是如下方程:

$$\sum_{i,j=1}^{n} g^{ij}\frac{\partial V}{\partial q_i}\frac{\partial V}{\partial q_j} = 2(U+W)$$

利用这一方程,在给定时刻 t,薛定谔将动作函数 V 按照固定的取值进行分层并且将这种分层后得到的非欧几里得空间中的曲面解释为在格局空间中波动的波前,从而将 V 看成一种特殊的波函数。分层过程的起点具有很大的任意性。但一旦 V_0 被确定,从曲面 V_0 到曲面 $V_0 + \mathrm{d}V_0$ 的过程按照如下几何方式实现:把 V_0 上的每一点沿着该点处曲面 V_0 的法方向平移距离 $\mathrm{d}S$,其中

$$\mathrm{d}S = \frac{\mathrm{d}V_0}{\sqrt{2(U+W)}}$$

在时刻 t 的曲面 V_0 与在时刻 $t + \mathrm{d}t$ 的曲面 $V_0 - W\mathrm{d}t$ 相对应。这样就可以将 V 想象成在格局空间中携带着函数 V 的确定值的曲面在运动,并且可以赋予每一个曲面一个法向速率:

$$u = \frac{\mathrm{d}s}{\mathrm{d}t} = \frac{W}{\sqrt{2(U+W)}}$$

事实上，

$$\mathrm{d}V = \frac{\partial V}{\partial t}\mathrm{d}t + \frac{\partial V}{\partial s}\mathrm{d}s = 0$$

从而，具有相等作用值的曲面的集合便可以同那些各点速度等于 u 的波前曲面的集合相比较。这便可以将动作函数看成一种波函数。

　　基于这样的想法，薛定谔最终导出了后来以他的名字命名的微分方程：

$$\mathrm{div\,grad}\,\Psi + \frac{8\pi^2}{h^2}m(U+W)\Psi = 0$$

满足这一微分方程的 Ψ 就是薛定谔所称的波函数。

4.3.2　波函数

　　假设一个质量为 m 的粒子沿 X 轴方向运动，动量大小为 p_x。于是，它的动能为 $\frac{p_x^2}{2m}$。令

$$\omega = \frac{\pi p_x^2}{mh}, \quad k = \frac{2\pi p_x}{h}$$

分别为粒子波的角频率 ($\omega = 2\pi\nu = 2\pi p_x^2/(2mh)$) 和波数 ($k = 2\pi/\lambda = 2\pi p_x/h$)。依此定义描述此粒子波动的平面波的波函数如下：

$$\Psi(x,t) = A\exp\left[\mathrm{i}(kx-\omega t)\right]$$

这一波函数满足如下微分方程：

$$-\mathrm{i}\frac{h}{2\pi}\frac{\partial}{\partial x}\Psi = p_x\Psi, \quad \mathrm{i}\frac{h}{2\pi}\frac{\partial}{\partial t}\Psi = \frac{p_x^2}{2m}\Psi$$

将此一维情形推广到三维空间上，得到

$$\Psi(\mathbf{r},t) = A\exp\left[\mathrm{i}(\mathbf{k}\cdot\mathbf{r}-\omega t)\right]$$

其中，$\mathbf{k} = \frac{2\pi}{h}\mathbf{p}$ 为传播向量，$\mathbf{p} = (p_x, p_y, p_z)$ 是粒子运动的动量；$\mathbf{r}$ 是粒子所在的位置向量。于是，粒子在固定参照系时空中的波动方程为

$$-\mathrm{i}\frac{h}{2\pi}\nabla\Psi = \mathbf{p}\Psi$$

从而粒子的波动方程由下述能量算子和动量算子等式给出：

$$E_{\mathrm{op}} = \mathrm{i}\frac{h}{2\pi}\frac{\partial}{\partial t}, \quad \mathbf{p}_{\mathrm{op}} = -\mathrm{i}\frac{h}{2\pi}\nabla$$

　　这便是用某种特殊算子来表述可观察物理量的出发点：能量和动量是两个可测量的物理量，这里表明它们都是某种算子对表示粒子运动的波函数作用的结果。

　　为了描述粒子波动的局部力学性质，引进**波包**或者**波束**，即将具有不同波数的波重叠起来。为此需要引进动量空间上的波函数概念。比如，

$$\Psi(x,t) = \frac{1}{\sqrt{h}} \int_{-\infty}^{+\infty} \exp\left[\mathrm{i}\frac{2\pi}{h}\left(p_x x - Et\right)\right] \phi\left(p_x\right) \mathrm{d}p_x$$

当 $t = 0$ 时，就有如下关系式：

$$\psi(x) = \Psi(x, t=0) = \frac{1}{\sqrt{h}} \int_{-\infty}^{+\infty} \exp\left[\mathrm{i}\frac{2\pi}{h}\left(p_x x\right)\right] \phi\left(p_x\right) \mathrm{d}p_x$$

以及

$$\phi\left(p_x\right) = \frac{1}{\sqrt{h}} \int_{-\infty}^{+\infty} \exp\left[\mathrm{i}\frac{2\pi}{h}\left(p_x x\right)\right] \psi\left(x\right) \mathrm{d}x$$

函数 $\psi(x)$ 与 $\phi(p_x)$ 恰好是彼此的傅里叶变换，只不过 ϕ 是定义在动量空间上的函数。更有趣的特点是这两个函数在各自空间上经过适当变换后其平方就成了一种概率分布，令

$$y = (p_x - p_0)/\Delta p_x, \quad z = \left(\frac{2\pi\Delta p_x}{h}\right) x$$

其中，Δp_x 是动量空间上 p_x 方向的概率分布宽度，这个宽度是一个满足如下要求的常量：分布函数 $|\phi(p_x)|^2$ 在

$$p_x = p_0 \pm \Delta p_x$$

取得最大值，这个常量可以通过求取分布函数的标准方差得到：

$$\Delta p_x = \sqrt{\langle(p_x - \langle p_x\rangle)^2\rangle}$$

其中，$\langle f\rangle = \int f(p_x)\left|\phi\left(p_x\right)\right|^2 \mathrm{d}p_x$ 是 f 的期望值，那么

$$\left|\phi(y)\right|^2 = \frac{1}{\sqrt{\pi}} \exp\left(-y^2\right), \quad \left|\psi(z)\right|^2 = \frac{1}{\sqrt{\pi}} \exp\left(-z^2\right)$$

并且

$$\int_{-\infty}^{+\infty} \left|\phi(y)\right|^2 \mathrm{d}y = 1, \quad \int_{-\infty}^{+\infty} \left|\psi(z)\right|^2 \mathrm{d}z = 1$$

这应当就是波函数以及对波函数作用的算子用来表述量子力学的初始原因。这些也就确定了波函数的严格定义，以及保证所有的波函数构成一个线性内积空间，从而它上面的线性算子构成一种数学结构。这种概率分布就解释为在时空的某处发现该粒子的概率。

在这些分析演变的基础上建立起来的量子力学假设：

(1) 无论是粒子运动还是光子传播，都可以用波函数来描述它们在时空中的运动，并且这些波函数都是一个完备线性内积空间中的元素；

(2) 动力学可测物理变量都由包含波函数的希尔伯特空间上的埃尔米特线性算子来表示；

(3) 对动力学可测物理变量的每一次测量的结果都必然是表示它的线性算子的一组特征值。

作为例子，表示能量的波函数是能量特征函数，表示能量的是哈密顿算子，它的特征值就是能量测量的结果。

4.3.3 薛定谔波函数观念之由来

薛定谔波函数观念来自德布罗意的粒子波思想。既然电子运动可以看成是一种波动，那么电子的德布罗意波就应当有相应的足以描述这种粒子波动的波动方程。麦克斯韦的光波波动方程为

$$\begin{cases} \left(\dfrac{1}{\mathbf{c}^2} \dfrac{\partial^2}{\partial t^2} - \nabla^2 \right) \Phi = \dfrac{\rho}{\epsilon_0} \\ \left(\dfrac{1}{\mathbf{c}^2} \dfrac{\partial^2}{\partial t^2} - \nabla^2 \right) \vec{A} = \mu_0 \vec{J} \end{cases}$$

其中，Φ 是标量势能，$\vec{A}$ 是向量势能，并且满足洛伦兹条件：

$$\nabla \cdot \vec{A} + \frac{1}{\mathbf{c}^2} \frac{\partial \Phi}{\partial t} = 0$$

在一定意义上讲，波函数其实是电磁场能量之源将能量随时间在空间中以波动的形式的分布。

哈密顿初始的偏微分方程中最简单的一个自由度的方程具有如下形式：

$$H \left(q, \frac{\partial S}{\partial q} \right) = E$$

求解：$S = \sum S_i$，$S_i = S_i(q)$，而 q 是位置函数，H 为开普勒-哈密顿函数。

薛定谔借助热力学思想将这个未知函数 S 解释为一种玻尔兹曼的"熵函数"：

$$S = K \log \Psi$$

并且 $\Psi = \prod_j \psi_j$, $\psi_j = \psi_j(q)$; 未知常数因子的量纲为动作量纲。于是哈密顿方程就变成

$$H\left(q, \frac{K}{\Psi}\frac{\partial \Psi}{\partial q}\right) = E$$

求解 Ψ。

再将上面变了形的哈密顿方程转化成拉格朗日方程 (涉及 Ψ 和 $\frac{\partial \Psi}{\partial q}$ 的二次幂)(将 K 取成 $\hbar$), 比如:

$$\mathcal{L} = \left(\frac{\partial \Psi}{\partial x}\right)^2 + \left(\frac{\partial \Psi}{\partial y}\right)^2 + \left(\frac{\partial \Psi}{\partial z}\right)^2 - \frac{4\pi m_e}{h}\left(E + \frac{q_e^2}{\sqrt{x^2+y^2+z^2}}\right)\Psi^2 = 0$$

再用变分法求解 (最优化问题), 即

$$\delta J = \delta \iiint \mathcal{L}\mathrm{d}x \wedge \mathrm{d}y \wedge \mathrm{d}z = 0$$

计算表明必须有下述方程:

$$\nabla^2 \Psi + \frac{4\pi m_e}{h}\left(E + \frac{q_e^2}{\sqrt{x^2+y^2+z^2}}\right)\Psi = 0$$

以及

$$\int \frac{\partial \Psi}{\partial n}\delta \Psi \mathrm{d}S = 0$$

薛定谔的分析和计算得到当 $E < 0$ 时, 如果下述等式得到满足, 变分问题有解:

$$\frac{2\pi m_e q_e^2}{h\sqrt{-2m_e E}} \in \mathbb{N}^+ = \{n+1 \mid n \in \mathbb{N}\}$$

线性微分方程中的微分算子是一个线性算子, 满足一定条件的线性算子必然拥有属于实特征值的特征子空间。通过这种分析和计算, 薛定谔将变分问题的特征值与特定微分算子对波函数作用的特征值关联起来, 并且这些特征值就给出氢原子核外电子的能级。于是, 薛定谔将量子化条件解释为一个特征值问题: 离散值来自一定的波函数在特定微分算子作用下的特征值 (所论波函数是该特定微分算子的特征向量)。

4.3.4　矩阵量子力学等价于波动量子力学

矩阵量子力学建立在离散与代数运算基础上；波动量子力学建立在连续和微分运算与积分运算基础上。无论是出发点还是计算路径都大相径庭，但是矩阵量子力学和波动量子力学在求解所有已知具体量子力学问题时完全吻合。薛定谔在他 1926 年发表在《物理学年鉴》上的文章[①]证明这两种理论事实上在数学意义上等价。

薛定谔注意到海森伯最初的涉及格局空间中 n 个独立广义位置变量 $q_1, \cdots, q_n$ 以及 n 个独立广义动量变量 $p_1, \cdots, p_n$ 的乘法规则与通常的涉及 n 个独立广义位置变量 $q_1, \cdots, q_n$ 的线性微分算子所遵从的乘法规则完全吻合。薛定谔还意识到根据广义动量变元 p_k 的定义，只需要将 p_k 换成偏微分算子 $\dfrac{\partial}{\partial q_k}$ 就足以将定义在 $(\vec{q}, \vec{p})$ 空间上的函数转换成 $\vec{q}$ 空间上的函数。当然，这里涉及变量之间的排序问题。考虑到涉及算子 $\dfrac{\partial}{\partial q_k}$ 的操作将被限定在加法和乘法两种运算，薛定谔将关注点集中在一类具有特殊形式的函数之上：这些定义在 $(\vec{q}, \vec{p})$ 空间上的函数必须可以表示成广义动量变量 p_k 的幂级数形式。可以认为这种幂级数的每一个具体的项都具有类似下述的一般形式：

$$F(\vec{q}, \vec{p}) = (f(\vec{q}) p_r p_s p_t g(\vec{q}) p_{r'} h(\vec{q}) p_{r''} p_{s''} \cdots)$$

其中，f, g, h 都是定义在 $\vec{q}$ 空间上的函数。注意这些变元排列的顺序很重要，因为不能假定交换律成立。对于这一类"秩序函数"，薛定谔定义了用算子 $K \dfrac{\partial}{\partial q_k}$ 替换 p_k 的操作将 F 转换成一个作用在定义在 $\vec{q}$ 空间上的所有微变函数 u 上的微分算子 $[\partial F]$：

$$[\partial F](u) \equiv \left(f(\vec{q}) K^3 \frac{\partial^3}{\partial q_r \partial q_s \partial q_t} g(\vec{q}) K \frac{\partial}{\partial q_{r'}} h(\vec{q}) K^2 \frac{\partial^2}{\partial q_{r''} \partial q_{s''}} \cdots \right) u$$

事实上，这个常数很快就被取定为 $K = \dfrac{h}{2\pi \mathrm{i}}$。接下来薛定谔要做的是在由所有定义在 $\vec{q}$ 空间上的微变函数所构成的希尔伯特空间上任意选出一组标准正交基：

$$\{u_0, u_1, \cdots, u_k, \cdots\}$$

在这些准备之上，薛定谔对"秩序函数" F 按照下述方式设置一个与之对应的表

[①] Wrwin Scrödinger, On the Relation of the Heisenberg-Born-Jordan Quantum Mecanics and Mine, Annalen der Physik, 79(1926), page 734.

示矩阵:

$$F^{jk} = \int u_j \left([F] (u_k) \right) \mathrm{d}q_1 \wedge \mathrm{d}q_2 \wedge \cdots \wedge \mathrm{d}q_n$$

如果 G 是另外一个"秩序函数",那么与它对应的矩阵为

$$G^{jk} = \int u_j \left([G] (u_k) \right) \mathrm{d}q_1 \wedge \mathrm{d}q_2 \wedge \cdots \wedge \mathrm{d}q_n$$

薛定谔经过一种"平移技巧"(分部积分) 处理后得到乘法规则:

$$(FG)^{km} = \sum_{\ell} F^{k\ell} G^{\ell m} = \int u_k \left([FG] (u_m) \right) \mathrm{d}q_1 \wedge \mathrm{d}q_2 \wedge \cdots \wedge \mathrm{d}q_n$$

注意微分算子

$$\frac{\partial}{\partial q_k} q_k - q_k \frac{\partial}{\partial q_k}$$

是恒等算子。因此与"秩序函数" $(pq - qp)$ 对应的算子就是乘以一个常数 $\dfrac{h}{2\pi \mathbf{i}}$:

$$[(pq - qp)](u) = \frac{h}{2\pi \mathbf{i}} u$$

因此与 $(pq - qp)$ 对应的矩阵就是用 $\dfrac{h}{2\pi \mathbf{i}}$ 乘以玻恩-若尔当的单位矩阵所得到的结果。这也就是海森伯的量子化条件。

最后,薛定谔将希尔伯特空间上的标准正交基选成线性微分方程的自然边界值问题解的特征函数,以此证明了"自然出现的线性微分方程的边界值问题的解完全等价于海森伯代数方程的解。"

4.4 狄拉克相对论电子波动方程

量子力学与相对论的融合问题是一个极其困难的问题。尽管德布罗意粒子波理论是在相对论框架中建立的,但是薛定谔量子波动理论是以经典力学独立时空为基础的。狄拉克在解决量子力学与相对论融合问题上迈出了坚实的第一步[①]。

狄拉克考虑如何以薛定谔量子波动方程的方式在关联时空中来描述电子在电磁场中的运动问题,也就是薛定谔方程在关联时空中的正确形式应当是什么的问题。

---

① Paul A. M. Dirac, Principles of Quantum Mechanics, Proceedings of Royal Society, vol. 117 (1928), page 610; vol. 118(1928), page 351; Chapter 11, Oxford University Press, 1958.

考虑由动量微分算子和能量微分算子所组成的关联时空反变向量：

$$p_1 = \frac{\mathbf{i}h}{2\pi}\frac{\partial}{\partial x^1}, \quad p_2 = \frac{\mathbf{i}h}{2\pi}\frac{\partial}{\partial x^2}, \quad p_3 = \frac{\mathbf{i}h}{2\pi}\frac{\partial}{\partial x^3}, \quad p_0 = \frac{\mathbf{i}h}{2\pi\mathbf{c}}\frac{\partial}{\partial x^0}$$

在没有电磁场的环境中，根据关联时空中的能量-动量等式，

$$\left(\frac{E}{\mathbf{c}}\right)^2 - \left(p_x^2 + p_y^2 + p_z^2\right) = m_e^2\mathbf{c}^2$$

关联时空中的哈密顿函数为

$$H = \mathbf{c}\left(m_e^2\mathbf{c}^2 + p_x^2 + p_y^2 + p_z^2\right)^{\frac{1}{2}}$$

相应的波动方程为

$$\left(\frac{\mathbf{i}h}{2\pi\mathbf{c}}\frac{\partial}{\partial x^0} - \left(m_e^2\mathbf{c}^2 + p_1^2 + p_2^2 + p_3^2\right)^{\frac{1}{2}}\right)\Psi = 0$$

在上述方程中乘上它的对偶算子

$$\left(\frac{\mathbf{i}h}{2\pi\mathbf{c}}\frac{\partial}{\partial x^0} + \left(m_e^2\mathbf{c}^2 + p_1^2 + p_2^2 + p_3^2\right)^{\frac{1}{2}}\right)$$

就得到

$$\left(p_0^2 - m_e^2\mathbf{c}^2 - p_1^2 - p_2^2 - p_3^2\right)\Psi = 0$$

这个方程在洛伦兹变换下具有形式不变性。但这个方程并不完全适合，因为它是一个关于时间的二阶微分方程。从量子力学的一般适用性考量，需要得到关于时间的线性微分方程。为此，考虑下述系数待定方程：

$$\left(p_0 - \alpha_1 p_1 - \alpha_2 p_2 - \alpha_3 p_3 - \beta\right)\Psi = 0$$

其中，$\alpha_1, \alpha_2, \alpha_3, \beta$ 都与四个微分算子独立。由于我们考虑没有电磁场的情形，关联时空具有整齐特性，所以作用在波函数上的算子就与关联时空的具体事件独立，因此这些待定的 α 和 β 理应也同关联时空的具体事件独立。这就意味着它们和微分算子 p_j，以及关联时空中的事件具有可交换性。这便为描述电子运动增加了一个新的自由度。

同样地，在上述方程两边乘上对偶算子：

$$\left(p_0 + \alpha_1 p_1 + \alpha_2 p_2 + \alpha_3 p_3 + \beta\right)$$

就得到

$$\left(p_0^2 - (\alpha_1 p_1 + \alpha_2 p_2 + \alpha_3 p_3 + \beta)^2\right)\Psi = 0$$

利用可交换性，将这个系数待定方程与下述方程比较：

$$\left(p_0^2 - \left(m_e^2 \mathbf{c}^2 + p_1^2 + p_2^2 + p_3^2\right)\right)\Psi = 0$$

就得到下述有关这些待定系数的方程组：

$$\alpha_a \alpha_b + \alpha_b \alpha_a = 2\delta_{ab} \quad (a, b \in \{0, 1, 2, 3\})$$

其中，$\beta = \alpha_0 m_e \mathbf{c}$。无论是在实数范围内还是在复数范围内都没有满足这个方程组的解。但这个方程组有 4×4 的复矩阵解。令

$$\sigma_1 = \begin{pmatrix} 0 & 1 & 0 & 0 \\ 1 & 0 & 0 & 0 \\ 0 & 0 & 0 & 1 \\ 0 & 0 & 1 & 0 \end{pmatrix}, \sigma_2 = \begin{pmatrix} 0 & -\mathbf{i} & 0 & 0 \\ \mathbf{i} & 0 & 0 & 0 \\ 0 & 0 & 0 & -\mathbf{i} \\ 0 & 0 & \mathbf{i} & 0 \end{pmatrix}, \sigma_3 = \begin{pmatrix} 1 & 0 & 0 & 0 \\ 0 & -1 & 0 & 0 \\ 0 & 0 & 1 & 0 \\ 0 & 0 & 0 & -1 \end{pmatrix}$$

$$\rho_1 = \begin{pmatrix} 0 & 0 & 1 & 0 \\ 0 & 0 & 0 & 1 \\ 1 & 0 & 0 & 0 \\ 0 & 1 & 0 & 0 \end{pmatrix}, \rho_2 = \begin{pmatrix} 0 & 0 & -\mathbf{i} & 0 \\ 0 & 0 & 0 & -\mathbf{i} \\ \mathbf{i} & 0 & 0 & 0 \\ 0 & \mathbf{i} & 0 & 0 \end{pmatrix}, \rho_3 = \begin{pmatrix} 1 & 0 & 0 & 0 \\ 0 & 1 & 0 & 0 \\ 0 & 0 & -1 & 0 \\ 0 & 0 & 0 & -1 \end{pmatrix}$$

那么

$$\alpha_1 = \rho_1 \sigma_1, \quad \alpha_2 = \rho_1 \sigma_2, \quad \alpha_3 = \rho_1 \sigma_3, \quad \alpha_0 = \rho_3$$

就是一组解。就是说，我们有如下矩阵方程 (狄拉克方程)：

$$(p_0 \mathbf{1}_4 - p_1 \alpha_1 - p_2 \alpha_2 - p_3 \alpha_3 - m_e \mathbf{c} \rho_3)\Psi = \mathbf{0}_4$$

其中，$\mathbf{1}_4 = \mathrm{diag}(1, 1, 1, 1)$ 是 4×4 乘法单位矩阵；$\mathbf{0}_4$ 是 4×4 加法单位矩阵，即零矩阵；

$$\alpha_1 = \begin{pmatrix} 0 & 0 & 0 & 1 \\ 0 & 0 & 1 & 0 \\ 0 & 1 & 0 & 0 \\ 1 & 0 & 0 & 0 \end{pmatrix}; \alpha_2 = \begin{pmatrix} 0 & 0 & 0 & -\mathbf{i} \\ 0 & 0 & \mathbf{i} & 0 \\ 0 & -\mathbf{i} & 0 & 0 \\ \mathbf{i} & 0 & 0 & 0 \end{pmatrix}; \alpha_3 = \begin{pmatrix} 0 & 0 & 1 & 0 \\ 0 & 0 & 0 & -1 \\ 1 & 0 & 0 & 0 \\ 0 & -1 & 0 & 0 \end{pmatrix}$$

Ψ 则是由四个分量函数组成的 4×1 向量函数：

$$\Psi = (\psi_0, \psi_1, \psi_2, \psi_3)^{\mathrm{T}}$$

推广到电子在电磁场中的情形。关联时空中的电磁场由满足洛伦兹条件的标量势能 $A_0 = \varphi$ 以及空间向量势能 $\vec{A} = (A_1, A_2, A_3)$ 确定。于是，在此电磁场 (A_0, A_1, A_2, A_3) 中的电子波动方程为

$$\left(\left(p_0 + \frac{q_e}{\mathbf{c}} A_0 \right) \mathbf{1}_4 - \left(\sum_{j=1}^{3} \left(p_j + \frac{q_e}{\mathbf{c}} A_j \right) \alpha_j \right) - m_e \mathbf{c} \rho_3 \right) \Psi = \mathbf{0}_4$$

狄拉克的这个波动方程在洛伦兹变换下具有形式不变性。

狄拉克方程可以有下述形式的解：

$$\Psi = \begin{pmatrix} \psi_0(t) \\ \psi_1(t) \\ \psi_2(t) \\ \psi_3(t) \end{pmatrix} = \begin{pmatrix} e^{-i\left(\frac{2\pi m_e c^2}{h} \right)t} \\ e^{-i\left(\frac{2\pi m_e c^2}{h} \right)t} \\ e^{-i\left(\frac{-2\pi m_e c^2}{h} \right)t} \\ e^{-i\left(\frac{-2\pi m_e c^2}{h} \right)t} \end{pmatrix}$$

也就是说狄拉克方程有正、负能量两个解。与正解相应的是电子的运动，而与负解相应的似乎是一个与电子具有相等的质量但携带电量相等的正电荷的粒子。也就是说，狄拉克电子波动方程预示自然界似乎应当有一种电子的对偶粒子：正电子 (与电子 (electron) 质量相等、电量绝对值相等但电性相反的粒子)(positron)。

四年之后，正电子于 1932 年 8 月 2 日，被安德森 (Carl David Anderson, 1905~1991) 从宇宙射线中发现。不久后，实验室内便可以制造出正负电子对。所以，狄拉克矩阵波动方程的理论预言的存在性得到证实。

4.5   希尔伯特空间算子理论

最终，量子力学上演 (中国历史上的) "三国归晋"：海森伯-玻恩-若尔当的矩阵量子力学，薛定谔的波动量子力学，狄拉克的微分算子量子力学，统一在希尔伯特空间算子理论基础上。

1929 年，狄拉克在没有接触到希尔伯特空间理论的前提下开始提炼关于 "观测" 的一般理论。他的《量子力学原理》专著于 1930 年在剑桥大学出版社出版，1958 年由牛津大学出版社再版。

狄拉克将线性空间上两个元素 a 和 b 的内积的记号 $\langle a | b \rangle$ 一分为二，用这一对尖括号的左边一半 ($\langle a |$) 表示线性映射，右边一半 ($| b \rangle$) 表示线性空间中的向量，活生生地将本来只是表示一种含义的记号变成可以灵活表达不同含义的记号。将线性函数表示定理的内涵植入到记号使用之中。不仅继续表示原来空间上的内

积, 还可以表示对偶空间中的元素, 在改变一下拆分之后的左右顺序之后还可以表示对偶空间上的线性函数。这种方便灵活的方式从那时起就开始成为物理界和数学界在涉及量子力学时普遍的表达方式。表示尖括号的英文单词 bracket 也因此被 "狄拉克记号" 分解成了 "bra" ($\langle x |$) 和 "ket" ($| y \rangle$)。

当然, 更为重要的是狄拉克将量子力学的基本概念锁定在 "系统"、"准备"、"状态"、"合成"、"权重"、"相位"、"状态准备"、"摄动"、"观测" 以及 "可观测" 这几个原始名词术语之上。对这几个基本名词术语, 只能给出大致的语义规定, 不能有如数学概念那样严格定义出来, 因为在任何一个理论中, 总有不加定义的但遵守一定性质约束的原始概念。形而上学地说, 建立中的理论赋予这些原始名词术语的含义只能是外加的并且只能通过那些必须设置的性质约束来保证核心部分外加含义得以内在实现。

比如,"状态" 有适当前期 "准备" 过程; 在适当准备之后, 称一个系统处于一个给定状态就是给出有关它的结构、时空位置以及内在运动的全部数据; 一个系统的一种 "状态" 不会有一个明确的时间区间长短; 在没有任何摄动 (或者干扰) 发生的整个时间区间上系统的演变被当成系统的一种状态; (**状态合成原理:**) 任何一个状态都可以是两个或者多个不同状态的**合成** (**状态可加性或者可分解性**), 并且在这种合成过程中所涉及的各项状态的 "权重" 和 "相位" 都很明显。所以当摄动被排除之后, 一个系统的状态会永久持续下去。摄动本身是相对的, 因为导致摄动的因素可能融合于系统之中。但是由对一个系统进行准备以期将其带到一种给定状态所构成的摄动有其绝对特性, 或者有其本质意义, 比如对在一种给定状态下的系统所进行的任何一次观测都必然导致对系统的摄动。量子力学中系统的状态类似于经典力学中的一个系统的运动由它开始运动的初始条件以及过程中所受外力之作用完全确定。

至于 "观测", 一般而言, 对一个系统的每一次在经过前期适当准备之后的测量都会改变该系统的初始状态; 一次观测的结果不是完全确定的, 即便是在全同的初始条件下的重复观测也不一定获得前次所得到的结果; 只能在经过足够多次的完全相同的观测之后得出获得一个给定结果的概率 (这种相对不确定性与状态的合成原理相关联); 有必要明确从对系统的准备到实施观测所经历过的时间区间 (因为一种状态是相对于时空的并且不排除一种会改变测量结果的确定的系统演变), 当然, 对于那些被认定为稳定的状态, 这种时间区间就无关紧要。

为了确保存在不会干扰系统的观测, 狄拉克提出**可重复性假设**: 如果第一次取得结果的观测干扰了系统, 那么紧接着的重复观测一定取得与第一次相同的结果, 而不是获得再度获得先前结果的概率, 就是说, 紧接着的重复观测不会再次干扰系统。

称两次 (未必分先后的) 观测是兼容的当且仅当第二次观测获得一个给定结

果的概率没有被第一次观测带给系统的干扰所改变 (就是说，第二次观测获得一个给定结果的概率等于在第一次测量结果知道之前以及在第二次观测开始的时候获得给定结果的概率)。最重要的情形是两次或多次兼容的观测同时开展。若干次兼容的观测可以被当成一次同样的观测。如果一个系统所能允许的最多个独立和兼容的观测全都同时实施，该系统的最终状态就独立于初始状态地由这个极大观测来定义。根据可重复性假设，如果立即重复这个极大观测，就一定获得圆满的完美确定的结果。

量子力学中与一个经典动力学变量的**瞬间取值**相似的被称为一个**可观测量**。如同经典理论那样，每一次观测都会具有对相应的可观测量赋值的功能。

在明确这些基本规定之后，狄拉克开始建立“状态与可观测量的符号代数”。

一种状态由符号 ψ 以及伴随指标 $(\psi_1, \psi_2, \cdots, \psi_n)$ 来表示，并且该伴随指标刻画该状态。

状态合成原理 (可加性) 形式地表述为

$$\psi = c_1\psi_1 + c_2\psi_2 + \cdots + c_n\psi_n$$

其中，c_j 是一个实数或者复数。不同状态符号的加法同数的加法一样，具有结合律、交换律。但是，状态符号加法具有自身相加不变特性：

$$\psi_1 + \psi_1 = \psi_1$$

另外，当 c 非零时，$c\psi_1$ 与 ψ_1 被认定为**无差别**状态。

对每一个状态符号 ψ，如果

$$\psi = c_1\psi_1 + c_2\psi_2 + \cdots + c_n\psi_n$$

那么它的**共轭符号** ψ^* 由下述等式确定：

$$\psi^* = c_1^*\psi_1^* + c_2^*\psi_2^* + \cdots + c_n^*\psi_n^*$$

其中，c_j^* 是 c_j 的共轭复数。

如果 ψ 和 ψ^* 具有相同的指标，那么它们表示相同的状态。ψ 与 ψ^* 之间的加法没有什么含义；但它们的乘积有确定的含义，并且下述等式是基本要求：

$$(\psi_s^*\psi_r)^* = \psi_r^*\psi_s; \ \psi_r^*\psi_r \geqslant 0$$

若 $\psi^*\psi = 1$，则称 ψ 是规范的。

状态的表示符号代数的物理解释如下：假设 ψ_r^* 和 ψ_s 是规范的。将状态 ψ_r^* 的极大观测实施于状态 ψ_s。这两个状态的**概率吻合度**为 $|\psi_r^*\psi_s|^2$。

假设 (1): 一个动力系统在一个具体时刻的一个状态由复希尔伯特空间中的一个非零**右向量** $|*\rangle$ 所生成的一维子空间表示, 并且这种表示有效地实现状态叠加原理, 即两个状态之和对应它们各自的表示向量之和:

$$A \oplus B \mapsto c_1|A\rangle + c_2|B\rangle = |A \oplus B\rangle$$

其中, $c_1 \neq 0 \neq c_2$。反之亦然。简而言之, 一个动力系统在一个具体时刻的所有的状态由一个复希尔伯特向量空间的所有一维子空间来表示, 这种表示是一对一个一维子空间的, 可逆的, 并且有效保持状态叠加原理, 即向量的加法性质就是状态叠加性质的真实表示; 状态之间的相关性就是它们表示向量之间的相关性; 状态之间的独立性就是它们表示向量之间的独立性。

准确地说, 在希尔伯特空间上, 考虑所有一维子空间所成的商空间, 在每一个一维子空间中取一个单位向量来表示一种状态; 两个这样的单位向量之和在某个一维子空间中, 就令在该子空间中选出的代表元表示这个和。

这个复希尔伯特空间上的线性函数用这个复希尔伯特空间中它的同构像来表示, 这个同构像用**左向量**, 记号为 $\langle*|$, 表示。若 f 是一个线性函数, $|B\rangle$ 是希尔伯特空间中的一个向量, 那么

$$f(|B\rangle) = \langle A_f \mid B \rangle$$

其中, $f \mapsto A_f$ 是同构映射, $\langle A_f \mid B \rangle$ 是复希尔伯特空间上的复内积。

复希尔伯特空间上的线性算子代数: 算子加法, 复标量乘法, 算子复合 (乘法)。

若 $\mathcal{T}$ 是一个线性算子, $\mathcal{T}: |B\rangle \mapsto \mathcal{T}|B\rangle$, $\langle A|$ 是一个线性函数, 那么等式

$$\langle A|\mathcal{T}|B\rangle = \{\langle A|\mathcal{T}\}|B\rangle = \langle A|\{\mathcal{T}|B\rangle\}$$

就定义出一个对偶空间上的线性算子。

另外, $|B\rangle\langle A|$ 既是复希尔伯特向量空间上的一个线性算子, 也是对偶空间上的一个线性算子。

假设 (2): 用线性算子表示那个具体时刻的动力学变元, 比如, 一个粒子的坐标分量、速度分量、动量分量, 或者角动量分量, 或者由这些量所给出的函数。

伴随算子对应于动力学变元的共轭。

只有实线性算子对量子力学才有意义。线性算子是实线性算子当且仅当它的特征值都是实数。这些算子为自伴算子, 或埃尔米特算子。

4.5.1　包含波函数的希尔伯特空间

狄拉克 1930 年用希尔伯特空间中的向量表示一个量子力学系统的瞬间状态，用向量空间上的埃尔米特线性算子表示量子力学变元，建立起量子力学数学抽象表示以及物理含义解释。这种解释就是利用表示过程中的对应关系，将希尔伯特空间中的算子理论等式经过对观测的规定解释为观测结果之间的关联，从而将数学的形式等式解释为物理学的自然规律。德布罗意 1932 年[①] 用由包括波函数在内的复函数所构成的希尔伯特空间进一步具体地实现了这种量子力学的抽象与解释的过程。

考虑任意两个定义在非空有界闭球 $D \subset \mathbb{R}^n$ 上的复函数 f 和 g。定义它们的内积 $\langle f \,|\, g \rangle$ 如下：

$$\langle f \,|\, g \rangle = \int_D f^* g \, \mathrm{d}x^1 \wedge \cdots \wedge \mathrm{d}x^n$$

这样就得到一个具体的希尔伯特空间。它有各种各样的完备标准正交基。给定一组标准正交基

$$\varphi_0, \varphi_1, \cdots, \varphi_k, \cdots$$

每一个波函数 Ψ 都是一组标准正交基的线性组合：

$$\Psi = \sum_{k=0}^{\infty} \langle \varphi_k \,|\, \Psi \rangle \, \varphi_k$$

借助这样的希尔伯特空间以及它上面的线性算子，波动量子力学便可以依据下述基本假设得以建立：

(I) (**量子化原理**) 每一个量子力学变量都有一个线性算子来表示，并且如果该变量经过一种测量获得一个准确值，那么这个值必定是该变量的表示算子的一个特征值。

(II) (**谱分解原理**) 设一个变量由一个算子表示，并且它的特征子空间有如下标准正交基以及相应的特征值：

$$(a_0, \varphi_0), (a_1, \varphi_1), \cdots, (a_k, \varphi_k), \cdots$$

如果规范化后的波函数 ψ 可以由这组基线性表示出来：

$$\psi = \sum_{k=0}^{\infty} c_k \varphi_k$$

---

① Louis de Broglie, Théorie de la Quantification dans la nouvelle Mécanique, Paris (Hermann), 1932.

那么对该变量的一次观测获得特征值 a_i 的概率为 $|c_i|^2$。如果该算子的特征值是一个实数开区间并且其特征向量由这个区间上的映射 φ 确定，并且规范化后的波函数 ψ 由下述等式确定：

$$\psi = \int c(a)\varphi(a)\mathrm{d}a$$

那么该变量的一次测量的值落入区间 $[a, a+\Delta a]$ 的概率为 $\int_{\Delta a} c(a)c^*(a)\mathrm{d}a$。

4.5.2 波函数的概率内涵

1926 年玻恩发表在《物理学杂志》上的文章[①] 对薛定谔的波函数提出了一种物理内涵解释。"薛定谔量子力学提供了 …… 一种全然规定的答案；…… 但不是一种确切的答案。…… 这就出现了整个**确定性问题。**"简而言之，玻恩将薛定谔的波函数解释为确定运动中的粒子在相应时刻在整个空间上的位置分布的概率密度，但不是具体出现的位置。

考虑最简单的情形。假设一个质量为 m 的粒子 ξ 沿着独立时空惯性参照系的 X 轴运动。描述该粒子运动的波函数为 $\Psi(x, t)$。它满足薛定谔方程：

$$\mathrm{i}\hbar\frac{\partial\Psi}{\partial t} = -\frac{\hbar^2}{2m}\frac{\partial^2\Psi}{\partial x^2} + V\psi$$

其中，$\hbar = \dfrac{h}{2\pi} = 1.054572 \times 10^{34}$ J·s。

基本假设：只有既满足薛定谔方程又关于位置平方可积的函数才被称为表示某种粒子运动状态的波函数。

如果 $f(x, t)$ 是关于 x 的平方可积函数，令

$$A(f, t) = \int_{-\infty}^{\infty} |f(x, t)|^2 \mathrm{d}x$$

如果 $\Psi(x, t)$ 满足薛定谔方程，并且关于 x 平方可积，那么 $A(\Psi, t)$ 是一个不随时间变化的常数。

$$\frac{\mathrm{d}}{\mathrm{d}t}\int_{-\infty}^{\infty} |\Psi(x, t)|^2\mathrm{d}x = \int_{-\infty}^{\infty} \frac{\partial}{\partial t}|\Psi(x, t)|^2\mathrm{d}x$$

因为

$$\frac{\partial}{\partial t}|\Psi(x, t)|^2 = \frac{\partial}{\partial t}\left(\Psi^* \cdot \Psi\right) = \Psi^*\frac{\partial\Psi}{\partial t} + \frac{\partial\Psi^*}{\partial t}\Psi$$

[①] Max Born, Zur Quantenmechanik der Strossvorgänge, Zeit. f, Phys. 37 (1926), p.866.

薛定谔方程保证

$$\frac{\partial \Psi}{\partial t} = \frac{\mathbf{i}\hbar}{2m}\frac{\partial^2 \Psi}{\partial x^2} - \frac{\mathbf{i}}{\hbar}V\Psi$$

取复共轭，即有

$$\frac{\partial \Psi^*}{\partial t} = -\frac{\mathbf{i}\hbar}{2m}\frac{\partial^2 \Psi^*}{\partial x^2} + \frac{\mathbf{i}}{\hbar}V\Psi^*$$

于是，

$$\frac{\partial}{\partial t}|\Psi|^2 = \frac{\mathbf{i}\hbar}{2m}\left(\Psi^*\frac{\partial^2 \Psi}{\partial x^2} - \frac{\partial^2 \Psi^*}{\partial x^2}\Psi\right)$$
$$= \frac{\partial}{\partial x}\left[\frac{\mathbf{i}\hbar}{2m}\left(\Psi^*\frac{\partial \Psi}{\partial x} - \frac{\partial \Psi^*}{\partial x}\Psi\right)\right]$$

因为 Ψ 和 Ψ^* 都是平方可积函数，所以

$$\left(\Psi^*\frac{\partial \Psi}{\partial x} - \frac{\partial \Psi^*}{\partial x}\Psi\right)\Big|_{-\infty}^{\infty} = 0$$

从而

$$\frac{\mathrm{d}}{\mathrm{d}t}\int_{-\infty}^{\infty}|\Psi(x,t)|^2\mathrm{d}x = 0$$

如果 $f(x,t)$ 满足薛定谔方程，并且关于 x 平方可积，那么 $\frac{1}{A(f)}f(x,t)$ 也满足薛定谔方程。称 $\frac{1}{A(f)}f$ 为 f 的**规范化**。

波函数 $\Psi(x,t)$ 是一个规范化的波函数是指它既满足薛定谔方程又满足如下积分等式：

$$\int_{-\infty}^{\infty}|\Psi(x,t)|^2\mathrm{d}x = 1$$

玻恩认为规范化之后的波函数 $\Psi(x,t)$ 确定了该粒子在时刻 t 出现在位置 x 的**概率密度** $|\Psi(x,t)|^2$，就是说，比如考虑区间 $[a,b]$，那么定积分

$$\int_a^b|\Psi(x,t)|^2\mathrm{d}x = P_t(\xi \in [a,b])$$

就是粒子 ξ 在时刻 t 出现在区间 $[a,b]$ 中的概率。

基本假设：如果 $\Psi(x,t)$ 是表示一个粒子运动状态的规范化的波函数，那么无论何时，都能同时在各个位置 x 处对该粒子在该处出现的可能性以完全相同的方式进行测量。

换句话说，规范化的波函数 $\Psi(x,t)$ 所描述的是同一粒子在任意固定时刻在空间上的分布情形。这样可以解释在固定时刻 t 波函数 $\Psi(x,t)$ 关于位置 x 的数学期望 (**位置期望**)：

$$\langle x \rangle(t) = \int_{-\infty}^{\infty} x|\Psi(x,t)|^2 \mathrm{d}x$$

物理解释为：在时刻 t，同时对以同样方式准备的系统在各处以同样方式测量出现的可能性的加权平均值。

由等式

$$\frac{\mathrm{d}\langle x \rangle(t)}{\mathrm{d}t} = \int_{-\infty}^{\infty} x\frac{\partial}{\partial t}|\Psi|^2 \mathrm{d}x$$

$$= \frac{\mathrm{i}\hbar}{2m}\int_{-\infty}^{\infty} x\frac{\partial}{\partial x}\left(\Psi^*\frac{\partial\Psi}{\partial x} - \frac{\partial\Psi^*}{\partial x}\Psi\right)\mathrm{d}x$$

分部积分得到

$$\frac{\mathrm{d}\langle x \rangle(t)}{\mathrm{d}t} = -\frac{\mathrm{i}\hbar}{2m}\int_{-\infty}^{\infty}\left(\Psi^*\frac{\partial\Psi}{\partial x} - \frac{\partial\Psi^*}{\partial x}\Psi\right)\mathrm{d}x$$

进而得到

$$\frac{\mathrm{d}\langle x \rangle(t)}{\mathrm{d}t} = -\frac{\mathrm{i}\hbar}{m}\int_{-\infty}^{\infty}\Psi^*\frac{\partial\Psi}{\partial x}\mathrm{d}x$$

基本假设：由规范波函数 $\Psi(x,t)$ 所描述的粒子运动的**速度期望** $\langle v \rangle$ 为其位置期望关于时间的导数：

$$\langle v \rangle = \frac{\mathrm{d}\langle x \rangle(t)}{\mathrm{d}t}$$

由此，由规范波函数 $\Psi(x,t)$ 所描述的粒子运动的**动量期望**：

$$\langle p \rangle = m\frac{\mathrm{d}\langle x \rangle(t)}{\mathrm{d}t} = -\mathrm{i}\hbar\int_{-\infty}^{\infty}\left(\Psi^*\frac{\partial\Psi}{\partial x}\right)\mathrm{d}x$$

重写一下：

$$\langle x \rangle = \int_{-\infty}^{\infty}\Psi^*(x)\Psi\,\mathrm{d}x$$

$$\langle p \rangle = \int_{-\infty}^{\infty}\Psi^*\left(\frac{\hbar}{\mathrm{i}}\frac{\partial}{\partial x}\right)\Psi\,\mathrm{d}x$$

将 (x) 解释为表示位置的一个**线性算子**；将 $\left(\dfrac{\hbar}{\mathrm{i}}\dfrac{\partial}{\partial x}\right)$ 解释为表示动量的一个**线性算子**。

4.6　狄拉克量子动作原理

1932 年，狄拉克重新审视量子力学的发展过程。他意识到不应当仅仅从哈密顿经典力学的那些等式出发去建立量子力学，而应当从经典的拉格朗日理论的核心思想出发去建立量子力学。狄拉克将拉格朗日的动作优化原理引进到量子力学。狄拉克 1933 年发表了有关拉格朗日函数以及动作优化原理在量子力学中的作用的文章[①]。

有关建立量子拉格朗日理论的基本想法，狄拉克写道：

量子力学是利用与经典哈密顿力学理论的相似性建立起来的。经典的典型坐标和广义动量概念在量子力学中有非常简单的相似的概念；于是，建立在典型坐标和广义动量基础上的经典哈密顿理论便可以照搬进量子力学。

还有一种不是利用经典坐标和广义动量而是借助依赖广义坐标和广义速度的拉格朗日函数建立起来的不同的经典力学理论。这两种经典力学的表述方式相互密切关联，但是拉格朗日表述方式更为基本。

拉格朗日方法根据由拉格朗日函数关于时间的积分所给定的动作函数的稳定性质导出所有的运动方程。在哈密顿理论中并没有相应的借助广义坐标和广义动量的动作原理。况且拉格朗日方法可以使用于关联时空；而哈密顿理论本质上只能在形式上适用于独立时空，因为它用一种特殊的时间变元作为哈密顿函数的典型共轭量。

自然的问题应当是量子力学理论中何以与经典力学中的拉格朗日方法相对应。有一点可以肯定，别指望会有直接照搬经典拉格朗日方程的路。这些方程都涉及关于广义坐标和广义速度的偏导数，而**这些偏导数在量子力学中毫无任何内涵可言**。唯一可以对于量子力学变量实施的微分过程就是构造泊松括号，而这一过程导致哈密顿理论。

由此，必须以某种间接方式探寻量子拉格朗日理论；必须借用经典拉格朗日理论的核心思想，而不是那些方程。

下面是狄拉克建立量子拉格朗日理论的思路梗概。

从经典的与量子的接触变换开始。给定两个变量的集合：

$$p_r, q_r, P_r, Q_r \quad (r = 1, 2, \cdots, n)$$

这些 q 和 Q 各自构成独立坐标分量的完全集合，任何动量学变量都能够用它们表示出来。在经典理论中，变换方程能够以下述形式展示：

$$p_r = \frac{\partial F}{\partial q_r}, \quad P_r = -\frac{\partial F}{\partial Q_r}$$

---

① P. A. M. Dirac, The Lagrangian in Quantum Mechanics, Phys. Zeits. Sowjetunion 3, 64(1933).

其中，F 是坐标分量 q 和 Q 的某个函数。

在量子理论中，能够取一种表示，其中一个以 q 为主对角元，另外一个以 Q 为主对角元。会有一个联结这两个表示的变换函数 $\langle q' \,|\, Q' \rangle$。接着，狄拉克证明这一变换函数是指数函数 $\mathrm{e}^{\frac{\mathrm{i}F}{\hbar}}$ 在量子理论中的相似者。

如果 f 是量子理论中的动力学变元的任意一个函数，它会有一种"混合"表示 $\langle q' \,|f|\, Q' \rangle$，这种表示可以用通常的矩阵元 $\langle q' \,|f|\, q'' \rangle$ 或 $\langle Q' \,|f|\, Q'' \rangle$ 写成如下形式：

$$\langle q' \,|f|\, Q' \rangle = \int \langle q' \,|f|\, q'' \rangle \mathrm{d}q'' \langle q'' \,|\, Q' \rangle$$

$$= \int \langle q' \,|\, Q'' \rangle \mathrm{d}Q'' \langle Q'' \,|f|\, Q' \rangle$$

由此，获得

$$\langle q' \,|q_r|\, Q' \rangle = q_r' \langle q' \,|\, Q' \rangle, \quad \langle q' \,|p_r|\, Q' \rangle = \frac{\hbar}{\mathrm{i}} \frac{\partial}{\partial q_r'} \langle q' \,|\, Q' \rangle$$

和

$$\langle q' \,|Q_r|\, Q' \rangle = Q_r' \langle q' \,|\, Q' \rangle, \quad \langle q' \,|P_r|\, Q' \rangle = -\frac{\hbar}{\mathrm{i}} \frac{\partial}{\partial Q_r'} \langle q' \,|\, Q' \rangle$$

注意上述两式间的符号差别。

狄拉克将这些等式推广到任意的有某种"秩序"的函数 $f(q,Q)$，就是说，可以分解成如下述序列乘积项之和的形式：$f(q,Q) = \sum_k g_k(q) h_k(Q)$，其中 g_k 只是 q 的函数，h_k 只是 Q 的函数。对于这样的函数，$\langle q' \,|f(q,Q)|\, Q' \rangle = f(q',Q') \langle q' \,|\, Q' \rangle$。

这个美妙的等式展示出一个算子变量函数 $f(q,Q)$ 与一个数值变量 (相应算子的特征值) 函数 $f(q',Q')$ 之间的联系。

比如，q 是算子，$|q'\rangle$ 是它的一个特征向量，q' 是该特征向量的特征值，即 $q|q'\rangle = q'|q'\rangle$。

令 $\langle q' \,|\, Q' \rangle = \mathrm{e}^{\frac{\mathrm{i}U}{\hbar}}$，其中 U 是 q' 与 Q' 的一个新的函数。根据上面的微分等式，我们得到

$$\langle q' \,|p_r|\, Q' \rangle = \frac{\partial U}{\partial q_r'} \langle q' \,|\, Q' \rangle$$

应用上面的美妙等式，只要 $\dfrac{\partial U}{\partial q_r}$ 具有某种秩序，我们就得到算子等式 $p_r = \dfrac{\partial U(q,Q)}{\partial q_r}$。

同样地，只要 $\dfrac{\partial U}{\partial Q_r}$ 具有某种秩序，我们就得到算子等式 $P_r = \dfrac{\partial U(q, Q)}{\partial Q_r}$。

这些方程与经典理论中的方程具有相同的形式。这就表明满足上述微分方程的函数 U 就是生成经典接触变换的函数 F 在量子理论中的相似者。

在经典理论中，动力学变量以一种关联的累进方式以至于它们在时刻 t 的值 q_t, p_t 与它们在另外时刻 T 的值可以由前面的等式所确定的一种接触变换相关联，其中，积分等式用到变量替换 $q = q_t, p = p_t, Q = q_T, P = p_T$ 以及 F 等于动作 S，也就是拉格朗日函数从 T 到 t 的时间积分。

在量子理论中，q_t, p_t 还是会与 q_T, p_T 经一个接触变换相关联，会是一个将以 q_t 为主对角元的表示与以 q_T 为主对角元的表示联结起来的变换函数 $\langle q_t \mid q_T \rangle$。之前的论证表明

$$\langle q_t \mid q_T \rangle \sim \exp\left[\frac{\mathbf{i}\displaystyle\int_T^t L\,\mathrm{d}t}{\hbar}\right]$$

其中，L 是拉格朗日函数。对于时间的一个无穷小增量 Δt 而言，

$$\langle q_{t+\Delta t} \mid q_t \rangle \sim \exp\left[\frac{\mathbf{i}L\Delta t}{\hbar}\right]$$

上述两个变换在量子理论中是基本的，并且也满足这样的要求：它们是应用拉格朗日函数简单表示出来的。这是众所周知的经典理论中的波函数的相位对应着哈密顿原理函数这一结果的自然扩展。

上面的时间无穷小增量变换式建议我们最好不要将经典的拉格朗日当成一个位置坐标和在时刻 t 的速度的函数，而是将拉格朗日函数当成时刻 t 的位置坐标与在时刻 $t + \Delta t$ 的位置坐标的函数。

为简单起见，仅考虑一个自由度的情形。用一个简写记号：

$$\exp\left[\frac{\mathbf{i}\displaystyle\int_T^t L\,\mathrm{d}t}{\hbar}\right] = A(tT)$$

其中，$A(tT)$ 是 $\langle q_t \mid q_T \rangle$ 在经典理论中的相似者。

将时间区间 $T \to t$ 分成很多个小区间：

$$T \to t_1 \to t_2 \to \cdots \to t_{m-1} \to t_m \to t$$

那么 $A(tT) = A(tt_m)A(t_m t_{m-1})\cdots A(t_2 t_1)A(t_1 T)$。在量子理论中，我们有

$$\langle q_t \,|\, q_T \rangle = \int \langle q_t \,|\, q_m \rangle \mathrm{d}q_m \, \langle q_m \,|\, q_{m-1} \rangle \mathrm{d}q_{m-1} \cdots \langle q_2 \,|\, q_1 \rangle \mathrm{d}q_1 \, \langle q_1 \,|\, q_T \rangle$$

初看起来,下面的等式并非适当地对应着上面的等式,因为下面的必须计算积分,而上面的没有积分。这个积分等式就是动作原理在量子理论中的相似者。

为了消除这种明显的差异,狄拉克在上面的积分等式中将普朗克常量 $\hbar$ 看成一个非常小的量。根据上面的变换的近似表达式,上面的积分式中的被积项必定形如 $\exp\left[\dfrac{\mathrm{i}S}{\hbar}\right]$,并且当 $\hbar$ 趋向 0 时 S 依旧保持着有限。想象某个中间的 q_k 变化而其他的保持不变。一般而言,$\dfrac{S}{\hbar}$ 将变动非常迅速,以及 $\exp\left[\dfrac{\mathrm{i}S}{\hbar}\right]$ 会在 0 的附近高频振荡,因而其积分会实际上为零。q_k 的积分区域中唯一重要的部分是当 q_k 出现小的变动而 S 保持稳定的那一部分。

狄拉克对上面的积分等式中的每一个被积变量都进行同样的处理和分析。结果就是积分区域中重要的部分就是那些所有的中间部位的 q 的细微变化不影响 S 的稳定状态的部分。依据近似变换,就得到

$$S = \int_{t_m}^{t} L \, \mathrm{d}t + \int_{t_{m-1}}^{t_m} L \, \mathrm{d}t + \cdots + \int_{T}^{t_1} L \, \mathrm{d}t = \int_{T}^{t} L \, \mathrm{d}t$$

这恰好就是经典力学要求的对所有中间的 q 值细微变化时保持稳定的动作函数。这就表明考虑 $\hbar$ 为非常小的时候,上面的积分式就回归经典结果。

当 $\hbar$ 不能被看成很小的时候,要想与量子理论相比较,上面的不含积分的表达式就需要解释为与积分等式相对应。

狄拉克最后指出:积分等式

$$\langle q_t \,|\, q_T \rangle = \int \langle q_t \,|\, q_m \rangle \mathrm{d}q_m \, \langle q_m \,|\, q_{m-1} \rangle \mathrm{d}q_{m-1} \cdots \langle q_2 \,|\, q_1 \rangle \mathrm{d}q_1 \, \langle q_1 \,|\, q_T \rangle$$

就是动作原理在量子理论中的相似者。

4.7 海森伯测不准原理

海森伯对时空坐标分量和动量-能量分量这样的成双成对的相互关联或者共轭可观测量之间同时测量时能够达到的最大精确度问题进行了细致的分析 [1],得出了著名的不确定性关系式 (量子力学海森伯测不准原理):

$$\Delta t \Delta E \sim \Delta x \Delta P \sim \hbar$$

---

[1] W. Heisenberg, On the Essential Content of Quantum Theoretic Kinematics and Mechanics, Zeitschrift für Physik 43, 172(1927).

海森伯的论文共分为引言和正文五小节。这里我们从《普朗克量子 100 年》[1]中摘译主要相关部分 (省略第三和第四节) 以展示海森伯关于测不准原理的思想历程。

在引言部分，海森伯写道：

"我们感到仅仅当我们能够量化地解释在所有简单情形下的实验结果都是该理论的推论以及能够证明该理论不会涉及任何内在矛盾的时候我们才算真正明白了一种物理学理论。

"…… 量子力学现有的解释依然充斥着各种矛盾，比如连续与非连续想法的冲突，粒子与波的想法的冲突。仅此已经足以表明在未能明白微观运动学和微观力学基本思想之前关于量子力学的合理解释将难以完成。事实上量子力学是直接由试图消除传统的运动学变量并且用相应的从具体实验所获得的数量之间的某种关系取而代之的努力导出的。一旦这一过程完结，量子力学的数学形式表示便不再需要进一步的矫正。

"…… 经选取质量足够大的粒子，除被局限在很小的时空范围内之外，我们可以用经典力学规律来逼近量子力学规律。改变运动学和力学的概念的必要性由量子力学的基本方程直接得到。

"以前，当考虑质量为 m 的粒子时，以一种简单明了的方式谈及粒子的位置和速度一直以来都曾经可行。可是，在量子力学中，粒子的位置 q 与粒子的动量 p 之间有一种基本的交换差等式：

$$pq - qp = \frac{h}{4\pi\sqrt{-1}}$$

因此，我们有很好的理由怀疑有关 '位置' 和 '速度' 的这种毫无质疑的使用是否正确。当你意识到那些被限制在狭小时空范围内的过程常常并非连续的时候，就会意识到传统的 '位置' 与 '速度' 概念在这种环境下就有可能失效。

"比如，设想一个粒子沿着直线运动，那么在连续理论下你可以将粒子的运动轨迹画成一条随时间变化的光滑曲线 $x(t)$，而该曲线的切线就给出通常意义上的速度。但是另一方面在非连续理论下，代替这种曲线的是一系列的分布在有限区间上的点。在这种情形下谈论该粒子在一个具体位置上的速度便在实质上毫无内涵，因为速度的定义依赖两个点。与此相反，(离散轨迹上的) 每一个点会与两种不同的速度相关。问题便是 '应用运动学和力学思想的准确分析是否能够清晰地阐明基本量子力学关系式的含义'。"

在文章的第一节中，海森伯给出了在量子力学中在依然有效的 (比如有关电子的) 位置、速度、能量等词汇的确切定义。然后在此基础上论证成对关联的动

---

[1] Ian Duck and E. C. G. Sudashan, 100 Years of Planck's Quantum, World Scientific, 2000, pp337-362.

力学变量仅仅能够在一种本质上不确定的范围内同时被测量出来。在海森伯看来，这种测不准原理是量子力学的统计相关特性的根本理由。

"欲跟踪某种粒子在量子力学意义下的行为，人们必须知道该粒子的质量以及它与其他粒子和任意场相互作用的力。只有这样，该量子系统的哈密顿方程才能够被构造出来。(以下的讨论仅局限于非相对论量子力学，因为到目前 (1927 年) 为止所知电动力学量子理论还很不完全。) 如果合适地描述该粒子的全部相互作用，那么就没有必要去更多地谈论该粒子的 '性质'。

"以相对于一个给定的坐标系而言的电子为例，欲清楚 '该粒子所在的位置' 这一短语的含义，人们必须明示一种确切的测量 '该电子的位置' 的实验步骤；否则这一短语便没有语义。【这是整个 Copenhagen 解释的根本：客观实在仅仅由某种观察行动才确有其实。这一论题源自若尔当：'仅仅因为我们观测它轨道才存在。'】

"原理上，容许我们在任意精度范围内确定 '电子的位置' 的实验不会有什么神秘之处。比如，刺激电子并以显微镜观察它。确定位置的最大可能的精度由光波波长给出。至少原理上，人们可以构造一台 γ 射线显微镜，并以此来按照自己所愿的精度来确定其位置。然而，这里有一种实质上的量子特点：康普顿效应。每次观察到的来自电子的光牵扯到光电效应······ 在确定位置的那一瞬间，也就是光子从电子处散射开来的那一瞬间，电子的动量发生**跳跃式变化**。如果位置测量调整到更高精度，也就是光波的波长被减小，那么这种变化就会增加。在其位置被测量出来的那一瞬间，它的动量便只能在与这种跳跃式变化的范围相应的那个区域内知晓；**位置知道得越精确，其动量就会知道得越模糊；反之亦然**。

"设光波波长为 λ。如果 Δq 是知晓位置量 q 时的精度 (有关位置 q 的平均不确定性)，这里与 λ 同一个级量；Δp 是知晓动量 p 的值时的精度，这里与动量为 $\frac{2\pi\hbar}{\lambda}$ 的光子发生康普顿散射期间的动量 p 的变化同一个量级，那么 $\Delta p \sim \frac{\hbar}{\lambda}$ 以及 $\Delta q \sim \lambda$ 满足

$$\Delta p \Delta q \sim \hbar$$

这一关系式是上面提到的交换差等式的 个数学意义上的直接推论。后面将证明这一点。这个等式表述了这样一个事实：应当将相空间表述为一个被分划成若干体积为 $\hbar$ 的包腔的集成体。

"关于电子位置的确定，人们还可以应用其他实验，比如简单的碰撞。对于位置的确切测量要求一种高速粒子碰撞，因为根据爱因斯坦的工作，由于德布罗意波，低速粒子的衍射现象会妨碍有关位置的精确测量。在准确测量位置的期间，电子的动量会再次出现跳跃式变化，应用德布罗意波的表达式来估算不确定性照样给出上面的关系式。

"根据这些讨论，'电子的位置'这一概念被清晰地定义了……

"我们现在来审视'电子的轨道'这一概念。关于轨道，我们的意思是电子一个接着一个作为其临时'位置'占据空间所形成的一系列的点。由于我们已经知道我们应当怎样理解短语'在一个特别时刻的位置'，这里并不涉及任何新的困难。无论如何，依照我们的观点，很容易看到经常使用的一种表达式'氢原子的核外电子的 1S 轨道'就没有任何含义。欲测量这个 1S'轨道'，该原子必须被波长远远小于 10^8 cm ($E_r \sim 10$ keV) 的光所刺激。然而，对于这样的光，一个单一的光子散射足以将电子击出其'轨道'(因此对于任何这样的轨道仅仅这样的点才能够被定义)，于是这里的名词'轨道'没有任何合乎情理的含义。这并不需要任何详细的新理论就可以从实验的可能性非常简单地推导出来。

"另一方面，对任何一种处于 1S 状态的原子都可以实施这样一种核外电子位置的测量。如此反复进行的位置测量只是给出核外电子的位置的一种概率分布函数。这种分布函数对应着相空间上的经典轨道的平均值，而相空间上的经典轨道的平均值可以测量到任意精度。根据玻恩解释，这一分布函数为 $\overline{\psi}_{1S}(x)\psi_{1S}(x)$，其中 $\psi(x)$ 是原子处于 1S 状态时的薛定谔波函数。

"应用狄拉克-若尔当的表述方式可以更具一般性: 概率由 $\overline{\psi}(1S,x)\psi(1S,x)$ 给出，其中 $\psi(1S,x)$ 是从 E 到 x 的过渡矩阵 $\psi(E,x)$ 的与 $E = E_{1S}$ 相对应的列。

"根据这一事实，在量子力学中，在一种特殊状态下，仅仅电子的概率分布函数能够被给出。依据玻恩和若尔当，可见量子理论与经典理论规律之间的统计关联特性; 依据狄拉克，可见统计因素是被我们的实验带进来的。如果我们不知道其相位，就算在经典理论中，也只有电子的某个特殊位置的概率可以给出。但是，经典力学与量子力学之间的差别则是更为深刻的。在经典理论中，我们可以通过整个实验考虑一个确定的相位。然而，在现实中，这不可能，因为实验干扰 (即改变) 原子的相位定义。在原子的一个特别稳定的'状态'，其相位原则上不可确定，因为从下面的基础性的典型的交换差等式可以直接看到

$$Et - tE = \hbar\sqrt{-1} \text{ 或者 } J\phi - \phi J = \frac{\hbar}{\sqrt{-1}}$$

其中，J 是动作变量，ϕ 是角变量。

"其次，在一个没有力作用的运动中，一个粒子的'速度'可以很容易地用测量来定义。比如，人们可以用红光刺激粒子，依据散射光的多普勒迁移来确定粒子的速度。红光的波长越长，测量速度的精度就越高，因为由光子的康普顿散射所带来的反冲影响导致的粒子的速度变化会很小。根据不确定性不等式，相应的位置的确定就会不怎么准确。如果该原子的某个核外电子的速度在某个具体时刻被测量 (此刻忽略原子核的电性作用以及其他电子的影响力从而电子的运动是没有

外力作用的运动)，那么就会有上述确定方式。此时很容易验证给定原子状态 (比如，1S) 下电子的动量函数 $p(t)$ 便不可以被确定。可以得到的只是该状态下有关 p 的概率分布，其值为 $\overline{\psi}(1S,p)\psi(1S,p)$。和前面一样，$\psi(1S,p)$ 是从 E 到 p 的过渡矩阵 $\psi(E,p)$ 的与 $E=E_{1S}$ 相对应的列。

"最后，依赖实施何种实验，能量或动作变量 J 的值得以被测量；这样的实验极其重要，因为它们规定我们有关能量与动作的跳跃式变化的含义。弗兰克-赫兹影响实验允许原子能量的测量，因为实验直接建立起量子-原子能量跳跃与运动电子的动能损失之间的等价关系。仅当人们放弃同时确定电子的位置时这种测量才可以达到愿望的精度，就是说，相位对应着关系式

$$Et - tE = \hbar\sqrt{-1}$$

"例如，用施特恩-格拉赫实验测量原子的磁矩，即那种仅仅依赖动作变量 J 的量。原则上相位依旧不能确定。就如同讲某个特殊时刻光波的频率是毫无意义的，一个原子在某个时刻的能量不可能被具体确定。这与施特恩-格拉赫实验的下述事实相对应：被测量的原子处在偏转场中的时间越短，其能量测量的精度就越低。当足以将粒子束分开的势能差与待测其能量的稳定状态的能量差一样大的时候，偏转力的上限就被给定。

"令 ΔE 为稳定状态的能量差 (能量测量中的可能的精度)，d 为粒子束的宽度，那么 $\dfrac{\Delta E}{d}$ 就是偏转力的最大值。粒子束中的粒子的角偏转为 $\dfrac{\Delta E \Delta t}{pd}$，其中 Δt 是原子处在偏转场中的时间，p 是原子在粒子束方向上的动量。欲测量成为可能，偏转至少等于由窄缝处的衍射导致的粒子束的散开程度。由衍射导致的角偏转为 $\dfrac{\lambda}{d}$，其中 λ 是德布罗意波的波长。因此，

$$\frac{\Delta E \Delta t}{pd} > \frac{\lambda}{d}$$

由于 $\lambda = 2\pi\dfrac{\hbar}{p}$，所以

$$\Delta E \Delta t > \hbar$$

这与前面的关系式相应，因而表明能量的精确测量需以时间测量的不确定相关联。"

接着，在论文的第二节里，海森伯在狄拉克-若尔当理论框架下给出测不准原理的数学表达式。

"前一节中的结果可以以如下一般化的命题来总结：描述一个力学系统的经典理论中的每一个动力学变量在描述原子过程时都有一个相当的量子类似定义；当

我们坚持同时确定两个典型相关变量时，这样一个定义所要求的实验就包含了一种本质的纯粹认知上的不确定性；(无论典型相关变量是什么的) 这种不确定性的程度都由第一个方程所给出。

"这就建议量子力学与狭义相对论是一致的 ······ 狭义相对论与'位置、速度、时间'这些词汇的逻辑上的用途并无冲突。类似地，它与量子理论中的'电子的位置、速度'这些概念也是一致的。只要典型相关的动力学变量 p, q 能够如经典方式那样来定义，所有为定义这些词汇而设计的实验必然蕴含第一等式所给出的不确定性。根据第一等式，要求同时'精确'确定 p, q 的任何实验在量子力学中都是不可能的。这种由第一等式确保的不确定性是量子力学中的交换差关系式 $pq - qp = \dfrac{\hbar}{\sqrt{-1}}$ 最显眼的推论；这一关系式要求典型相关动力学变量 p 和 q 的经典物理学解释必须改变。"

"对于那些量子理论尚未知的物理现象 (比如电动力学)，第一等式或许是一种有用的要求。对量子力学而言，第一等式可以用狄拉克-若尔当理论的一个很简单的推广导出。当我们对一个电子的位置 q 赋予一个附带测不准量 Δq (测量中心位置) 的值 q' 时，我们将这一事实用一个在 q' 的不确定量 Δq 大小范围之外取 0 值的波函数 $\psi(q)$ 来表述。

"比如，

$$\psi(p', q) \sim e^{-\frac{(q-q')^2}{2(\Delta q)^2}} e^{-\frac{p'(q-q')\sqrt{-1}}{\hbar}}$$

(p' 为依据中心位置测量方式所获得的动量) 对此：

$$\overline{\psi}\psi \sim e^{-\frac{(q-q')^2}{(\Delta q)^2}}$$

那么与 p 相应的概率分布为

$$\psi(p', p) = \int \psi(p', q)\psi(q, p)\mathrm{d}q$$

其中根据若尔当的结果，$\psi(q, p) = e^{\frac{qp\sqrt{-1}}{\hbar}}$。

"于是，根据上面的积分表达式，$\psi(p', p)$ 仅仅在那些 p 的满足近似关系式

$$\frac{(p - p')\Delta q}{\hbar} \sim 1$$

的值的地方才非零。依据 $\psi(p', q)$ 的近似表达式，就得到

$$\psi(p', p) \sim \int e^{\frac{(p-p')q\sqrt{-1}}{\hbar}} e^{-\frac{(q-q')^2}{(\Delta q)^2}} \mathrm{d}q$$

即

$$\psi(p',p) \sim \mathrm{e}^{-\frac{(p-p')^2}{2(\Delta p)^2}}\, \mathrm{e}^{\frac{q'(p-p')\sqrt{-1}}{\hbar}}, \quad \overline{\psi}\psi \sim \mathrm{e}^{-\frac{(p-p')^2}{(\Delta p)^2}}$$

其中，$\Delta p \Delta q \sim \hbar$。"

"波函数 $\psi(p',q)$ 的近似表达式中的假设对应着关于 p 的测量值为 p' 以及关于 q 的测量值为 q' 这一实验事实 (其精度误差 $\Delta p, \Delta q$ 受到关系式 $\Delta p \Delta q \sim \hbar$ 的制约)。

"从纯数学的角度看，在量子力学的狄拉克-若尔当表述中，诸如 p, q, E 等相关联变量之间的关系都以非常一般的矩阵等式的形式给出，其中有些量子变量则是以对角矩阵的形式出现。人们可以将这些矩阵解释为张量 (比如多维空间中的惯性力矩) 并且在这些张量之间有这样的数学关系式。最终，人们总可以将两个张量 A 和 B 之间的这种数学关系式用从 A-坐标系到 B-坐标系的坐标变换来刻画，其中 A-坐标系是沿着张量 A 的主轴定向的坐标系，B-坐标系是沿着张量 B 的主轴定向的坐标系。这种以坐标系变换来刻画的方式对应着薛定谔的波动理论。除开某些'不变量'之外，每一种坐标系的选择都会给出一种看起来不同的量子力学的表述方式，比如在狄拉克的表示中就只有 q 量会出现。

"在一种特殊的数学表述方案中，欲导出物理学结论，我们必须对量子变元赋值，也就是对表示它们的矩阵 (或者在高维空间中的'张量') 赋值。这就意味着在每一个多维空间中，需要 (根据所完成的实验种类) 选定一个确切的方向，并且所问的问题便是在这一特别的方向上什么是该矩阵 (比如惯性力矩) 的'值'。仅仅在所选方向与该矩阵的主轴重合的时候这一问题才有一种确切的含义；在这种情形下该问题才有恰当的答案。

"可是，如果所选的方向与主轴方向出现哪怕是一点点的偏差，那么就给定方向上矩阵的'值'的可能的误差而言，人们最多只能讲一些具有与偏差相应的不确定性的结论。于是，人们可以这样说：只能在某种可能的误差范围内对每一个量子变量，或者矩阵，赋予一定的数来作为它的'值'；这种可能的误差依赖于所选择的坐标系；对每一个量子变量而言只有一种令其误差完全消失的坐标系。

"一种具体的实验不可能对所有的量子变量提供准确的信息。事实上，完全由实验的特征所确定，物理中的动力学变量被分成'已知'和'非已知'(或者或多或少恰当已知)。当两种实验将动力学变量完全按照同样的方式分成'已知'和'非已知'的时候，两种实验的结果才会恰当地相关起来。如果这样的区分有所不同，那么两种实验的结果就只能在统计学意义上发生相关。"

在此基础上，海森伯随后在第三节中展示关于量子力学的宏观动态的理解；然后在第四节中通过对一种特殊的思想实验的讨论，对量子力学理论提出了自己的解释。

最后，在文章的第五节中，海森伯给出了下述结论：

"量子运动学和力学与所熟悉的经典理论非常不同。经典想法既不适用于我们的假设，也不适用于我们的经验；支撑这一说法的关键就是测不准原理：$\Delta p \Delta q \sim \hbar$。只要记住测不准原理对量子力学变量的根本性约束作用，电子的动量、位置、能量等，都可以以同样的方式定义。我们能够定性地理解量子理论在所有简单情形下的实验结论，因此不必将量子力学看成抽象难懂的。人们甚至能够直接看到根本关系式 $\Delta p \Delta q \sim \hbar$ 在量子力学中的定量推论。若尔当已经用这种思路将等式

$$\psi(q, q'') = \int \psi(q, q') \psi(q', q'') \mathrm{d}q'$$

解释为一种概率关系式。

"我们并不认同这种解释。到目前为止，仅靠一种具有最大可能简单性的原理以初等的方式来解释定量结果。比如，如果所论电子的 X 坐标分量不再是依靠实验来确定的一个'数'，那么能够想象的最简单的 (与测不准原理不相冲突的) 假设便是它是一个诚如变换中的矩阵的对角线元 (该矩阵对角线之外的那些矩阵元描述某种不可知性)。与命题【'现实中'电场是描述世界的关联时空中的一个反对称张量的时间部分】比起来，命题【'现实中'不光是表示动量的 X 分量的一个数，还是一个矩阵的对角线元】未必显得更为抽象和不清晰。这里的短语'现实中'与对任何其他自然现象的数学描述相比具有同样多或者同样少的佐证。只要清楚地表明所有的量子量都是矩阵，那么量子规律就不会出现矛盾。

"如果接受对量子力学的这种解释是正确的，它的主要结论便可用几句话来概括：与经典理论相反，我们并没有假设量子理论是由准确数据只能获得统计结论的那种实质上的统计理论。恰恰相反，如果在经典理论中理想状态下能够精确测量的动量学变量之间存在一种确定关系式，那么在量子力学中相应的确定关系式也成立 (比如在动量和能量之间)。但是，在'如果我们确切地知道现在状态，我们便能够确切地计算出未来状态'这一**可预测性公设**的严格表述中，不是计算部分会出问题，而是公设中的前提不可能兑现。原理上，我们不可能事无巨细地知道起始点 (现在状态) 的一切。

"每一次观测都是从一堆可能性中的一次选择以及对即将来临的可能性的一种限制。由于量子力学的统计特性完全来自于所有观测中的非精确性，或许可以认为统计式观念世界背后隐藏着一个可预测性公设成立的'实在'世界。但是对我而言，这样的说法似乎既不会带来什么结果也毫无意义。物理学应当仅仅描述观测量的形式关系，能够更好地刻画现状：由于所有的实验都会受到量子力学规律的制约，因而也便受到测不准原理的制约，可预测性公设不再成立便是量子力学的一个确切结论。"

4.8 玻尔解释量子力学

玻尔 1928 年在《自然》[①] 上以《量子假设和原子理论最近进展》为题发表长文[②] 解释量子力学。下面是玻尔文章的要点。

(1) 玻尔在文章的第一节中讨论量子公设与因果律之间的关系。

"量子理论对经典物理思想在原子现象中的应用设置一种根本限制。这是一种古怪的情形，因为对实验的解释依旧依赖经典概念。与此形成对照的是，尽管在理论的凝练过程中遇到各种困难，量子理论的核心是这样一条**量子公设**：

假设 24 (量子公设) *每一个原子过程以普朗克的量子动作 $\hbar$ 为特征本质上都是离散的，这对于经典理论而言是完全陌生的。*

"这一公设要求放弃对原子过程的时空描述中的确定性。我们通常的物理描述都基于'目标物可以在不被干扰的前提下被观测'这样一种想法。比如，在狭义相对论中，每一次观测都最终落实到两个事件在关联时空中的同一点上重合。这些重合不会被各种观察的差别所影响。与此直接相反，量子公设表明任何一次量子观测都牵扯到与被观测对象在显示过程中的一种互动。无论是原子，还是观测显示过程，都难以预设独立实在。观测依赖将哪些对象物纳入观测系统中观测，从而观测这一概念就具有一定的任意性。但是，最终每一次观测又必须归结到我们(经典意义上、宏观上)的感官知觉。在解释观测结果时，我们能够应用理论概念，以及在任何特殊情形下，在观测过程中的哪一个阶段将量子公设所强调的'离散性'纳入进来就是一个主观判断的问题。

"用一个光显像管探测一个离散光子就是一个例子，其中实际探测至少在几个阶段上能够以量子力学的方式来描述 ……

"这一情形有许多推论：

(i) 通常意义下的一个物理系统的状态定义要求将所有的外部干扰消除。可是那样一来，按照量子公设，任何观测都不可能。于是，

(ii) 欲实施一次观测，我们就必须与不在系统之内的测量设备发生互动，其结果就是失去系统状态的无二义性的定义。

这就不能够具备对该系统中出现的每一个时空变量和动量-能量变量赋予观测到的准确的数值这种通常意义上的可预测性。量子力学的这一本性迫使我们将经典理论中的关联时空描述和可预测性断言视为理想观测和定义特点之外的补缺 (complementary but exclusive)。量子力学教导我们通常的关联时空描述的有效

① N. Bohr, The Quantum Postulate and the Recent Development of Atomic Theory, Nature 121, 1928, 580.

② Ian Duck and E. C. G. Sudashan, 100 Years of Planck's Quantum, World Scientific, 2000, pp390-410.

性 (validity) 依赖于忽略和涉及通常感官知觉的动作比较起来很小的普朗克的量子动作值 $\hbar$。在原子的描述中，量子公设要求我们建立一种'补缺性'(complementarity) 理论，这一理论的一致性依赖于定义和观测的可能性。

"这种观点由光的本质以及物质的终极构成所决定。就光而言，其在时空中的传播由电磁场理论确定。在真空中的干涉现象和在物质中的几何光学性质由波叠加原理管制。然而，在辐射与物质作用期间的能量守恒和动量守恒仅仅由量子概念描述。叠加原理的有效性与守恒律的有效性已经由直接的实验所展示。这就清楚地表明一种可预测的光的时空描述的不可能性，因为：

(i) 在试图从量子公设构建光的时空传播律的时候，我们被统计因素所制约；以及

(ii) 以 $\hbar$ 为特征的单粒光子过程的预测性要求放弃时空描述。

"经典的详细的时空描述以及可预测性的同时有效性不会有问题。有关光的这两种观点是对实验的不同解释，其中经典概念的局限性以一种补缺方式进入。

"带有质料的粒子呈现出类似的情形。有确凿证据将基本电荷的离散性强加给我们。但是另外的实验 (电子在遇到晶体时出现散射) 又要求应用德布罗意波理论。正如同光，我们面临波粒相悖的局面，而这正是实验证据的内核。这里我们再次面对的不是矛盾而是补缺图案。这种补缺将经典描述一般化。

"必须将真空中的辐射以及孤立起来的带有质料和电荷的粒子都是抽象这一点放在心上。在量子力学中，它们的性质只能通过它们与另外的系统的相互作用来定义。无论如何，即使在我们的通常时空观下这些抽象在描述实验的时候都是不可缺少的。对量子力学中所遇到的那种可预测的时空描述之困难已经讨论得足够多，现在该转向最近的重要进展方面。海森伯最近导出涉及所有的量子动力学变量测量的根本性的不确定性。在我们讨论海森伯的结果之前，让我们用对实验进行解释时用到的最基本的概念的分析来展示这种不确定性是无可避免的。"

(2) 玻尔在文章的第二节中讨论量子动作与运动学之间的关系。

"量子概念与经典概念之间的根本性反差在作为光子理论和物质波动理论这两种理论之基础的基本表达式中就十分明显：

$$E\tau = P\lambda = 2\pi\hbar$$

其中，E 和 P 分别是能量和动量，τ 和 λ 分别是相应波的波动时期和波长。

"有关光以及带有质料的粒子的两种观念以鲜明的对照的方式进入这些表达式。在经典力学中，与粒子观念相关联的能量和动量能够被赋予确定的关联时空坐标；与此形成对照的是，波动时期和波长标识的是波在空间和时间中的一个无穷序列。只有在应用叠加原理时才有可能获得描述中的局部化的粒子模式。在空

间和时间上一种被局限起来的波包要求一组初等调和波相互干涉。德布罗意证实与该波包相应的粒子的平动速度恰好就是这些初等波的群组速度。

"一种初等调和波的表示项为 $A\cos(\omega t - kx + \delta)$，其中 A 是波幅，δ 是相位，$\omega = \dfrac{2\pi}{\tau} = \dfrac{E}{\hbar}$ 是借助于波动时期 τ 和能量 E 的项；$k = \dfrac{2\pi}{\lambda} = \dfrac{P}{\hbar}$ 是借助于波长 λ 和动量 P 的项。相位速度为 $\dfrac{\omega}{k}$；与此相应的群组波速为 $v_g = \dfrac{\mathrm{d}\omega}{\mathrm{d}k}$，因此 $\dfrac{\mathrm{d}E}{\mathrm{d}P} = \dfrac{P}{m}$；恰好所需要的就是非相对化的粒子所持有的能量 $E = \dfrac{P^2}{2m}$ 以及速度 $v = \dfrac{P}{m}$。这里使用波包的结果就是导致波动时期以及波长之定义中的鲜明特色的缺失，因而也就导致基本表达式中相应的能量和动量之定义的鲜明特色的缺失。

"被有限的时空所局限起来的一组波包只能通过具有 k 和 ω 的所有取值的初等平面波的叠加获得。时空局部化的局限在区间 $(\Delta x, \Delta t)$ 上的波包所需要的这些变量 $(\Delta k, \Delta \omega)$ 的取值范围为 $\Delta x \Delta k \sim \Delta t \Delta \omega \sim 1$。这些关系式是波动序列在波包边界上因为干涉作用相互抵消的条件。它们也意味着这一波群作为一个整体不具有与初等波同样意义的相位。因此，在定义由这样的波包所描述的粒子的能量和动量的时候最大可能的准确度为 $\Delta t \Delta E \sim \Delta x \Delta P \sim \hbar$.

"一般来说，因为波包的扩散，情形会更不乐观。经典概念的局限与经典力学有效性的局限是相关联的。这又与将光波传播描述为'光线'的几何光学相对应。仅仅在这种极限情形，基于关联时空图案的动量和能量的定义才会没有歧义。

"关系式 $\Delta t \Delta E \sim \Delta x \Delta P \sim \hbar$ 可以在狭义相对论的语言中表达出来：在量子理论中，在下述两种精确度之间有着一种一般性的互为倒数的关系：一种精确度是我们能够明确一个粒子的动量-能量向量的精确度；另一种精确度是我们能够明确它的关联时空向量的精确度。这种表述方式表明粒子的时空描述与波的动量-能量描述之间的互相补缺的本质。

"欲将动量-能量守恒律与关联时空观测融合起来，我们必须用定义在一个有限时空区域上的事件来取代点式时空事件。这样做就可以避免在描述自由粒子在辐射下散射以及描述两个这种粒子发生碰撞时出现的悖论局面。经典意义下，散射要求辐射在时空中的有限部分，而根据量子公设，电子运动的变化是一种发生在时空中某一个确定点处的瞬间效应。如同在辐射情形，如果不考虑时空中的一个有限区域，要想定义一个电子的动量和能量便不可能。动量-能量守恒律要求关于电子的动量-能量之定义的精确度与辐射的一样。因此，相互作用的两个量子的时空区域必须具有相同的尺度。

"相同的结论对于两个粒子的碰撞也是合适的，尽管在波动概念被引入之前量子力学之用处在这里被忽视掉。在这里，量子公设超越了对单个粒子的时空描述。欲得到带点粒子之间的碰撞的详细描述，我们就必须将粒子间的电性作用考虑进来。这样一种过程就要求进一步地远离通常的视觉印象。"

(3) 玻尔在文章的第三节中讨论量子理论中的测量问题。

"海森伯将关系式 $\Delta t \Delta E \sim \Delta x \Delta P \sim \hbar$ 作为时空坐标分量和动量-能量分量同时测量时能够达到的最大精确度关系式。他的观点依赖以下两点：

(i) 要想能够对一个粒子的坐标分量测量到任意精度，就需要用比如波长足够短的光显微镜。可是，光对带电粒子的散射作用总会导致其动量的有限改变，并且这种改变幅度会因为波长变短而增强；

(ii) 要想能够对一个粒子的动量测量到任意精度，就需要测量比如散射光的多普勒平移，只要光的波长足够大以至于电子的反冲能够被忽略，可是这样一来确定粒子的坐标分量的准确度就会相应地降低。

"量子公设之本质是加在这种测量精确度之上的无法规避的限制。进一步的研究便将测量的补缺本性抬出水面。在观测期间的能量和动量的离散变化并不会阻止我们获得时空分量的准确值，或者在观测之前或观测之后获得动量-能量分量之准确值。经典意义上相关联的量子动量学变量之间的不确定关系式是限定准确性的本质性的结果。在这种限定之下，当定义粒子的时空分量的波包足够小的时候，能量和动量之变化就能够被定义。

"欲形成图像，在确定位置过程中有用的显微镜必须有一束收敛的光束。当光的波长为 λ，聚焦角度为 θ 时，显微镜的显微功能为 $\Delta x \geqslant \dfrac{\lambda}{\theta}$。即使对象被已知方向和动量数值为 $P = \dfrac{h}{\lambda}$ 的平行光所显示，光通的大小也会妨碍获取有关伴随散射的反冲的准确知识。即使在散射发生前就已经准确知道粒子的动量，我们有关测量后与聚焦面平行的动量的知识也还有程度为 $\Delta P \sim \hbar \times \dfrac{\theta}{\lambda}$ 的不确定性。根据海森伯关系式，位置分量的不确定性 Δx 与动量的平行分量的不确定性 ΔP 的乘积便是 $\Delta x \Delta P \geqslant \hbar \cdots \cdots$

"在康普顿效应中用多普勒平移测量动量时需要假设一组平行波列。散射辐射之波长的变化得以测量的准确度实质上依赖波列在传播方向上的长度。如果我们假设入射辐射与散射辐射平行，并且与要测量的位置坐标和动量坐标垂直，那么确定速度 v 的准确度便是 $\Delta v = \dfrac{c\lambda}{2\ell}$，其中 ℓ 是波列的长度以及假设光速 $c \gg v$。观测后动量的不确定性为 $\Delta P \sim \dfrac{mc\lambda}{2\ell}$。反冲动量，$\sim \hbar \times \dfrac{2}{\lambda}$，并不会给出可以注意到的不确定性。康普顿效应给出因入射和散射辐射波长导致的反冲前后的辐射方向的动量。然而，即使刚开始的时候便准确知道粒子的位置，观测之后我们对位置的知识还是会不确定。因为严格定义反冲瞬间的不可能性，我们知道散射期间在观测方向上的平均速度的准确度仅仅为 $\hbar \times \dfrac{2}{m\lambda}$。观测后位置上的不确定性为 $\Delta x \sim \hbar \times \dfrac{2\ell}{mc\lambda}$。再次，位置上的不确定性和动量上的不确定性的乘积便是那个一般性的关系式。

"有关位置测量和动量测量中的可能的准确度问题，用带质量的粒子碰撞的方式来实现也导致和用光散射方式来实现相同的结论。在这两种情形下，不确定性都涉及关于'装置'以及'对象'的描述。相对于一种通常固定的外在的固体物体空间参照系和不受干扰的时钟，对单个量子粒子的任何一种描述都具有不能规避的不确定性。实验——打开和闭合遮挡板等——仅仅允许关于关联波包的时空外延的结论。

"当把观测过程的路径回归到我们的感官知觉的时候，在每一个阶段上都需要关注量子公设施加在观测过程中的效应。所导致的统计因素将不可规避的不确定性引入到关于对象的描述之中。或许可以假设在区分对象与装置中的任意性有可能将不确定性完全消除。在位置测量中，或许可以问依据守恒律以及观测期间——包括光源和显影板在内的——显微镜的动量变化的测量是否动量的迁移不能准确确定。如果希望同时严格知道显微镜所在的位置，这样的测量便是不可能的。这是因为由物质的波动性导致显微镜的位置和动量仅仅在一般关系式的局限之内才得以被定义。

"观测的想法在可预测的时空描述中是实质性的。然而，因为海森伯一般表达式所确定的局限，仅仅在海森伯测不准原理被考虑在内的时候，这样的描述在量子理论中才有可能。

"将对微观现象的量子描述中的实质不确定性与经典观测过程中因为测量的不完美而导致的通常的不精确性进行比较很有说明作用。宏观现象用重复观测来定义。在经典理论中，每一次后继观测都会增进我们对系统初始状态的知识。但是，在量子理论中，观测过程施加到被观测对象上的影响的不可忽视性意味着每一次的观测都会引进新的无法控制的不确定性。由海森伯测不准原理可知对粒子位置的任何一次测量都无可避免地导致粒子的动量的有限变化，以及对其动力学行为描述上的牺牲。反之，对其动量的确定总意味着失去有关其位置的一些知识。在描述原子现象中的这种局限性是量子公设的无可避免的推论，这与经典意义下将被观测的客观对象与按照我们的观测想法所设计的观测设备区分开来的 (被观测对象与观测设备相互独立的) 情形形成鲜明对照。"

(4) 玻尔在文章的第四节中讨论对应原理与矩阵量子理论之间的关系。

"到此为止，我们仅仅考虑了量子力学的一般性特点。重点是孤立粒子与辐射之间的相互作用。应用经典概念以及量子公设来理解实验的某些实质方面还算可能。比如，借助离散稳定状态以及它们之间的过渡过程能够理解氢原子外层电子受到辐射影响的兴奋态谱。这并不需要更为详细的对过程时空行为的描述。

　　"与经典描述的鲜明对照是令人惊讶的。按照经典描述，原子的光谱线会总体上归结到原子的一种状态；按照量子描述，原子的光谱线对应着电子能级的单次过渡过程，而处于兴奋中的原子具有对单次过渡过程的某种选择性。与经典想法相关联的仅仅是极限情形，因为在极限情形状态间的差别很小从而不连续性能够被忽略。仅仅以这种近似方式，才可能将氢原子光谱以经典想法为基础来解释。在这种极限情形描述中，单次过渡过程都与某个期望的经典原子运动调和项相对应。

　　"海森伯与经典概念彻底决裂。他用那些涉及单次量子过程的变量来取代经典运动学和动力学中的变量。他用以描述稳定状态间过渡的纯调和项为矩阵元的矩阵取代描述经典运动的傅里叶级数之系数。通过要求植入矩阵元的频率遵守光谱线的组合规则，海森伯得以引入矩阵的简单的乘法规则。这就导致经典力学的基本定律在量子领域中的直接推广。

　　"经过玻恩-若尔当的工作以及狄拉克的工作，具有与经典力学理论一样的一般性和一致性的量子力学理论得以形成。作为量子理论特征的普朗克常量 $\hbar$ 仅仅在表示哈密顿力学关联变量的矩阵关系式显式地出现。

　　"这些矩阵不仅不遵守乘法交换律，反而必须遵守交换差等式 $\mathbf{qp} - \mathbf{pq} = \hbar\sqrt{-1}\mathbf{I}$。这样交换差等式是矩阵量子力学的基础。矩阵量子力学被称为直接可观测量的演算理论。然而，需要放在心头的是这种说法仅适用于那些不能直接描述时空形态的问题，并且'观测'也不应当按照通常的意义来理解。

　　"在量子力学与经典力学的对应中，量子描述的统计特征是很基本的。海森伯已经发展了一套由上面的交换差等式导致的有关量子理论的物理内涵的分析理论。他发现了给出有关同时测量两个经典关联变量的最大准确度的一般性限制的海森伯不确定性原理 $\Delta x \Delta p \sim \hbar$。海森伯已经澄清了量子公设应用中的许多悖论，并且已经论证了量子力学的协调一致性。

　　"有关隐含在海森伯不确定性原理中的量子描述的补缺本性，我们必须经常地将'定义之可能性'与'观测之可能性'的根本性等价铭记于心。关于这一问题，薛定谔波动力学和叠加原理已经显示出极大帮助。下面，我们将审视波动量子力学与矩阵变换量子力学之间的关系。"

　　(5) 玻尔在文章的第五节中讨论波动量子力学与量子公设之间的关系。

　　"在他的粒子波动理论中，德布罗意展示了一个原子的稳定状态能够被图像般地视为赋予一个受限电子的相位波的干涉效应。刚开始这一观念并未超出早期的索末菲的量子理论。然而，薛定谔发展起来的波动方程已经在原子物理的巨大进展中显现出极其重要的作用。薛定谔波动方程的适当振荡表示一个满足所有要求的原子的稳定状态。薛定谔将波动方程的解与给出相应原子形态的电磁性质的电荷与电流连续分布关联起来。波动方程的两个特征解的叠加对应着电荷的一种振荡分布，按照经典电动力学，这会产生辐射，从而表明有关两种稳定状态间的过渡的量子公设和对应原理。另外，玻恩将薛定谔波动方程应用到自由电子与原子的碰撞过程。他获得了波函数的统计解释。这种统计解释可用于对量子公设所要求的过渡过程的计算。

"不可强求通过经典的时空图像来理解原子过程。所有我们有关原子内部性质的知识都由观测它们的辐射或碰撞作用的实验事实推导出来。对这些实验事实的解释最终依赖关于真空中的辐射以及自由粒子的抽象。我们整体的物理现象的时空观念，以及能量与动量的定义，都依赖那些抽象。在辅助想法的应用中，我们只能强调这些定义与观测的可能性之间的内部一致性。

"在薛定谔波动方程中，我们有一种确定系统能量的原子稳定状态的表示。但是，在对观测的解释中，有关时空描述的根本性缺失无法避免。稳定状态这一概念自动排除了任何有关原子中的'分离'粒子的行为的具体描述。在那些这种描述十分重要的问题中，我们必须应用波动方程的'一般'解。这里我们又遇到了一种与先前遇到过的光与自由粒子时的情形非常相似的补缺情形。当能量与动量的精确定义要求一种纯调和基本波时，每一种时空描述都要求由这样的基本波所组成的波包内部的干涉。在这种情形下我们再一次受到由海森伯不确定性原理所给出的有关观测与定义的相同的局限。

"按照量子理论的说法，对氢原子的外层电子的任何一次观测都伴随着该原子现状的一种变化，一般而言，这种变化是从氢原子中弹射掉外层电子。由于有无穷多个波函数必须假定为表示该粒子的'运动'这一事实，在之后的观测中还描述该电子的'轨迹'就不可能。在对原子中的电子的描述中的补缺本性依赖于忽略它们之间的相互作用。这就意味着弹射电子过程的时期必须比氢原子的电子周期要短，进一步，这就意味着弹射过程中能量迁移的不确定性大于原子状态间的能量差。"

(6) 玻尔在文章的第六节中讨论稳定状态的实在性。

"稳定状态是量子公设的一种特征性的应用。这一概念涉及完全放弃任何时间描述。这种时间描述的缺失是能量的无二义性定义所付出的代价。更进一步地讲，一种稳定状态意味着排除所有的与系统外粒子的相互作用。这样一个封闭系统持有一个完全确定的能量是能量守恒的一个直接推论。这对稳定状态的稳定性提供支撑：在外界影响之前和之后，原子将会处于一种能量有确切定义的状态。这是原子过程中量子公设的基础。

"要想理解在描述碰撞和辐射过程中这一假设所导致的众所周知的悖论，本质上需要考虑海森伯不确定性原理所表述的那种对作用中的粒子定义的局限。如果作用粒子的能量的定义达到足够精确的地步以至于能够谈论作用期间的能量守恒，在给定稳定状态间能级差 ΔE 的条件下，作用时间区间 Δt 就必须与一个过渡过程的自然周期 $\dfrac{\hbar}{\Delta E}$ 比起来足够长。这在快速粒子通过原子时是重要的。与原子的自然周期比起来过渡时间很小，因此似乎有可能在稳定状态的稳定性假设下理解能量守恒。可是，在波动表示下，作用时间与有关粒子碰撞时的能量的知识的准确度联系在一起，而且永远不会有能量守恒律矛盾的可能。

"稳定状态的概念强求我们在任何一次允许区分不同稳定状态的观测中忽视该原子的历史。量子理论对每一种稳定状态赋予一个依赖于该原子此前历史的相位。这看起来似乎与稳定状态的原始想法相矛盾。然而，在任何一个与时间相关的问题中，一个严格封闭系统并不足够。在对观测的解释中使用纯调和适当振荡仅仅是一种理想化。在一种更为严谨的描述中，它必须被一个有限的频率区间上的波包所替代，而波包并没有确切相位。

"在施特恩-格拉赫实验中相位的不可观测性十分明显。在磁场中不同定向的银原子能够被分开的必要条件是银原子束的偏转要大于相应的德布罗意波通过窄缝时产生的衍射。由于窄缝宽度所限，这意味着原子束通过的时间与其能量之不确定性的乘积 $\geqslant \hbar$。

"分开原子束的条件可表述为

$$d = P_\perp \Delta T/m, \ \ \Delta d = \hbar/\Delta P_\perp \ll d$$

由于 $P_\perp \Delta P_\perp / m = \Delta E$，这就要求 $\Delta E \Delta T \gg \hbar$。这一结果被海森伯用来说明能量与时间的不确定性原理。这里我们并非简单地处理给定时间测量其能量的事情，而是因为在磁场中原子的正常振荡周期为 $\tau = \dfrac{h}{E}$，不同状态下分离原子的条件只是意味着失去相位。

"将原子看成一个封闭系统意味着忽视其自发辐射，而自发辐射为其稳定状态之寿命设置了一个上限。这种忽视的理由基于在许多应用中，原子与辐射场的配对比起粒子与原子的配对来要小许多。忽视辐射对原子的作用是可能的，因而消去稳定状态寿命的短暂性和相应的能量不确定性。

"量子理论处理辐射问题从海森伯局部化对应原理开始。在狄拉克[①] 以严格的形式重建的量子理论中，辐射场自身是被包含在封闭系统之中的。有可能纳入辐射的量子特性去构建一种顾及光谱线宽度的理论。在这一理论中时空图像完全消失是量子理论的补缺特征的明显展示。这是与经典的对自然的可预测性描述观念彻底决裂分道扬镳之处。

"因为借助对应原理靠经典电动力学来理解原子性质，稳定状态与原子中的单个粒子之间的明显不协调性似乎是一种困难。这意味着在大量子数级别，电子

---

① P. A. M. Dirac, Proc. Roy. Soc. A114,243(1927).

运动的经典图案可以被构建出来。但是这并非逐渐过渡到经典理论。量子公设不会在大量子数情形失去其意义。事实上，在经典图案帮助下由对应原理所获得的结论即使在这种极限情形也依旧依赖于稳定状态以及离散过渡过程之概念。

"这一问题是这种新方法的一个特别具有说明作用的例子。恰如薛定谔[①] 所明确的那样，有可能靠适当振荡的叠加来构建比原子'尺度'小的波包，当量子数足够大的时候，这样的波包就如同经典意义下的粒子那样传播。在简单谐振这样的特殊情形下，波包会在任意长时间区间上保持在一起，如同经典意义下的运动那样谐振。这一结果引导薛定谔希望不用量子公设来建立一种经典的波动理论。

"海森伯证实谐振情形的简单性是因为经典运动中简单调和本质所导致的一种例外。甚至在这种简单例子中也不可能有自由粒子的渐近描述。一般而言，波包会散布在整个原子之上。一个束缚电子的'运动'只能被跟踪与所牵扯的量子数可比的几个周期。在这里我们再次看到波动理论的叠加原理与单个局部化粒子之假设之间的鲜明对照。在导致一种稳定状态定义的观测与其他对原子中局部化粒子行为的观测之间没有可预测的关联。

"总结：稳定状态和离散过渡过程之观念或多或少与单个粒子的想法一样'实在'。在两种情形下，由于正如海森伯不确定性原理所明示的定义与观测的受限可能性，我们被对经典时空描述形成补缺的可预测性要求所限制。"

4.9 原子结构理论

4.9.1 基本原子模型

关于物质

物质就是那些具有一定构成、一定质量和一定体积的客观实在。

物质通常以三种物理形态出现：固体、液体和气体。物质的这三种形态由它们装进一个罐子的方式来定义：一个固体具有一种固定的不会迎合罐子的形状 (不是由刚性或硬度来定义)，组成固体的粒子以一种正则方式和确定图案在三维立体空间中彼此邻近相安；一种液体会迎合罐子的形状而变形但仅仅填允罐子的与自己体积相当的那一部分空间，并且液体会形成一种表面，组成液体的粒子会靠近彼此但可以随机地相互运动；一种气体不仅迎合罐子的形状而且充满整个罐子的空间，不会形成任何表面，当组成气体的粒子在罐子中随机运动时彼此间有很大的距离。

一种质料就是一种具体的具有确定类型和固定构成的物质；它由自身的物理和化学性质所标识，那些特征对每一种质料赋予一种唯一的身份。

---

① E. Schrödinger, Naturwiss. 44,664(1926).

宇宙中物质的诸多部分都由带有正电荷和负电荷的粒子组成。

我们将物质以其结构层次和结构之变化分为微观物质与宏观物质。

宏观物质的物理性质就是那些质料自动显示出来而不必转变成另外一种质料或者与另外一种质料相互作用方才显示出来的性质。当一种宏观质料仅仅变更它的物理形式而不是改变它的组成时那便是一种物理变化；一种物理变化会导致不一样的物理性质。当一种物理变化是因为温度变化引起的，那么这种变化一般来说会因为温度的反向改变而逆转。

宏观物质的化学变化就是那些质料转变成具有不同构造的质料的变化，也就是说，宏观物质的化学变化就是改变该物质的组织构成。当一种化学变化是因为温度变化所引起的，那么该变化并不会因为温度的反向变化而逆转。

微观物质以各种基本粒子为基本组织元件。微观物质理论关注原子核的重组(包括核裂变、核聚变、中子与质子的相互转化)，以及核子的内部结构和转变过程。微观物质理论不仅关注电磁作用，更关注弱相互作用和强相互作用。

原子质子数的改变当且仅当发生在原子核反应的过程中；发生原子核反应的条件的原子处于远离稳定基态的高度兴奋状态；原子核反应被分为如下几类：原子核内的某个中子发生自然衰变，分裂成一个质子、一个电子和一个反电中微子，从而转变成一个质子数增加一的原子核；原子核中自然分裂出一个由两个质子和两个中子组成的氦原子核，而剩下的构成一个具有 $(Z-2)$ 个质子的原子核；原子核内某个质子自发俘获一个内层核外电子转变成一个中子，从而转变成一个质子数减一的原子核；两个或者多个原子核聚合成一个质子数为参与聚合过程的所有质子数之和的原子核。中子的半衰期为 10.4 个月，衰变类型为 β^-，即释放一个电子后转变成一个质子；迄今为止还没有发现单个质子会自动衰变失去正电子的现象，但存在原子核内从 K 层中俘获电子转变成一个中子的转变 (β^+ 衰变现象) 成另外一种原子的现象。

宏观物质以原子核和核外电子为基本组织元件；任何涉及宏观物质的过程，包括物理的、化学的、生物的，都不涉及原子核的变化，不涉及原子核的重组 (无论是裂变，还是聚合)，也不涉及质子与中子的转换 (无论是中子衰变，还是质子俘获电子)。所有的宏观物质过程都只涉及两种基本作用 (引力作用和电磁作用)，以及势能 (质势能与电势能)、动能、结构能、热与功。

基本原子模型以原子核和核外电子为基本组织元件；每一种原子核都由 Z 个质子和 N 个中子组成，其中 $1 \leqslant Z \leqslant 118, 0 \leqslant N < 3Z$；质子数相同但中子数不同的原子核被规定为**同位原子核**或**同位元素** (化学等价元素，或同位素)；也就是说，如果两个同位素原子核之间有差别，那么它们的差别就在于具有不同数量的中子；所有的同一种同位素原子核被称为同一种**元素**，故总共有 118 种元素；这118 种元素被分成非金属类 (20 种)、金属类 (92 种) 以及类金属类 (6 种)，并根

据实验中观察到的化学性质排列成**化学元素周期表**；质子数和中子数都相同的原子核被称为**同样原子核**或**同核元素**；

原子核之间的同位关系是一种等价关系：两个原子核同位当且仅当它们的质子数相等；原子核之间的同样关系也是一种等价关系：两个原子核同样当且仅当它们的质子数和中子数都相等。可见，如果两个原子核同样，那么它们一定同位；但两个同位原子核可以不同样。

只有一种原子核带 $N = 0$ 个中子 (不带中子的原子核)；所有不带中子的原子核都只带一个质子，这些原子核被称为**氢原子核**；只有一个质子的原子核共有三种同位原子核 (**氢同位素**)：氢原子核 (核内有一个质子、零个中子)、重氢原子核 (核内有一个质子、一个中子) 以及超重氢原子 (核内有一个质子、两个中子)；其余的原子核都带有至少两个质子和正整数个中子；

每一个质子都带一个单位的正电荷；每一个电子都带一个单位的负电荷；每一个中子都不显电性 (电中和粒子)；所有的质子都具有完全相同的几何模样，完全相同的质料密度和完全相同的三维欧氏体积，以及完全相同的内部结构；所有的中子都具有完全相同的几何模样，完全相同的质料密度和完全相同的三维欧氏体积，以及完全相同的内部结构；所有的电子都具有完全相同的几何模样，完全相同的质料密度和完全相同的三维欧氏体积，以及完全相同的内部结构。

每一个原子核都可以与若干个核外电子分别构成一个**原子**，或者一个**正离子 (阳离子)**，或者一个**负离子 (阴离子)**；每一个原子都有唯一的一个原子核以及唯一一组与其原子核中的质子个数相等的核外电子，并且这一组核外电子具有完全确定的由里向外的动态层次的唯一一种时空分布格局；每一个原子的核外电子中最外层的电子被称为该原子的**价电子**；每一个正离子都是由唯一一个原子从最外层核外电子开始逐次减少一定数量的核外电子之后的结果；每一个负离子都是对唯一一个原子在最外层添加一定数量的核外电子之后的结果；原子或离子的静止质量由其质子数、中子数以及核外电子数唯一确定，并且质子的静止质量都相等，中子的静止质量都相等，电子的静止质量都相等，质子的静止质量是电子的静止质量的 1836 倍，中子的静止质量略高于质子的静止质量。

当且仅当两个原子的质子数相等时称两个原子为**同位素原子**。任何一个原子的化学性质完全由它的核外电子分布格局以及原子核对核外电子的吸引力度所确定。

基本原子模型还假设质子不发生自然衰变，以及在宏观物质范围不涉及任何能量与质量转换的过程。

无论是在宏观物质范畴，还是在微观物质范畴，都假设：

(1) 所有电子之间都无差别：静止质量相等，电性相同，电荷量相等，自旋方向相同，自旋量相等；

(2) 所有的质子之间都无差别: 静止质量相等, 电性相同, 电荷量相等, 自旋方向相同, 自旋量相等;

(3) 所有的中子之间都无差别: 静止质量相等, 自旋方向相同, 自旋量相等;

就宏观物质结构而言, 我们采纳如下假设:

所有宏观物质都由若干个质子、中子和电子按照自身的组织信息以及相应的结构能构成; 质子、中子、电子和光子是构成宏观尺度物质的基本粒子; 宏观物质内敛的正电荷由质子承担, 负电荷由电子承担; 宏观物质内敛的质料完全由构成它质子、中子和电子分担; 光子不含有任何质料; 宏观物质内敛的能完全由构成它的质子、中子、电子以及光子之间的相互作用和相对运动实现。

原子的 Z 个电子都分布在原子核之外, 即 Z 个电子都不在原子核之内; 所有由 Z 个质子和 N 个中子组成的处于基态的原子核所占据的欧氏空间范围都被压缩在半径为 $R = 1.2(Z+N)^{\frac{1}{3}}$ fm(飞米) (1 fm = 10^{-15} m) 的三维欧氏球体之内; 简单地说, 所有的原子核所占据的空间的范围都以飞米来度量, 即原子核的大小处于飞米级别; 而处于基态的原子的大小则以皮米 (pm) (1 pm = 10^{-12} m) 来度量, 即原子的大小处于皮米级别 (重要的是, 以飞米来度量, 原子的核外电子与原子核的距离是巨大的)。比如, 氢原子的半径为 37 pm, 氢原子核的半径为 1.2 fm; 氦原子的半径为 31 pm。又比如, 具有 $Z = 79$ 个质子的金原子核半径仅为 7 fm, 即 0.007 pm, 而金原子的半径为 144 pm, 是原子核半径的约两万倍。一个质子的静止质量是一个电子的静止质量的 1836 倍; 一个中子的静止质量略大于一个质子的静止质量, 是电子质量的 1839 倍; 就是说任何一个原子的质量主要由它的原子核的质量所贡献。具体而言, 令 m_p, m_n, m_e 分别为质子、中子和电子的静止质量, 那么

$$m_p = 1.007276 \text{a.m.u} \quad = 1.672622 \times 10^{-27} \text{kg}$$
$$m_n = 1.008665 \text{a.m.u} \quad = 1.674929 \times 10^{-27} \text{kg}$$
$$m_e = 0.000548580 \text{a.m.u} = 9.10939 \times 10^{-31} \text{kg}$$

其中, 1a.m.u = 1.66054×10^{-27} kg, a.m.u 表示原子质量单位。

一个重要的事实是任何一个原子的静止质量都严格小于它的组件的质子、中子和电子的静止质量之和; 同样地, 任何一个原子核的静止质量也一定严格小于组成它的质子和中子的静止质量之和。

4.9.2　宏观尺度物质结构理论

宏观尺度的空间含义为可以直接度量的基本长度。暂且将可**直接度量基本长度**的极限规定为 10^{-19} m, 就是说 10^{-19} m 是一个不可直接度量的长度。现有的

可直接度量的基本长度为纳米 (nm) 量级, 即 10^{-9} m; 可间接度量的基本长度为皮米量级, 即 10^{-12} m; 原子核尺寸为至少 10^{-15} m。

宏观尺度的时间含义为可以直接度量的基本时间。暂且将可**直接度量基本时间**的极限规定为 10^{-6}s, 就是说对于任何一种实在显现时间的直接度量都只能在不到 10^{-6}s 之内完成。

宏观尺度的质量含义为可以直接度量的基本质量。暂且将可**直接度量基本质量**的极限规定为 10^{-34}kg。

宏观尺度的能量含义为可以直接度量的基本能量。暂且将可**直接度量基本能量**的极限规定为 10^{-22}J。

宏观尺度的物质必须占据具有可以直接度量其有限正体积的三维欧氏空间的内点非空的紧致集合; 必须具有可直接观测度量的实在显现时间 (生命期足够长); 必须内敛聚集着可以直接度量其有限正质量的质料; 必须内敛聚集着可以直接度量其有限正能量的热。

4.9.3 原子结构复杂性

1. 原子结构空间复杂性

用包围原子的最小三维球体体积来度量**原子空间复杂性**。

固体状态下估算原子占据空间的最小体积: 代表性球体体积的直径为 2×10^{-10} m。

设质料的密度为 $\rho(\text{kg}/\text{m}^3)$, 质料的原子质量为 μ。那么该质料的原子所占据的最小球体空间的直径为

$$D = \left[\frac{\mu}{6\rho} \times 10^{-26}\right]^{1/3} \; (\text{m})$$

比如说:
(1) 铝原子球体直径为 2.8×10^{-10} m。
(2) 钻石碳原子球体直径为 1.8×10^{-10} m。
(3) 铁原子球体直径为 2.3×10^{-10} m。
(4) 银原子球体直径为 2.6×10^{-10} m。
(5) 金原子球体直径为 2.6×10^{-10} m。
(6) 铅原子球体直径为 3.1×10^{-10} m。

化学领域常常用原子间彼此靠近的程度来定义原子尺寸。具体实际操作而言, 测量一种元素的样本中同样的相邻近的原子核之间的距离, 并且以测量结果的一半作为原子的半径。比如, 对于金属原子, 用金属元素的一种晶体的相邻原子的原子核的距离的一半作为该类金属原子的半径, 称为**金属半径**; 对于那些以分子

形态显现的原子，尤其是非金属原子，用以共价键将同样原子结合起来的原子核之间距离的一半作为原子的半径，称为**共价半径**。

几个离子的半径 $(1\text{pm} = 10^{-12}\text{m})$：

(1) $r\left(\text{Li}^{+}\right) = 76\text{pm}$；

(2) $r\left(\text{Mg}^{2+}\right) = 72\text{pm}$；

(3) $r\left(\text{Na}^{+}\right) = 102\text{pm}$；

(4) $r\left(\text{K}^{+}\right) = 138\text{pm}$；

(5) $r\left(\text{Rb}^{+}\right) = 152\text{pm}$；

(6) $r\left(\text{O}^{2-}\right) = 140\text{pm}$；

(7) $r\left(\text{F}^{-}\right) = 133\text{pm}$；

(8) $r\left(\text{Cl}^{-}\right) = 181\text{pm}$；

(9) $r\left(\text{Br}^{-}\right) = 196\text{pm}$；

(10) $r\left(\text{I}^{-}\right) = 220\text{pm}$。

2. 原子结构基本复杂性

用原子序数，也就是原子的外围电子的个数，来度量**原子主复杂性**。

虽然原子序数标志原子所拥有的外围电子的个数，但是真正决定原子性质的是它的外围电子的空间分布。这种外围电子的空间分布所形成的分布图才是原子的主复杂性。它们之间可以依据各自的空间分布实现复杂性比较：按照外围电子分布图，原子序数较小的原子自然嵌入到原子序数较大的原子。原子的外围电子的分布图也决定了它占据空间的大小范围。

用原子质量来度量**原子次复杂性**。原子次复杂性由质子质量、所含中子之质量的和以及所含电子之质量的和来确定。

用原子能够发出的光子的频谱来表示**原子特征复杂性**。

原子特征复杂性由原子的外围电子分布图随时间变化以及在与外界交换自然信息或发生其他作用时而出现的可能的电子分布图的变化，也就是各外围电子所发生的可能的能级以及所携带的基本信息的变化。各原子的外围电子分布图的离散能级变化层次以及信息效应作用时间决定着它们的特征复杂性比较。

正常情况下，没有原子显电性；每一个原子都具有有限个外围电子；一个原子所含有的外围电子的个数是它所在的元素类的原子的特征，这个特征数被称为原子的**原子序数**，记成 Z。如果将一个原子的一个外围电子去掉，那么剩下的一定是一个带正电的**离子**；如果将一个原子的所有外围电子全部去掉，那么剩下的离子 (称为**原子核**) 一定带电量 Zq_{e}。最轻的原子的质量也远大于电子质量；一个原子的质料几乎全部集中在原子核上，也就是说，原子的质量几乎等于原子核的质量。原子核由若干个显一个单位正电性的**质子** (proton) 和若干个 (包括零个)

不显电性的**中子** (neutron) 组成；两者之质量几乎相等 (大约是电子质量的 1840 倍)。原子的化学性质完全由原子核所带的电量，Zq_e，所决定，也就是由它的外围电子数所决定。记一个原子的原子核所含中子的个数为 N，并且称 $A = N + Z$ 为该原子的**质量数**。当原子数 Z 相等时，称具有不同的质量数 A (或者不同的中子数 N) 的原子为**同位素** (isotopes)。比如，氧原子就分为 $A = 16, 17, 18$ 三种，日常的氧气是它们的混合物，并且以 ${}_8^{16}O(A = 16)$ 最为广泛地自然存在 (大约占自然界氧原子的 99.759%)。这些氧原子 ${}_8^{16}O, {}_8^{17}O, {}_8^{18}O$ 就是同位素。这样，有必要引进**原子质量单位 (a.m.u.)**：

$$1\,\text{a.m.u.} = 1.66054 \times 10^{-27}\text{kg} = 931.494\,\text{MeV}/\mathbf{c}^2$$

依此，碳 $12({}_6^{12}C)$ 的同位素就具有 12 a.m.u 的质量；并且所有原子核的质量都接近 a.m.u. 的某个正整数倍，因为质子和中子的质量如下：

$$m_p = 938.27200\,\text{MeV}/\mathbf{c}^2 = 1.672622 \times 10^{-27}\,\text{kg} = 1.007276\,\text{a.m.u}$$
$$m_n = 939.56533\,\text{MeV}/\mathbf{c}^2 = 1.674929 \times 10^{-27}\,\text{kg} = 1.008665\,\text{a.m.u}$$

4.9.4 原子量子数

1. 基本算子

为了描述原子的基本结构，量子力学设计了独立时空中的三类基本算子和关联这些基本算子以及它们对波函数作用的薛定谔方程。这些算子分别为哈密顿算子、线性角动量算子以及自旋算子。

哈密顿算子由经典力学中的哈密顿函数转换而来。在经典力学中，一个力学系统的总能量为该系统的动能与势能之和：

$$H(\vec{r}) = \frac{1}{2m}\left(p_x^2 + p_y^2 + p_z^2\right)(\vec{r}) + V(\vec{r})$$

其中，$\vec{p} = (p_x, p_y, p_z)$ 为系统在独立时空的直角坐标系下的动量，V 是系统的势能函数。根据哈密顿能量函数，按照以下对应方式：

$$(p_x, p_x, p_z) \mapsto \frac{\hbar}{i}\nabla = \frac{\hbar}{i}\left(\frac{\partial}{\partial x}, \frac{\partial}{\partial y}, \frac{\partial}{\partial z}\right)$$

得到哈密顿算子 $\mathcal{H}$：

$$\mathcal{H} = -\frac{\hbar^2}{2m}\nabla^2 + V$$

其中，$\nabla^2 = \left(\dfrac{\partial^2}{\partial x^2} + \dfrac{\partial^2}{\partial y^2} + \dfrac{\partial^2}{\partial z^2}\right)$ 是拉普拉斯算子。

在经典力学中，描述刚体的质量中心运动方式的物理量为轨迹角动量 $\vec{L} = \vec{r} \times \vec{p}$。于是，在量子力学中的轨迹角动量算子 $\mathcal{L}$ 为

$$\mathcal{L} = (L_x, L_y, L_z) = \frac{\hbar}{\mathrm{i}} (\vec{r} \times \nabla)$$

其中，算子 L_x, L_y, L_z 分别为在直角坐标系下的三个正交轴上的分量算子。它们的平方和算子为

$$L^2 = L_x^2 + L_y^2 + L_z^2$$

在量子力学中，所关注的是算子对 (L^2, L_x), (L^2, L_y), 或者 (L^2, L_z) 所具有的共同的特征向量以及特征子空间。由于算子乘法不具有可交换性，三个分量算子被认定为整体不相容的三个算子，就是说，它们之间任何两个都不具有共同的特征向量。

在描述角动量的方式中，使用球坐标系 (r, θ, ϕ) 往往更为方便。具体的坐标变换如下：

$$x = r \sin\theta \cos\phi$$
$$y = r \sin\theta \sin\phi$$
$$z = r \cos\phi$$

其中，$0 < r < +\infty$, $0 < \theta < \pi$, $0 < \phi < 2\pi$。

球坐标系中的三个方向的单位向量在直角坐标系下的表示定义如下：

$$\hat{r} = (\sin\theta \cos\phi, \sin\theta \sin\phi, \cos\theta)$$
$$\hat{\theta} = (\cos\theta \cos\phi, \cos\theta \sin\phi, -\sin\theta)$$
$$\hat{\phi} = (-\sin\phi, \cos\phi, 0)$$

这些彼此正交的单位向量的下述叉积等式对于角动量的球坐标表示有用：

$$\hat{r} \times \hat{r} = \vec{0}; \quad \hat{r} \times \hat{\theta} = \hat{\phi}; \quad \hat{r} \times \hat{\phi} = -\hat{\theta}$$

在球坐标系下，微变算子 ∇ 为

$$\nabla = \hat{r} \frac{\partial}{\partial r} + \hat{\theta} \frac{1}{r} \frac{\partial}{\partial \theta} + \hat{\phi} \frac{1}{r \sin\theta} \frac{\partial}{\partial \phi}$$

以及

$$\nabla^2 = \frac{1}{r^2} \frac{\partial}{\partial r} \left(r^2 \frac{\partial}{\partial r} \right) + \frac{1}{r^2 \sin\theta} \frac{\partial}{\partial \theta} \left(\sin\theta \frac{\partial}{\partial \theta} \right) + \frac{1}{r^2 \sin^2\theta} \left(\frac{\partial^2}{\partial \phi^2} \right)$$

于是，

$$\mathcal{L} = \frac{\hbar}{i}(r\hat{r} \times \nabla) = \frac{\hbar}{i}\left(\hat{\phi}\frac{\partial}{\partial\theta} - \hat{\theta}\frac{1}{\sin\theta}\frac{\partial}{\partial\phi}\right)$$

因此，

$$\mathcal{L}_x = \frac{\hbar}{i}\left(-\sin\phi\frac{\partial}{\partial\theta} - \cos\phi\cot\theta\frac{\partial}{\partial\phi}\right)$$

$$\mathcal{L}_y = \frac{\hbar}{i}\left(\cos\phi\frac{\partial}{\partial\theta} - \sin\phi\cot\theta\frac{\partial}{\partial\phi}\right)$$

$$\mathcal{L}_z = \frac{\hbar}{i}\frac{\partial}{\partial\phi}$$

$$\mathcal{L}^2 = -\hbar^2\left(\frac{1}{\sin\theta}\frac{\partial}{\partial\theta}\left(\sin\theta\frac{\partial}{\partial\phi}\right) + \frac{1}{\sin^2\theta}\frac{\partial^2}{\partial\phi^2}\right)$$

在经典力学中，描述刚体围绕其质量中心运动方式的物理量为旋转角动量 $\vec{S} = \vec{I}\omega$。在量子力学中，轨迹角动量算子 $\mathcal{L}$ 是粒子运动的 "外在" 角动量算子。不仅如此，与粒子关联的还有它的内在 (实质) 角动量算子 $\mathcal{S}$。这个算子也有三个分量算子：$\mathcal{S} = (S_x, S_y, S_z)$ 以及

$$S^2 = S_x^2 + S_y^2 + S_z^2$$

同样，在量子力学中，所关注的是算子对 (S^2, S_x)，(S^2, S_y)，或者 (S^2, S_z) 所具有的共同的特征向量以及特征子空间。三个分量算子也被认定为整体不相容的三个算子，就是说，它们之间任何两个都不具有共同的特征向量。

2. 角动量算子特征值

设 $\mathcal{A}$ 是一个由三个彼此独立且整体不相容的分量算子 A_x, A_y, A_z 以及它们的平方和算子

$$A^2 = A_x^2 + A_y^2 + A_z^2$$

所确定的算子。比如，$\mathcal{A} \in \{\mathcal{L}, \mathcal{S}\}$。

关于这些算子，我们有如下假设：

(1) 它们都有特征向量，并且都只有有限个特征值；

(2) 它们具备下述交换差等式：

$$[A_x, A_y] = i\hbar A_z, \ [A_y, A_z] = i\hbar A_x, \ [A_z, A_x] = i\hbar A_y$$

这里交换差方括号运算定义为 $[A, B] = AB - BA$。这一运算具备如下基本性质：

(1) $[A, B] = -[B, A]$；

(2) $[A, aB + bC] = a[A, B] + b[A, C]$;

(3) $[aB + bC, A] = a[B, A] + b[C, A]$;

(4) $[A, [B, C]] = [[A, B], C] + [B, [A, C]]$, 也就是

$$[A, [B, C]] + [C, [A, B]] + [B, [C, A]] = 0$$

(5) $[AA, B] = A[A, B] + [A, B]A$。

根据这些基本性质以及上面的假设, 我们有

$$\left[A^2, A_x\right] = 0 = \left[A^2, A_y\right] = \left[A^2, A_z\right]$$

也就是说, 算子 A^2 与算子 A_x, A_y, A_z 都是可交换的。

我们现在的目的是在假设 A^2 和 A_z 具有共同特征向量的条件下, 求取它们的特征值的特点。为此, 令

$$A_+ = A_x + \mathrm{i}A_y;\ A_- = A_x - \mathrm{i}A_y$$

那么

$$[A^2, A_+] = 0 = [A^2, A_-]$$
$$[A_z, A_+] = \hbar A_+;\ [A_z, A_-] = -\hbar A_-$$

这些等式可应用交换差等式假设直接计算得到。

事实 4.9.1 假设 $\vec{v}$ 是一个非零向量, a 和 b 是两个实数, 并且

$$A^2 \vec{v} = a\vec{v}, \quad A_z \vec{v} = b\vec{v}$$

如果 $A_+ \vec{v} \neq \vec{0} \neq A_- \vec{v}$, 那么

(1) $A^2 (A_+ \vec{v}) = a (A_+ \vec{v})$, 以及 $A^2 (A_- \vec{v}) = a (A_- \vec{v})$;

(2) $A_z (A_+ \vec{v}) = (b + \hbar) (A_+ \vec{v})$, 以及 $A_z (A_- \vec{v}) = (b - \hbar) (A_- \vec{v})$。

验证: (1) 由算子间的可交换性直接得到。

(2) 由下述等式给出:

$$
\begin{aligned}
A_z (A_+ \vec{v}) &= A_z A_+ \vec{v} - A_+ A_z \vec{v} + A_+ A_z \vec{v} \\
&= (A_z A_+ - A_+ A_z) \vec{v} + A_+ (b\vec{v}) \\
&= (\hbar A_+) \vec{v} + b (A_+ \vec{v}) \\
&= (b + \hbar) (A_+ \vec{v})
\end{aligned}
$$

以及

$$A_z \left(A_- \vec{v} \right) = A_z A_- \vec{v} - A_- A_z \vec{v} + A_- A_z \vec{v}$$
$$= \left(A_z A_- - A_- A_z \right) \vec{v} + A_- (b\vec{v})$$
$$= (-\hbar A_-) \vec{v} + b \left(A_- \vec{v} \right)$$
$$= (b - \hbar) \left(A_- \vec{v} \right)$$

□

事实 4.9.2 假设 $\vec{v}$ 是一个非零向量, a 和 b 是两个实数, 并且

$$A^2 \vec{v} = a\vec{v}, \quad A_z \vec{v} = b\vec{v}$$

假设 $k \geqslant 0$ 是一个自然数。如果对于 $0 \leqslant j \leqslant k$ 都有 $A_+^{j+1} \vec{v} \neq \vec{0} \neq A_-^{j+1} \vec{v}$, 那么

(1) $A^2 \left(A_+^{k+1} \vec{v} \right) = a \left(A_+^{k+1} \vec{v} \right)$, 以及 $A^2 \left(A_-^{k+1} \vec{v} \right) = a \left(A_-^{k+1} \vec{v} \right)$;

(2) $A_z \left(A_+^{k+1} \vec{v} \right) = (b + (k+1)\hbar) \left(A_+^{k+1} \vec{v} \right)$, 以及 $A_z \left(A_-^{k+1} \vec{v} \right) = (b - (k+1)\hbar) \left(A_-^{k+1} \vec{v} \right)$。

应用数学归纳法以及 $k = 0$ 的情形的上面的事实即得。

根据假设, 算子 A_z 只有有限个特征值, 于是

$$\exists \ell \geqslant 0 \quad \left(A_+^\ell \vec{v} \neq \vec{0} = A_+^{\ell+1} \vec{v} \right)$$

以及

$$\exists k \geqslant 0 \quad \left(A_-^k \vec{v} \neq \vec{0} = A_-^{k+1} \vec{v} \right)$$

令 (k, ℓ) 为上述断言所提供的唯一证据。据此, 我们就有

$$A^2 \left(A_+^\ell \vec{v} \right) = a \left(A_+^\ell \vec{v} \right)$$
$$A^2 \left(A_-^k \vec{v} \right) = a \left(A_-^k \vec{v} \right)$$
$$A_z \left(A_+ \ell \vec{v} \right) = (b + \ell\hbar) \left(A_+ \ell \vec{v} \right)$$
$$A_z \left(A_- k \vec{v} \right) = (b - k\hbar) \left(A_- k \vec{v} \right)$$

根据定义,

$$A_- A_+ = \left(A_x - \mathrm{i} A_y \right) \left(A_x + \mathrm{i} A_y \right)$$
$$= A_x^2 + A_y^2 + \mathrm{i} \left(A_x A_y - A_y A_x \right)$$
$$= A^2 - A_z^2 + \mathrm{i} \left[A_x, A_y \right]$$
$$= A^2 - A_z^2 - \hbar A_z$$

相同的计算给出 $A_+ A_- = A^2 - A_z^2 + \hbar A_z$。从而

(1) $A^2 = A_z^2 + \hbar A_z + A_- A_+$;

(2) $A^2 = A_z^2 - \hbar A_z + A_+ A_-$。

由 (1)，可见

$$
\begin{aligned}
a\left(A_+^\ell \vec{v}\right) &= A^2\left(A_+^\ell \vec{v}\right) \\
&= (A_z^2 + \hbar A_z + A_- A_+)\left(A_+^\ell \vec{v}\right) \\
&= A_z^2\left(A_+^\ell \vec{v}\right) + \hbar A_z\left(A_+^\ell \vec{v}\right) + A_-\left(A_+^{\ell+1}\vec{v}\right) \\
&= A_z\left(A_z\left(A_+^\ell \vec{v}\right)\right) + \hbar A_z\left(A_+^\ell \vec{v}\right) + \vec{0} \\
&= A_z\left((b+\ell\hbar)\left(A_+^\ell \vec{v}\right)\right) + \hbar(b+\ell\hbar)\left(A_+^\ell \vec{v}\right) \\
&= ((b+\ell\hbar)^2 + \hbar(b+\ell\hbar))\left(A_+^\ell \vec{v}\right)
\end{aligned}
$$

从而，$a = (b+\ell\hbar)^2 + \hbar(b+\ell\hbar)$。

由 (2)，同样的计算表明

$$
\begin{aligned}
a\left(A_-^k \vec{v}\right) &= A^2\left(A_-^k \vec{v}\right) \\
&= (A_z^2 - \hbar A_z + A_+ A_-)\left(A_1^k\vec{v}\right) \\
&= ((b-k\hbar)^2 - \hbar(b-k\hbar))\left(A_-^k \vec{v}\right)
\end{aligned}
$$

因而，$a = (b-k\hbar)^2 - \hbar(b-k\hbar)$。

综合起来就有

$$
(b+\ell\hbar)^2 + \hbar(b+\ell\hbar) = a = (b-k\hbar)^2 - \hbar(b-k\hbar)
$$

令 $b = b_0\hbar$。上面的等式给出

$$
(b_0+\ell)(b_0+\ell+1) = (b_0-k)(b_0-k-1)
$$

因此，

$$
b_0 = \frac{(k^2+k) - (\ell^2+\ell)}{2(k+\ell+1)}
$$

令 $N = k+\ell$，$\ell^* = b_0 + \ell$，以及 $k^* = b_0 - k$。那么 N 是一个自然数，

$$
k^* = -\frac{N}{2}, \quad \ell^* = \frac{N}{2}, \quad a = \ell^*(\ell^*+1)
$$

并且具有 $N+1 = 2\ell^*+1$ 个元素的下述集合

$$
\left\{\left(-\frac{N}{2}+j\right)\hbar \,\middle|\, 0 \leqslant j \leqslant N\right\}
$$

的每一个数都是 A_z 的特征值。

3. 基本算子特征向量

在明晰角动量算子的特征值特点后，我们来解决基本算子的特征向量问题。这个问题的求解便是求解薛定谔方程。

上面给出了哈密顿算子 $\mathcal{H}$ 的表达式：

$$\mathcal{H} = -\frac{\hbar^2}{2m}\nabla^2 + V$$

其中，$\nabla^2 = \left(\dfrac{\partial^2}{\partial x^2} + \dfrac{\partial^2}{\partial y^2} + \dfrac{\partial^2}{\partial z^2}\right)$ 是拉普拉斯算子。

对于一个定义在独立时空上的复变波函数 Ψ 而言，它能否可以作为表述一个微观粒子的某种形态就在于它是否满足薛定谔方程：

$$\mathrm{i}\hbar\frac{\partial \Psi}{\partial t} = \mathcal{H}\Psi = \left(\frac{\partial^2}{\partial x^2} + \frac{\partial^2}{\partial y^2} + \frac{\partial^2}{\partial z^2}\right)\Psi + V\Psi$$

当定义在独立时空上的势能函数独立于时间时，下列波函数

$$\left\{\psi_n(x,y,z,t)\mathrm{e}^{-\frac{\mathrm{i}}{\hbar}E_n t} \,\middle|\, n \in \mathbb{N}\right\}$$

都满足独立时间薛定谔方程

$$-\frac{\hbar^2}{2m}\nabla^2\Psi + V\Psi = E\Psi$$

并且构成所有满足独立时间薛定谔方程的波函数空间的一组完备基。也就是说，满足上述独立时间薛定谔方程的任何一个波函数 Ψ 都是这一组基的线性组合：

$$\Psi(x,y,z,t) = \sum_{n\in\mathbb{N}} c_n\psi_n(x,y,z,t)\mathrm{e}^{-\frac{\mathrm{i}}{\hbar}E_n t}$$

其中，常量系数 c_n 由初始波函数 $\Psi(x,y,z,0)$ 所确定。

一般来说，在独立时空直角坐标系下的势能函数是所在点到坐标原点的距离的函数。因此，利用球坐标系来计算波函数更为自然和方便。在球坐标系下，微变算子 ∇ 为

$$\nabla = \hat{r}\frac{\partial}{\partial r} + \hat{\theta}\frac{1}{r}\frac{\partial}{\partial \theta} + \hat{\phi}\frac{1}{r\sin\theta}\frac{\partial}{\partial \phi}$$

以及

$$\nabla^2 = \frac{1}{r^2}\frac{\partial}{\partial r}\left(r^2\frac{\partial}{\partial r}\right) + \frac{1}{r^2\sin\theta}\frac{\partial}{\partial \theta}\left(\sin\theta\frac{\partial}{\partial \theta}\right) + \frac{1}{r^2\sin^2\theta}\left(\frac{\partial^2}{\partial \phi^2}\right)$$

因此，独立时间的薛定谔方程便是下述方程：

$$-\frac{\hbar^2}{2m}\left[\frac{1}{r^2}\frac{\partial}{\partial r}\left(r^2\frac{\partial\Psi}{\partial r}\right)+\frac{1}{r^2\sin\theta}\frac{\partial}{\partial\theta}\left(\sin\theta\frac{\partial\Psi}{\partial\theta}\right)+\frac{1}{r^2\sin^2\theta}\left(\frac{\partial^2\Psi}{\partial\phi^2}\right)\right]+V\Psi=E\Psi$$

利用一下上面定义的轨迹角动量算子 $\mathcal{L}$ 所诱导出来的算子 $\mathcal{L}^2$：

$$\mathcal{L}^2=-\hbar^2\left(\frac{1}{\sin\theta}\frac{\partial}{\partial\theta}\left(\sin\theta\frac{\partial}{\partial\phi}\right)+\frac{1}{\sin^2\theta}\frac{\partial^2}{\partial\phi^2}\right)$$

独立时间的薛定谔方程便可以简写成如下形式：

$$\frac{1}{2mr^2}\left[-\hbar^2\frac{\partial}{\partial r}\left(r^2\frac{\partial}{\partial r}\right)+\mathcal{L}^2\right]\Psi+V\Psi=E\Psi$$

假设满足独立时间薛定谔方程的波函数具备可分离变量的特性，即波函数 $\Psi(r,\theta,\phi)$ 是三个独立的单变量函数的乘积：

$$\Psi(r,\theta,\phi)=R(r)\Theta(\theta)\Phi(\phi)$$

令 $Y(\theta,\phi)=\Theta(\theta)\Phi(\phi)$。

在这样一个可分离变量假设之下，独立时间薛定谔方程可以在不影响解的实质性前提下改写成如下形式：

$$\left[\frac{1}{R(r)}\frac{\mathrm{d}}{\mathrm{d}r}\left(r^2\frac{\mathrm{d}R}{\mathrm{d}r}\right)-\frac{2mr^2}{\hbar^2}(V(r)-E)\right]$$
$$+\frac{1}{Y(\theta,\phi)}\left[\frac{1}{\sin\theta}\frac{\partial}{\partial\theta}\left(\sin\theta\frac{\partial Y}{\partial\theta}\right)+\frac{1}{\sin^2\theta}\frac{\partial^2 Y}{\partial\phi^2}\right]=0$$

薛定谔方程的这种形式建议我们可以分别考虑两个微分方程：

$$\frac{1}{R(r)}\frac{\mathrm{d}}{\mathrm{d}r}\left(r^2\frac{\mathrm{d}R}{\mathrm{d}r}-\frac{2mr^2}{\hbar^2}(V(r)-E)\right)=C$$
$$\frac{1}{Y(\theta,\phi)}\left[\frac{1}{\sin\theta}\frac{\partial}{\partial\theta}\left(\sin\theta\frac{\partial Y}{\partial\theta}\right)+\frac{1}{\sin^2\theta}\frac{\partial^2 Y}{\partial\phi^2}\right]=-C$$

其中，C 是一个常数。注意到第二个方程与下述特征值和特征向量等式之间的相似性：

$$\mathcal{L}^2\vec{u}=-\hbar^2\left[\frac{1}{\sin\theta}\frac{\partial}{\partial\theta}\left(\sin\theta\frac{\partial}{\partial\theta}\right)+\frac{1}{\sin^2\theta}\frac{\partial^2}{\partial\phi^2}\right]\vec{u}=\hbar^2\ell^*(\ell^*+1)\vec{u}$$

我们甚至可以将常量 C 写成 $\ell(\ell+1)$ 的形式，即 $C=\ell(\ell+1)$。

先考虑求解"角动量方程"：

$$\frac{1}{Y(\theta,\phi)}\left[\frac{1}{\sin\theta}\frac{\partial}{\partial\theta}\left(\sin\theta\frac{\partial Y}{\partial\theta}\right)+\frac{1}{\sin^2\theta}\frac{\partial^2 Y}{\partial\phi^2}\right]=-\ell(\ell+1)$$

适当变换一下，这个方程就成为下述方程：

$$\sin\theta\frac{\partial}{\partial\theta}\left(\sin\theta\frac{\partial Y}{\partial\theta}\right)+\frac{\partial^2 Y}{\partial\phi^2}=-\ell(\ell+1)\sin^2\theta Y$$

根据分离变量假设，$Y(\theta,\phi)=\Theta(\theta)\Phi(\phi)$，上述方程又可以写成下述形式：

$$\left\{\frac{1}{\Theta(\theta)}\left[\sin\theta\frac{\mathrm{d}}{\mathrm{d}\theta}\left(\sin\theta\frac{\mathrm{d}\Theta}{\mathrm{d}\theta}\right)\right]+\ell(\ell+1)\sin^2\theta\right\}+\frac{1}{\Phi(\phi)}\frac{\mathrm{d}^2\Phi}{\mathrm{d}\phi^2}=0$$

这个方程同样可以分解成两个独立方程：

$$\frac{1}{\Theta(\theta)}\left[\sin\theta\frac{\mathrm{d}}{\mathrm{d}\theta}\left(\sin\theta\frac{\mathrm{d}\Theta}{\mathrm{d}\theta}\right)\right]+\ell(\ell+1)\sin^2\theta=C_1^2$$

$$\frac{1}{\Phi(\phi)}\frac{\mathrm{d}^2\Phi}{\mathrm{d}\phi^2}=-C_1^2$$

其中，C_1 是一个常数。

第二个关于 Φ 的方程实际上是 $\dfrac{\mathrm{d}^2\Phi}{\mathrm{d}\phi^2}=-C_1^2\Psi(\phi)$，因而有解 $\Phi(\phi)=\mathrm{e}^{\pm\mathrm{i}C_1\phi}$。考虑到 $0<\phi<2\pi$，函数 Φ 必定是一个周期函数。因而可以将常数 C_1 视为整数：$C_1\in\mathbb{Z}$。

关于 Θ 的方程为

$$\sin\theta\frac{\mathrm{d}}{\mathrm{d}\theta}\left(\sin\theta\frac{\mathrm{d}\Theta}{\mathrm{d}\theta}\right)+\left[\ell(\ell+1)\sin^2\theta-C_1^2\right]\Theta=0$$

这个方程的解为：$\Theta(\theta)=C_2 P_\ell^{|C_1|}(\cos\theta)$，其中

$$P_\ell^{|C_1|}(x)=(1-x^2)^{\frac{|C_1|}{2}}\left(\frac{\mathrm{d}}{\mathrm{d}x}\right)^{|C_1|}P_\ell(x)$$

$$P_\ell(x)=\frac{1}{2^\ell \ell!}\left(\frac{\mathrm{d}}{\mathrm{d}x}\right)^\ell (x^2-1)^\ell$$

为勒让德 (Legendre) 函数。这里需要假设 ℓ 为自然数，以及 C_1 是闭区间 $[-\ell,\ell]$ 内的整数。

经过重整化 (规范化) 后的解 $Y(\theta, \phi)$ (依赖参数 C, C_1) 被称为球状调和波 (spherical harmonics)。

根据上面的算子比较等式，我们又得出这些球状调和波既是算子 $\mathcal{L}^2$ 的属于特征值 $\hbar^2 \ell(\ell+1)$ 的特征向量又是算子 $\mathcal{L}_z$ 的属于特征值 $\hbar C_1$ 的特征向量。

再来考虑求解"辐射方程"(或"径向方程")：

$$\frac{\mathrm{d}}{\mathrm{d}r}\left(r^2\frac{\mathrm{d}R}{\mathrm{d}r}\right) - \frac{2mr^2}{\hbar^2}(V(r) - E)R = CR$$

令 $u(r) = rR(r)$。上述方程就简化成

$$-\frac{\hbar^2}{2m}\frac{\mathrm{d}^2u}{\mathrm{d}r^2} + \left[V + \frac{\hbar^2}{2m}\frac{C}{r^2}\right]u = Eu$$

这个方程被称为辐射方程，其中

$$V_e = V + \frac{\hbar^2}{2m}\frac{C}{r^2}$$

被称为有效势能，其中的项 $V_e - V$ 为离心项。这是一个直接依赖势能函数 V 才能求解的局面。

比如，考虑氢原子结构。一个质子带一个正电荷，一个核外电子带一个负电荷，它们之间的距离为 r，那么它们之间的势能为

$$V(r) = -\frac{q_e^2}{4\pi\epsilon_0}\frac{1}{r}$$

其中，q_e 是电子的电荷量。上述辐射方程便是

$$-\frac{\hbar^2}{2m}\frac{\mathrm{d}^2u}{\mathrm{d}r^2} + \left[-\frac{q_e^2}{4\pi\epsilon_0}\frac{1}{r} + \frac{\hbar^2}{2m}\frac{C}{r^2}\right]u = Eu$$

其中，$m = m_e$ 为电子的质量。

令 $k = \frac{\sqrt{-2m_eE}}{\hbar}$ $(E < 0)$，以及 $\rho = kr$ 和 $\rho_0 = \frac{m_eq_e^2}{2\pi\epsilon_0\hbar^2k}$。上述辐射方程转换成

$$\frac{\mathrm{d}^2u}{\mathrm{d}\rho^2} = \left[1 - \frac{\rho_0}{\rho} + \frac{\ell(\ell+1)}{\rho^2}\right]u$$

其中，$C = \ell(\ell+1)$。

当 ρ 趋于正无穷时，常数 1 起主导作用。因而方程

$$\frac{\mathrm{d}^2 u}{\mathrm{d}\rho^2} = u$$

之解为渐近解。这个近似辐射方程的一般解为

$$u(\rho) = C_3 \mathrm{e}^{-\rho} + C_4 \mathrm{e}^{\rho}$$

由于 k 是正实数，当 r 趋于正无穷的时候，e^{ρ} 以更快的速度趋于正无穷。因此，$u(\rho)$ 对于足够大的 r 而言可以当成 $C_3 \mathrm{e}^{-\rho}$。

另一方面，当 r 趋于 0 时，有效势能函数中的离心项成为主导项。此时下述方程之解为近似解：

$$\frac{\mathrm{d}^2 u}{\mathrm{d}\rho^2} = \frac{\ell(\ell+1)}{\rho^2} u$$

这个方程的一般解为：$u(\rho) = C_5 \rho^{\ell+1} + C_6 \rho^{-\ell}$。当 ρ 趋于 0 时，$\rho^{-\ell}$ 也趋于无穷 (不妨假设 $\ell > 0$)。因而对于足够小的 ρ，函数 u 近似地为 $C_5 \rho^{\ell+1}$。

基于这些近似解分析，令

$$v(\rho) = \rho^{-\ell-1} \mathrm{e}^{\rho} u(\rho)$$

上述辐射方程就转变成

$$\rho \frac{\mathrm{d}^2 v}{\mathrm{d}\rho^2} + 2(\ell+1-\rho)\frac{\mathrm{d}v}{\mathrm{d}\rho} + [\rho_0 - 2(\ell+1)] v = 0$$

假设 v 为解析函数：

$$v(\rho) = \sum_{j=0}^{\infty} c_j \rho^j$$

那么辐射方程给出这些系数满足下述递归等式：

$$c_{j+1} = \frac{2(j+\ell+1) - \rho_0}{(j+1)(j+2\ell+2)} c_j$$

对于足够大的 ρ，足够大的 j，这个递归等式近似于下述递归等式：

$$c_{j+1} = \frac{2}{j+1} c_j$$

这样的近似给出 $c_j = \dfrac{2^j}{j!} c_0$。因而，$v(\rho) = c_0 e^{2\rho}$，$u(\rho) = c_0 \rho^{\ell+1} e^{\rho}$。这是一个在物理上不可接受的解。因此可以假设

$$\exists j \quad (c_{j+1} = 0)$$

令 $j_{\max}$ 为满足等式 $c_{j+1} = 0$ 的最小的自然数 j。那么

$$2(j_{\max} + \ell + 1) = \rho_0$$

令 $n = j_{\max} + \ell + 1$。于是，$\rho_0 = 2n$。这就给出了

$$E = -\frac{\hbar^2 k^2}{2m_e} = -\frac{m_e q_e^4}{8\pi^2 \epsilon_0^2 \hbar^2 \rho_0^2} = -\frac{m_e q_e^4}{32\pi^2 \epsilon_0^2 \hbar^2 n^2}$$

从而给出了能够容许的能量值序列：

$$E_n = -\left[\frac{m_e}{2\hbar^2}\left(\frac{q_e^2}{4\pi\epsilon_0}\right)^2\right]\frac{1}{n^2} \quad (n \in \mathbb{N} \wedge n > 0)$$

对于 $n = 1$，

$$E_1 = -\left[\frac{m_e}{2\hbar^2}\left(\frac{q_e^2}{4\pi\epsilon_0}\right)^2\right] = -13.6 \text{ eV}$$

被称为最小容许能量，相应的状态为基态。相应的氢原子的约束能就是 $-E_1 = 13.6$ eV。

考虑能级差：

$$E_{(j,k)} = E_j - E_k = -13.6\left(\frac{1}{n_j^2} - \frac{1}{n_k^2}\right) \text{ (eV)}$$

从初始态 E_j 变化到终止态 E_k，当能量变化为 $E_{(j,k)}$ 时氢原子辐射的光子的频率根据普朗克-爱因斯坦公式由下式给出：

$$E_{(j,k)} = h\nu$$

由于波长与频率满足等式 $\nu = \mathbf{c}$，于是

$$\frac{1}{\lambda} = R\left(\frac{1}{n_k^2} - \frac{1}{n_j^2}\right)$$

其中，$R = \dfrac{m_e}{4\pi c \hbar^3}\left(\dfrac{q_e^2}{4\pi\epsilon_0}\right)^2 = 1.097 \times 10^7 \text{ m}^{-1}$ 为里德伯常量。

这些就统一地给出了氢原子的光谱。与实验观测的氢原子光谱非常吻合。

4. 一般原子的哈密顿算子

对于元素周期表中的各原子而言, 它们各自具有 Z 个质子和 Z 个核外电子。电子的质量一律为 m_e, 携带电荷量为 q_e; 而单个质子的质量一律为 m_p, 携带电荷量为 $|q_e|$。描述核外电子能级状态的 (独立于时间的) 薛定谔方程仍然是

$$\mathcal{H}_Z \Psi = E \Psi$$

只是算子 $\mathcal{H}_Z$ 由下述等式给出:

$$\mathcal{H}_Z = \sum_{j=1}^{Z} \left\{ -\frac{\hbar^2}{2m_e} \nabla_j^2 - \left(\frac{1}{4\pi\epsilon_0} \right) \frac{Zq_e^2}{r_j} \right\} + \frac{1}{2} \left(\frac{1}{4\pi\epsilon_0} \right) \sum_{j \neq k}^{Z} \frac{q_e^2}{|\vec{r}_j - \vec{r}_k|}$$

第一部分对应每一个核外电子所持有的动能和势能; 第二部分对应着不同电子双方所持有的排斥性势能。

5. 电子自旋算子

为了解释元素周期表的分布格局, 泡利 (Pauli) 于 1925 年建议第四个量子数, 电子的本质角动量只能有两种状态: 向上自旋或向下自旋。根据上面对自旋算子 $\mathcal{S}$ 的分析知道算子 $\mathcal{S}^2$ 的特征值为 $s(s+1)\hbar^2$。因此, $2s + 1 = 2$。也就是说, $s = \frac{1}{2}$。从而, 电子自旋角动量的 z 分量算子 $\mathcal{S}_z$ 的特征值为 $\pm \frac{1}{2}\hbar$。这样, 表示电子本质角动量的量子数就是 $\pm \frac{1}{2}$。这个量子数也被称为磁量子数。在物理理论中, 电子的自旋 (spin) 与附随原子核的 "抖动" (orbital motion) 是金属的磁性之本源。事实上, 早在 1922 年, 在电子自旋量子假设提出之前, 施特恩-格拉赫就已经在试验中发现了电子自旋实在现象。在电子自旋量子假设提出之后的 1927 年, Phipps 和 Taylor 再度用试验检验了电子自旋的客观实在性。

6. 原子中电子运动问题

任何一个原子中的电子总是环绕该原子的原子核高速运动; 其原子核也总是环绕其质心振动; 原子核之振动是持之以恒的状态, 除非有外部作用导致核裂变; 原子核之振动导致电子环绕圆周运动平面发生偏转, 从而电子运动轨迹形成一层层轨迹壳; 各层之间存在势差; 当跃迁或者回落一层发生时, 意味着吸收或者释放光子。那么, 这是什么样的振动? 电子又是怎样环绕它的原子核运动的?

7. 外围电子能级与主量子数

正如玻尔氢原子模型所揭示的那样, 每一个原子的每一个外围电子都处在不同的能级之上, 并且这些能级分别对应着电子所处的稳定态 (无光子辐射或光子

接收状态),电子的稳定态从基本态到各种不同的兴奋态按照兴奋程度单调递增,构成一个离散层次序列;电子可以在各种兴奋态之间因为吸收一个光子而跃迁,因为辐射一个光子而回落,并且所吸收的或辐射的光子的能量恰好就是两个能级的差。一个原子的主量子数就是刻画这些能级的自然数。

8. 原子磁耦合力矩

玻尔原子模型的补充:角动量、磁矩、自旋磁矩。

磁耦合力矩 (magnetic dipole moments):由于原子的外围电子的运动具有角动量,电子的圆周运动就如同形成一个电流回路,任何一个电流回路都会产生一个磁耦合 (magnetic dipole),从而产生一个**磁耦合力矩**。由于电子具有角动量,它自然导致原子具有磁矩,并且磁矩的大小与角动量的大小成反向比例。也就是说,单电子原子的磁矩与电子的角动量方向相反,绝对值成正比。

空间量子化假设:原子磁耦合力矩在由一个外加磁场按照右手定则所定义的方向上的投影只能取到一些离散值,从而原子的外围电子圆周运动的角动量在某些方向上也只能取到一些离散值。于是,轨道角动量的标量值只能以 $\frac{h}{2\pi}$ 的整数倍出现。由此得到原子的**磁量子数**。磁量子数都形如下述:

$$L = \frac{h}{2\pi}\sqrt{\ell(\ell+1)}$$

其中,$\ell \in \mathbb{N}$ 为自然数。但是玻尔原子模型假设角动量只能由一个有限区间 $[-\ell, \ell]$ 内的 $(2\ell+1)$ 个整数与 $\frac{h}{2\pi}$ 的乘积给出,而这个区间内的整数则被称为原子的**磁量子数**。令

$$\hbar = \frac{h}{2\pi}$$

那么 $L = \hbar\sqrt{\ell(\ell+1)}$。

原子具有磁耦合力矩这一结论由施特恩和格拉赫在 1922 年的实验所证实。他们将气化后的银原子定向 (X 方向) 气流通过一个垂直定向 (Z 方向) 的非一致磁场 (上南下北)。结果银原子气流在用来接收的冷却板 (YZ 平面) 上写出一个张开的口型,也就是说,银原子在非一致磁场作用下发生有规则的偏移。这是因为原子磁耦合矩在非一致磁场中受到一种与磁耦合力矩大小成正比的力的作用。对铜、金、钠 (sodium)、钾 (potassium) 以及氢原子也做过同样的实验,结果类似。

9. 电子自旋磁矩

可是上述实验表明银原子的角动量分布被发现不满足整数区间假设。因为所观察到的银原子磁矩的多重性在 Z 方向上为 2,所以 $(2\ell+1) = 2$ 蕴含 $\ell = \frac{1}{2}$,

并非整数。这就导致原子的**本质磁矩**被发现。S. Goudsmit 和 G. E. Uhlenbeck 在 1925 年发现了这种现象。

本质磁矩假设：原子的外围电子不仅持有由轨道运动所产生的磁耦合力矩，还持有一种**本质磁矩**。产生这一本质磁矩的根本原因是电子**自旋**，也就是电子所具有的**本质角动量**。

考虑 Z 个电子的原子的总角动量，它是这些电子分别自旋和绕原子核做圆周运动所产生的角动量的向量和。磁量子数依旧为 $(2\ell+1)$ 个区间 $[-\ell, \ell]$ 中的数，只不过 ℓ 可以是自然数，也可以是奇数的一半。原子的角动量可以用向量模型来表示。就是说，这 $(2\ell+1)$ 个角动量用 $(2\ell+1)$ 个旋动向量来对称表示：其向量长度为 $\dfrac{h}{2\pi}\sqrt{\ell(\ell+1)}$；在以零为圆心和以此长度为半径的圆弧上取与直线 $z = \pm\dfrac{jh}{2\pi}$ 的交点为一个角动量的顶点即得到一个角动量。

综合起来，每一个原子的每一个外围电子所处的能级状态都用四个量子数来描述：主量子数 n 为正整数；角动量量子数 $\ell \in n$ 为比主量子数小的自然数；磁矩量子数 m_ℓ 为区间 $[-\ell, \ell]$ 中的整数；自旋量子数 $m_s \in \left\{-\dfrac{1}{2}, +\dfrac{1}{2}\right\}$。称 (n, ℓ, m_ℓ) 为电子能级状态的一种轨道表示：n 既为该电子能级大小的标志也为处于该能级状态下轨道大小的标志，n 越大，电子就处于越高的能级，也就离原子核越远，其可能的活动范围就越大；n^2 给出该能级上的电子丝茧 (orbital) 的总数，$2n^2$ 为该能级上所能容纳的最大电子个数；ℓ 为轨道形状的标志，其含义为该电子沿绕动轨道半径集中活动范围的概率分布密度曲线所成的外形图；给定主量子数 n，轨道形状标志 ℓ 值越小，相应的能级就越低，稳定性就越高；m_ℓ 为轨道定向的标志。于是，一个处于 n 级能级的电子可以有

$$n^2 = \sum_{\ell=0}^{n-1}(2\ell+1)$$

种不同的轨道。

比如，当氢原子的电子处于基级时它的轨道为 $(1, 0, 0)$，其自旋量子数可以是 $+\dfrac{1}{2}$，也可以是 $-\dfrac{1}{2}$。

一个自然的问题是当一个原子具有多于一个的外围电子时，是否有两个不同的外围电子具有一组相同的量子数？泡利提出如下表示唯一性假设：

公理 5 (排斥原理) 任何时候同一个原子中的两个不同的电子都不可能具有一组相同的量子数。

有质粒子的自旋方式有 $(2s+1)$ 种，其中 s 为粒子的自旋量；但对于自旋量

为 1 的无质粒子来说，它们的自旋方式只有两种 (极化方式)：或者左旋，或者右旋，故用 ±1 来表示。

4.9.5　原子外围电子分布图

考虑原子处于基本态时不同元素的原子的外围电子分布问题。我们限制在元素周期表所列出的 118 种元素范围内，并且基本上沿用化学教科书的四元量子数组的表示。

基本假设为：原子的所有宏观物理表现以及化学表现都最终依据它的核外电子分布格局；相似的外层电子分布格局决定它们相似的化学性质；多电子原子中的核外电子都由唯一一个四元量子组 (n, ℓ, m_ℓ, m_s) 来表示；原子核与核外电子间的静电作用确定原子基态下的电子能级分布；原子核质子数越大，核外电子的能级越低，也就越稳定，核外电子也就越难被剔除 (剔除能要求就越高)；核外电子按照 (以原子核为出发点) 从里向外能级单调递增的方式形成不同层次；电子间的相斥作用导致内层电子对外层电子形成阻挡部分原子核吸引力的屏蔽，减弱原子核正电荷量至有效电荷量 Z_e，从而更外层电子的能量会有所提升，因此更外层电子被剔除的难度就被减弱；更内层的电子具有较强的穿透能力 (离原子核较近的电子有较大的电子丝茧概率分布)，也就较难以被剔除，因为它们会更强地被原子核所吸引，较少地被其他电子层所屏蔽，因此相应的能级被细分，ℓ 值越小，能级越低；ℓ 值越大，能级越高。

在原子的外围电子分布中，外围电子被分为三类：内层电子、外层电子和化合电子。内层电子充满低能量层；外层电子与容许的最大 n 值对应，在所容许的基态下的最高能级处 (即在所容许的离原子核最远的地方) 花掉更多的时间；化合电子，即价电子，处于所能容许的最高能级，在形成化合物过程中扮演关键角色；在元素周期表的主群中的原子的价电子就是那些外层电子；在过渡群中的原子，价电子不仅包括外层电子，还包括 $(n-1)d$ 电子，尽管在质子数位于 $26 \sim 30$ 的原子中仅有少量的 $(n-1)d$ 电子会形成化合键。内层电子对外层电子往往形成屏蔽，从而减弱原子核对它们的静电吸引作用，并且各子层也有不同的穿透性。这些就导致各子层中的电子的能级差别以及去掉它们的难度差别。在离子化过程中，将化合电子从原子中逐个去掉所需要的能量虽然逐步增加，但总比将内层电子逐步去掉时所需要的能量要小几个数量级。由此可见原子的质子对外围电子的影响力有着极大的差别，以及外围电子所处的相对位置的极大差别导致各自能级的差别。(详细例子，见 Silberberg's Chemistry, page 322-323。) 这些例子展示出 "离子化过程的一种复杂性"，当需要改变一个原子或者离子的结构信息时，发生相应的信息效应的复杂性就是这种离子化的复杂性。

首先固定下述记号：

定义 4.1 (基本量子数组) (1) 对于 $1 \leqslant k \leqslant 7$, 令

$$\langle k, 0 \rangle = \left\{ \left(k, 0, 0, -\frac{1}{2} \right), \left(k, 0, 0, +\frac{1}{2} \right) \right\}$$

并且规定集合 $\langle k, 0 \rangle$ 中的第一个四元数组严格小于第二个四元数组;

(2) 对于 $2 \leqslant k \leqslant 7$, 令

$$\langle k, 1 \rangle_0 = \left\{ \left(k, 1, -1, -\frac{1}{2} \right), \left(k, 1, 0, -\frac{1}{2} \right), \left(k, 1, 1, -\frac{1}{2} \right) \right\}$$

$$\langle k, 1 \rangle_1 = \left\{ \left(k, 1, -1, +\frac{1}{2} \right), \left(k, 1, 0, +\frac{1}{2} \right), \left(k, 1, 1, +\frac{1}{2} \right) \right\}$$

以及 $\langle k, 1 \rangle = \langle k, 1 \rangle_0 \cup \langle k, 1 \rangle_1$, 并且规定集合 $\langle k, 1 \rangle$ 中的四元数组按照上面的排列顺序从左到右从上到下严格递增;

(3) 对于 $3 \leqslant k \leqslant 7$, 令

$$\langle k, 2 \rangle_0 = \left\{ \begin{array}{l} \left(k, 2, -2, -\frac{1}{2} \right), \left(k, 2, -1, -\frac{1}{2} \right), \left(k, 1, 0, -\frac{1}{2} \right), \\ \left(k, 2, 1, -\frac{1}{2} \right), \left(k, 2, 2, -\frac{1}{2} \right) \end{array} \right\}$$

$$\langle k, 2 \rangle_1 = \left\{ \begin{array}{l} \left(k, 2, -2, +\frac{1}{2} \right), \left(k, 2, -1, +\frac{1}{2} \right), \left(k, 1, 0, +\frac{1}{2} \right), \\ \left(k, 2, 1, +\frac{1}{2} \right), \left(k, 2, 2, +\frac{1}{2} \right) \end{array} \right\}$$

以及 $\langle k, 2 \rangle = \langle k, 2 \rangle_0 \cup \langle k, 2 \rangle_1$, 并且规定集合 $\langle k, 2 \rangle$ 中的四元数组按照上面的排列顺序从左到右从上到下严格递增;

(4) 对于 $4 \leqslant k \leqslant 5$, 令

$$\langle k, 3 \rangle_0 = \left\{ \begin{array}{l} \left(k, 3, -3, -\frac{1}{2} \right), \left(k, 3, -2, -\frac{1}{2} \right), \left(k, 3, -1, -\frac{1}{2} \right), \left(k, 3, 0, -\frac{1}{2} \right), \\ \left(k, 3, 1, -\frac{1}{2} \right), \left(k, 3, 2, -\frac{1}{2} \right), \left(k, 3, 3, -\frac{1}{2} \right) \end{array} \right\}$$

$$\langle k, 3 \rangle_1 = \left\{ \begin{array}{l} \left(k, 3, -3, +\frac{1}{2} \right), \left(k, 3, -2, +\frac{1}{2} \right), \left(k, 3, -1, +\frac{1}{2} \right), \left(k, 3, 0, +\frac{1}{2} \right), \\ \left(k, 3, 1, +\frac{1}{2} \right), \left(k, 3, 2, +\frac{1}{2} \right), \left(k, 3, 3, +\frac{1}{2} \right) \end{array} \right\}$$

以及 $\langle k,3\rangle = \langle k,3\rangle_0 \cup \langle k,3\rangle_1$，并且规定集合 $\langle k,3\rangle$ 中的四元数组按照上面的排列顺序从左到右从上到下严格递增；

(5) 规定上述所有的四元数组满足下述从小到大的严格递增顺序：

$$\langle 1,0\rangle <$$
$$\langle 2,0\rangle < \langle 2,1\rangle <$$
$$\langle 3,0\rangle < \langle 3,1\rangle <$$
$$\langle 4,0\rangle < \langle 3,2\rangle < \langle 4,1\rangle <$$
$$\langle 5,0\rangle < \langle 4,2\rangle < \langle 5,1\rangle <$$
$$\langle 6,0\rangle < \langle 4,3\rangle < \langle 5,2\rangle < \langle 6,1\rangle <$$
$$\langle 7,0\rangle < \langle 5,3\rangle < \langle 6,2\rangle < \langle 7,1\rangle$$

其中记号 $A < B$ 表示集合 A 中的每一个元素 x 与集合 B 中的每一个元素 y 都满足关系 $x < y$；

(6) 对于 $0 \leqslant i < k \leqslant 7$，$0 \leqslant i \leqslant 3$，如果记号 $\langle k,i\rangle$ 是上述一个定义了的集合，$|\langle k,i\rangle|$ 为该集合中的元素个数，那么它们的对应数值由下述矩阵给出：

	0	1	2	3
1	2			
2	2	6		
3	2	6	10	
4	2	6	10	14
5	2	6	10	14
6	2	6	10	14
7	2	6	10	14

(7) 对于 $0 \leqslant i < k \leqslant 7$，$0 \leqslant i \leqslant 3$，如果记号 $\langle k,i\rangle$ 是上述一个定义了的集合，$j \leqslant |\langle k,i\rangle|$，那么记号 $\langle k,i\rangle^{\leqslant j}$ 表示由集合 $\langle k,i\rangle$ 中的前 j 个四元组所组成的子集合。

这里的序 $<$ 的物理意义为核外电子层的"能级"递增比较关系，从而也就是去掉相应层次中电子的"难度递减"关系。

附录：部分相关往事

> 往事越千年，
> 魏武挥鞭，
> 东临碣石有遗篇。
> 萧瑟秋风今又是，
> 换了人间。
>
> ——《浪淘沙·北戴河》(毛泽东)

A.1　部分逻辑学往事

自战国初期公元前 450 年左右起到 20 世纪 30 年代止大约 2400 年的时间区间上，对逻辑学的发展产生过深远影响的逻辑学思考者以及他们的主要思想简明汇编如下：

(1) 墨子 (公元前 476 或公元前 480∼ 公元前 390 或公元前 420) 建立起"思辨学"，以《墨子·小取》为"思辨学"代表作。其名言包括："夫辩者，将以**明是非之分，审治乱之纪，明同异之处，察名实之理，处利害，决嫌疑**。""以名举实，以辞抒意，以说出故。"

(2) 柏拉图 (Plato, 公元前 428∼ 公元前 347) 是使用非形式逻辑的典型。在思辨过程中，柏拉图更愿意将重点放在前提的合理性上。在他看来只要前提合理，道理之结论的合理性就应当自然而然依据某种方法得到。追求这种保持思辨过程中前提和结论之间的合理性关系的一般方法便曾经是柏拉图和他的学生们的 个重要任务。

(3) 亚里士多德 (Aristotle, 公元前 384∼ 公元前 322) 在柏拉图非形式逻辑的基本思想的基础上，提炼出影响整个西方哲学以及理性思维两千年的形式逻辑体系。亚里士多德的形式逻辑体系包含在被后人称为 Organon（工具）一系列六部著作之中：（十大概念）范畴；解释；前分析；后分析；若干专题；老练否决。亚里士多德的形式逻辑体系在很大范围内成功地实现了柏拉图的愿望：先将表达式的内涵搁置起来，只关注表达形式之间的逻辑关系。亚里士多德形式逻辑体系是欧几里得《几何原本》的逻辑基础，但是它常常不能满足欧几里得几何论证的需要；同时它还有一个重要的局限性，即多重广延性表述困境。这种逻辑上的困境直到 19 世纪末才被弗雷格以引进量词的方式解困。

(4) 荀子 (公元前 313~公元前 238) 以"正名"为主题著有《荀子·正名》。其名言包括："制名以指实。""名无固宜，约之以命，约定俗成谓之宜，异于约则谓之不宜。""名无固实，约之以命实，约定俗成，谓之实名。""名也者，所以期累实也。辞也者，兼异实之名以论一意也。辩说也者，不异实名以喻动静之道也。"

(5) 韩非 (公元前 280~公元前 233) 是我国"矛盾"一说的提出者，著有《韩非子·难一》。其名言包括："不可陷之盾与无不陷之矛，不可同世而立。"

(6) 莱布尼茨 (Gottfreid Leibniz, 1646~1716) 是主张逻辑符号化以及逻辑可计算的先行者，也是二进制的建立者，还是微积分的两位创始人之一。莱布尼茨欲寻求一种特殊的可以用来表达概念的字符表；并且在这个字符表上建立一种语言，以便经过符号计算就能确定此语言中的句子是否为真，以及这些语句之间具有什么样的逻辑关系。莱布尼茨希望在有了这样的形式语言和符号计算方法之后，当人们遇到思辨中争论不清的问题的时候，"让我们来算一算"，答案就在笔头产生，其正确性必然为大家所接受。莱布尼茨把二进制的起源归功于我国上古时期，距今大约七千多年，伏羲制作的八卦①。

(7) 布尔 (George Boole, 1815~1864) 将逻辑关系用代数运算表示出来并且以代数运算律的方式来规定逻辑计算。他用自己的代数形式部分实现了莱布尼茨的想法。在莱布尼茨看来，恰当地应用符号表达式是一种艺术，而这样一种艺术是代数的特征和成功的秘诀之一；布尔则认为代数的威力就在于两点：一是用符号表示数量；二是那些代数运算只需要遵守几个很少的基本规则。莱布尼茨企图寻求表达概念的字符表；布尔则简单地用字母符号来表达任何一个概念，或者概念之外延。莱布尼茨坚持形式简洁而准确、表达的结果可以坐下来"算一算"；布尔则将"算一算"的任务通过几条很少的"代数"运算规则来实现。布尔的工作结果就是现在所熟知的布尔代数和布尔逻辑。布尔成功地实现了亚里士多德的古典形式逻辑的代数化。这就为当代物理计算机逻辑线路或者各种各样的物理芯片

① 据《周易·系辞下》所写："古者包牺氏之王天下也，仰则观象于天，俯则观法于地；观鸟兽之文与地之宜；近取诸身，远取诸物，于是始作八卦，以通神明之德，以类万物之情。作结绳而为网罟，以佃以渔，盖取诸离。"

伏羲的八种卦爻用三条上下平行的整体 (实) 线段 ("实"为阳爻) 或者割裂 (虚) 线段 ("虚"为阴爻) 不同的排列组合来表示，并且将这八种卦爻按照实-虚平行排列的组合顺序进行顺序排列，依次为：乾 (实-实-实)、兑 (虚-实-实)、离 (实-虚-实)、震 (虚-虚-实)、巽 (实-实-虚)、坎 (虚-实-虚)、艮 (实-虚-虚)、坤 (虚-虚-虚)。

如果换算成莱布尼茨的二进制，用 1 表示实线段，用 0 表示虚线段，那么它们的排列顺序依次就是

111, 110, 101, 100, 011, 010, 001, 000

再转换成十进制，就得到这样的排列：7, 6, 5, 4, 3, 2, 1, 0。

另外，据说大约四千多年后，西伯侯姬昌 (周文王，公元前 1152~公元前 1056) 被纣王囚禁关押的七年间，在狱中潜心研究伏羲八卦，在八卦的基础上推演创作《周易》六十四卦。《周易》六十四卦事实上是八卦排序的乘积序的一种别有趣味的重新排序。

奠定了坚实的逻辑理论基础。布尔将自己的逻辑代数理论发表在 1854 年出版的《思维规律》之中。需要强调的是布尔理论所说的"思维规律"实际上讲的是"**思维过程中如何保持正确性的基本形式逻辑规律**",并非其他。

(8) 康托尔 (Georg Cantor, 1845~1918) 在布尔将形式逻辑转换成布尔代数后的 20 年,也就是 1874 年,发表了他建立集合论的第一篇文章。在这篇文章中,康托尔证明了只有可数个代数数,而存在不可数个超越数。1883 年,康托尔发表了《一般集合论基础》;几年之后,康托尔将这期间的几篇文章整理成一本专著《超限数理论基础》,从此一个丰富多彩的实在无穷集合的世界展现在世人面前。数学,从此被置放在一个崭新的基础之上。现代数学的大门被打开了。布尔代数,只能作为集合代数的一种特殊情形,存在于人类认识的长河之中。实际上,从康托尔开始的集合论为人类提供了最精练的概念语言文字:因为集合论里最初始的概念只有"集合"这一个名词,最初始的关系只有"属于"一个。无论对象是有穷还是无限,是静态还是动态,有关它们的认识都可以经过数理逻辑系统归结于初始本原:集合与集合之间的属于关系。

(9) 弗雷格 (Gottlob Frege, 1848~1925) 几乎就在康托尔开始建立集合论的同时的 1879 年,发表了逻辑史上自亚里士多德以来划时代的著作《概念–文字:一种算术式的纯粹思维之形式语言》(以下简称《概念–文字》)。这本书为朝着系统地实现莱布尼茨抱负的方向迈出了奠基性的一步;它以引进量词的方式成功地克服了亚里士多德古典形式逻辑所面临的困难,这包括满足数学演绎推理的需要和解决多重广延性表述难题;它打开了数理逻辑时代的大门;当然,同时它也提出了一个崭新的问题:数学基础问题。

(10) 佩亚诺 (Giuseppe Peano, 1858~1932) 在《概念–文字》一书出版十年之后的 1889 年,出版了《算术原理——用一种新方法展现》,开**数学基础**研究之先河。在这本书中,佩亚诺明确地给出了关于自然数理论的公理,尤其是关于数学归纳法的公理,并且严格地将逻辑符号和算术符号区分开来。这就标志着关于自然数一阶算术特性的形式表述和内涵的最后分离:在自然数性质的讨论过程中依赖于直觉的证明从此被完全抛弃。

(11) 希尔伯特 (David Hilbert, 1862~1943)1898 年冬季学期在哥廷根大学给学生开了一门"欧几里得几何元素"的课程。1899 年,希尔伯特出版了这门课的讲义《几何基础》。希尔伯特在欧几里得几何理论的基础上提出了新的几何公理系统。希尔伯特强调这个几何公理体系之中,"点""线""面"完全可以被替换成"桌子""椅子""杯子",只要这些对象遵守那些明列出来的公理。在这里,希尔伯特提炼出了探讨数学基础的"公理化方法":形式和内涵的分离、对立与统一。希尔伯特证明了这个新的几何公理系统相对于(二阶)算术系统的无矛盾性:只要(二阶)算术系统是无矛盾的,那么几何便不会有矛盾。希尔伯特对于数理逻辑发展的深刻影响还来源于在他 1900 年对数学界公开提出的 23 个难题中的第一问题和第十问题，以及他所提出的有关解决数学基础问题的希尔伯特计划。为了解除数学面临的基础性危机，希尔伯特于 1920 年明确提出了后来被称为"希尔伯特计划"的解决数学基础问题的方案。希尔伯特计划的主要目的是为所有的数学提供安全可固的基础。在希尔伯特看来，数学应当建立在牢固的、完备的逻辑基础之上；他相信这在原则上是可行的。希尔伯特计划包括如下五个方面：①形式化，实现形式与内涵的分离，将所有数学全部形式化，也就是说，所有的数学表达式都应当用一种由毫无歧义的形成规则所生成的形式语言严格地写出来。②确保完备性与完全性，实现形式与内涵的统一，可以证明"所有为真的数学命题能够形式地被证明"。③确保无矛盾性，可以证明"没有矛盾会被形式地证明出来"，并且这种无矛盾证明应当具备有限特征。④确保数学的保守性，如果对象具有有限特征，那么就应当由有限的证明导出；可以证明"凡是由'理想对象'（比如不可数集合）所导出的关于'现实对象'的结论都一定能够有不涉及理想对象的证明存在"。⑤确保可判定性，即应当有一个可以被用来判定任何一个给定的数学命题之真或假的算法（就是莱布尼茨所希望的坐下来算一算）。

(12) 策梅洛 (Ernst Zermelo, 1871~1963) 独立地发现由弗雷格 1903 年完成的《算术基本律》第二卷中的第五条"基本律"，**概括律**，可以导出一个矛盾。也就是说，弗雷格的这些"基本律"是一个"矛盾共同体"。发现这个矛盾后，策梅洛并没有公开这一发现，只是私底下同希尔伯特等人交流过。因为在他看来，重要的是寻求回避这种矛盾现象的解决路径。受到佩亚诺算术公理体系和希尔伯特几何公理体系的影响，既为了解决希尔伯特 1900 年公开提出的第一问题，康托尔连续统假设问题，也为了应对康托尔集合论所面临的弗雷格概括律所带来的挑战，策梅洛从 1905 年起开始进行集合论公理化的工作。尽管没有能够证明自己所提出的公理系统是一个无矛盾的系统，策梅洛在 1908 年正式发表了现在被称为"策梅洛集合论公理"的文章《集合论基础探讨》。策梅洛将弗雷格的"毫无限制的"概括律改变成了具有明确限定范围的"合成规则"或者"分解原理"：如果 A 是一个集合，那么 $\{x \in A \mid P[x]\}$ 也是一个集合。这样，第五"基本律"的明显矛盾就被排除在外。当然，这并不等于事情的终结。到底策梅洛集合论公理体系是否没有矛盾呢？这个问题的困难特征需要等到 23 年后由哥德尔来揭示。

(13) 罗素 (Bertrand Russell, 1872~1970) 独立地发现由弗雷格 1903 年完成的《算术基本律》第二卷中的第五条"基本律"，**概括律**，可以导出一个矛盾。这一矛盾现象被罗素公开后就成为数学史上著名的罗素悖论。罗素悖论实际上并非悖论，而是集合论语言下的一阶逻辑的一条定理。为了解决如何消除第五"基本律"所带来的矛盾的问题，罗素和怀特海合作分别于 1910 年、1912 年和 1913 年发表了在数理逻辑和数学基础探索领域中具有重要影响的三卷本《数学原理》。在弗雷格《概念-文字》基础上,《数学原理》将数学置放在形式语言和严格的逻辑体系的框架之上, 书中的一切定理都按照形式符号计算过程严格推导而得。

(14) 塔尔斯基 (Alfred Tarski, 1901~1983) 是在公理化集合论基础上对数学一阶理论的相对真理性给出严格定义的逻辑学思考者。他于 1933 年发表了关于数学结构中的相对真理性的定义规则, 从根本上解决了数学内在相对真理的系统性问题。他也是数理逻辑领域中模型论这一重要分支的奠基人。有关希尔伯特 1928 年提出的判定问题, 塔尔斯基在证明有理数线性序理论的完全性和实代数封闭域理论的完全性基础上设计出有关理论的判定算法, 从而支持寻求希尔伯特判定问题在一些特殊情形下的正面解答。

(15) 哥德尔 (Kurt Gödel, 1906~1978) 在他的博士论文中证明了作为适用于数学的一阶逻辑体系具有可靠性和完备性, 就是说, 在任意选择的一种数学语言中, 依据这一逻辑体系形式证明的定理与语义解释下的逻辑结论是完全一致的。围绕希尔伯特所提出的计划, 哥德尔 1931 年 (当时他 25 岁) 发表了著名的第一不完全性定理和第二不完全性定理。哥德尔的第一不完全性定理明确自然数算术理论不是一个完全的理论, 就是说, 在自然数标准语言中, 存在不可能在自然数算术理论中形式证明的但在自然数标准模型中为真实的命题。这自然与希尔伯特当时的想象完全背道而驰。哥德尔的第二不完全性定理则进一步明确有关自然数算术理论的一致性 (无矛盾性), 或者策梅洛集合论公理理论的一致性 (无矛盾性), 都不是在自身的形式系统中可以形式证明的语句。这些自然同塔尔斯基的可判定实例形成鲜明对比: 自然数算术理论, 或者公理集合论, 都因为自身功能强大而又太过复杂以至于不可能有一个算法来判定什么样的语句是定理、什么样的语句不是定理; 在这样功能强大、十分复杂的形式理论中, 若想证明一个有意义的定理, 思考者须以高度智慧和极大热情去开辟不同凡响的思维路径。

(16) 图灵 (Alan Turing, 1912~1954)1936 年发表在《伦敦数学会会刊》上的文章引进了图灵机和通用图灵机的概念; 用图灵机这样一种有限的数学模型严格回答了有关计算的两个问题: "计算"到底是什么意思? 什么可以被接受为"可计算"? 在同一篇论文中, 图灵还证明了图灵机停机问题算法不可解, 并由此导出哥德尔的第一不完全性定理。图灵引进图灵机以明确什么是"算法"或者什么是"计算"这种直觉概念, 从而解决希尔伯特 1928 年提出的"判定问题"。后来的分析表明图灵机可计算函数与哥德尔定义的递归函数完全重合, 甚至一些以另外方式定义出来的可计算函数也都与图灵机可计算函数重合。正是基于这样的事实, 逻辑学界普遍接受了丘奇-图灵论题: 所有直观上可计算的函数与图灵机可计算函数重合。应当看到, 无论是递归函数, 还是图灵机、通用图灵机, 都是对莱布尼茨的"计算"做出的最好解释。可以说, 这些既在一定程度上实现了莱布尼茨对逻辑问题通过"算一算"来求解的梦想, 也在一定程度上表明并非所有的逻辑问题都可以如莱布尼茨想象的那样通过"算一算"就能解决。同时还应当看到图灵的通用图灵机概念恰好就是当代计算机系统结构 (冯·诺伊曼结构) 以及计算机操作系统的理论模型。通用图灵机从理论上解决了当代计算机体系结构和计算机操作系统的设计原理问题以及设计正确性问题。

A.2 部分物理学往事

公元前 350 年　亚里士多德 (Aristotle, 公元前 384~ 公元前 322)，在《天体论》中提出引力中心论以及自由落体定律；在《物理》中提出动力定律。

公元前 250 年　阿基米德 (Archimedes, 公元前 287~ 公元前 212)，发表《论平面平衡或平面引力中心》。

1586 年　德格汝特 (Jan Cornets de Groot, 1554~1640) 和斯特文 (Simon Stevin, 1548~1620) 通过高塔铅球实验，证实亚里士多德关于自由落体的结论是错误结论；Simon Stevin 将实验记录在他 1586 年出版的《静力学原理》。

1634~1638 年　伽利略 (Galileo Galilei, 1564~1642)，1634 年在巴黎出版《伽利略力学》；将他的自由落体动力学理论以对话的形式记录在 1636 年完成、1638 年出版的《关于两门新科学的对话》之中。

1660 年　玻意耳 (Robert Boyle, 1627~1691)，出版了他的 (拉丁文) 专著《有关空气的弹性接触及其影响的新实验》提出玻意耳实验定律；1738 年，伯努利 (D. Bernoulli, 1700~1782) 应用空气分子运动学模型对玻意耳的气体实验定律提供了一种合适的解释。

1687 年　牛顿 (Isaac Newton, 1642~1727)，完成《自然哲学的数学原理》。

1775 年　拉瓦锡 (Antoine Lavoisier, 1743~1794)，在经过一系列试验后揭示燃烧的真实本质；提出氧气及其在燃烧过程中的作用。

1785 年　库仑 (Charles Augustin Coulomb, 1736~1806)，在呈现给法国科学院的两份研究报告中提出库仑实验定律。

1808 年　道尔顿 (John Dalton, 1766~1844)，提出了用于解释化学中的实验定律的原子模型。

1820 年　奥斯特 (Hans Christian Oersted, 1777~1851)，发现电流磁感应现象。

1820 年　毕奥(Jean Baptiste Biot, 1774~1862)和萨伐尔(Félix Savart, 1791~1841)，经过更为精细、更为透彻的实验建立起通电电流强度与感应磁场强度之间的基本实验定律。

1825 年　安培 (André-Marie Ampère, 1775~1836)，也通过实验得出同样的感应定律以及两根通电电流环路之间的作用力基本实验定律。

1831 年 法拉第 (Michael Faraday, 1791~1867)，完成磁力变化滋生电流的实验，提出法拉第变磁感应定律。

1833 年 法拉第通过电解实验发现电解定律。

1850 年 焦耳 (James Joule, 1818~1889)，在《哲学学报》发表实验报告，用实验测量验证热与功的等量转换。

1860 年 麦克斯韦 (James Clerk Maxwell, 1831~1879)，在《哲学杂志》第 19 卷和第 20 卷上分上、下两部分发表了《气体动力学理论解说》，在当年有关理想气体的标准假设 (基本上就是前面的有关理想气体的假设) 下推导出上面的麦克斯韦气体分子运动速率分布律，并在此基础上导出能量均分原理。

1865 年 麦克斯韦发表《电磁场动力学理论》。

1877 年 玻尔兹曼 (Ludwig Boltzmann, 1844~1906)，发表题为《关于热平衡条件下热力学第二定律与概率计算的关系》的论文。

1887 年 迈克耳孙 (Albert A. Michelson, 1852~1931) 和莫雷 (Edward W. Morley, 1838~1923)，完成光干涉条纹移动比较实验；用实验表明光速不遵守速度加法律，这也意味着牛顿力学与麦克斯韦电磁学之间存在某种不协调现象。

1889 年 赫兹 (Heinrich Hertz, 1857~1894)，通过完成的实验，发现了电磁辐射以及电磁波在空间的传播从而验证了麦克斯韦预言以及麦克斯韦电磁场理论。

1895 年 伦琴 (Wilhelm K. Röntgen, 1845~1923)，发现 X 射线 (一种对物质有极强穿透能力的电磁波，波长在 $0.01 \sim 0.10$ nm 之间)。他是在探索阴极管的应用过程中发现这一新的射线 (后来也有称之为伦琴射线的)。

1896 年 贝可勒尔 (Henri Becquerel, 1852~1908)，发现核辐射现象。

1897 年 汤姆孙 (Joseph J. Thomson, 1856~1940)，利用改进的阴极管测出阴极射线在管内运动的速度为光速的十分之一，从而提出阴极射线由一束束带电粒子组成，并测量出电荷与粒子质量之比；他称这些带电粒子为 corpuscles，后来被称为 electron。我们称之为电子。

1898 年 卢瑟福 (Ernest Rutherford, 1871~1937)，在研究放射性的过程中发现 α 射线和 β 射线。

1900 年 普朗克 (Max Planck, 1858~1947)，提出量子假设。

1903 年 居里夫人 (Maria Sklodowska Curie, 1867~1934)，在《化学新闻》上发表她的博士论文《论放射性》。

1904 年 洛伦兹 (Hendrik A. Lorentz, 1853~1928)，提出惯性参照系之间的洛伦兹变换。

1905 年 爱因斯坦 (Albert Einstein, 1879~1955)，提出狭义相对论，并且在狭义相对论理论框架下预言质能转换: $E = mc^2$。

1905 年 爱因斯坦应用推广的普朗克量子假设解释光电效应，提出**光量子假设**。

1908 年 卢瑟福证明了 α 粒子就是氦离子 He^{2+}。

1909 年 密立根 (Robert A. Millikan, 1865~1953)，用带电油滴实验成功地测量出电子的电量。

1909 年 盖格 (Hans Geiger, 1882~1945) 和马士登 (Ernest Marsden, 1889~1970) 在卢瑟福指导下用 $_2^4He$ (氦原子核，也称 α 粒子) 轰击金属薄片探测直接反射。结果发现大量 α 粒子出现大角度散射 (大约八千分之一的大角度散射率)。这种实验否定了汤姆孙早些时候提出的原子模型。

1910 年 索迪 (F. Soddy, 1877~1956) 根据当时已知的有很多半衰期相差悬殊的蜕变物质的化学性质完全一样 (无论用什么化学方法也不能将它们区分开来) 的现象提出**同位素假设**: 存在一些原子量不同且放射性也不同但处在元素周期表同一位置的化学元素种类。同年，英国物理学家阿斯顿 (F. W. Aston, 1877~1945) 利用自己发明的 (根据正离子束在磁场中偏转原理设计出来的) 质谱仪大量分离出同位素原子并准确测量了它们的质量，并且第一次实现非放射性氖同位素的分离。

1911 年 卢瑟福在 α 粒子散射实验基础上提出原子核假设。他认为只有在原子内部正电荷集中在比原子直径小很多的范围内才会产生 α 粒子大角度散射现象，从而原子内部存在原子核。

1913 年 玻尔 (Niels H. D. Bohr, 1855~1962), 提出氢原子模型。

1914 年 莫塞莱 (Henry Moseley, 1887~1915)，用阴极射线 (电子束) 打在各种元素所做的靶标上以探测出原子核所带的电荷数，发现原子主 X 射线光谱分布律，提出原子序数——原子核电荷数——概念。从那以后，元素周期表便以原子序数从小到大的顺序排列。莫塞莱本人则依据这种排列的自然顺序 (原子按照其序数的"自然分布规律") 预言当时未知的五 (?) 种元素的存在性。

1916 年 爱因斯坦发表《广义相对论基础》论文。

1916 年 爱因斯坦发表《依据量子理论的辐射能之激发与吸收》以及《辐射的量子理论》两篇论文为普朗克辐射能分布公式提供了一种有效性。

1919 年 卢瑟福第一次实现人为原子核转变，用来自放射性钋 $^{212}_{84}Po$ 的 α 粒子

轰击氮时发现有氧核与氢核产生:

$$\ _2^4\mathrm{He} + \ _7^{14}\mathrm{N} \longrightarrow \ _8^{17}\mathrm{O} + \ _1^1\mathrm{H}$$

卢瑟福将氢核命名为**质子** (proton)。

1920 年 卢瑟福提出中子存在假设: 原子核内部存在 (不显电性的) 中子; 而中子则是由质子与电子紧密结合起来的内在之物。

1923 年 康普顿 (Arthur H. Compton, 1892~1962), 应用实验来解释 X 射线散射现象, 强力支持爱因斯坦光量子为粒子的理论。在爱因斯坦度过孤独的 18 年后光子 (photon) 概念被普遍接受。

1924 年 德布罗意 (Louis de Broglie, 1892~1987), 发表他的博士论文, 提出粒子波理论。

1925 年 海森伯 (Werner Karl Heisenberg, 1901~1976), 发表题为《重新解释动力学中的量子关系》的论文, 提出量子变量乘法规则。

1925 年 玻恩 (Max Born, 1892~1970) 与若尔当 (Ernst Pascual Jordan, 1902~1980), 合作以矩阵代数的方式得到 "典型量子化条件": $\mathbf{pq} - \mathbf{qp} = \dfrac{h}{2\pi\mathbf{i}} \cdot I$。

1925 年 狄拉克 (Paul Adrien Dirac, 1902~1984), 发表《量子力学的基础等式》, 提出量子力学微分算子理论。

1926 年 薛定谔 (Erwin Schrödinger, 1887~1961), 在《物理年鉴》发表题为《量子化与特征值》的论文, 提出量子力学波动微分方程理论。

1926 年 玻恩发表在《物理学杂志》上的文章将薛定谔的波函数解释为确定运动中的粒子在相应时刻在整个空间上的位置分布的概率密度, 但不是具体出现的位置。

1927 年 海森伯对时空坐标分量和动量-能量分量这样的成双成对的相互关联或者共轭可观测量之间同时测量时能够达到的最大精确度问题进行了细致的分析, 得出了著名的不确定性关系式 (量子力学海森伯测不准原理):

$$\Delta t \Delta E \sim \Delta x \Delta P \sim \hbar$$

1928 年 玻尔在《自然》上以《量子假设和原子理论最近进展》为题发表长文解释量子力学。

1928 年 狄拉克发表《量子力学原理》, 在解决量子力学与相对论融合问题上迈出了坚实的第一步, 建立相对论电子波动方程。狄拉克电子波动方程预示自然界似乎应当有一种电子的对偶粒子: 正电子 (与电子 (electron) 质量相等、电量绝对值相等但电性相反的粒子)(positron)。四年之后, 正电子

　　　　　于 1932 年 8 月 2 日，被安德森 (Carl David Anderson, 1905~1991)，从宇宙射线中发现。

1929 年　狄拉克在没有接触到希尔伯特空间理论的前提下开始提炼关于"观测"的一般理论。他的《量子力学原理》专著于 1930 年在剑桥大学出版社出版，1958 年由牛津大学出版社再版。

1930 年　瓦尔特 (W. Bothe, 1891~1957) 和赫尔伯特·贝克尔 (H. Becker) 用放射性钋 $^{212}_{84}$Po 的 α 射线轰击铍 Be 时，观察到过程中发射出一种穿透力极强且不带电荷的射线。他们认为是 γ 射线。

1931 年　伊伦·约里奥-居里 (I. Curie, 1897~1956) 和让·弗雷德里克·约里奥-居里 (F. Joliot-Curie, 1900~1958) 用铍 $_4$Be 或硼 $_5$B 重复 Bothe 和 Becker 的实验，并用那种不带电性的射线去轰击氢原子，发现有质子发射，他们也认为那种不带电性的射线是 γ 射线。

1932 年　查德威克 (J. Chadwick, 1891~1974) 在重复 I. Curie 和 F. Joliot-Curie 实验时发现由铍 $_4$Be 或硼 $_5$B 发出的不带电性的辐射不仅能在照射氢物质时撞出质子，而且在照射 He, Li, Be, N, Ar 时也能产生原子核反冲，比如反冲氮核的能量为 1 ~ 1.4 MeV。但是氮核 ($_7$N) 的质量为质子质量的 14 倍。如果那种导致氮核反冲的不带电性的射线是 γ 射线，那么 γ 光子的能量至少在 90 MeV 左右。可是光子实在太"轻"，不可能携带如此大的能量。于是他断定这种不带电性的射线应当是卢瑟福所假设的中子，从而宣布**中子** (neutron) 是实在之物，并测量出它们的质量：

$$^4_2\text{He} + ^9_4\text{Be} \longrightarrow {}^1_0\text{n} + {}^{12}_6\text{C}$$

　　　　　其中，n 为表示中子的符号。此后，伊万能科 (D. Ivanenko, 1904~1994)，海森伯分别提出：原子核由质子和中子组成；原子的质量数 A 是电荷数 Z (即原子核外层电子数，等于质子数) 与中子数 N 之和。无论是质子还是中子，都被统称为**核子**。

1932 年　狄拉克重新审视量子力学的发展过程。他意识到不应当仅仅从哈密顿经典力学的那些等式出发去建立量子力学，而应当从经典的拉格朗日理论的核心思想出发去建立量子力学。狄拉克将拉格朗日的动作优化原理引进到量子力学。狄拉克 1933 年发表了有关拉格朗日函数以及动作优化原理在量子力学中的作用的文章。

索　引

其　他

后　　记

　　听闻这本小册子即将由科学出版社出版，作为先前的《基本逻辑学——思维与表达正确性问题探究》的后续，有一种特别的欣慰。这是一种看到未来希望的欣慰，所以很特别。现摘译歌德 (Johann Wolfgang von Goethe, 1749~1832) 之《浮士德》只言片语，并附上简短随感，与那些代表着未来和希望的喜欢这本小册子的后来者分享这份欣慰和喜悦。

　　摘译自《浮士德》"悲剧"(第一部)"书斋 (二)"剧中人语，反其意而用之。

"Waste not your time, so fast it flies;
Method will teach you time to win;
Hence, my young friend, I would advise,
With college logic to begin." — Mephistopheles

"别浪费你的时间，
　　　光阴似箭；
方法会教你赢得每一天；
年轻的朋友，
　　听我一句忠告，
　　　　大学逻辑是你赢得人生的起点。"

读《浮士德》Mephistopheles 语随感

　　任凭唯己独尊者怎样嘲弄，
　　　今天的逻辑，
　　　　　早已不是那"三段论"可以比拟；
　　如果想紧跟世界文明的脚步，
　　　唯有睿智努力，
　　　　抓住根本抓紧逻辑，
　　　　　　方能填补搭乘顺风车的空虚；
　　倘若期待有朝一日独领风骚，
　　　赢回民族尊严，
　　　　就得全靠智慧激励，

植根文化蔚然成风，
　　善用逻辑这门工具。

　　　　　　　　　　　　　　　　　作　者
　　　　　　　　　2022 年春天——又一个令人难忘的春天